Raith, Raganitsch, Bauer, Haselberger, Priller

Tierzucht und Tierhaltung, Band 2

SPEZIELLE NUTZTIERHALTUNG

Leopold Stocker Verlag

Graz – Stuttgart

Umschlaggestaltung: Reproteam, Graz

Autoren: Dr. Karl Bauer
                        Dipl.-HLFL-Ing. Walter Haselberger, M. Ed.
                        Ing. Hannes Priller
                        Dipl.-Ing. Gerhard Raganitsch
                        Dipl.-Päd. Ing. Franz Raith

Buch-Nr. 46-121.218
ARGE Tierzucht und Tierhaltung 2
© Copyright 2005 by Leopold Stocker Verlag, Graz; 5. Auflage 2017
ISBN 978-3-7020-1715-6

Printed in Austria
Layout: Michaela Kolb Design, Graz
Druck: Gorenjski tisk, Kranj - Slowenien

Inhaltsverzeichnis

11. Rind 14

11.1 Haltung 14

11.1.1 Formen der Rinderhaltung 14
    a) Einflüsse auf die verschiedenen Formen der Rinderhaltung 14
    b) Hauptsächlich vorkommende Formen der Rinderhaltung 14

11.1.2 Haltungsanforderungen 16
    a) Verhaltensweisen 16
    b) Anforderungen an den Stall 18
    c) Stallklimafaktoren 18
    d) Licht 19
    e) Liegeplatz 19
    f) Futterbarn 19
    g) Bewegungsmöglichkeit 19
    h) Das „ABC" des Kuhkomforts (nach Dr. Brandes) 19
    i) Aufstallungsformen 20
    j) Spezielle Haltungsmaßnahmen 22

11.1.3 Lebendrinderkennzeichnung und Registrierung 23
    a) Rinderkennzeichnung 24
    b) Bestandesverzeichnis 24
    c) Meldungen durch den Tierhalter an die AMA 24
    d) Registrierung 24
    e) Tierpass 24
    f) Vor-Ort-Kontrolle 25
    g) Viehverkehrsschein/Lieferschein 25
    h) Duldungs- und Mitwirkungspflichten 26
    i) Kostenverrechnung 26

11.1.4 Pflege 26
    a) Putzen des Haarkleides 26
    b) Scheren 27
    c) Klauenpflege 27
    d) Euterpflege 29
    e) Ungeziefer- und Parasitenkontrolle 29

11.1.5 Fruchtbarkeitsmanagement 29
    a) Herdenführung 30
    b) Geschlechtsreife – Zuchtreife 30
    c) Brunstbeobachtung und Brunsterkennung 30
    d) Dauer der Brunst und Besamungszeitpunkt 32
    e) Paarung 34
    f) Trächtigkeit 34
    g) Trockenstellen 34

h) Geburt 35

i) Biologische Rastzeit 36

11.1.6 Gesundheitsmanagement beim Wiederkäuer 38

a) Gesamteindruck 38

b) Milchinhaltsstoffe 38

c) Beurteilung der Körperkondition – BCS (Body-Condition-Scoring) 38

d) Ketosenachweis 38

e) Wiederkautätigkeit 38

f) Pansenaktivität 38

g) Kotkontrolle 38

h) Temperaturmessen 39

i) Klauenpflege 39

j) Laboruntersuchungen 39

11.1.7 Vorbereitung für Verkauf oder Ausstellung 40

11.1.8 Wichtige Aufschreibungen 40

11.2 Fütterung 41

11.2.1 Allgemeine Grundsätze 41

11.2.2 Wiederkäuergerechtheit 41

a) Futterverzehr 42

b) Rohfaser und Futterstruktur 46

c) Nährstoffversorgung und Nährstoffverwertung 48

11.2.3 Fütterungspraxis 49

a) Die Möglichkeiten einer bedarfsgerechten Nährstoffversorgung 50

b) Futtervorlage 51

c) Fresszeiten 52

d) Fütterungsreihenfolge 52

e) Wasserversorgung 53

f) Einsatz von Raufutter 53

g) Einsatz von Silagen 53

h) Einsatz von sonstigen Futtermitteln 54

i) Ganzjährige Fütterung von Silagen 54

j) Aufgewertete Grundfutterration (AGR) 55

k) Totale-Misch-Ration (TMR) 55

11.2.4 Futterangebot im Jahresablauf 57

11.2.5 Milchvieh 60

a) Bedarf 60

b) Rationsmanagement 63

c) Milchleistungsperiode – Laktationsverlauf 64

d) Fütterungseinflüsse auf Inhaltsstoffe und Qualität der Milch 68

e) Fütterungseinflüsse auf die Fruchtbarkeit 69

f) Überprüfung der Stoffwechselsituation 69

11.2.6 Aufzuchtkälber von der Geburt bis zur 12. Lebenswoche 71

a) Allgemeine Grundsätze 72

b) Fütterungspraxis 72

c) Fütterung von Zukaufkälbern 76

d) Verdauungsstörungen 76

11.2.7 Aufzuchtkalbinnen 77

    a) Allgemeine Grundsätze 77

    b) Bedarf 77

    c) Fütterungspraxis 79

    d) Körperliche Entwicklung 81

    e) Fütterung vor Transporten und Ortswechsel 82

11.2.8 Zuchtstiere 82

    a) Jungstiere für Zuchtzwecke 82

    b) Deck- und Wartestier 83

11.2.9 Mastkälber 84

    a) Allgemeine Grundsätze 84

    b) Fütterungsmethoden 84

11.2.10 Jungmastrinder 85

    a) Allgemeine Grundsätze 85

    b) Bedarf 87

    c) Mastmethoden 90

    d) Fütterung der Maststiere 90

    e) Fütterung der Ochsen 92

    f) Fütterung der Mastkalbinnen 94

11.2.11 Mastkühe 95

11.2.12 Mutterkühe 95

    a) Anforderungen an die Mutterkuh/an den Stier 95

    b) Produktionsablauf 95

    c) Fütterungspraxis 96

    d) Produktionssysteme 97

11.3 Züchtung 98

11.3.1 Übersicht 98

11.3.2 Entwicklung 98

11.3.3 Organisation 100

    a) Mitglieder 100

    b) Genetik Austria 100

    c) Jungzüchtervereinigung (ÖJV) 100

11.3.4 Rassen 100

    a) Grundsätzliches 100

    b) Milchrassen 102

    c) Zweinutzungsrassen 103

    d) Fleischrassen 105

    e) Robustrassen 107

    f) Hornlose Rassen 109

    g) Extreme Rassen nach Körpergröße und Gewicht (Masse) 109

    h) Mutterkuhrassen 109

    i) Veränderungen der Rassenbestände nach dem 2. Weltkrieg 110

    j) Generhaltungsrassen in Österreich 110

    k) ÖNGENE Rassen 2017 112

    l) Aufgaben des Generhaltungsprogrammes 112

11.3.5 Leistungsprüfungen 112
    a) Methoden 113
    b) Übersicht über die Leistungs- und Prüfkriterien 113
    c) Milch 114
    d) Melkbarkeit 118
    e) Wachstum 119
    f) Fleisch 121
    g) Fitness 125
11.3.6 Exterieur 130
    a) Grundsätzliches 130
    b) Beurteilung 135
11.3.7 Zuchtwertschätzung 144
    a) Übersicht 144
    b) Informationen 144
    c) Schätzmodelle 147
    d) Teilzuchtwerte 147
    e) Gesamtzuchtwert 149
    f) Lebensleistung und Nutzungsdauer 150
11.3.8 Klassifizierung von Zuchtrindern 151
    a) Herdebuchabteilungen 152
    b) Bewertung 152
11.3.9 Zuchtprogramme 153
    a) Künstliche Besamung (K. B.) 153
    b) Maßnahmen für Zweinutzungsrassen 154
    c) Maßnahmen für Gebrauchskreuzung 155
    d) Zuchtwertergebnisse 156
11.3.10 Zuchtplanung im Betrieb 157
    a) Wichtige Maßnahmen 157
    b) Allgemein wichtige Selektionskriterien 157
    c) Der Erfolg hängt im Wesentlichen ab von: 157
    d) Legende zu Zuchtprogramminformationen 157

11.4 Tiergesundheit – Rind 158
11.4.1 Stoffwechselkrankheiten 158
    a) Krankheiten der Verdauungsorgane 158
    b) Sonstige Stoffwechselstörungen 159
11.4.2 Infektionskrankheiten 161
    a) Parasitosen 161
    b) Bakterielle Erkrankungen 163
    c) Virale Erkrankungen 164
    d) Faktorenkrankheiten 166
11.4.3 Sonstige Krankheiten 167
11.4.4 Überblick: Infektionskrankheiten des Rindes 168

11.5 Vermarktung 169
11.5.1 Milch 169
    a) Anlieferung an die Molkerei 169
    b) Direktvermarktung 169

11.5.2 Zuchtrinder 170
    a) Verkauf bei Absatzveranstaltungen (Versteigerungen) 170
    b) Ab-Hof-Verkauf 170
11.5.3 Nutzrinder 170
11.5.4 Kälber 171
    a) Verkauf bei Versteigerungen (Kälbermärkte) 171
    b) Ab-Hof-Verkauf 171
11.5.5 Schlachtrinder 171

12. Schaf 172

12.1 Haltung 172
12.1.1 Betriebsformen 172
12.1.2 Wirtschaftlichkeit der Mutterschafhaltung 172
12.1.3 Haltungsanforderungen 172
12.1.4 Pflege 173
12.1.5 Fortpflanzung 173

12.2 Fütterung 174
12.2.1 Allgemeine Grundsätze 174
12.2.2 Mutterschafe 175
12.2.3 Bedarfswerte 176
12.2.4 Milchschafe 177
12.2.5 Mastlämmer 177

12.3 Züchtung 179
12.3.1 Entwicklung 179
12.3.2 Rassen 179
12.3.3 Leistungsprüfungen 181
12.3.4 Exterieurbeurteilung 182
12.3.5 Zuchtmethoden 182

12.4 Vermarktung 182

12.5 Tiergesundheit – Schaf und Ziege 183
12.5.1 Stoffwechselkrankheiten 183
12.5.2 Infektionskrankheiten 183

13. Ziegen 187

13.1 Haltung 187
13.1.1 Betriebsformen 187
13.1.2 Haltungsanforderungen 187
13.1.3 Pflege 187
13.1.4 Fortpflanzung 187

13.2 Fütterung 188

13.2.1 Allgemeine Grundsätze 188

13.2.2 Bedarfswerte 189

13.2.3 Fütterungspraxis 190

13.3 Züchtung 190

13.3.1 Entwicklung 190

13.3.2 Rassen 190

13.3.3 Leistungen 192

13.4 Vermarktung 192

14. Dam- und Rotwild 193

14.1 Haltung 193

14.2 Fütterung 193

14.3 Züchtung 194

14.4 Tiergesundheit 194

14.5 Vermarktung 194

15. Pferd 195

15.1 Haltung 195

15.1.1 Betriebsformen 195

15.1.2 Haltungsanforderungen 196

15.1.3 Fortpflanzung 196

15.2 Fütterung 197

15.2.1 Allgemeine Grundsätze 197

15.2.2 Bedarfswerte 198

15.2.3 Fütterungspraxis 200

15.3 Züchtung 201

15.3.1 Rassen 201

15.3.2 Leistungsprüfungen 203

15.4 Tiergesundheit 203

15.4.1 Allgemeine Verdauung, Kolik... 203

15.4.2 Infektionskrankheiten 204

15.4.3 Sonstige Krankheiten 206

15.5 Vermarktung 206

16. Kaninchen 207

16.1 Haltung 207

16.2 Fütterung 208

16.3 Züchtung 209

16.4 Tiergesundheit 212

16.5 Vermarktung 212

17. Schwein 213

17.1 Haltung 213

17.1.1 Betriebsformen 213
a) Herdebuchzucht 213
b) Vermehrungszucht 213
c) Ferkelproduktion 213
d) Systemferkelproduktion 213
e) Mast 213
f) Geschlossener Betrieb 214

17.1.2 Verhaltensweisen allgemein 214
a) Fressverhalten 214
b) Sexualverhalten 214
c) Sozialverhalten 214
d) Kot- und Liegeplatz 214
e) Mutter-Kind-Verhalten 215

17.1.3 Stallbauliche Anforderungen 215
a) Buchtengröße, Fressplatzbreiten 215
b) Wasser 215
c) Licht 215

17.1.4 Ansprüche an das Stallklima 216
a) Temperatur und Luftfeuchtigkeit 216
b) Luftgeschwindigkeit 216
c) Schadgase 216

17.1.5 Haltungssysteme 216
a) Tragende Sauen 216
b) Ferkel führende Sauen 218
c) Deckphase 218
d) Ferkelaufzucht 219
e) Mastschweine 219

17.1.6 Herdenmanagement 220
a) Gruppenweises Abferkeln im fixen Absetzrhythmus 220
b) Sauenplaner 221
c) Maßnahmen rund um die Geburt – Ferkelversorgung 221
d) Eingliederung von Jungsauen 222
e) Mastplaner 223
f) Ferkel einstellen in die Mast 223

17.1.7 Pflege und Hygiene 224

17.1.8 Fortpflanzung 224

    a) Paarung 224

    b) Trächtigkeit 225

    c) Geburt 225

17.2 Fütterung 226

17.2.1 Grundsätze 226

    a) Energiegehalt 226

    b) Rohfaserversorgung 226

    c) Rohprotein- und Aminosäurenversorgung 226

    d) N-reduzierte Fütterung 227

    e) Mineralstoffversorgung 228

    f) Vermahlungsgrad 229

17.2.2 Rationserstellung 229

    a) Wahl der richtigen Rezepturkomponenten........................ 229

    b) Futtermischung auf die Richtwerte abstimmen 230

    c) Tagesfuttermengen errechnen 230

17.2.3 Zuchtsau 231

    a) Ziele 231

    b) Abschnitte einer Produktionsphase 231

    c) Richtwerte für den Nährstoffgehalt 232

    d) Methoden der Bedarfsdeckung 233

    e) Rezepturgestaltung 233

    f) Tagesbedarf und Futterzuteilung 235

    g) Beurteilung der Körperkondition von Sauen..................... 235

17.2.4 Jungsauen 237

    a) Ziele 237

    b) Richtwerte für den Nährstoffgehalt 237

    c) Rezepturgestaltung 237

    d) Tagesbedarf und Futterzuteilung 237

17.2.5 Ferkel 238

    a) Ziele 238

    b) Physiologische Grundlagen 238

    c) Anfüttern 238

    d) Absetzen 238

    e) Richtwerte für den Nährstoffgehalt 239

    f) Rezepturgestaltung 240

17.2.6 Mastschweine 241

    a) Ziel 241

    b) Wirtschaftlichkeit 241

    c) Rationskomponenten 243

    d) Richtwerte für den Nährstoffgehalt 245

    e) Rezepturgestaltung 245

    f) Technik der Futterzuteilung 247

17.2.7 Eber..248

    a) Aufzucht 248

    b) Deckeber 248

17.3 Züchtung..249

17.3.1 Entwicklung 249

    a) Vom Wildschwein zum Hausschwein 249

    b) Entwicklung der europäischen Rassen 249

17.3.2 Rassen 249

    a) Edelschwein (E) 249

    b) Landrasse (L) 250

    c) Duroc (D) 250

    d) Pietrain (Pi) 250

    e) Schwäbisch Hällisches Schwein 251

    f) Generhaltungsrassen 251

    g) Leistungsergebnisse 252

17.3.3 Leistungsprüfungen 252

    a) Übersicht über die Leistungsprüfungen 252

    b) Zuchtleistung 252

    c) Mast- und Schlachtleistung 253

    d) Stressresistenz 256

17.3.4 Exterieurbeurteilung 257

    a) Allgemeine Grundsätze 257

    b) Benennungen am Tierkörper 258

    c) Kriterien der Exterieurbeurteilung und Benotung 258

17.3.5 Zuchtziele 260

    a) Zuchtleistung 260

    b) Mast- und Schlachtleistung 262

17.3.6 Zuchtwertschätzung 262

    a) Begriff Zuchtwert 262

    b) BLUP-Tiermodell 262

    c) Gesamtzuchtwert für Fruchtbarkeit 262

    d) Zuchtwert Nutzungsdauer 263

    e) Gesamtzuchtwert Mast- und Schlachtleistung 263

    f) Gesamtzuchtwert GZW (nur für Mutterrassen) 263

17.3.7 Bewertung 263

    a) Erstmalige Bewertung der Jungeber 263

    b) Bewertung weiblicher Tiere für den Verkauf 264

17.3.8 Zuchtmethoden – Zuchtprogramm 264

    a) Leistungsanforderungen 264

    b) Übersicht über die Zuchtmethoden 265

    c) Die einzelnen Zuchtmethoden – Vor- und Nachteile 265

    d) Stufen eines arbeitsteiligen ABC-Programmes 265

17.4 Tiergesundheit 266

17.4.1 Stoffwechselkrankheiten 266

17.4.2 Infektionskrankheiten 268
    a) Faktorenkrankheiten 268
    b) Parasiten 269
    c) Bakterielle Erkrankungen 270
    d) Virale Krankheiten 271
    e) Überblick: Infektionskrankheiten des Schweines 273
17.4.3 Sonstige Krankheiten 273

17.5 Vermarktung 274
17.5.1 Zuchtschweine 274
17.5.2 Ferkel 274
    a) Verkauf über Ferkelabsatzorganisationen (Ferkelringe) 274
    b) Verkauf ab Hof 274
    c) Berechnung des Auszahlungsbetrages bei Ferkeln 274
17.5.3 Mastschweine 274
    a) Totvermarktung 274
    b) Berechnung des Auszahlungsbetrages bei Mastschweinen bei Vermarktung
      über die Österreichbörse 274
    c) AMA Gütesiegel 275

18. Geflügel 277

18.1 Huhn 277
18.1.1 Haltung 277
    a) Produktionsstufen 277
    b) Haltungsanforderungen 277
    c) Umtrieb bei Legehennen 278
    d) Hygienemaßnahmen 278
    e) Wichtige Aufzeichnungen 279
18.1.2 Fütterung 279
    a) Allgemeine Anforderungen 279
    b) Beurteilung von Hühnermischfutter 279
    c) Fütterungspraxis 281
18.1.3 Züchtung 282
    a) Entwicklung der Hühnerzucht 282
    b) Rassen 282
    c) Hybriden 282
    d) Leistungsprüfungen 283
18.1.4 Vermarktung 283
    a) Vermarktung von Eiern 283
    b) Vermarktung von Masthühnern 284

18.2 Pute 285
18.2.1 Haltung 285
    a) Produktionsstufen 285
    b) Haltungsanforderungen 285

18.2.2 Fütterung 286
    a) Fütterungshinweise 286
18.2.3 Züchtung 286
    a) Entwicklung 286
    b) Rassen 286
    c) Hybriden 287

18.3 Gans 288

18.3.1 Haltung 288
    a) Haltungsanforderungen 288
18.3.2 Fütterung 288
    a) Fütterungshinweise 288
18.3.3 Züchtung 289
    a) Entwicklung 289
    b) Rassen 289
    c) Hybriden 289

18.4 Ente 290

18.4.1 Haltung und Fütterung ähnlich der Gänsemast 290
18.4.2 Züchtung 290
    a) Entwicklung 290
    b) Rassen 290
    c) Hybriden 291

18.5 Tiergesundheit – Geflügel 291

18.5.1 Stoffwechselkrankheiten 291
    a) Allgemeine Stoffwechselstörungen 291
    b) Vitaminmangelkrankheiten 292
18.5.2 Infektionskrankheiten 293
    a) Parasiten 293
    b) Bakterielle Erkrankungen 293
    c) Virale Krankheiten 294
    d) Überblick: Geflügel-Impfplan 295
18.5.3 Sonstige Krankheiten 295
18.5.4 QGV 295

Stichwortverzeichnis 296

Literaturverzeichnis 300

Bildquellenverzeichnis 304

11. Rind

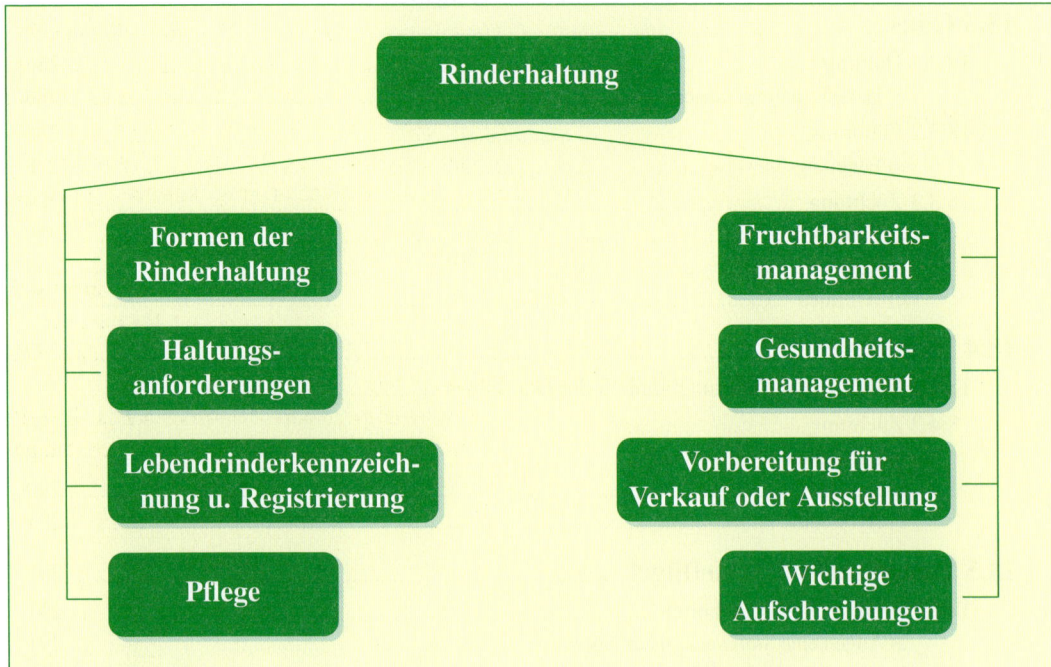

11.1 Haltung

11.1.1 Formen der Rinderhaltung

a) Einflüsse auf die verschiedenen Formen der Rinderhaltung

- Die persönliche Neigung und die Fähigkeiten des Betriebsführers
- Die natürlichen Produktionsbedingungen wie Boden, Klima, Hangneigung etc.
- Betriebswirtschaftliche Bedingungen wie Betriebsgröße, Arbeitskräftebesatz, Mechanisierung usw.
- Die Absatz- und Vermarktungssituation

b) Hauptsächlich vorkommende Formen der Rinderhaltung

• **Milchkuhhaltung mit eigener Bestandesergänzung**
„Kombinierte Milchkuhhaltung" – Bei dieser Nutzungsform werden in Zuchtbetrieben alle weiblichen Kälber aufgezogen.
Zuchtbetrieb: Der Betrieb ist Mitglied eines Zuchtverbandes, die Milchleistungskontrolle ist verpflichtend.

Nicht-Zuchtbetrieb:

• Jungrindermast
Diese Betriebsform ist geeignet für Ackerbaugebiete mit vermehrtem Silomaisanbau oder Anfall von Rübenblatt.
Die Kälber werden zugekauft.

• Kälbermast
Diese Form wird selten als Hauptbetriebszweig betrieben. Die Kälber werden in der Regel zugekauft. Häufiger jedoch sind Kälber ein Nebenprodukt Milch erzeugender Betriebe. Vorwiegend werden wegen ihres geringen Handelswertes Kuhkälber, die nicht für die Aufzucht in Frage kommen, gemästet.

• Mutterkuhhaltung
Diese Form der Rindfleischproduktion eignet sich für Betriebe mit flächenextensiver Nutzung bei geringer Ertragsleistung. Die Kuhherde dient der Kälberproduktion und Kälberaufzucht.
Die männlichen Jungrinder werden mit ca. 7 bis 10 Monaten, die weiblichen mit 9 bis 10 Monaten abgesetzt.

• Milchkuhhaltung mit Kalbinnenzukauf
„Spezialisierte Milchkuhhaltung" – Die Bestandesergänzung erfolgt ausschließlich durch den Zukauf von hochträchtigen Kalbinnen oder Jungkühen. Für Zuchtbetriebe ist der Zukauf von Zuchttieren mit Abstammungsnachweis Voraussetzung.
Die Milchleistungskontrolle ist für Zuchtbetriebe verpflichtend und für eine optimale Fütterung sowie zur Kontrolle der Wirtschaftlichkeit wichtig.
Die Kälber werden als Zucht- oder Nutzkälber verkauft.

• Milchkuhhaltung mit Zuchtrinder- und Fresser-(Einsteller-)produktion
Diese stellt die häufigste Form der Rinderhaltung im Berggebiet dar. Zumeist stehen reichlich Grünlandflächen zur Verfügung, sodass alle Jungtiere aufgezogen werden.

• Ammenkuhhaltung
Grundsätzlich wird nach der gleichen Nutzungsform vorgegangen wie bei der Mutterkuhhaltung. Den Kühen wird ab der 2. Laktation zusätzlich zum eigenen Kalb ein zweites Kalb (zugekauft) zugeteilt. Dieses Kalb sollte etwas älter sein als das eigene Kalb der Kuh, damit es sich nach der Angewöhnung behaupten kann.

• Mischformen
In kleineren und mittleren Betrieben existieren häufig Mischformen.

11.1.2 Haltungsanforderungen

a) Verhaltensweisen

• Fress- bzw. Trinkverhalten

Das Rind ist seiner Herkunft nach ein Steppentier. Seine wesentliche Futtergrundlage ist Gras in frischer und konservierter Form.

Bei seinem Verhalten muss zwischen Grasen und Futteraufnahme im Stall unterschieden werden. Im Stall benötigen Kühe mindestens 6 Stunden **Fresszeit** täglich. Die Dauer des Grasens variiert zwischen 7 und 9 Stunden pro Tag, wobei diese abhängig ist von Weidequalität, Witterung, Wasserverfügbarkeit, (Kraftfutter-)Zufütterung und Herdenstruktur.

Vergleicht man die Zeiten in einer 24-Stunden-Periode miteinander, die die Rinder mit Grasen, Bummeln und Liegen verbringen, ergeben sich folgende Verhältnisse: *Grasen : Bummeln : Liegen = 5 : 2 : 2 (bei Tageslicht) und 1 : 1 : 8 (bei Dunkelheit).*

In der Herde fressen Rinder zumeist gleichzeitig, wenn ein Ausweichen der rangniederen Tiere möglich ist. Davon leitet sich auch die Tatsache ab, dass im Laufstall das Verhältnis Kuh : Fressplatz 1 : 1 betragen soll.

Das **Wiederkauen** geschieht, wenn es den Tieren möglich ist, zumeist im Liegen. In Stallungen mit einwandfreiem Streustroh regulieren Rinder durch zusätzliche Strohaufnahme, vor allem zwischen den Futterzeiten, ihren Struktur- und Rohfaserbedarf.

Rinder sollen immer Wasser in Trinkwasserqualität ad libitum aufnehmen können. Sie suchen 5- bis 10-mal pro Tag die Wasserstelle auf und trinken mit Vorliebe frisches Wasser aus größeren Behältern (Tränkewanne, Trog, Bach, etc.) in ausgiebigen Schlucken. Mit zunehmender Entfernung der Tränke vom Liege- oder Fressplatz sinkt die Häufigkeit der **Wasseraufnahme**.

Richtwerte für das Fress- bzw. Trinkverhalten von Kühen

Kriterium	Richtwerte
Weideverhalten	
Grasen	7–9 Stunden/Tag
Anzahl der Grasensperioden	4–6/Tag
Fressverhalten im Stall	
Mittlere Gesamtfresszeit	6–8 Stunden/Tag (futterabhängig)
Zahl der Fresszeiten	6–10 (15)/Tag
Wiederkauen (Gesamtzeit)	6–9 Stunden/Tag
Anzahl der Wiederkauperioden	8–5 (18)/Tag
Kauschläge	40–60 je Bissen (strukturabhängig)
Trinkverhalten	
Wasserbedarf einer Kuh - Sommer	100–140 l/Tag (leistungsabhängig)
- Winter	80–100 l/Tag (leistungsabhängig)
Häufigkeit der Wasseraufnahme	5–10-mal/Tag

• Sexualverhalten

Je nach **Haltungsart** und **Haltungstechnik** ergeben sich für geschlechtsreife weibliche Rinder sehr unterschiedliche Möglichkeiten, ihr Sexualverhalten für den Menschen erkennbar zu äußern.

Freie **Bewegungsmöglichkeit** der Tiere im Laufstall oder auf der Weide sind vorteilhaft für den Sexualablauf beim Tier und für das zeitgerechte Erkennen der wichtigsten Maßnahmen, wenn Beobachtungen tagsüber öfters erfolgen.

Im Anbindestall ist es für den Tierhalter einfacher, Vorgänge im Schambereich, welche mit Geschlechtsfunktionen der weiblichen Rinder in Zusammenhang stehen, wie z. B. Sekretabsonderungen (Verdacht auf Infektion), Veränderungen an der Scheide (bevorstehende Geburt, Zystenverdacht) etc., zu beobachten.

Stresssituationen, wie z. B. falsch eingestellte Kuhtrainer (in Neubauten verboten), fehlerhafte Aufstallungen etc., beeinflussen die Fruchtbarkeit negativ.

Im Sommer tritt in der Regel die Brunst deutlicher auf als im Winter. Bei hohen Milchleistungen verzögert sich häufig die erste Brunst nach dem Abkalben.

Die Anwesenheit eines Stieres in der Herde verbessert das Brunstgeschehen und den Fortpflanzungserfolg.

• Mutter-Kind-Verhalten

Normalerweise sind die **Beziehungen** zwischen Mutter und Kalb, wenn die Kuh das Kalb nach der Geburt bei sich hat (Abkalbebox), stark ausgeprägt. Diese Bindung lockert sich mit fortschreitender Säugezeit.

• Sozialverhalten

Innerhalb einer Rinderherde bildet sich durch soziale Auseinandersetzungen eine ausgeprägte **Rangordnung**. Untersuchungen der sozialen Struktur in Milchrinderherden zeigen, dass selten in einer Herde ein Einzeltier vorhanden ist, das über alle anderen Herdengefährtinnen dominiert (Alpha-Tier). Je größer die Herden, umso stärker sind die so genannten Mehrecksverhältnisse ausgeprägt. Z. B.: Die Kuh A ist B überlegen; Kuh B ist C überlegen; Kuh C wiederum ist A überlegen. Durch Krankheit oder Vitalitätsminderung kann ein ranghöheres Tier seine Stellung verlieren.

Können sich Rinder frei bewegen (Auslauf, Weide, Triebweg, Laufstall), muss die zur Verfügung gestellte Fläche ein Ausweichen der rangniederen Tiere ermöglichen.

In Anbindeställen ist es günstig, rangnahe Tiere nebeneinander zu stellen. Durch Enthornung kann der Rangabstand verringert werden.

• Körperpflege

Das Pflegebedürfnis und die Reinlichkeit der Tiere ist individuell unterschiedlich.

In Laufstallungen sind Rinder im Allgemeinen sauberer als in Anbindestallungen, in reichlich eingestreuten Aufstallungsformen sauberer als in streulosen. Stroh als Einstreu fördert die Körperpflege und verbessert das Stallklima. Regelmäßiges, richtiges Putzen ist den Rindern eine willkommene und angenehme Pflegemaßnahme.

Wenn Rinder sich frei bewegen, nutzen sie gebotene Möglichkeiten zu ihrer Körperpflege. Das Anbringen von statischen Putzbürsten oder rotierenden Bürsten ist daher zu empfehlen.

• Bewegungsverhalten

Das gesunde Rind nutzt jede Bewegungsmöglichkeit. Laufstallhaltung, Auslauf und/oder Weidegang werden den Bedürfnissen der Tiere gerecht.

• Ruheverhalten

Milchkühe sollten bei Stallhaltung 12 bis 14 Stunden pro Tag ruhen (Ruhe- und Wiederkauzeit). Ranghöhere Tiere liegen im Allgemeinen länger als rangniedere.

Die Stand- und Liegeflächen sollen so bemessen und beschaffen sein, dass ein tierartentsprechendes Hinlegen und Aufstehen sowie ein bequemes Ausruhen möglich sind. Die Wahl der Liegeplätze geschieht nicht zufällig. Im Laufstall werden bevorzugt solche Plätze gewählt, die einen weichen Bodenbelag aufweisen.

Effekt des Haltungssystems auf das Ruheverhalten (Aus: Milchpraxis 3/2001)

Verhalten	Laufstall, Komfortbox (Fußbodenmatratze und Einstreu)	Anbindestall (Betonfußboden und Einstreu)	Signifikanz
Gesamtliegezeit (Std./Tag)	14,73 (= 61,4% vom Tag)	10,51 (= 44% vom Tag)	***
Dauer einer Liegeperiode (min)	68,0	86,7	n. s.

• **Tier-Mensch-Beziehung**

Das Temperament des Tieres ist bei den Interaktionen Mensch–Tier von wichtiger Bedeutung. Der Umgang mit Tieren soll immer mit entsprechender Ruhe und der nötigen Vorsicht erfolgen.

Kühe lernen schnell, ruhige und sanfte Tierbetreuer von nervösen, hektischen Menschen zu unterscheiden. Das Verhalten der Tiere wird vom Verhalten des Menschen wesentlich beeinflusst.

- Rinder können verschiedene Menschen nach Geruch, Kleidung, Stimme, Größe etc. unterscheiden.
- Je früher und intensiver man sich mit den Tieren beschäftigt, umso eher wird die Angst der Tiere vor dem Menschen reduziert. Eine Aversion kann Folge dieser Angst vor dem Menschen sein.

b) Anforderungen an den Stall

Nur „gesunde Tiere" können entsprechende Leistungen erbringen. Die Gesundheit und das Wohlbefinden der Tiere wird im Wesentlichen von der Umwelt geprägt.

Für die Leistungsbereitschaft der Rinder ist das Stallklima, neben Fütterung und artgemäßer Haltung, ein bedeutender Umweltfaktor.

c) Stallklimafaktoren

Frischluft ist sauerstoffreiche Luft, die durch folgende Messgrößen definiert werden kann:

• **Lufttemperatur**

Nutztiere sind in der Lage, gewisse Temperaturschwankungen ihrer Umgebung auszugleichen und ihre eigene Körpertemperatur konstant zu halten (= „thermoneutrale Zone"). Dies gelingt ihnen mit Hilfe des so genannten Wärmeausgleichs.

Beste Leistungen werden im Temperaturbereich der „thermoneutralen Zone" erbracht.

Untere Grenze der thermoneutralen Zone (Bartussek, 1995):

Kälber in der 1. Lebenswoche	7 bis 5 °C
Aufzuchtkälber	3 bis 0 °C
Mastkälber und Mastrinder	unter 0 °C
Jungvieh und Zuchtstiere	unter 0 °C
Laktierende Kühe	unter 0 °C
Trockenstehende Kühe	0 bis – 5 °C

Rinder vertragen Kälte besser als Wärme. Daher kann bei erwachsenen Tieren die Lufttemperatur auch unter 0 °C absinken. Die Temperatur, bei der das Tier Energie aufwenden muss, um die Körpertemperatur zu halten, ist leistungsabhängig. Bei einem Kalb mit 1000 g Tageszunahmen liegt sie bei 0 °C, bei einer Kuh mit 20 l Tagesmilchmenge bei etwa –15 °C. Gut entwickelte Masttiere vertragen Umgebungstemperaturen um –10 bis –20 °C, ebenfalls ohne Leistungseinbußen.

Bei hohen Temperaturen kommt es zu Hitzestress, was zu schlechteren Leistungen und höherer Krankheitsanfälligkeit führt.

• **Luftfeuchtigkeit**

Die relative Luftfeuchtigkeit soll zwischen 60 und 80% liegen. Sehr feuchte Luft fördert die Krankheitsanfälligkeit. Zu trockene Luft vermindert die Abwehrmechanismen der oberen Atemwege. Regelmäßige Lüftung schafft ein besseres Stallklima.

• **Luftgeschwindigkeit**

Konsequente Lüftung muss für die Zufuhr von frischer Luft und Abzug der verbrauchten Luft sorgen. Mindestens 100 m³ Frischluft je Kuh und Stunde werden benötigt. Stärkere Luftbewegung im Stall (Zugluft) soll vermieden werden.

• Schadgase

Als Maßstab für die Luftqualität werden die Konzentrationen der Ausscheidungsprodukte, wie Kohlendioxid (CO_2), Methan (NH_4), Ammoniak (NH_3) und Schwefelwasserstoff (H_2S), herangezogen.

d) Licht

Das Tier braucht Licht für bestimmte Hormonsteuerungen und Stoffwechselfunktionen. Die Fensterfläche muss mindestens 3% (besser 5%) der Bodenfläche betragen. Offenfrontställe bringen nicht nur ideale Luft-, sondern auch ideale Lichtverhältnisse. *Beobachtungen bei laktierenden Kühen in Milchviehherden in Michigan (USA) ergaben, dass Ergänzung des Tageslichtes mit künstlichem Licht (200 bis 300 Lux) auf 16 bis 18 Stunden in den Herbst- und Wintermonaten die Futteraufnahme um durchschnittlich 6% erhöht und die Milchleistung um ca. 5 bis 12% steigert. Die Leistungssteigerung tritt etwa 2 bis 4 Wochen nach Beginn mit dem Lichtprogramm ein. Der Tag-Nacht-Rhythmus soll durch eine 6 bis 8 Stunden dauernde Dunkelphase eingehalten werden. Während dieser Nachtstunden sollen Laufstallungen nur schwach beleuchtet sein.*

e) Liegeplatz

Sowohl Ausmaß als auch Ausstattung des Liegeplatzes beeinflussen das Wohlbefinden der Tiere. Länge und Breite des Liege- bzw. Standplatzes hängen von der Rasse, von der Aufstallungsart, dem Rahmen und dem Lebendgewicht der Tiere ab (Tierhaltungsverordnung). Auch die Sauberkeit der Tiere und die Verletzungsgefahr für das Euter stehen damit in Zusammenhang. Der Bodenbelag soll trocken, elastisch und griffig sowie warm sein. Matratzen und Gummimatten sind brauchbare Unterlagen. Stroheinstreu verbessert immer den Liegeplatz.

f) Futterbarn

Höhe und Breite des Futterbarns sollen so ausgeführt sein, dass jedes Tier bequem fressen kann.

Der tiefste Punkt des Barns muss mind. 10 cm über der Standfläche liegen. Zur individuellen, leistungsbezogenen Fütterung der Milchkühe in Anbindeställen ist die Verwendung von Barnteilern vorteilhaft.

g) Bewegungsmöglichkeit

Das Rind ist ein Lauftier und sollte zur Aufrechterhaltung aller Körperfunktionen ausreichend Bewegungsmöglichkeit haben.

Alle Formen der Anbindhaltung werden dieser Forderung wenig gerecht. Rinder dürfen nicht in dauernder Anbindehaltung gehalten werden. Als ausreichende Unterbrechung von Einzelhaltungsphasen gelten mindestens 90 Weidetage in der Vegetationszeit oder über das ganze Jahr mindestens 2 Stunden Auslauf pro Woche.

➡ Siehe Kap. 10.11, Bundestierschutzgesetz, Band 1, Seite 213

h) Das „ABC" des Kuhkomforts (nach Dr. Brandes)

• A = AIR (Luft)
- Kompletter Luftwechsel im Stall:
  - im Winter: 4-mal/Stunde
  - im Sommer: 100-mal/Stunde
- Temperaturverträglichkeit ist von der Luftfeuchtigkeit abhängig!

• B = BUNK (Futtertisch)
- Er sollte 15 cm höher als die Standfläche sein.
- Die Oberfläche muss im Fressbereich eine glatte Beschichtung aufweisen.
- Zur individuellen Fütterung sind Selbstfangfressgitter bzw. Barnteiler (Anbindestall) notwendig.
- Zur Wasserversorgung im Laufstall sollen pro Kuhgruppe 2 kippbare Trogtränken zur Verfügung stehen.

• C = COW COMFORT (Kuhkomfort)
- In Ruhepausen sollen 80% der Kühe liegen!
- Eine Hochleistungskuh soll 12–14 Stunden pro Tag liegen!
- Diese Bedingungen können durch optimale Gestaltung der Liegeflächen erfüllt werden:
  Richtige Liegeflächenmaße und
  Liegeflächenbeschaffenheit (Knietest)

i) Aufstallungsformen

Bei den Aufstallungsformen müssen die Vorgaben der Nutztierhaltungsverordnung Berücksichtigung finden.

• Anbindestall

Im Anbindestall benötigen rahmige Kühe je nach Entmistungsverfahren eine Standlänge von 185 cm, bei einer Breite von 120 bis 125 cm.

> **Standmaße** sind in der 1. Tierhaltungsverordnung geregelt.

Betonböden erfordern reichlich Einstreu und auch bei Gummimatten ist für eine entsprechende Einstreu zu sorgen.

• Laufstall

Die Raumbemessung bei Laufstallungen muss eine gewisse Individualdistanz innerhalb der Rangordnung ermöglichen. Diese Individualdistanz entspricht dem Raumbereich, der, wenn er von einem anderen Tier verletzt wird, zu Rangauseinandersetzungen führt. Deshalb soll die Mindestfläche je Tier nicht zu knapp bemessen werden. (Gemäß Nutztierhaltungsverordnung). Soziale Kontakte zwischen den Tieren sind in hohem Maße möglich.

Liegeboxenstall

Dieser ist weit verbreitet und für alle Rinderkategorien geeignet. Besonders für Milchvieh in Kombination mit Melkständen und Abrufstationen zur individuellen Kraftfutterversorgung hat sich diese Aufstallungsform bewährt.
Man unterscheidet zwischen Hoch- und Tiefboxen.

> Die Boxenbreite soll 120–125 cm betragen.
> Die gesamte Länge der Liegebox ist ca. 240–260 cm (1. Tierhaltungsverordnung).

Bei Tiefbuchten soll die Liegefläche mit einer 10 bis 15 cm dicken Stroh- bzw. Mistmatratze ausgestattet sein.
Bei Hochbuchten sind Kuhmatratzen den herkömmlichen Gummimatten vorzuziehen.

Das ideale Haltungssystem, das den Ansprüchen einer Hochleistungskuh gerecht wird:
Außenklimastall – Tiefbuchten mit Stroh-/Mistbett – Planbefestigter rutschsicherer Boden.

Liegeboxenstall

Fressliegeboxenstall

Er wird vor allem dann eingerichtet, wenn in bestehenden Gebäuden Platzmangel besteht. Die notwendige Anzahl an Boxen errechnet sich aus „Kuhzahl+3". Häufig wird mehr Unruhe im Stall und ein häufigeres Auftreten von Euterverletzungen festgestellt.

Fressliegeboxenstall

Tretmiststall

Der Tretmiststall zeichnet sich durch hohe Tiergerechtheit aus. Diese Laufstallform erfüllt weitestgehend die natürlichen Haltungsansprüche der Tiere.
Große Nachteile ergeben sich durch den hohen Strohaufwand, einen höheren Arbeitszeitbedarf und durch eine größere Euterverschmutzung bei den Kühen. Der Tretmiststall ist für Aufzuchtrinder und Mastrinder gut geeignet, für Mutterkühe weniger (Euterverschmutzung) und für Hochleistungskühe nicht zu empfehlen (verminderte Hygiene, hoher Strohbedarf).

Tretmiststall

Vollspaltenboxenstall

Kompoststall

Kompostställe sind tiergerechte Stallsysteme welche zunehmend an Bedeutung gewinnen. Als Einstreu eignen sich Sägespäne, Hobelspäne, feine Hackschnitzel oder Miscanthus. Der anfallende Kot und Harn der Tiere wird ein- bis zweimal täglich mittels Grubber, Fräse oder Federzinkenegge eingearbeitet wodurch der Sauerstoffeintrag erhöht und der Kompostierungsprozess gefördert wird. Circa alle zwei bis drei Wochen werden 10 bis 20 cm nachgestreut und zweimal pro Jahr wird der Stall vollkommen entmistet und die Kompostschicht neu aufgebaut. Stroh ist als Einstreu nicht geeignet!

Die Liegefläche von Kompostställen bleibt in der Regel trocken, daher bringen sie Vorteile hinsichtlich Klauen- und Eutergesundheit. Der weiche, rutschfeste Untergrund wirkt sich auf den Bewegungsapparat der Tiere insgesamt positiv aus. Die Sauberkeit der Tiere ist mit anderen Haltungssystemen vergleichbar.

Tieflaufstall

Tieflaufstall

Er ist ebenso wie der Tretmiststall eine sehr tierfreundliche Aufstallungsform. Der Strohaufwand ist jedoch bedeutend höher. Der Arbeitszeitbedarf ist durch den Wegfall der täglichen Entmistungsarbeit etwas geringer.

Diese Aufstallungsform ist für Mutterkühe, Mastrinder sowie für Jungrinder zur Aufzucht geeignet.

Vollspaltenboxenstall

Er ist eine häufig gewählte Aufstallungsform für Mastrinder. Voraussetzung ist eine relativ hohe Besatzdichte je Box mit gleichaltrigen Tieren. Für die Kalbinnenaufzucht ist diese Stallform nur beschränkt, eventuell in Kombination mit Weide oder Auslauf, für Milchvieh nicht geeignet.

Der Vollspaltenboden ist als nicht tiergerecht einzustufen!

In der Praxis sind verschiedene Kombinationen dieser Stallformen möglich. Zum Beispiel Fressplatz mit Spaltenboden (=Teilspaltenboden) und Liegeplatz als Tieflaufstall.

Kompoststall

Kälberiglu

Kälber-Gruppenhaltung im Außenklimastall

Kälberiglu/Kälberhütte

Bei der Aufzucht der Kälber in Kälberiglus oder Kälberhütten können wegen des günstigeren Klimas eine höhere Gewichtsentwicklung und eine bessere Gesundheit erzielt werden.

Besonders wichtig ist ein windgeschützter, zugluftfreier Standplatz sowie ausreichend Einstreu für die Kälberiglus/-hütten. Ebenso dürfen Kälberiglus/-hütten nicht der prallen Sonne ausgesetzt sein. Auf eine ausreichende Versorgung mit Wasser, besonders in der warmen Jahreszeit, ist zu achten.

Kälberiglus aus Kunststoff sind besser zu reinigen, Kälberhütten sind kostengünstiger, da sie in Selbstbauweise aus Holz hergestellt werden können.Die Anbindehaltung von Kälbern ist verboten (ausgenommen ist eine höchstens einstündige Anbindung oder Fixierung während bw. unmittelbar nach der Milchtränke). In Betrieben ab 6 Kälbern müssen diese ab der 9. Lebenswoche, sofern sie nach Alter und Entwicklung zusammenpassen, in Gruppen gehalten werden. (Gesetzliche Bestimmungen dazu siehe 1. Tierhaltungsverordnung).

Hinweis: ÖAG-Info 2/2007 – „Der große Rinderstall-Check".

j) Spezielle Haltungsmaßnahmen

Beim Milchvieh
- In Anbindeställen für regelmäßige Bewegung sorgen (Auslauf)
- Auf Stall- und Euterhygiene achten (Eutergesundheit, Milchqualität)
- Bewegungsflächen und Auslauf rein halten

Bei der Mutterkuhhaltung
- Betreuung der neugeborenen Kälber (Saugkontrolle)
- Nach der Abkalbung die Euter für kurze Zeit (2 Wochen) intensiv unter Kontrolle halten (Eutergesundheit)
- Jungrinder zeitgerecht von der Herde trennen
- Nicht zulässig sind Anbindehaltung und Vollspaltenboden

Bei den Kälbern
• **Gegenseitiges Besaugen verhindern durch:**
- Die richtige Anbringung des Tränkeeimers (Gumminuckel soll 60 bis max. 70 cm über dem Standplatz liegen) ermöglicht dem Kalb eine natürliche Körperhaltung bei der Nahrungsaufnahme.
- Hinter dem Nuckel sollte eine weiche, elastische Stoßzone angeordnet sein (z. B. Spezialsauger mit Gummiwulst oder Teil eines Autoreifens), sodass der Kopfstoß des Kalbes artgemäß ausgeführt werden kann.
- Nach dem Tränken das Kalb ca. 30 Min. fixieren.
- Ein hoher Saugwiderstand am Nuckel verlängert die Tränkedauer.
- Mehrmaliges Füttern am Tag mit kleineren Milchmengen ist günstig, dies ist jedoch aus arbeitswirtschaftlichen Gründen nicht möglich. Alternative: Tränkeautomat!

• **Sauberes, trockenes und reichlich eingestreutes Lager**
• **Reinigung und Desinfektion des Stalles vor jeder Neubelegung**

• **Sauberkeit und Hygiene bei allen Fress- und Tränkeeinrichtungen**

• **Enthornen**
Durch das Enthornen der Rinder wird das Verletzungsrisiko durch Hornstöße (Tier–Mensch; aber

auch Tier–Tier) deutlich vermindert, weshalb dies aus den genannten Sicherheitsgründen in vielen Betrieben routinemäßig durchgeführt wird.

Durchführung: Bei bis zu 2 Wochen alten Kälbern ist das Enthornen mit einem dafür zugelassenen Gerät (siehe 1. Tierhaltungsverordnung) ohne tierärztliche Schmerzausschaltung zulässig, bei älteren Kälbern nur unter tierärztlicher Schmerzausschaltung erlaubt.

• Kastration

Das optimale Kastrationsalter ist mit ca. 6 Monaten anzusetzen. Grundsätzlich stehen zwei Kastrationsmethoden zur Verfügung:

- **Die unblutige Kastration mit der Burdizzo-Zange:** Diese Art wird mit einer eigens dafür konstruierten Kastrationszange vorgenommen, mit der beide Samenstränge gequetscht werden. Zur Schmerzausschaltung ist eine medikamentelle, lokale Betäubung der beiden Samenstränge notwendig. Eine Kontrolluntersuchung nach 6 Wochen ist unbedingt erforderlich.
- **Die blutige Kastration mit einem Emaskulator:** Nach erfolgter lokaler Schmerzausschaltung durch den Tierarzt werden die beiden Hoden blutig frei gelegt und mit einer speziellen Schneid-Quetsch-Zange, dem Emaskulator, abgesetzt. Vorteil dieser Methode ist die sichere Kastration, wodurch eine Kontrolluntersuchung unterbleiben kann. Nachteile sind der etwas größere Aufwand und in unhygienischen Stallungen eine leichtere Infektionsmöglichkeit der Wunden.

Die Kastration männlicher Rinder ist gestattet, wenn der Eingriff durch einen Tierarzt erfolgt und nach wirksamer Betäubung des Tieres durchgeführt wird.

Quarantänestall (Auffangstall)

Zukaufkälber sollen mindestens 2 Wochen getrennt von der übrigen Herde gehalten werden.

➡ Siehe Kap. 5.8.2, Quarantänestall Band 1, Seite 88

• Ständige Kontrolle über das Wohlbefinden und die Entwicklung der Tiere

Bei den Kalbinnen

- Ausreichende Bewegungsmöglichkeit durch Laufstall, Auslauf oder Weide schaffen
- Für eine Alpung sind Jungtiere erst geeignet, wenn sie die oft schwierige Futtersituation und

die körperlichen Strapazen ohne Entwicklungsstörungen meistern können
- Regelmäßige Brunstbeobachtung ab der Geschlechtsreife
- Rechtzeitige Zuchtbenutzung
- Anbindehaltung und Vollspaltenboden sind nicht zulässig.

Beim Jungstier für Zuchtzwecke

- Regelmäßige Beobachtung von Wachstum, Zuwachs, Hodenentwicklung, Korrektheit der Körperformen
- Einziehen des Nasenringes im Alter von 10 bis 12 Monaten
- Regelmäßige Klauenkorrektur
- Führig machen (Kontakt zum Betreuer)

Bei den Mastrindern

- Die Entwicklung der Maststiere kontrollieren
- Bei Boxenhaltung muss die Box mit gleichaltrigen Tieren bestoßen werden, es soll keine Veränderung mehr vorgenommen werden
- Anbindehaltung ist nicht zulässig

Beim Zuchtstier

- Führen nur mit der Vorführstange (Nasenring)
- Regelmäßige Bewegung und viel Kontakt zum Tierbetreuer
- Regelmäßige Klauenpflege
- Regelmäßige Körperpflege sowie Einkürzen und Sauberhalten der Pinselhaare
- Angepasste Aufstallung

11.1.3 Lebendrinderkennzeichnung und Registrierung

Seit dem 1. Jänner 1998 sind die Kennzeichnungsvorschriften für Rinder gemäß der Verordnung (EG) 820/97 in Kraft. Auf Grund dieser Bestimmungen ist der Landwirt zur Kennzeichnung von Rindern und zur Durchführung bestimmter Meldungen an die Agrar Markt Austria (AMA) verpflichtet. URL: www.ama.at

> Die Verantwortung über die Kennzeichnung und Meldung liegt beim Tierhalter!

a) Rinderkennzeichnung

- Jedes neugeborene Kalb muss innerhalb von sieben Tagen mit zwei Ohrmarken gekennzeichnet werden.
- Die Ohrmarken werden dem Landwirt von der AMA zugesandt.
- Bei Verlust einer Ohrmarke ist diese Nummer unverzüglich über Internet (http://www.eama.at), schriftlich bzw. per Telefon bei der zuständigen Bezirksbauernkammer oder in der AMA nachzubestellen. Die entsprechende Ohrmarke wird nachproduziert und dem Tierhalter per Post zugesandt, wobei hier von einer durchschnittlichen Lieferzeit von fünf bis sieben Tagen auszugehen ist. Diese Frist ist abhängig von der Zustellgeschwindigkeit der Post.

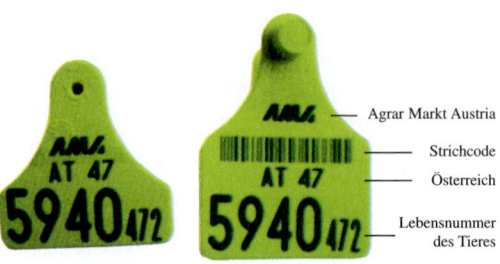

- Agrar Markt Austria
- Strichcode
- Österreich
- Lebensnummer des Tieres

Österreichische Ohrmarken enthalten die Bezeichnung AT, einen numerischen Code und einen Strichcode, der zumindest den numerischen Code beinhaltet. Die Ohrmarken sind Allflexohrmarken, wofür eine entsprechende Ohrmarkenzange benötigt wird.

b) Bestandesverzeichnis

Jeder Tierhalter hat je Betrieb ein Bestandesverzeichnis zu führen. Dies kann handschriftlich im dafür vorgesehenen Vordruck oder mittels eines dafür geeigneten Computerprogramms erfolgen. Folgende Angaben müssen darin enthalten sein:
- Geburtsdatum
- Ohrmarkennummer
- Kategorie (Ochs, Stier, Weiblich)
- Rasse
- Zu- und Abgänge mit Datum und Angabe der Person, aus deren Bestand die betroffenen Tiere übernommen oder an deren Bestand sie abgegeben wurden.

- Vermerke über den Aufenthalt von Tieren auf bestoßenen Weiden.

Änderungen im Tierbestand sind spätestens sieben Tage nach deren Eintritt im Bestandesverzeichnis zu vermerken. Das Bestandesverzeichnis ist nach Ende des Kalenderjahres, auf das es sich bezieht, noch vier Jahre aufzubewahren.

c) Meldungen durch den Tierhalter an die AMA

- Sämtliche Geburten, Zu- und Abgänge, Todesfälle (Schlachtungen und Verendungen) innerhalb von sieben Tagen
- Das Eintreffen von Tieren aus Drittländern innerhalb von sieben Tagen
- Abweichungen zwischen dem Datenbankregisterauszug der AMA und dem Bestandesverzeichnis innerhalb von zwei Wochen ab Erhalt des Datenbankregisterauszuges
- Die Meldung (Meldepflicht!) kann über ein FAX-Formular an die Bezirksbauernkammer oder über das Internet (www.eama.at) direkt an die AMA erfolgen.

Der beste Überblick für den Tierhalter ist mit dem Internet-Zugang (Betriebsnummer, Pin-Code) gewährleistet. Es kann jederzeit ein aktuelles Betriebsregister ausgedruckt werden. Die Daten können auch über eine Schnittstelle, z. B. von einem mit Computer geführten Bestandesverzeichnis oder einem Stallplaner, eingelesen werden.

d) Registrierung

Auf Grund der Meldepflicht sind sämtliche Rinder Österreichs in der zentralen Datenbank der Agrar Markt Austria registriert.

e) Tierpass

Der Tierpass wird in der Datenbank der AMA automatisch geführt. Ein Tierpass wird ausschließlich bei Verkäufen in andere EU-Staaten benötigt. Wenn das Tier in ein anderes EU-Land verkauft wird, muss ein Tierpass über die Bezirksbauernkammer bzw. die AMA oder selbst über Internet angefordert werden. Der Tierpass ist vom letzten österreichischen Halter zu unterzeichnen und vom Tierarzt, der die Verbringung ins Zielland (EU Land) abfertigt, zu validieren.

Für Exporte in Drittländer muss kein Tierpass von der AMA ausgestellt werden.

f) Vor-Ort-Kontrolle

Aufgrund der gesetzlichen Bestimmungen sind im Rahmen von Vor-Ort-Kontrollen die Kennzeichnung der Rinder, die Meldungen an die zentrale Rinderdatenbank und das Bestandsverzeichnis auf Richtigkeit und Vollständigkeit zu überprüfen. Vor-Ort-Kontrollen im Bereich Rinderkennzeichnung und -registrierung gelten ab 2005 als CC relevant und werden im Rahmen der Cross Compliance bewertet. Verstöße im Bereich der Rinderkennzeichnung können zur Kürzung von Direktzahlungen führen.

g) Viehverkehrsschein/Lieferschein

Werden Rinder in den Verkehr gebracht, so ist vom Verkäufer (Landwirt) ein Begleitdokument auszufüllen. Dieses gilt gleichzeitig als Transportbescheinigung (gemäß §4 Tiertransportgesetz-Straße), bei Zuchttieren als Auftriebsschein (nur ein Tier pro Formular) und bei Masttieren als Schlachtprämienerklärung.

Der Rinder-Lieferschein ist online unter der Internetadresse **www.eama.at** aufzurufen und unter „RinderNET" – Lieferschein-Assistent auszufüllen und zu drucken.

Geburtsbetrieb
- Kennzeichnung mit zwei registrierten Ohrmarken
- Eintrag der Geburt ins Bestandesverzeichnis
- Meldung der Geburt an die zentrale Rinderdatenbank http://www.eama.at

- Abgangsmeldung an die zentrale Datenbank bei Verkauf (des Kalbes, der Kalbin, des Jungstieres bzw. des ausgewachsenen Rindes) bzw. sonstigem Ortswechsel

Transport
mittels Begleitdokument mit allen relevanten Daten zum Tier

- Viehverkehrsschein /Lieferschein
  (siehe Abb. Band 1, Kap. 6.4.2, Seite 101)

Mastbetrieb
- Zukaufsmeldung an die zentrale Rinderdatenbank
- Eintrag ins Bestandesverzeichnis
- Abgangsmeldung an die zentrale Datenbank bei Verkauf des Rindes

Zuchtbetrieb
- Zukaufsmeldung an die zentrale Rinderdatenbank
- Eintrag ins Bestandesverzeichnis
- Abgangsmeldung an die zentrale Datenbank bei Verkauf des Rindes

Transport
zum Schlachthof, zu einem anderen Zuchtbetrieb, zur Versteigerung oder zu einer Ausstellung mittels Begleitdokument mit allen relevanten Daten zum Tier

Schlachthof
- Überprüfung der Identität des Tieres
- Schlachtmeldung an die zentrale Rinderdatenbank

Mit der Rinderdatenbank der AMA ist der Weg der Tiere von der Geburt bis zum Schlachthof lückenlos nachvollziehbar und von jedem Bauern für jede Lebensnummer abrufbar.

h) Duldungs- und Mitwirkungspflichten

- Der Tierhalter hat den Organen und Beauftragten des Bundesministeriums für Land- und Forstwirtschaft, der AMA, den Prüforganen in mittelbarer Bundesverwaltung der Länder, Organe der Europäischen Union und des Europäischen Rechnungshofes, im Folgenden Prüforgane genannt, das Betreten der Geschäfts- und Betriebsräume während der Geschäfts- und Betriebszeit oder nach Vereinbarung zu gestatten.
- Die Prüforgane dürfen in die Buchhaltung, das Bestandesverzeichnis und alle Unterlagen des Tierhalters, die für die Prüfung erforderlich sind, Einsicht nehmen.
- Bei der Prüfung hat eine geeignete informierte Auskunftsperson des Tierhalters oder der Tierhalter anwesend zu sein, Auskünfte zu erteilen und die erforderliche Unterstützung zu leisten.

i) Kostenverrechnung

Die Kosten der Ohrmarken werden dem Landwirt von der AMA verrechnet.

> Nicht ordnungsgemäß gekennzeichnete Tiere sind **nicht verkehrsfähig**!
> Nicht ordnungsgemäß registrierte Tiere sind **nicht prämienfähig**!

11.1.4 Pflege

Pflegemaßnahmen
- Putzen
- Scheren
- Klauenpflege
- Euterpflege
- Ungeziefer- und Parasitenkontrolle

a) Putzen des Haarkleides

• Aufgaben
- Schmutz und Staub entfernen,
- abgestoßene Haare und abgestorbene Hautpartikel entfernen,
- die Hautatmung begünstigen und
- den Kreislauf und die Stoffwechselvorgänge anregen,
- erhöht das allgemeine Wohlbefinden der Tiere.

• Werkzeuge
- Striegel und Bürste
- Elektrisches Viehputzgerät
- Putzbürsten zur „Selbstreinigung" (im Laufstall) – statische Flachbürsten oder Rotationsbürsten mit elektrischer Antriebsautomatik

• Durchführung
- Frischer oder noch feuchter Schmutz oder Kot müssen mit Wasser (möglichst mit Fließwasser aus dem Schlauch) und Bürste sorgfältig entfernt werden.
- Mit dem Striegel sollen Schmutz-, Staub- und Hautteilchen von der Körperhaut gelöst werden.
- Mit der Bürste (Reis-, Kunststoff- oder grobe Haarbürste), welche nach jedem Bürstenstrich am Striegel abgezogen werden soll, um den Staub und Schmutz zu entfernen, wird das Haarkleid sauber gemacht.
- Mit einer feinen Haarbürste kann der restliche Staub ausgebürstet werden.
- Eine wesentliche Erleichterung bringt das elektrische Viehputzgerät. Mittels einer rotierenden Bürste werden Schmutz- und Staubteilchen von der Körperhaut gelöst und im selben Arbeitsgang abgesaugt. Der Staubauffangsack muss regelmäßig entleert werden.
- Grundsätzlich wird der Tierkörper immer in Richtung vom Kopf zum Schwanz bearbeitet.

> Bei der Haltung in Anbindeställen ist ein regelmäßiges Putzen der Rinder unerlässlich.
> Bei der Haltung in Laufställen oder auf der Weide haben die Tiere die Möglichkeit, den Körper zu reiben und damit teilweise den Schmutz und Staub loszuwerden. Grundsätzlich ist es aber vorteilhaft, wenn Milchvieh auch bei Laufstallhaltung in regelmäßigen Abständen geputzt wird.

b) Scheren

• Aufgaben
- verbessert das Wohlbefinden der Tiere,
- erleichtert die Putzarbeit,
- ist vorteilhaft zur besseren Kontrolle hinsichtlich Parasitenbefall und
- das Abscheren des Euters ermöglicht eine bessere Melkhygiene und erleichtert die Melkarbeit.

• Werkzeuge
- Bürste
- Schermaschinen (DLG-geprüfte Schermaschinen verwenden)
- In der Regel wird eine Schermaschine für die Grobschur (Winterfell) und eine für die Feinschur (Euter) benötigt.
- Die Schermaschine soll handlich und leicht sein.
- Schermaschinen müssen regelmäßig gereinigt und gewartet werden (richtiges Ölen, Schärfen der Schermesser etc.).

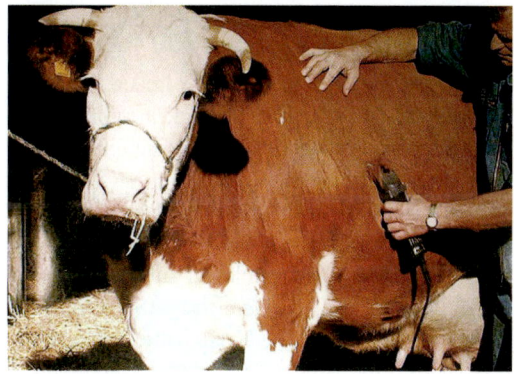

Scheren

• Durchführung
- Waschen der Tiere – Erst wenn das Fell trocken ist, mit dem Scheren beginnen.
- Tiere fixieren (z. B.: Fangfressgitter)
- Anpressdruck der Schermesser richtig einstellen und richtiges Ölen bei laufender Maschine (lt. Betriebsanleitung)
- Mit laufender Maschine sich vorsichtig dem Tier nähern und beim Schwanz beginnen (Schwanzquaste nicht abschneiden!)
- Schermaschine mit gleichmäßigem Druck gegen die Haarrichtung über den Körper führen (an den Hinterbeinen beginnen); Streifenbildung vermeiden

- Die Haare am Schwanz, Kopf, Hals und auf den Beinen kurz scheren, das restliche Körperhaar etwas länger scheren
- Die Haare am Euter mit einer kleinen Schermaschine kurz scheren (je kürzer, desto besser).

Wann sollte die Schur durchgeführt werden?
- Vor Ausstellungen oder Versteigerungen (bis zu 4 Wochen vor dem Ausstellungs-/Versteigerungstermin)
- Bei Weidetieren möglichst bald nach dem Aufstallen
- Auch bei Stallhaltung einmal pro Jahr sämtliche Tiere scheren (Ganzkörperschur). Der günstigste Zeitpunkt ist das zeitige Frühjahr.
- 2- bis 3-mal pro Jahr die Euter scheren

c) Klauenpflege

Bei Beschaffenheit, Form und Wachstum der Klauen sind große individuelle Unterschiede festzustellen, welche von den Erbanlagen, der Fütterung, der Haltung und dem Herdenmanagement beeinflusst werden.

> Eine stabile Klauengesundheit hält das Wohlbefinden der Tiere aufrecht und setzt eine betriebsoptimale funktionelle Klauenpflege voraus.

• Aufgaben
- Überschüssiges Horn entfernen
- Der Klaue eine richtige, belastbare Form geben
- Verunreinigungen und eingetretene Fremdkörper entfernen
- Erkrankte Hornteile entfernen

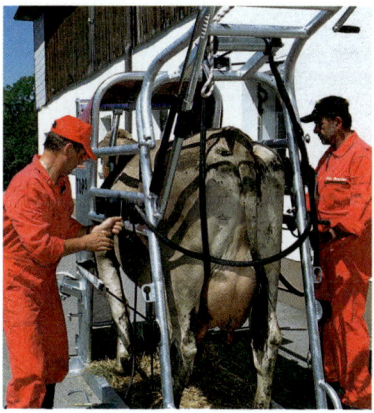

Durchtreibestand

Kippstand

• Fixiergeräte
- Klauenpflegestände
  Durchtreibestand
  Kippstand

DLG geprüfte Stände erfüllen die Anforderungen nach größtmöglicher Sicherheit für Mensch und Tier.

• Werkzeuge
- Klauenmesser
- Klauenzange
- Winkelschleifer mit Handgriff: 800 bis 1200 Watt, 10.000 bis 12.000 U/min, Granulatscheiben mit grober Körnung verwenden; Schutzbrille und ev. Schutzmaske tragen

• Durchführung
Eine gesunde Klaue soll auf unterschiedlichen Bö-

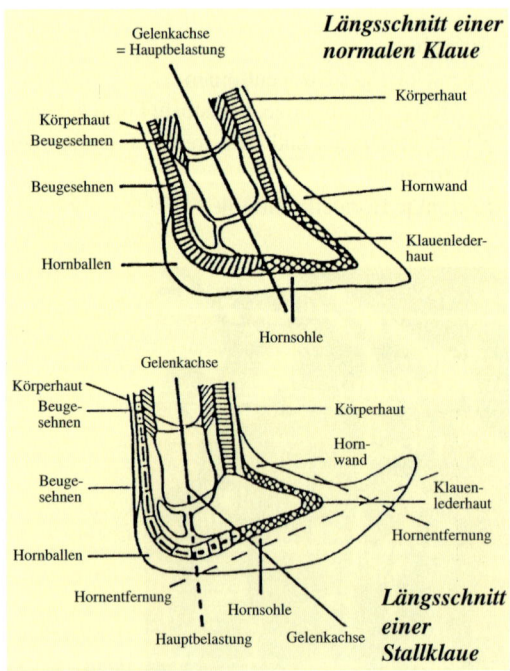

Längsschnitt einer normalen Klaue

Gelenkachse = Hauptbelastung

Körperhaut

Körperhaut
Beugesehnen

Beugesehnen

Hornwand

Klauenlederhaut

Hornballen

Hornsohle

Längsschnitt einer Stallklaue

Gelenkachse

Körperhaut
Beugesehnen

Körperhaut

Beugesehnen

Hornwand

Klauenlederhaut

Hornballen

Hornentfernung

Hornentfernung

Hornsohle

Hauptbelastung   Gelenkachse

den Trittsicherheit, sowohl im Stand als auch in der Bewegung, ermöglichen.

Ziel der funktionellen Klauenpflege ist eine
- vertretbare kurze Vorderwand (7,5 cm)
- eine flache Klauensohle (5 mm) mit Hohlkehlung und
- ein relativ hoher Ballen (große Trachtenhöhe).

Durch eine vertretbare kurze Vorderwand und einen relativ hohen Ballen wird versucht, das Gewicht auf die vorderen zwei Drittel der Klaue zu verlagern.

Fünf Schritte der „Funktionellen Klauenpflege":

Man beginnt bei der Klauenpflege immer mit der Klaue, die am wenigsten belastet ist.

Schritt 1: Man beginnt hinten bei der Innenklaue und vorne bei der Außenklaue. Abmessen der Vorderwand (7,5 cm) + 0,5 mm Sohlenstärke (senkrecht gemessen).

Schritt 2: Im zweiten Arbeitsgang werden hinten die Außenklaue und vorne die Innenklaue, zuerst gleich lang und dann gleich hoch, geschnitten. Die Sohlenfläche muss parallel zum Klauenbein ausgerichtet sein.

Schritt 3: Um Quetschungen der Lederhaut durch den harten Boden und den Klauenbeinhöcker zu vermeiden, wird eine Hohlkehlung mitgeschnitten (maximale Tiefe 5 mm).

Schritt 4 und 5 dienen der Vorbeuge und Sanierung von Klauendefekten.

Schritt 4: Das Klauenpaar wird auf Farbveränderungen und Defekte im Bereich der Sohle und der Klauenwand untersucht. Krankhafte Veränderungen, wie z. B. Sohlengeschwüre, Wanddefekte usw., müssen gewissenhaft saniert werden.

Wichtig: Keine Blutungen bei der Klauenpflege!

Schritt 5: Beim letzten Arbeitsschritt werden die hinteren Drittel der Sohlenfläche und die Ballen auf loses Horn untersucht und wenn nötig abgetragen, sodass keine Feuchtigkeit und kein Schmutz eindringen können. Ebenso ist die abschließende Kontrolle der Haut des Zwischenklauenspaltes auf krankhafte Veränderungen hin durchzuführen.

Wann sollte die Klauenpflege durchgeführt werden?
So oft wie notwendig, um das Wohlbefinden der Tiere aufrechtzuerhalten (ca. 2- bis 3-mal pro Jahr)!
Bei Kalbinnen:
- Nach der Belegung („Zuchtreife ist Pflegereife")
- 2 bis 3 Monate vor der Abkalbung

Bei Kühen:
- Beim Trockenstellen
- 3 bis 4 Monate nach der Abkalbung
- Vor und nach der Weidehaltung

Aktuelles rund um das Thema „Klauenpflege" siehe unter URL: **http://www.klauenpflege.at**

d) Euterpflege

Neben den unbedingt notwendigen Euterhygiene-maßnahmen bei Kühen ist eine permanente Beob-achtung des Euters (Eutergesundheit, Hautverände-rungen, Warzen, Zitzenverletzungen etc.) wichtig. Ist die Eutergesundheit beeinträchtigt, sind recht-zeitig geeignete Therapiemaßnahmen vorzuneh-men. Durch regelmäßige Pflege der Zitzen mit Melkfett können diese geschmeidig und wider-standsfähig erhalten werden.

Auf eine gesunde Entwicklung der Euter bei Kal-binnen ist besonders zu achten.

e) Ungeziefer- und Parasitenkontrolle

> Alle Rinder müssen ständig in ihrem Verhalten beobachtet werden.

Bei Verdacht auf Ungeziefer- oder Parasitenbefall muss eine genaue Kontrolle am Tier vorgenommen werden. Parasiten verursachen Juckreiz und Unbe-hagen, schädigen das Tier und schmälern sein Leis-tungsvermögen. Daher sind bei Verdacht sofort Be-kämpfungsmaßnahmen mit geeigneten Mitteln durchzuführen.

➡ Siehe Kap. 11.4.2, Parasitosen, Bd. 2, S. 161

Auch die Fliegenbekämpfung ist vorschriftsmäßig durchzuführen. Fliegen können Erreger von infek-tiösen Euterentzündungen übertragen.

11.1.5 Fruchtbarkeitsmanagement

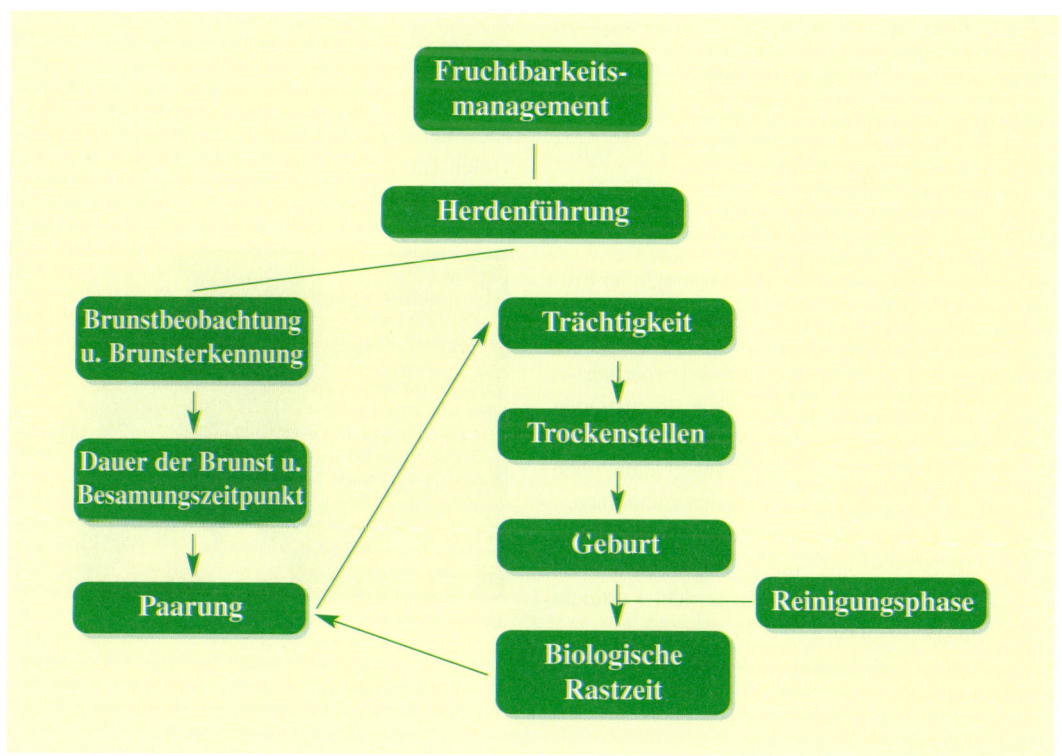

a) Herdenführung

Ein strategisch richtiges und konsequent durchgeführtes Herdenmanagement ist Voraussetzung für den Betriebserfolg. Ein wesentlicher Bestandteil des gesamten Herdenmanagements ist das Fruchtbarkeitsmanagement.

Die Betriebszweigauswertung oder einzeltierbezogene Deckungsbeitragskalkulation unterstützt die Kontrolle der Wirtschaftlichkeit.

Um gezielt beim Herdenmanagement vorzugehen, kann man sich an folgende Schritte halten:
- Kontrollpunkte finden und festlegen (Milchleistungsdaten, Fruchtbarkeitskennzahlen, Brunsterkennungsrate, Abkalbequote etc.)
- Klar definierte Ziele bestimmen
- Leistungen regelmäßig beurteilen (Mittelwert erstellen und untereinander vergleichen)
- Entscheidungen treffen und konsequent handeln (Management-Plan)

b) Geschlechtsreife – Zuchtreife

• Geschlechtsreife
- Damit bezeichnet man den Eintritt der Jungtiere in die fortpflanzungsfähige Phase.
- Geschlechtsreife der Kalbin im Alter von 8 bis 10 Monaten
- Geschlechtsreife beim Jungstier im Alter von 7 bis 8 Monaten

• Zuchtreife
- Darunter versteht man das frühest mögliche Entwicklungsstadium eines Jungrindes, welches eine Zuchtbenutzung ohne negative Auswirkungen möglich macht. Die Kalbin muss körperlich so weit entwickelt sein, dass sie ein Kalb austragen und ohne Schwierigkeiten gebären sowie eine entsprechende Erstlaktation erbringen kann, ohne in ihrer Weiterentwicklung Schaden zu nehmen.
- Zuchtreife der Kalbin mit einem Gewicht von 400–450 kg (abhängig von der Rasse) bzw. wenn zwei Drittel des möglichen Endgewichtes erreicht sind; im Alter von ca. 17 bis 21 Monaten
- Zuchtreife beim Jungstier ab dem 13. bis 14. Lebensmonat

c) Brunstbeobachtung und Brunsterkennung

Die Brunstbeobachtung und Brunsterkennung hat eine vorrangige Bedeutung im Fruchtbarkeitsmanagement.

• Brunstanzeichen

Gegenseitiges Bespringen

Die Brunst äußert sich in einer Reihe von Zeichen und Verhaltensänderungen. Es gibt Symptome, die zuverlässig auf eine Brunst hinweisen, und solche, die lediglich anzeigen, dass sich das Tier anders verhält als die Herdengenossinnen. Um eindeutige Brunstzeichen ausmachen zu können, ist eine genaue Beobachtung notwendig. Anhand möglichst vieler Einzelsymptome lässt sich eine sichere Brunst feststellen.

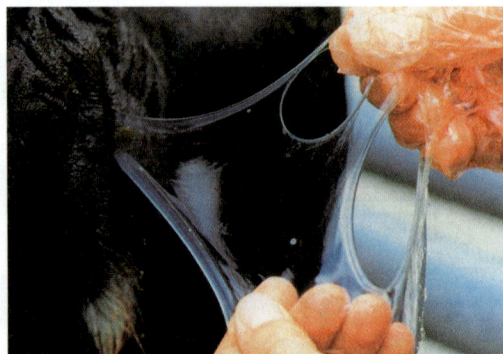

Brunstschleim – glasklar, Faden ziehend

Zuverlässige Brunstanzeichen
- Aufspringen auf Herdengenossinnen
- Duldung des Aufsprunges
- Intensive Kontaktaufnahme zu den anderen Herdentieren (Anschmiegen, Ablecken, Kopfauflegen)
- Schwellung der Scham
- Rötung des Scheidenvorhofes und stärkere Feuchtigkeit der Scheidenschleimhaut
- Abgang von klarem, Faden ziehendem Brunstschleim
- Mit Schleim verklebte Sitzbeinhöcker und Schwanzunterseite
- Abgescheuerter Schwanzansatz

Weniger zuverlässige Anzeichen
- Erhöhte Unruhe (Hin- und hertreten, Angriffslust)
- Brüllen oder Brummen
- Unruhiger, suchender Blick
- Spontanes Einbiegen der Lende
- Verringerung der Futteraufnahme
- Kurzfristiger Milchrückgang

• **Brunstkontrollen**

Richtige und häufig durchgeführte Brunstkontrollen sind „bares Geld"!

In vielen Betrieben werden die Tiere in der Regel nur zweimal täglich, meist gleichzeitig mit Fütterungs- und Melkarbeiten, beobachtet. Ein solches Brunstmanagement wird zu keinen hohen Brunsterkennungs- und Fruchtbarkeitsraten führen, was wie folgt begründet werden kann:

- Die Tiere sind während der Brunst nicht dauernd aktiv, die Brunstaktivität ist nicht über den Tag gleichmäßig verteilt. Fällt eine längere Ruhephase in die Beobachtungszeit, wird das Tier als stillbrünstig bezeichnet. Es ist bekannt, dass brünstige Tiere im Wesentlichen nachts aktiv sind.
- Tiere mit deutlicher, aber verkürzter Brunst werden bei zweimaliger Beobachtung nicht erfasst und als stillbrünstig oder brunstlos bezeichnet.
- Der richtige Besamungszeitpunkt lässt sich bei zweimaliger Beobachtung schwer feststellen, da meist der Beginn der Hauptbrunst nicht erfasst werden kann.

Vier Kontrollen pro Tag sind das Minimum!

tägl. Brunstkontrollen	Brunsterkennungsrate
1-mal	61%
2-mal	64–69%
3-mal	73–84%
4-mal	86%
5-mal	91%

Die Bunsterkennungsrate ist abhängig von der Anzahl der Kontrollen und von der Tageszeit, zu der die Kontrollen durchgeführt werden.
Erst bei viermaliger Kontrolle werden knapp 90% der brünstigen Tiere als deutlich in Brunst erkannt. Die Brunstkontrolle dient auch zur Erfassung jener Tiere, die ihrem Zyklus entsprechend Brunstanzeichen zeigen sollten, dies aber nicht tun. Deshalb

		Januar	Januar/Februar	Februar/März
Sonntag	1		22	12
Montag	2 *Alma brünstig*		23 *Alma besamt*	13 *Alma kontrollieren*
Dienstag	3		24	14
Mittwoch	4		25	15 *Elke kontrollieren*
Donnerstag	5		26	16 *Elke kontrollieren*
Freitag	6		27	17
Samstag	7		28 *Elke Blutschleim*	18
Sonntag	8		29	19

Brunstkalender – richtig führen!

muss eine mindestens viermalige Brunstkontrolle von jeweils 20 Minuten für jeden Landwirt zur Routine werden!

Die erste Brunstkontrolle frühmorgens und die letzte spätabends garantieren eine hohe Brunst-erkennungsrate. In der Praxis haben sich auch der späte Vormittag (ca. 10.00 –11.00 Uhr) und der frühe Nachmittag (ca. 13.30–14.30 Uhr) als ideale Beobachtungszeiten bestätigt.

Die besten Zeiten für Kontrollgänge sind allgemeine Ruhezeiten, in denen sich brünstige Tiere durch ihre stärkere Aktivität deutlicher bemerkbar machen.

• **Maßnahmen und Hilfsmittel zur Brunster-kennung**

- Gezielte und häufige Brunstkontrollen
- Die konsequente Führung eines Brunstkalenders. Der Brunstkalender ist dem Brunstzyklus (3-Wochen-Rhythmus) entsprechend aufgebaut.
  Anmerkungen über die Deutlichkeit der Brunst und die Dauer der Brunstphasen sollen eingetragen werden. Diese geben wichtige Hinweise für die Wahl des richtigen Besamungszeitpunktes. Besonders wichtig ist auch, dass der Zeitpunkt des Blutschleimens eingetragen wird.

- Anwendung des „**Rückengriffes**"
- **Täglicher Auslauf** von ein bis zwei Stunden bei Anbindehaltung
- Eine computerunterstützte Herdenüberwachung und Verwendung eines **Schrittzählers (Pedometers).** Die Aktivitätsmessung kann auch mit einem Sensor am Halsband erfolgen.
- Ein **Brunstpflaster**, welches zwischen den Hüfthöckern oder am Schwanzansatz auf die gut ge-

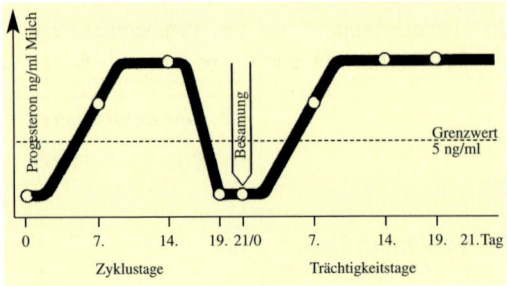

Progesteronverlauf in der Milch während Zyklus und Trächtigkeit

säuberten Haare angebracht wird. Bei jedem Aufsprung durch andere Tiere wird das Pflaster Stufe für Stufe „abgerubbelt". Der „Abrubbelgrad" lässt Rückschlüsse auf die Brunstintensität zu.
- Eine **Farbpatrone**, die zwischen Sitzbeinhöcker und Hüfthöcker auf das sauber gereinigte und trockene Kreuzbein geklebt wird. Durch das Aufreiten werden, je nach Modell, die Patronen deutlich farbig oder fluoreszierend.

- **Milch-Progesteron-Test (MPT)**
  Der MPT kann zur Zykluskontrolle und Trächtigkeitskontrolle herangezogen werden, wenn an den Tagen 0, 7, 14 und 19 eine Milchprobe genommen und untersucht wird.
- In Zweifelsfällen tierärztliche **gynäkologische Untersuchungen** (Eierstöcke, Gebärmutter und Scheide).

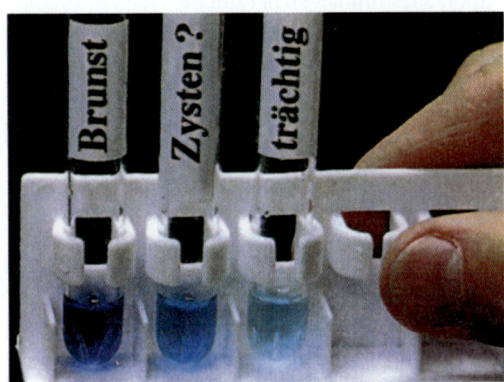

Progesterontest – Farbverlauf

d) Dauer der Brunst und Besamungszeitpunkt

Eine falsche Deutung der Brunstsymptome führt meist zu Fehleinschätzung des richtigen Besamungszeitpunktes und somit häufig zu Besamungen außerhalb der „echten" Brunst.

Das zeitlich richtige Zusammentreffen von Eizelle und Spermien ist die Voraussetzung für eine Befruchtung, die im Eileiter stattfindet. Im Normalfall sind dazu folgende, individuell stark schwankende, Bedingungen vorgegeben:

- **Brunstdauer** bei normaler Brunst 16 bis 24 Stunden, bei jüngeren Tieren häufig kürzer
- Eisprung (Follikelsprung) 24 bis 36 Stunden nach

Brunstverlauf und Reifung der Samen

Zyklustag	21. Zyklustag	1. Zyklustag	1. bis 3. Zyklustag
	Vorbrunst	**Hauptbrunst**	**Nachbrunst**
Stunden		0　4　6　8　10　12　　16　18　20　　24　　28　　32　　36　　40	
Besamungs-zeitpunkt		un-günstig　**optimaler Besamungszeitpunkt**	noch Chancen
Innere Brunstzeichen			←— Eisprung —→　Abbluten
Entwicklung der Spermien			Reifung　max. Befruchtung　abnehmend Besamung　6　　　　18　30 Std.
Äußere Brunst-merkmale	**Unruhe:** Aufsprungversuche Beriechen, Stoßen Milchverhalten Aufregung Fressunlust **Scham:** Schwellung Rötung, dünner, wässriger Schleim	**Duldung:** Lässt sich bespringen; Durchbiegen von Kreuz und Lende, wenn Person darüberstreicht **Schleim:** große Mengen, glasklar, Fäden ziehend	**Ruhe:** Lässt sich nicht mehr bespringen; normales Verhalten **Schleim:** gering, trüb, pappig, beginnendes Abbluten

Brunstbeginn oder 8 bis 12 Stunden nach Ende der äußeren Brunstanzeichen

- Befruchtungsfähigkeit der Eizelle 6 bis 12 Stunden
- Die volle Befruchtungsfähigkeit der Spermien (Reifung der Spermien) wird in der Gebärmutter bzw. im Eileiter nach 6 Stunden erreicht, danach bleiben die Spermien 20 bis 24 Stunden befruchtungsfähig.
- Die Wanderung der Spermien von der Gebärmutter in den Eileiter dauert wenige Minuten
- Besamungstauglichkeit der Kuh/Kalbin: Nur gynäkologisch gesunde Tiere sollen besamt werden (rektale Untersuchung!).

Aus diesen Tatsachen ergibt sich, dass bei Besamungen gegen Ende der Hauptbrunst die besten Aussichten auf eine Trächtigkeit bestehen.

Die Hauptbrunstphase ist gekennzeichnet durch die stehende Brunst. Sie beginnt zu dem Zeitpunkt, an welchem sich das Tier zum ersten Mal bespringen lässt und dabei stehenbleibt.

Für die Festlegung des optimalen Besamungszeitpunktes ist es wichtig, den Beginn der Hauptbrunst genau zu erkennen. (Häufig durchgeführte Brunstkontrolle!)

Der **günstigste Besamungstermin** liegt im letzten Drittel der Brunst, ca. 10 bis 24 Stunden nach Bestimmung der ersten deutlichen Brunstsymptome.

Ein aussagekräftiges Kriterium zur Bestimmung des Besamungszeitpunktes ist der Brunstschleim.

Es muss jedoch darauf hingewiesen werden, dass die Brunstdauer individuell sehr unterschiedlich ist. Daher sollte die Dauer der Brunst auch im Brunstkalender vermerkt werden. Kühe mit kürzerer Brunstdauer müssen selbstverständlich früher besamt werden.

„Morgen-Nachmittag-Regel"

In der Praxis gilt diese Regel bei Tieren mit normal langer Brunst:

Kühe, die bei der morgendlichen Brunstkontrolle deutliche Brunstsymptome zeigen, werden am Nachmittag des gleichen Tages besamt. Treten die Brunstanzeichen erst im Laufe des Tages auf, wird die Besamung am folgenden Morgen durchgeführt.

Das **Blutschleimen** (Abbluten) ist ein normaler Vorgang und zeigt an, dass zwei bis drei Tage vorher eine normale Brunst mit erfolgtem Follikelsprung gewesen ist.

e) Paarung

• Künstliche Besamung
Ca. 85% des weiblichen Rinderbestandes werden künstlich besamt.

Vorteile der Künstlichen Besamung:
- Es stehen Stiere mit einem positiven Zuchtwert zur Verfügung.
- Die Auswahl des Samenspenders kann aus einem größeren Angebot getroffen werden.
- Die Besamung erfolgt im Besitzerstall, sodass der Tiertransport entfällt.

• Natursprung
Für die zusätzliche Haltung von Stieren für den Natursprung sprechen folgende Gründe:
- Ein gewisser Mindestabsatz an Zuchtstieren ist nötig, um den Züchtern Anreiz zu bieten, die züchterisch wertvollen Stierkälber aus den gezielten Anpaarungen aufzuziehen. Eine weitere Einschränkung der Stieraufzucht würde die notwendige vielseitige Blutführung gefährden.
- Weiters ist es vernünftiger, die Wartezeit der Teststiere bis zum Bekanntwerden ihres Zuchtwertes im Natursprung zu verbringen. Wartestationen verursachen hohe Kosten.
- In manchen Fällen bietet der Natursprung Vorteile für die Fruchtbarkeit bei Problemkühen.

f) Trächtigkeit

• Trächtigkeitsdauer

Die Trächtigkeit dauert beim Rind durchschnittlich 283 bis 290 Tage.
Faustregel: Decktag + 9 Monate + 10–15 Tage
= *Soll-Abkalbetermin*

Männliche Kälber werden im Durchschnitt um zwei Tage länger getragen als weibliche. Bei Zwillingsgeburten ist die Trächtigkeit ca. vier bis sechs Tage verkürzt. Rassebedingt ergeben sich geringfügige Unterschiede.

• Möglichkeiten zur Trächtigkeitskontrolle
- Genaue Beobachtung 3 Wochen nach der Besamung (Brunstzyklus)
- Mittels Progesteron-Bestimmung in der Milch am 19. oder 20. Tag nach dem Belegdatum. (➜ Kap. 11.1.5, Fruchtbarkeitsmanagement, Maßnahmen und Hilfsmittel zur Brunsterkennung, S. 32)
- Trächtigkeitsuntersuchung aus der Milch: IDEXX-/PAG-/Elisa-Test
  Mit dem „Milchträchtigkeitstest" kann ab dem 28. Tag nach der Befruchtung eine Trächtigkeit in der Milch nachgewiesen werden. Die Richtigkeit der Ergebnisse ist jedoch erst nach dem 60. Tag nach der Abkalbung gegeben.
  Bei Kalbinnen kann dieser Test über eine Blutprobe durchgeführt werden.
- Mittels Ultraschall kann eine Trächtigkeit 4 bis 5 Wochen nach der Besamung erkannt werden.
- Durch eine rektale Untersuchung (durch den Mastdarm). Diese Untersuchung wird in der Regel vom Tierarzt durchgeführt, und zwar:
  - bei Kalbinnen ab 6 bis 7 Wochen nach dem Belegdatum
  - bei Kühen ab 6 bis spätestens 8 Wochen nach dem Belegdatum

g) Trockenstellen

Nur **eutergesunde** Kühe trockenstellen!

• Zeitpunkt

Kühe sollen mindestens 6, höchstens aber 8 Wochen vor dem Abkalbetermin trockenstehen.

Kürzer als sechs Wochen bringt Leistungseinbußen (bei Milchmenge, Milchinhaltsstoffen, Fruchtbarkeit) in der Folgelaktation; länger als acht Wochen bringt keinerlei Vorteile.

• Warum soll eine Kuh trockengestellt werden?
- Zur Erholung von der vorhergegangenen Laktation
- Zur Bildung von Reservestoffen für die kommende Laktation
- Zum Aufbau von Drüsenmasse im Euter
- Zur Ausbildung der Frucht (des Kalbes)

• **Durchführung**

Fütterungstechnisch

Ca. eine Woche vor dem Trockenstelltermin:
- KEIN Kraftfutter
- Reduzieren der Saftfuttermenge
- Erhöhen der Raufuttermenge (ad libitum)

Melktechnisch
- Trockenstellen durch plötzliches Aufhören des Melkens von einem Tag auf den anderen.
  Durch den sich ergebenden Milchstau entsteht ein hoher Druck im Euter, der die Milchbildung unterbindet. Innerhalb der nächsten Tage wird die Milch aus dem Euter resorbiert und das Euter wird locker und leer.
  Oder:
- 3 bis 4 Tage nur morgens melken;
  Auch bei der letzten Melkung vor dem Trockenstellen sind ein gründliches Ausmelken des Euters und die Desinfektion der Zitzen wichtig.

> Euterkranke Tiere müssen vor dem Trockenstellen behandelt werden. Dieser Behandlung muss eine bakteriologische Untersuchung der Milch (Antibiogramm) vorausgehen.

h) Geburt

➡ Siehe Kap. 3.3.3, Geburt
Band 1, Seite 66

• **Anzeichen für die bevorstehende Abkalbung**
- Völliges Einbrechen der Beckenbänder
- Das Schwanzende lässt sich vollkommen elastisch abbiegen
- Abgang von zähem, glasigem Schleim
- Einschießen der Milch; die Zitzen füllen sich prall
- Absinken der Körpertemperatur, welche einige Tage vor der Geburt normalerweise auf über 39 °C ansteigt, um ca. 0,5 °C. Dies zeigt zuverlässig an, dass die Geburt in den nächsten 36 Stunden stattfindet.
- Unruhe, oftmaliges Aufstehen und Niederlegen des Tieres
- Häufiges Kot- und Harnabsetzen
- Schlagen und Stampfen mit den Hinterbeinen

• **Vorbereitungsmaßnahmen**
- Die Abkalbebox bzw. den Abkalbestand säubern und frisch einstreuen. Eine Abkalbebox bringt enorme Vorteile für den Geburtsverlauf und das Wohlbefinden der Kuh.
- Geburtsbehelfe herrichten

Benötigt werden:
2 Bein- und eine Kopfschlinge oder Geburtsketten, eventuell Augenhaken, 3 Zughölzer, mechanischer Geburtshelfer, Gleitmittel, Desinfektionsmittel für den Nabel des Kalbes (Spray, Jodtinktur), Einwegpapiertücher zur Reinigung der Scham, Desinfektionslösung und Seife, 1 Kübel mit warmem Wasser für die Reinigung und Desinfektion, 1 Kübel kaltes Wasser für den Nackenguss des neugeborenen Kalbes.

Zwillingsgeburt in der Abkalbebox

• **Geburtshilfe**

> Die Geburt soll nach Möglichkeit liegend erfolgen. Die Austreibung des Kalbes ist dem gebärenden Tier im Liegen leichter möglich.

Zeit lassen – Geduld und Ruhe sind die besten Geburtshelfer!
Vom Platzen der Fruchtblase bis zum Durchtritt des Kopfes des Kalbes (Austreibungsphase) können bei Kühen ein bis drei Stunden, bei Kalbinnen bis zu vier Stunden vergehen. Ist der Kopf des Kalbes durch die Scham hindurch, soll die Geburt nach ca. zehn Minuten beendet sein.

Absolute Hygiene ist wichtig!

Nach dem Sprung der Fruchtblase soll der Helfer nach gründlicher Reinigung und Desinfektion seiner Hände und Arme sowie der Scham und der Schamumgebung des gebärenden Tieres die Lage des Kalbes durch Eingriff in die Scheide überprüfen.

Nicht zu früh eingreifen!

Ein zu frühes Eingreifen macht normale Geburten oft zu Schwergeburten.

Vorsichtige Zughilfe leisten!

Bei normaler Geburtslage (Vorderendlage) kann mit den Presswehen der Gebärenden (Bauchpresse) gefühlvoll durch abwechselndes Ziehen an den Vorderbeinen Geburtshilfe geleistet werden.

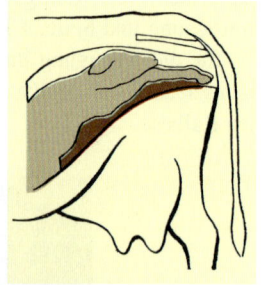

Vorderendlage

Nur gleichzeitig mit den Wehen (Pressen der Gebärenden) Zughilfe leisten! Maximal ist die Zugkraft von zwei Männern bei der Zughilfe einzusetzen.

Bei normaler Hinterendlage ist zuerst durch abwechselndes

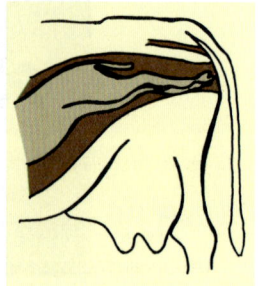

Hinterendlage

Ziehen an den beiden Hinterfüßen das Becken des Kalbes durch den Geburtsweg zu bringen. Dann muss rasch gehandelt werden, weil das Kalb bei Unterbindung der Nabelschnur reflektorisch einatmet und am Fruchtwasser ersticken kann.

Dammschutz: Um Einrisse zu vermeiden, drückt ein Helfer mit den Handballen kräftig gegen den Damm des Muttertieres.

Fehllagen des Kalbes im Mutterleib müssen vor der Geburtshilfe korrigiert werden. Zumeist ist tierärztliche Hilfe nötig.

• Versorgung des Kalbes

- Atemwege des Kalbes frei machen durch Hoch-

ziehen der Hinterbeine, wobei man gleichzeitig mit einer sauberen Hand vom Nasenrücken in Richtung Flotzmaul streift.

- Das Kalb soll sofort nach der Geburt einen Guss mit kaltem Wasser auf den Hinterkopf erhalten, um die Atemtätigkeit anzuregen.
- Der Nabel soll zunächst mit desinfizierten Fingern ausgestreift und dann mit Spray oder Jodtinktur desinfiziert werden.
- Anschließend legt man das Kalb zum Trockenschlecken der Kuh vor oder reibt es selbst mit sauberem Stroh trocken.
- Binnen der ersten drei Lebensstunden muss das Kalb Biestmilch bekommen. Sind Kalb und Kuh gemeinsam in einer Abkalbebox, so muss die sichere Aufnahme der Biestmilch kontrolliert werden.

• Versorgung der Kuh

- Die Kuh soll nach der Geburt Ruhe haben.
- Bei Kühen ab der 3. Abkalbung ist es sehr empfehlenswert, sofort nach der Geburt die beiden Hinterbeine an den Fesseln auf einen Abstand von ca. 80 cm zusammenzubinden, dass beim Auftreten eines Schwächeanfalls (Gebärparese) ein Ausgleiten und damit verbundene Verletzungen z. B. im Beckenbereich vermieden werden.
- Nur wenn rasch stärkere Nachwehen einsetzen (zumeist bei leichteren Geburten), soll die Kuh sofort aufgetrieben werden, um einem eventuellen Auspressen des Tragsackes vorzubeugen.
- Ein festes Abbürsten der Becken- und Lendenpartie fördert die Durchblutung und kann damit das Abgehen der Nachgeburt erleichtern.
- Die ersten drei bis vier Melkzeiten soll man die Kuh nicht vollständig ausmelken. Man entlastet damit den Mineralstoffwechsel und kann einer Gebärparese vorbeugen.

i) Biologische Rastzeit

Die gesamte Nachgeburtsphase (= Zeit von der Abkalbung bis zum Anlaufen des Zyklus) dauert etwa sechs Wochen. Erst von diesem Zeitpunkt an ist die Gebärmutter so weit wiederhergestellt, dass eine neue Trächtigkeit möglich ist.

Die Einhaltung einer Rastzeit von **mindestens 50 bis 60 Tagen** ist zu empfehlen. Die erste sichtbare Brunst, welche normalerweise ca. vier bis fünf Wochen nach der Abkalbung einsetzt, soll übergan-

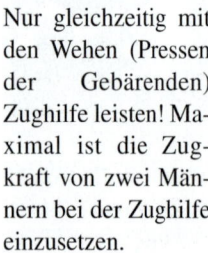

gen werden (biologische Rastzeit). Daher sollen Kühe frühestens sieben bis acht Wochen nach erfolgter Abkalbung wieder gedeckt werden.

> Falls die erste erkennbare Brunst bis spätestens 6 Wochen nach der Abkalbung nicht eintritt, sind entsprechende Maßnahmen zu setzen.

• Kontrolle der Reinigungsphase

Unmittelbar an die Abkalbung schließt sich die Nachgeburtsphase (Puerperium) an. Die ersten Wochen nach der Abkalbung sind entscheidend, ob sich die Gebärmutter normal zurückbildet und der Zyklus wieder anläuft.

Für die Beurteilung der Fruchtbarkeitslage bei Kühen kann die Art des Scheidenschleimes wichtige Hinweise liefern. Um ein möglichst aufschlussreiches Beurteilungsergebnis zu bekommen, ist eine gewissenhafte und häufig durchgeführte Beobachtung der Tiere wichtig.

Diesen Beobachtungszeitraum (siehe Tabelle unten) unterteilt man in drei wesentliche Zeitabschnitte:

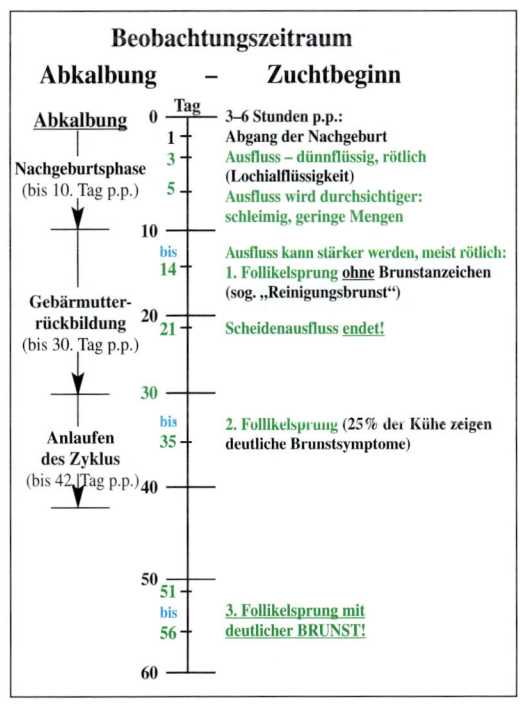

- Die Nachgeburtsperiode bis zum 10. Tag nach der Abkalbung
- Die Gebärmutterrückbildung bis zum 30. Tag nach der Abkalbung
- Das erneute Anlaufen des Zyklus etwa bis zum 42. Tag nach der Abkalbung

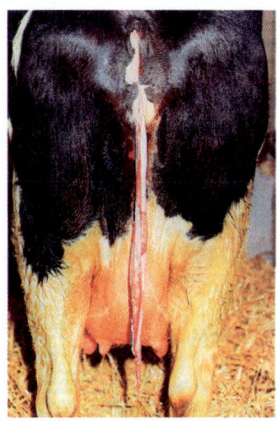

Der Abgang der Nachgeburt sollte innerhalb von sechs Stunden erfolgt sein. Bleibt die Nachgeburt länger als zwölf Stunden „hängen", spricht man von einer Nachgeburtsverhaltung.

In den ersten Tagen nach der Abkalbung erfolgt die „Reinigung" der Gebärmutter.

Abgang der Nachgeburt innerhalb von 3 bis 6 Stunden

Der Ausfluss ist in den ersten Tagen rötlich-wässrig und wird bis zum fünften Tag durchsichtig, schleimig. Es werden nur geringe Mengen ausgeschieden, oft ist ab dem sechsten Tag kein Ausfluss mehr sichtbar.

Zwischen dem zehnten und vierzehnten Tag kommt es zur sog. „Reinigungsbrunst". Der Ausfluss wird wieder deutlich stärker und ist meist rötlich bis schokoladebraun.

Am 21. Tag soll die „Reinigung" beendet und ab diesem Zeitpunkt kein Scheidenausfluss mehr sichtbar sein.

Die Rückbildung (Verkleinerung) der Gebärmutter und der „Reinigungsvorgang" wird durch das Saugen des Kalbes in den ersten Tagen positiv beeinflusst. Durch den Saugmechanismus wird verstärkt Oxytocin von der Hypophyse ausgeschüttet, was die Gebärmutterkontraktionen verstärkt.

Eine Abkalbebox, wo Kuh und Kalb zumindest in den ersten Tagen beisammen sind, ist daher nicht nur tierfreundlich, sondern auch förderlich für Gesundheit und Fruchtbarkeit. Tritt innerhalb der ersten sechs Wochen nach der Abkalbung keine deutlich sichtbare Brunst auf, so ist eine Kontrolluntersuchung durch den Tierarzt empfehlenswert.

p.p. (post partum) – nach der Geburt

11.1.6 Gesundheitsmanagement beim Wiederkäuer

> Die Leistungsfähigkeit und Fruchtbarkeit der Kühe ist von deren Gesundheit und Wohlbefinden abhängig. Um den erforderlichen Gesundheitsstatus zu gewährleisten, ist eine umfassende Beobachtung der Tiere besonders wichtig.

Die wichtigsten Punkte zur Gesundheitskontrolle:

a) Gesamteindruck

Durch gewissenhafte Beobachtung soll das Erscheinungsbild der Tiere beurteilt werden.
➡ Siehe Kap. 5.2, Tiergesundheit Band 1, Seite 77
Dazu zählen folgende Kriterien: Kondition, Bewegung, Blick, Ohrenspiel, Haarkleid, Pflegezustand, Druckstellen, Scheuerstellen, Parasiten.

b) Milchinhaltsstoffe

Die Höhe und der Verlauf von Milchleistung und Milchinhaltsstoffen (Fett-, Eiweiß- und Harnstoffgehalt) geben Aufschluss über Leistungsvermögen und Stoffwechselsituation der Tiere. Ebenso lassen diese Werte Rückschlüsse auf die Nährstoffversorgung zu. Besonders wichtig ist die Kontrolle zu Laktationsbeginn (1. bis 3. Laktationsmonat) und Laktationsende.
➡ Siehe Kap. 11.2.5, Überprüfung der Stoffwechselsituation, Band 2, Seite 69

c) Beurteilung der Körperkondition – BCS (Body-Condition-Scoring)

Diese Methode dient zur Bestimmung des Ernährungszustandes einer Kuh und stellt somit die Einstufung nach der Körperkondition dar.
➡ Siehe Kap. 11.2.5, Überprüfung der Stoffwechselsituation, Band 2, Seite 69 f

d) Ketosenachweis

Bei verringerter Fresslust zur Zeit der Abkalbung bis zur Hochlaktation ist der Verdacht auf Ketose (Azetonämie) gegeben. Mittels Messgerät, Teststreifen oder Tabletten kann ein Überschuss an Azeton im Harn und in der Milch festgestellt werden.

e) Wiederkautätigkeit

Die Wiederkautätigkeit gibt Aufschluss über die Strukturwirksamkeit der Futterration.
➡ Siehe Kap. 11.2.2, Kontrolle der Pansen- und Wiederkautätigkeit, Band 2, Seite 47

f) Pansenaktivität

Pansenbewegungen sind bei gesunden Rindern als ein deutliches an- und abschwellendes Rauschen (Pansengeräusche) zu hören, wenn man das Ohr an die linke Flanke legt. Zwei Wellen der Pansenbewegung folgen kurz hintereinander, dann kommt eine Pause.
➡ Siehe Kap. 11.2.2, Kontrolle der Pansen- und Wiederkautätigkeit, Band 2, Seite 47

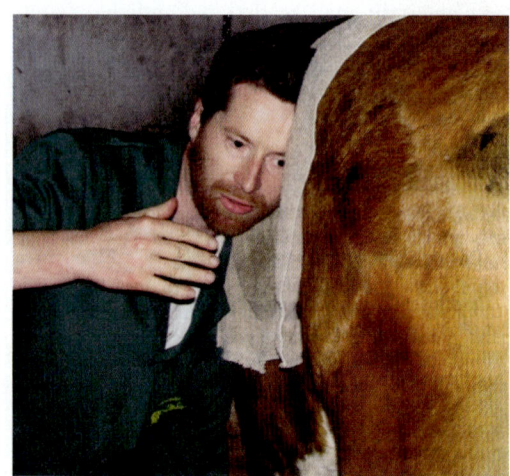

Kontrolle der Pansentätigkeit

g) Kotkontrolle

Die Kotkontrolle erfolgt durch eine grobsinnliche Überprüfung auf Konsistenz, Geruch und Farbe (siehe nachstehende Tabelle).

Ergebnisse bei normaler Pansentätigkeit und Verdauung:

Konsistenz
Ein suppentellergroßer, gleichmäßig verteilter, dickbreiiger Fladen mit mäßiger Struktur und wenig unverdauten Mais- oder Getreidekörnerstücken.

Geruch
Nicht faulig oder säuerlich

Farbe
Dunkelgrün/-braun

h) Temperaturmessen
➡ Siehe Kap. 5.2.9, Tiergesundheit Band 1, Seite 81

i) Klauenpflege
➡ Siehe Kap. 11.1.4, Klauenpflege Band 2, Seite 27

j) Laboruntersuchungen
➡ Siehe Kap. 11.2.5, Überprüfung der Stoffwechselsituation, Band 2, Seite 69

Note	Eigenschaft der Kotfladen	Mögliche Fütterungsfehler
1	Sehr flüssig „Erbsensuppenkonsistenz" keine Ringe oder Grübchen, Kotpfützen	Überschüssige Stärke und/oder Zucker, zu wenig physikalische Faser, überschüssiges Rohprotein oder Mineralstoffe
2	Macht keine Haufen, verläuft weniger als 2,5 cm hoch, macht keine Ringe	Wie bei Note 1 Auch bei junger Weide
3	„Haferbreikonsistenz" steht bei etwa 4 cm Höhe, 4–6 konzentrische Ringe, klebt an der Stiefelspitze	**Ausgewogene Fütterung**
4	Kot ist dick, klebt nicht an den Klauen bzw. Stiefelspitzen, bildet keine Ringe/Grübchen	Strukturreiche Rationen, wenig Stärke und/oder Mangel an abbaubarem Rohprotein (Trockensteher- und Kalbinnenkot)
5	Feste Kotballen scheibchenförmig Stapel von 5–10 cm Höhe	Wie Note 4, mangelnde Wasserversorgung, (Austrocknungserscheinungen der Kuh), kranke Kuh

Kotkontrolle

11.1.7 Vorbereitung für Verkauf oder Ausstellung

Auf einen optimalen Fütterungs-, Haltungs- und Konditionszustand des Tieres achten!

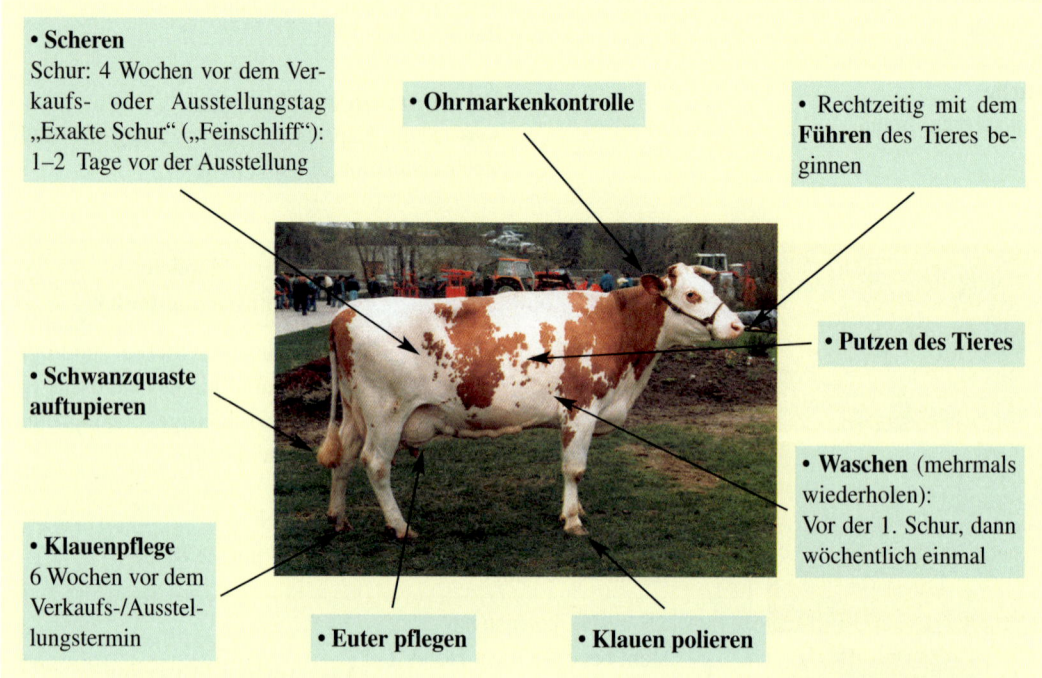

- **Scheren**
Schur: 4 Wochen vor dem Verkaufs- oder Ausstellungstag
„Exakte Schur" („Feinschliff"):
1–2 Tage vor der Ausstellung

- **Ohrmarkenkontrolle**

- Rechtzeitig mit dem **Führen** des Tieres beginnen

- **Putzen des Tieres**

- **Schwanzquaste auftupieren**

- **Waschen** (mehrmals wiederholen):
Vor der 1. Schur, dann wöchentlich einmal

- **Klauenpflege**
6 Wochen vor dem Verkaufs-/Ausstellungstermin

- **Euter pflegen**

- **Klauen polieren**

Am Versteigerungs- oder Ausstellungstag erfolgt der letzte Schliff („Styling"):
- Hervorheben der „Stärken" des Tieres
- Putzen des Tieres
- Kahlstellen oder Aufschürfungen ausbessern
- Das Euter dezent und nicht leuchtend gestalten
- Klauen auf „Hochglanz" polieren
- Schwanzquaste buschig auftupieren

11.1.8 Wichtige Aufschreibungen

Regelmäßig und sorgfältig geführte Aufschreibungen sind nötig, um den Überblick über das Stallgeschehen zu haben und um zeitgerecht nötige Maßnahmen durchführen zu können.

Außerdem sollen sie die Grundlagen für alle Wirtschaftlichkeitsberechnungen und Kalkulationen bilden. Die Kennzeichnung der Tiere ist eine Voraussetzung für geordnete Aufschreibungen im Rinderstall.

Im Speziellen sollen folgende Aufschreibungen geführt werden:
- **Bestandesregister**
- **Stalltafel**
- **Brunstkalender**
- **Anpaarungsplan**
- **Selektions-(Zucht-)plan**
- **Jungviehregister**
- **Aufschreibungen**, die die **Wirtschaftlichkeit** betreffen: Kraft- und Mineralfutteraufwand, Tierarztkosten, Deckgelder, Abkalbungen, Masterfolge etc.

Computerprogramme (Herdenmanagementprogramme) bieten eine wertvolle Hilfe zur Erfassung und Auswertung der Daten.

11.2 Fütterung

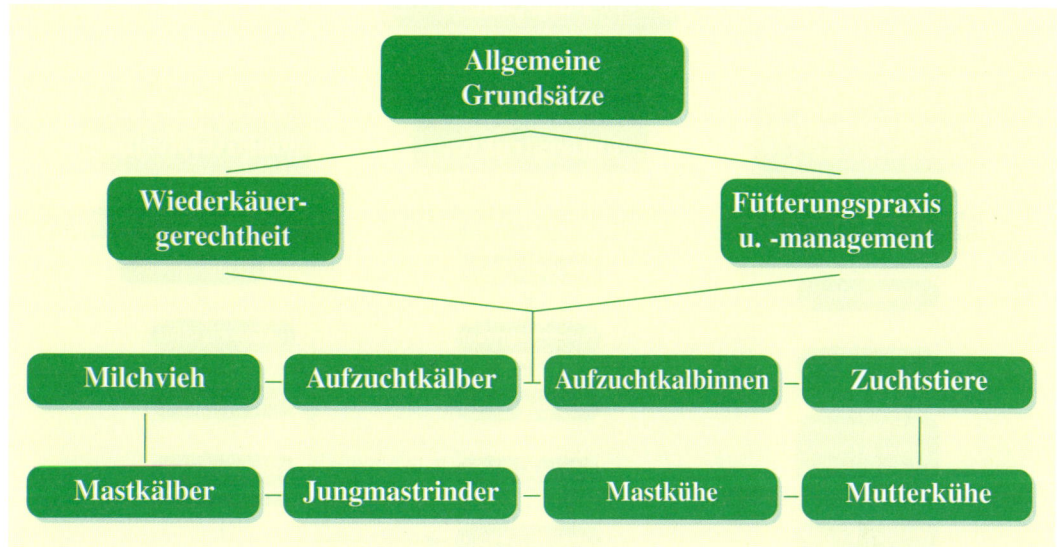

11.2.1 Allgemeine Grundsätze

Nutztiere sollen **leistungsbezogen mit allen Nähr- und Wirkstoffen** versorgt werden. **Nur einwandfreie, schadstofffreie Futtermittel** dürfen verfüttert werden. Eine **regelmäßige Versorgung mit reichlich frischem Wasser** muss immer gewährleistet sein.

Das **tierartspezifische Fressverhalten** und die **tierartspezifischen verdauungsphysiologischen Vorgänge** sollen bei der Fütterung beachtet werden. Das häufig wechselnde Futterangebot sowie oft mangelhafte Kenntnisse über die Inhaltsstoffe im Futter können eine bedarfsgerechte Versorgung erschweren. Darüber können **Rationsberechnungen aufgrund von Futtermitteluntersuchungen und Futterverzehrerhebungen** Aufschluss geben. Tabellenwerte sind allerdings nur Behelfe und können Analysenergebnisse nicht ersetzen

So sind neben der Beziehung des Menschen zum Tier die Überprüfung von Körperfunktionen und Leistungen und die Beurteilung der Körperkondition Möglichkeiten zur Kontrolle einer tierart- und bedarfsgerechten Durchführung der Fütterung.

11.2.2 Wiederkäuergerechtheit

Rinder stellen auf Grund ihrer speziellen anatomischen und physiologischen Gegebenheiten im Verdauungstrakt ganz bestimmte Anforderungen an die Fütterung.

> Das genetisch vorgegebene Leistungspotenzial kann speziell beim Wiederkäuer nur bei einer optimalen Funktion der Pansenverdauung ausgenützt werden. Dabei spielen die oft komplizierte Gesamtwirkung und das Wechselspiel der einzelnen Fütterungskriterien die entscheidende Rolle.

Bei einem erwachsenen Rind liegt die Menge der Mikroben im Pansen zwischen 3 und 8 Kilogramm. Das entspricht 5 bis 10 Prozent des Panseninhaltes bzw. Milliarden von Keimen je ml Pansensaft.
Die Menge und die Art der Mikroben werden stark von der Fütterung beeinflusst. Wiederkäuergerechte Rationen, längere Gewöhnungszeiten bei Futterwechsel und vieles mehr begünstigen die Menge und die Aktivität der Mikroben.

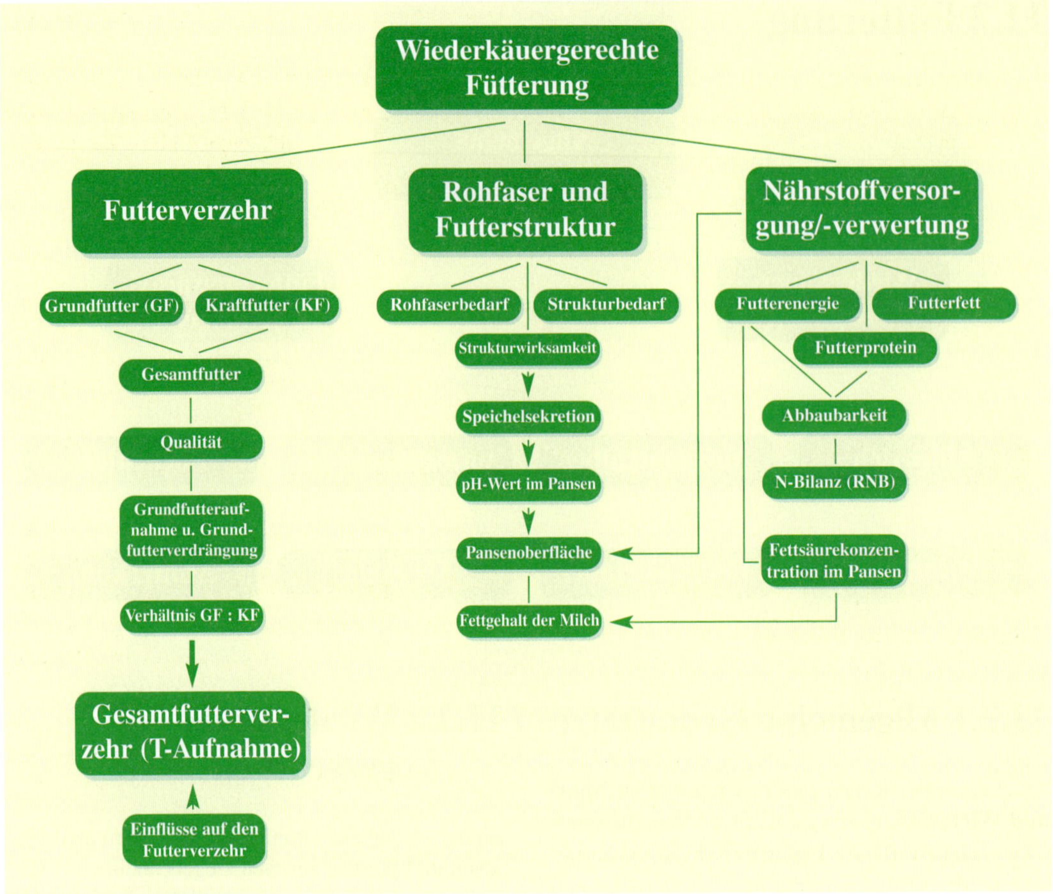

Wiederkäuergerechte Fütterung

Futterverzehr
- Grundfutter (GF)
- Kraftfutter (KF)
- Gesamtfutter
- Qualität
- Grundfutteraufnahme u. Grundfutterverdrängung
- Verhältnis GF : KF

→ **Gesamtfutterverzehr (T-Aufnahme)**
- Einflüsse auf den Futterverzehr

Rohfaser und Futterstruktur
- Rohfaserbedarf
- Strukturbedarf
- Strukturwirksamkeit
- Speichelsekretion
- pH-Wert im Pansen
- Pansenoberfläche
- Fettgehalt der Milch

Nährstoffversorgung/-verwertung
- Futterenergie
- Futterfett
- Futterprotein
- Abbaubarkeit
- N-Bilanz (RNB)
- Fettsäurekonzentration im Pansen

Die Futterration für alle Rinder – im Besonderen für das Milchvieh – wiederkäuergerecht zu gestalten, ist die wichtigste Strategie in der Fütterung. Folgende Kriterien sind von entscheidender Bedeutung:

a) Futterverzehr

Beste Futterqualität
↓
Hoher Futterverzehr
↓
Optimale Nährstoffaufnahme

• **Arten des Futterverzehrs**

Grundfutter

Seine Aufgaben liegen in der
- Versorgung mit möglichst vielen hochwertigen Nähr-, Mineral- und Wirkstoffen, der
- Versorgung mit ausreichend Futterstruktur inklusive verwertbarer Rohfaser und der
- Sättigung.

Kraftfutter

Seine Aufgabe ist es, das Grundfutter zu ergänzen und das Gesamtfutter dem Bedarf der Tiere anzupassen.

Beim Erstellen der Kraftfuttermischungen sollen das erwünschte Energie-Protein-Verhältnis sowie die Abbaubarkeit der einzelnen Komponenten Beachtung finden. Eine hohe Nährstoffkonzentration ist anzustreben.

Gesamtfutter

Grund- und Kraftfutter sollen unter wiederkäuergerechten Gesichtspunkten bedarfsgerecht und möglichst langfristig in gleicher Zusammensetzung verabreicht werden.

Da dem Kraftfuttereinsatz mengenmäßig und pansenphysiologische Grenzen gesetzt sind, können **hohe Leistungen nur bei entsprechend hochwertiger Grundfutterqualität** erbracht werden.

Anforderungen an das Gesamtfutter sind:
- Nährstoffkonzentration
- Strukturwirksamkeit
- Schmackhaftigkeit und Geruch
- Hygiene

• Grundfutteraufnahme und Grundfutterverdrängung

Die Grundfutteraufnahme kann von Tier zu Tier sehr unterschiedlich sein.

Neben physiologischen Faktoren (Lebendgewicht, Trächtigkeits- und Laktationsstadium, Milchleistung, Rasse etc.) sowie fütterungstechnischen Maßnahmen (Fresszeit, Futterangebot, Fütterungsreihenfolge, Futtermischungen – TMR etc.) wird die Grundfutteraufnahme vor allem von der Grundfutterqualität (Trockenmassegehalt, Energiekonzen-tration, Verdaulichkeit) und vom Kraftfutteranteil entscheidend beeinflusst.

Die Wahl des Schnittzeitpunktes bzw. Nutzungszeitpunktes, welche durch den Landwirt bestimmt werden kann, ist ausschlaggebend für die Grundfutterqualität.

Erwartungswerte für die Praxis

Kriterien	Grassilage	Heu
Trockenmasse %	30 bis 40	> 86
Energie MJ NEL je kg TM	**6,1**	**5,6**
Rohprotein g je kg TM	80 bis 220	80 bis 180
Rohfaser g je kg TM	230 bis 250	< 280

Der Nutzungszeitpunkt bestimmt auch im Wesentlichen den Gehalt an Mineralstoffen im Wiesen- und Weidegras. Ein zu spät angesetzter Schnittzeitpunkt hat nicht nur ein Absinken der Verdaulichkeit und der Nährstoffe zur Folge, sondern auch eine Abnahme der Mengenelemente und der Spurenelemente.

Der durchschnittliche Grundfutterverzehr einer Milchkuh beträgt ca. 14 kg Trockenmasse pro Tag.

Schätzformel nach Burgstaller:

Grundfutterverzehr (kg TM/Tag) = 1,94 + (1,88 x MJ NEL/kg TM)

Grundfutterverzehr und Grundfutterleistung von Wiesengras in Abhängigkeit vom Schnittzeitpunkt

Vegetationszustand beim 1. Schnitt	Rohfaser % i. TM	Verdaulickeit org. Subst., %	NEL MJ/ kg TM	tägl. Verzehr kg TM/Kuh	Leistung kg FCM
vor Ähren-Rispenschieben	20,5	80	6,85	14,8	20,1
im Ähren-Rispenschieben	23,8	75	6,34	13,9	15,8
Beginn bis Mitte der Blüte	27,2	67	5,57	12,4	10,0
Ende der Blüte	31,1	61	4,92	11,2	5,5

Kraftfutter verdrängt Grundfutter!

Beim Verzehr von 1 kg Kraftfutter-Trockenmasse kann mit einer Verdrängung von etwa 0,3 kg (0,2 bis 0,8 kg) Grundfutter-Trockenmasse gerechnet werden.

Als die wichtigsten Einflussfaktoren für die Grundfutterverdrängung gelten Grundfutterart, Grundfutterqualität, Kraftfutterzusammensetzung und Kraftfutterniveau.

In Versuchen ist festgestellt worden, dass für das Ausmaß der Verdrängung die Energiebilanz hauptverantwortlich ist. Es ist erwiesen, dass ein geringer Einsatz von Kraftfutter niedere Verdrängungsmengen bewirkt und mit höheren Kraftfuttermengen der Verdrängungswert steigt. Ebenso war die Verdrängung bei Maissilage und bei stärkereichem Kraftfutter höher, woraus ein Zusammenhang von Grundfutterverdrängung und Energiebilanz sichtbar wird.

Grundfutterverzehr in Abhängigkeit von der Grundfutterqualität (MJ NEL/kg TM) und Kraftfutter-Aufnahme

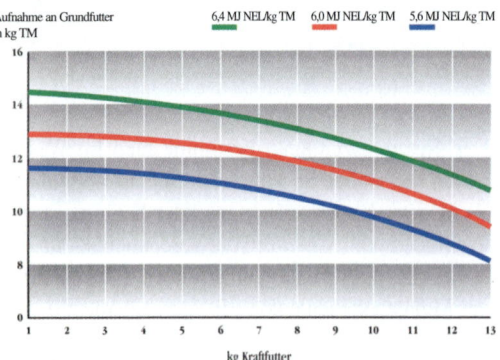

Aufnahme an Grundfutter in kg TM — 6,4 MJ NEL/kg TM — 6,0 MJ NEL/kg TM — 5,6 MJ NEL/kg TM

kg Kraftfutter

• Verhältnis von Grundfutter zu Kraftfutter
Unter der Voraussetzung von guten Futterqualitäten kann der Anteil der Kraftfutter-Trockenmasse bis zu 50% der Trockenmasse des Gesamtfutters betragen. Höhere Kraftfuttermengen sind nur unter Berücksichtigung aller Grundsätze einer wiederkäuergerechten Rationsgestaltung möglich.

• Gesamtfutterverzehr
Zur Feststellung des Futterverzehrs muss der Trockenmassegehalt aller Futtermittel der Ration bekannt sein und die davon tatsächlich gefressene Menge ermittelt werden.

> **Futterverzehr =** verzehrte Menge an kg Gesamtfutter-Trockenmasse je Tier und Tag

Der Futterverzehr unterliegt großen Schwankungen. Der Gesamtfutterverzehr (Grundfutter + Kraftfutter) beim Rind schwankt von 1,3 – 3,5 kg TM je 100 kg Lebendgewicht und Tag.
Bei gesunden Tieren und sachgemäßer Fütterung kann mit folgendem Futterverzehr gerechnet werden:

• Für Milchvieh

Maximale Futteraufnahme nach Jans (1979):

> Lebendgewicht dividiert durch 100 + 5 + 0,3 x kg Milch
> = TM-Gesamtfutteraufnahme in kg/Tag
> (am Höhepunkt der Laktation)

Beispiel: Eine Milchkuh hat ein Lebendgewicht von 700 kg und eine durchschnittliche Tagesmilchleistung von 30 kg Milch.
700 : 100 + 5 + 0,3 x 30
= 21 kg TM-Gesamtfutteraufnahme

Die oben genannte Schätzformel berücksichtigt keine Grundfutterverdrängung.

Richtwerte für die Futteraufnahme einer Kuh mit ca. 650 kg Lebendmasse:

trockenstehend	11,0 kg Gesamtfutter-Trockenmasse
10 kg Tagesgemelk	14,5 kg Gesamtfutter-Trockenmasse
15 kg Tagesgemelk	16,0 kg Gesamtfutter-Trockenmasse
20 kg Tagesgemelk	17,5 kg Gesamtfutter-Trockenmasse
25 kg Tagesgemelk	19,0 kg Gesamtfutter-Trockenmasse
30 kg Tagesgemelk	20,5 kg Gesamtfutter-Trockenmasse
35 kg Tagesgemelk	22,0 kg Gesamtfutter-Trockenmasse
40 kg Tagesgemelk	23,5 kg Gesamtfutter-Trockenmasse

• Für Aufzuchtrinder
2,2 bis 1,7 kg Gesamtfutter-Trockenmasse je 100 kg Lebendmasse

• Für Mastrinder
2,7 bis 1,9 kg Gesamtfutter-Trockenmasse je 100 kg Lebendmasse

Die Bedeutung eines hohen Futterverzehrs
- Viel Nährstoffaufnahme aus dem Grundfutter
- Höheres Leistungsvermögen aus dem Grundfutter
- Höherer Kraftfuttereinsatz problemlos möglich
- Kostengünstigere Leistungserzeugung
- Geringeres Risiko hinsichtlich Mangelversorgung auch bei höheren Leistungen
- Langlebigere Kühe

> Jede Futtermanipulation wirkt sich auf den Futterverzehr positiv aus. Oftmaliges Futternachschieben zwischen den Hauptmahlzeiten erhöht die Futteraufnahme und somit die Leistung.

• Regulation und Einflüsse auf den Futterverzehr
Für die Regulation der Futteraufnahme mit dem Ziel, langfristig eine ausgeglichene Energiebilanz aufrechtzuhalten, sind im Wesentlichen zwei Faktoren, **Hunger** bzw. Appetit und **Sättigung**, verantwortlich.

➡ Siehe Kap. 8.3.7, Futterverzehr und Sättigung Band 1, Seite 154

Tierbedingte Einflussfaktoren auf den Futterverzehr
Genetische Veranlagung
Entsprechende Erbanlagen sind die wichtigste Voraussetzung für hohe Verzehrleistungen. Es gibt in gleicher Umwelt bessere und schlechtere Fresser. Leistungsbetonte Tiere sind auch immer überdurchschnittlich gute Fresser.

Aufzuchtintensität
Frühzeitige Gewöhnung der Kälber an wiederkäuergerechte Fütterung ermöglicht später hohe Verzehrleistungen.

Lebendmasse
Der Einfluss der Lebendmasse auf den Futterverzehr muss bei Rationserstellungen und -berechnungen berücksichtigt werden.

Nutzungsrichtung
Rinder der milchbetonten Nutzungsrichtung haben, bezogen auf ihre Lebendmasse, allgemein einen höheren Futterverzehr als solche, bei denen die Ansatzleistung überwiegt.

Laktationsstadium
Der Futterverzehr steigt nach dem Abkalben zumeist langsamer an als die Milchmenge. Etwa fünf bis zehn Wochen nach der Geburt des Kalbes wird der Höhepunkt des Futterverzehrs erreicht.

Trächtigkeit bei weiblichen Rindern
Die zunehmende Trächtigkeit vermindert durch Einengung des Verdauungstraktes ab dem 7. Trächtigkeitsmonat den Futterverzehr.

Körperliche Reife der Kuh
Durchschnittlich sind Kühe nach der 3. Abkalbung erwachsen. Bis zu diesem Zeitpunkt entwickelt sich die Kuh noch selbst und benötigt dafür Nährstoffe. Außerdem ist der Futterverzehr bei der wachsenden Kuh noch nicht voll entwickelt, sodass eine Jungkuh um ungefähr 1 bis 1,5 kg mehr Kraftfutter benötigt als eine leistungsgleiche erwachsene Kuh.

Futterbedingte Einflussfaktoren auf den Futterverzehr
Futterqualität
➡ Siehe Kap. 8.4.1, Futterqualität Band 1, Seite 157
➡ Siehe Kap. 11.2.2, Grundfutteraufnahme und Grundfutterverdrängung, Band 2, Seite 43
Die Qualität aller verabreichten Futtermittel hat enormen Einfluss auf den Futterverzehr. Mit steigender Nährstoffkonzentration und Verdaulichkeit der Ration nimmt die Verzehrleistung zu, wenn Rohfasergehalt und Strukturwirksamkeit entsprechen.

Wiederkäuergerechtheit der Ration
➡ Siehe Kap. 11.2.2, Wiederkäuergerechtheit Band 2, Seite 41 ff
Langfristig optimale Verzehrleistungen sind nur bei Beachtung der Wiederkäuergerechtheit zu erzielen.

Futtergewöhnung
Bei jedem Futterwechsel ist eine Gewöhnungszeit mit Futterübergängen von mindestens zwei Wochen erforderlich, um eine Minderung des Futterverzehrs zu verhindern.

Fresszeit
Zeitlich unbegrenzte Fressmöglichkeit begünstigt den Futterverzehr. Diese Maßnahme ist eine der wichtigsten Möglichkeiten, um den Futterverzehr und die Leistungsproduktion zu optimieren.

Wasserversorgung
➡ Siehe Kap, 11.2.3, Wasserversorgung Band 2, Seite 53

Fütterungstechnik
➡ Siehe Kap. 11.2.3, Fütterungsreihenfolge Band 2, Seite 52 f

b) Rohfaser und Futterstruktur

Der Begriff **Struktur** umfasst alle physikalischen Formeigenschaften des Futters. Dazu zählen:
- Trockenmassegehalt
- Gerüstsubstanzen (NDF)
- Lignozellulose (ADF)
- Lignin (ADL)

Struktur bedeutet Gefüge und beschreibt im Zusammenhang mit der Pansenfunktion den Einfluss des Grundfutters auf die Dreischichtung des Panseninhaltes in die flüssige, feste sowie gasförmige Phase (s. Abb.).
Sie wird durch die Rohfaseraufnahme und die regelmäßige Pansenbewegung aufrechterhalten.

Schichtung im gesunden Pansen

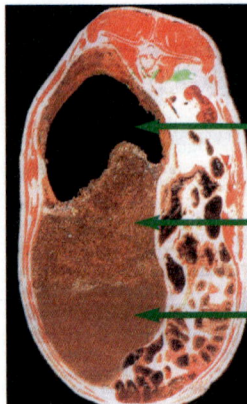

Gasblase

Pansenmatte (Faserschicht)

Pansensee

Rohfaser- und Strukturbedarf
Die Gesamtfutterration soll beinhalten:
für Milchvieh
- mindestens 18%, höchstens **24% Rohfaser** in der Trockenmasse, davon **2/3 in strukturierten** Futtermitteln; Gehaltswerte von mehr als 24% Rohfaser vermindern den Futterverzehr und das Leistungsvermögen.

für Aufzucht- und Mastrinder
- mindestens **15% Rohfaser** in der Trockenmasse, davon **1/2 in strukturierten Futtermitteln**

Sowohl ein zu hoher wie auch ein zu niederer Rohfasergehalt sind zu vermeiden.

Einfluss einer „extremen" Rohfaserversorgung:
Zu hoher Rohfasergehalt
- Geringe Verdaulichkeit der org. Substanz
- Geringe Nährstoffkonzentration
- Starker Speichelfluss
- Relativ viel Essigsäure
- Relativ wenig Propionsäure
- Hoher Milchfettgehalt
- Wenig Milchmenge
- Geringer Milcheiweißgehalt
- Geringe Futteraufnahme
- Verschlechterte Energieversorgung und bakterielle Proteinsynthese

Folgen:
- Fruchtbarkeitsstörungen
- Azetonämie

Zu niedriger Rohfasergehalt
- Hohe Verdaulichkeit der org. Substanz
- Rascher Abbau
- Geringer Speichelfluss
- Relativ wenig Essigsäure
- Relativ viel Propionsäure
- Niedriger Milchfettgehalt
- Höhere Milchmenge
- Höherer Milcheiweißgehalt
- Geringe Futteraufnahme
- Bessere Energieversorgung und bakterielle Proteinversorgung

Folgen:
- Fruchtbarkeitsstörungen
- Pansenstörungen
- Acidose
- Azetonämie

Strukturwirksamkeit von Grundfuttermitteln

Strukturreiche Futtermittel bewirken eine mechanische Reizung und regen dadurch die Pansenmotorik an.
Neben der Rohfasermenge ist auch die Verdaulichkeit entscheidend. Junges Futter ist leichter verdaulich als spät geschnittenes Futter, da mit zunehmen-

der Vegetation der Ligningehalt steigt (Verholzung – überständig).

Bei der Gras-Silagebereitung bringt gehäckseltes Erntegut Vorteile. Es lässt sich dicht lagern, der Zellsaft kann schnell austreten, wodurch die Milchsäuregärung beschleunigt wird. In der Regel wird angewelkt und auf 10–15 cm Länge gehäckselt. Eine solche Silage hat ausreichend Strukturwirksamkeit. Bei ausreichend Futterstruktur in der Gesamtfutterration wird allerdings von sehr kurz gehäckselter Silage mehr gefressen. Eine Häcksellänge von 2 cm sollte nicht unterschritten werden.

Gute Maissilage ist wegen ihres hohen Energiewertes – richtig eingesetzt – ein wertvoller Rationsbestandteil für alle Rinderkategorien. Sie soll 29–33% Trockenmasse und einen hohen Anteil teigreifer Körner aufweisen. Die Häcksellänge soll ca. 4–7 mm betragen. Jedes Maiskorn muss „angeschlagen" sein! Der Mangel an Protein und an Mineralstoffen sowie das unharmonische Verhältnis von Ca zu P erfordern Korrekturen und Ergänzungen. Der Strukturwert kann, abhängig vom Trockenmassegehalt, als mittelmäßig bezeichnet werden. Der Rohfaseranteil wird für Aufzucht- und Mastrinder ausreichen, für Milchvieh ist er zu gering.

Die Strukturwirksamkeit verschiedener Futtermittel lässt sich an Hand der Wiederkauzeiten aufzeigen. Sie ist abhängig:
- von der Art des Futtermittels,
- vom Vegetationsstadium und
- von der Häcksellänge.

Kontrolle der Pansen- und Wiederkautätigkeit:
Eine ausreichende Strukturwirksamkeit von Futterrationen kann angenommen werden, wenn:
- bei unbegrenzten Fresszeiten ständig rund 50% der Rinder wiederkauen,
- je Bissen 40 bis 60 Kaubewegungen ausgeführt werden (> 60: rohfaserreich; < 40: rohfaserarm),
- die Zahl der Pansenbewegungen mindestens drei in zwei Minuten beträgt,
- die Beschaffenheit des Kotes in Ordnung ist

➡ Siehe Kap. 11.1.6, Kotkontrolle
Band 2, Seite 38
und
- bei den Kühen die Milchfettprozente entsprechen.

Die Wirksamkeit der Struktur von wichtigen Futtermitteln kann folgendermaßen eingestuft werden:

Heu und Stroh	100
Grassilage, gut angewelkt	80–100
Grassilage, feucht (nass)	50– 80
Grünfutter, frisch	50– 80
Maissilage	50– 60

Physiologische Auswirkungen von Rohfaser und Futterstruktur

➡ Siehe Kap. 3.3.3, Gasbildung
Band 1, Seite 54

pH-Wert im Pansen

Er ist, abhängig von Fütterungseinflüssen, relativ großen Schwankungen im Bereich von ca. 5,0 bis 7,0 unterworfen, wobei der **Idealwert** für alle Funktionen im Pansen bei ungefähr 6,5 liegt.

Besonders nachteilig kann sich ein Abfall des pH-Wertes auswirken. Dabei gibt es sehr unterschiedliche Formen, die von schwach ausgeprägter, latenter bis zur schweren, akuten Pansenübersäuerung (Acidose) reichen. Acidose (➡ Siehe Kap. 3.3.3, Pansenübersäuerung, Band 1, Seite 56) erfordert sofort Diätfütterung mit viel hochwertigem Heu und meist tierärztliche Behandlung.

Speichelsekretion

Der Speichel stellt ein biologisches Mittel gegen ein stärkeres Absinken des pH-Wertes dar.

Bei richtiger Fütterungsstrategie wirkt ein entsprechend angeregter Speichelfluss bereits im Vorhinein regulierend.

Der Speichel enthält säurepuffernde Substanzen wie Natriumbikarbonat und Kalium- sowie Natriumphosphate. Sein pH-Wert beträgt 8,1 bis 8,3.

Außerdem ist er wichtig für die Aufrechterhaltung der Schichtung im Pansen.

Die tägliche Speichelsekretion einer Milchkuh kann 180 bis 200 Liter erreichen.

Angeregt wird die Speichelsekretion besonders durch Kauen von trockensubstanzreichem Futter mit ausgeprägter Strukturwirksamkeit.

Pansenoberfläche

Die Größe der Pansenoberfläche beeinflusst die Abbauvorgänge und die Nährstoffabsorption.

Zunächst ermöglicht ausreichend Struktur im Grundfutter eine Pufferwirkung gegen Übersäuerung. Rationen für leistungsstarke Kühe beinhalten einen höheren Anteil an Kraftfutter, was eine Übersäuerung hervorrufen könnte.

Ist eine solche Fütterungssituation vorhersehbar, wenn es z. B. beim bedarfsgerechten Kraftfuttereinsatz mit Beginn der Laktation erforderlich wird, so kann der Milchkuh durch eine fachkundige Vorbereitungsfütterung physiologisch geholfen werden. Langsam gesteigerte Kraftfuttermengen in den letzten drei Wochen vor dem Abkalbetermin verursachen eine Vermehrung der für die Kraftfutterzerlegung spezifischen Mikroben. Gleichzeitig setzt, bei entsprechender Beachtung der Wiederkäuergerechtigkeit, ein vermehrtes Wachstum der Pansenzotten ein. Die Pansenoberflächenschleimhaut wird vergrößert, was die Nährstoffaufnahme verbessert und die Gefahr einer Übersäuerung mindert. Zusätzlich können ein höherer Futterverzehr und eine bessere Futterverwertung in der Folge erwartet werden.

Fettgehalt der Milch
Die Essigsäure im Pansen wird als Ausgangsbasis für die kurzkettigen Fettsäuren des Milchfettes verwendet und ist somit für die Milchfettsynthese von Bedeutung. Für einen guten Milchfettgehalt ist eine entsprechende Essigsäurebildung im Pansen notwendig. Durch eine ausreichende Futterstruktur werden diesbezüglich ideale Bedingungen für die Pansenbakterien geschaffen. Neben der Futterstruktur ist auch die Energie-, Eiweiß-, Mineralstoff- und Vitaminversorgung bedeutend.

c) Nährstoffversorgung und Nährstoffverwertung

• **Energieversorgung**
Alle Kategorien der Nutzrinder sollen möglichst bedarfsgerecht mit Futterenergie versorgt werden. Für Aufzucht- und Mastrinder sowie für einen großen Teil der Milchrinder ist das problemlos möglich. Für Kühe, die hohe Tagesmilchmengen erzeugen, ist eine bedarfsgerechte Energieversorgung schwierig, weil die dafür nötigen hohen Kraftfuttermengen nicht den Grundsätzen einer wiederkäuergerechten Ration entsprechen. Man muss tolerieren, dass diese Kühe Körpersubstanz mobilisieren und eventuell die Leistung reduzieren. Zu beachten

ist, dass Kühe, welche stark abnehmen, häufig schwer aufnehmen (Fruchtbarkeitsprobleme).

Grundsätzlich müssen alle Möglichkeiten genutzt werden, Leistungskühe immer bedarfs- und wiederkäuergerecht mit Futterenergie zu versorgen.

Im Durchschnitt werden Stärke und Zucker von Futtermitteln – verstärkt von Kraftfuttermitteln – rasch abgebaut, was den physiologischen Vorgängen im Stoffwechsel von Tieren, die hohe Leistungen bringen, wenig entspricht.

Der Anteil von Stärke und Zucker in der Ration soll daher 260 g (inkl. beständige Stärke) nicht überschreiten. Der Grenzwert für den Zuckergehalt in Milchviehrationen liegt bei 120 g Zucker pro kg Trockenmasse.

Für die Proteinsynthese werden langfristig höhere Energieangebote im Pansen benötigt.
Manche Futtermittel wie Körnermais, Kleien, Futtermehle, Trockenschnitzel, Sojaextraktionsschrot und Maissilage sind einem langsamen Abbau unterworfen, was ein erwünschtes längerfristiges Energieangebot im Pansen zur Folge hat. Somit kann mit einer fachkundig zusammengesetzten Futterration den Anforderungen von Leistungskühen entsprochen werden.

• **Proteinversorgung**
➡ Siehe Kap. 3.3.3, Proteinstoffwechsel beim Wiederkäuer, Band 1, Seite 52
Beim Rohprotein ist grundsätzlich ebenso eine bedarfsgerechte Versorgung der Rinder das Ziel, wobei gewisse spezielle Einflüsse Berücksichtigung finden sollen.

> Für die Verwertung ist jene Menge Rohprotein ausschlaggebend, die im Dünndarm dem Rind zur Verfügung steht. Sie wird als **im Dünndarm nutzbares Rohprotein (nXP)** bezeichnet. Diese Menge setzt sich zusammen aus:
> • **im Pansen nicht abgebautem Rohprotein (UDP) und**   } = nXP
> • **Mikrobenprotein**

Der im Pansen abbaubare Anteil des Futterproteins wird weitgehend zu Ammoniak zerlegt. Die Mikroben vermehren sich unter günstigen Bedingungen im Pansen rasch; sie verwenden **Ammoniak und Futterenergie** zum Aufbau von neuem **Mikrobenprotein**. Nach dem Tod der kurzlebigen Mikroben steht deren Protein dem Wiederkäuer in seinem Dünndarm zur Verfügung.

Die **Energieversorgung** des Rindes ist für die Bildung von **Protein** durch Pansenmikroben von entscheidender Bedeutung.

Eine bedarfsdeckende Versorgung mit nutzbarem Rohprotein im Darm ist für alle Rinderkategorien anzustreben.

Eine ausgeglichene **Ruminale Stickstoffbilanz (RNB)** ist für die Gesundheit und Leistungsbereitschaft der Milchkuh wichtig.

Ist die Stickstoffbilanz ausgeglichen, so können die Mikroben die Abbauprodukte des Rohproteins vollständig nützen; es bleibt kein Rest-Stickstoff und es erfolgt keine Belastung der Leber. Ein Stickstoffüberschuss im Pansen (RNB = +) ist nachteilig, ein größerer Stickstoffüberhang belastet die Leber. Eine Stickstoffunterversorgung ist leistungsvermindernd.

Durch gezielten Einsatz von Futtermitteln kann eine annähernd ausgeglichene Stickstoffbilanz der Futterration erreicht werden.

Die Untergrenze der RNB kann wie folgt ermittelt werden:

Minus 50 + kg erzeugte Milch
Z. B.: Die Kuh hat eine (errechnete) Tagesleistung von 26 kg Milch.
Berechnung: –50 + 26 = –24 g RNB (= Untergrenze)
Ideal wäre RNB = 0

• **Fettversorgung**

Rinder vertragen nicht viel Fett in der Futterration. Der Grenzwert liegt bei 5% der Gesamtfutter-Trockenmasse.

Ein höherer Fettgehalt würde die Mikroben im Pansen behindern, Verdauungsstörungen (Durchfall etc.) verursachen und zu herabgesetzten Eiweißwerten in der Milch führen.

Die Gefahr von zu viel Fett besteht bei der Verfütterung von Samen, Kuchen von Ölfrüchten und von Fertigfuttermitteln, bei welchen ein hoher Energiegehalt durch überhöhten Fettanteil erreicht wurde. Die Angabe des Rohfettgehaltes kann Aufschluss geben.

• **Fettsäurekonzentration im Pansen und deren Verhältnis zueinander**
Durch die Tätigkeit der Mikroben entstehen:

Flüchtige Fettsäuren
Essigsäure wird vorwiegend aus Rohfaser gebildet und dient als Ausgangsbasis für das Milchfett.
Propionsäure wird vorwiegend aus Stärke gebildet und dient als Energiequelle.
Buttersäure wird vorwiegend aus Zucker gebildet und dient als Energiequelle.

Methan, Kohlendioxid, Wasserstoff

Ein optimales Verhältnis von **Essigsäure zu Propionsäure** ist:
für **Milchvieh**   2,5–3,0 : 1
für **Aufzucht- u. Mastrinder** 1,8–2,0 : 1

Essigsäure regt den Umsatz-, Propionsäure den Ansatzstoffwechsel an, sodass neben der genetischen Veranlagung der Tiere auch die Fütterung den Stoffwechsel in entscheidendem Ausmaß beeinflusst.

Ammoniak und andere N-Verbindungen aus im Pansen abgebautem Rohprotein dienen als Proteinquellen.

11.2.3 Fütterungspraxis

Das wichtigste Ziel einer erfolgreichen Rinderfütterung ist, bei Aufrechterhaltung von Gesundheit und Fruchtbarkeit der Tiere, langfristig die erwünschten Leistungen zu erzielen. Abhängig von den natürlichen Voraussetzungen und den unterschiedlichen Betriebsformen sind viele Kriterien der Fütterungspraxis zu überlegen und zu entscheiden.

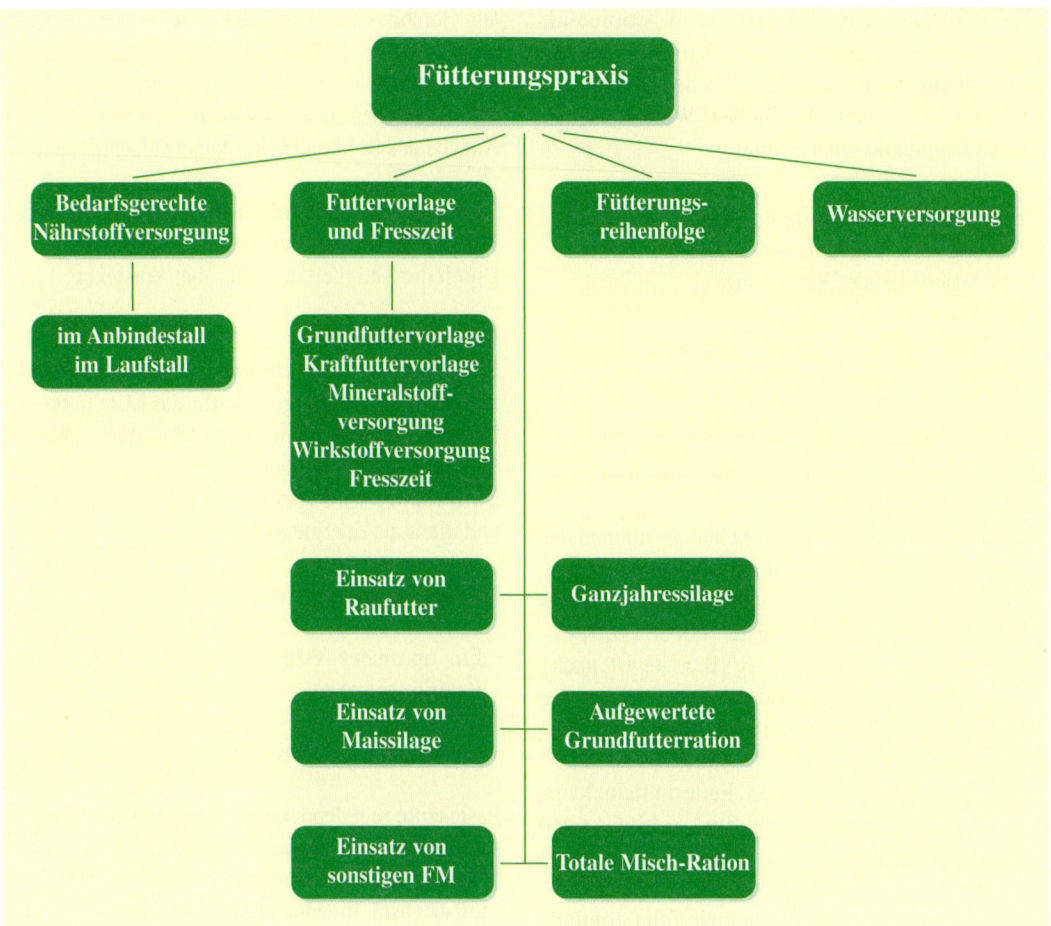

Fütterungspraxis

- Bedarfsgerechte Nährstoffversorgung
- Futtervorlage und Fresszeit
- Fütterungs- reihenfolge
- Wasserversorgung

im Anbindestall
im Laufstall

Grundfuttervorlage
Kraftfuttervorlage
Mineralstoff- versorgung
Wirkstoffversorgung
Fresszeit

Einsatz von Raufutter — Ganzjahressilage

Einsatz von Maissilage — Aufgewertete Grundfutterration

Einsatz von sonstigen FM — Totale Misch-Ration

a) Die Möglichkeiten einer bedarfsgerechten Nährstoffversorgung

Aus wirtschaftlichen Überlegungen wird grundsätzlich eine bedarfsgerechte, leistungsbezogene Nährstoffversorgung der Rinder gefordert. Diese Forderung zu erfüllen ist mit der Verbesserung des Leistungspotenzials zu einer zentralen Aufgabe der gesamten Rinderwirtschaft geworden.

Es ergeben sich folgende Möglichkeiten:
Im **Anbindestall**
- das Zusammenhängen von Tieren mit gleichen Anforderungen in Gruppen
- der konsequente Einsatz von Barnteilern
- die elektronisch gesteuerte Zuteilung von Kraftfutter und anderen Ergänzungsfuttermitteln mit Automaten (z. B. Kuhmeister)

Im **Laufstall**
- die Gruppenbildung von Tieren mit gleichen Anforderungen
- die individuelle Zuteilung von Kraftfutter etc. mit elektronisch gesteuerter Abruffütterung

Melkende Kühe werden immer von den trockenstehenden in Gruppen getrennt gehalten und gefüttert, weil der Nährstoffbedarf zu unterschiedlich ist. Eine weitere Unterteilung nach Laktationsabschnitten (neu- und altmelkend) kann für größere Bestände überlegt werden. Die hochträchtigen Kalbinnen kommen sechs bis acht Wochen vor dem Abkalbetermin zur Gruppe der trockenstehenden Kühe.
Will man auch Grundfutterarten individuell verabreichen, so müssen Kühe am Fressplatz fixiert und eventuell Barnteiler eingesetzt werden.

b) Futtervorlage

• Grundfuttervorlage

Trotz bester Absicht, erstklassige Qualitäten beim Futter zu erzeugen, gelingt dies nicht immer.

Aus rationellen Überlegungen sollen die verschiedenen Futterqualitäten wie folgt zugeteilt werden:
- Das Beste für die volllaktierenden Kühe sowie für die Kälber und Aufzuchtrinder bis zu einem Alter von etwa 9 Monaten
- Die mittleren Qualitäten für älter melkende Kühe und für die Aufzuchtrinder etwa ab dem 10. Lebensmonat
- Die eventuell vorhandenen „schlechteren" Qualitäten für trockenstehende Kühe und ältere Kalbinnen, wenn sie sich in sehr guter Kondition befinden.
- Für Mastrinder ist je nach Intensität der Mast sehr gute bis gute Grundfutterqualität erforderlich.

Damit diese unterschiedlichen Anforderungen erfüllt werden können, sind eine getrennte, jederzeit zugängige Lagerung der verschiedenen Futterqualitäten sowie eine Kennzeichnung, z. B. bei den Silorundballen, nach Qualität des Inhalts Voraussetzung.
Die Leistung sowie die jeweilige Kondition der Tiere zeigen, ob die Auswahl des Futters entspricht.

• Kraftfuttervorlage

Die Hauptaufgabe des Kraftfutters ist, das vorhandene Grundfutter derart zu ergänzen, dass die Rinder bedarfs- und wiederkäuergerecht ernährt werden. Das Kraftfutter muss daher auf die Wertigkeit des Grundfutters und auf das Leistungsvermögen der Tiere abgestimmt werden.

Grundsätzlich besteht Kraftfutter aus:
- Futtergetreide
- Proteinreichen Futtermitteln verschiedener Herkünfte
- Mineral- und Wirkstoffergänzungen

Häufig werden auch verschiedene Nebenprodukte wie Kleien, Futtermehle etc. manchmal auch in geringen Mengen fetthaltige Substanzen zur Aufwertung des Energiehaushaltes beigemischt.

Für die Erstellung von Kraftfuttermischungen ist zu beachten:
- Die Nährstoffkonzentration – Kraftfutter soll immer möglichst nährstoffkonzentriert sein
- Das erforderliche Protein-Energie-Verhältnis
- Die Abbaubarkeit des Rohproteins der Kraftfutterbestandteile: Für hohe Leistungen soll ein möglichst großer Anteil von im Pansen nicht abgebautem Rohprotein (UDP) in der Mischung enthalten sein.
- Der Zerkleinerungsgrad des Getreideanteils: Die Beschaffenheit des Getreideanteils soll grobgrießig oder gequetscht sein. Bei Körnermais ist ein Grobschroten dem Quetschen vorzuziehen. Gequetschtes Getreide soll getrennt von fein strukturierten Futterbestandteilen verfüttert werden (Entmischung).
- Generell ist auf die Futterhygiene zu achten.

Ist es notwendig, Kraftfutter in größeren Tagesmengen einzusetzen, soll es auf mehrere Teilgaben aufgeteilt werden. Rinder, vor allem betrifft es Milchvieh, sollen nie mehr als 2 kg auf einmal vorgesetzt bekommen. Pansenphysiologische Schwierigkeiten könnten die Folge sein.
Stationäre Abruffütterung in Laufstallungen und fahrbare Kraftfutterautomaten in Anbindestallungen sorgen für eine wiederkäuergerechte Kraftfutterzuteilung.

Vorteile einer wiederkäuer- und leistungsgerechten Kraftfutterzuteilung:
- Keine Kraftfutterverschwendung, kostengünstigere Fütterung
- Bessere Leistungen, verbesserte Werte bei den Milchinhaltsstoffen
- Weniger Gesundheits- und Fruchtbarkeitsprobleme

Mineralstoffversorgung

Mit dem Grundfutter nimmt das Rind auch einen Teil der lebenswichtigen Mineralstoffe auf. Voraussetzung ist eine der Bodenbeschaffenheit und der Nutzung angepasste Düngung. Die notwendige Mineralstoffbeifütterung kann mit Hilfe einer Futterrationsberechnung festgestellt werden. Futteruntersuchungsergebnisse oder Gehaltswerte von Futterwerttabellen liefern die Werte.

Die bedarfsdeckende Versorgung bezieht sich auf:
- Die Mengenelemente – Calcium (Ca), Phosphor (P), Magnesium (Mg), Natrium (Na)
- Die Spurenelemente – Zink (Zn), Mangan (Mn), Kupfer (Cu), Jod (J), Selen (Se), Cobalt (Co)

Die Mineralstoffergänzung beruht auf:
- Der Auswahl der Mineralstoffmischung
- Der bedarfsgerechten Mengenversorgung

Als Richtwerte für die Auswahl der Mineralstoffmischung können gelten:

In der Gesamtration in größeren Mengen vertreten	Ca : P-Verhältnis in der Mineralstoffmischung
Klee, Rübenblatt, Trockenschnitzel, Grünraps	1 : 1
Wiesengras, Weide, Wiesenheu	1,5–2 : 1
Maissilage, junge Intensivweide, viel Kraftfutter	2–3,5 : 1

Als Faustregel können folgende Mineralstoffmengen eingesetzt werden:
Je **Kuh** ca. 1–3% zum Kraftfutter gemischt oder 50–120 g nach Grundfutterqualität und Leistungshöhe über das Grundfutter in den Barn.
Je **Aufzucht- und Mastrind** ca. 2% zum Kraftfutter gemischt oder 50 g in den Barn.

In den meisten Grundfutterrationen ist Magnesium ausreichend vorhanden, welches noch durch den Mg-Gehalt des Mineralfutters ergänzt wird. Nur in Ausnahmefällen – eventuell bei sehr viel Weide oder Wiesengras, kann eine zusätzliche Mg-Ergänzung erforderlich sein.

In den meisten Futterrationen ist zu wenig Natrium enthalten. Einen wichtigen Hinweis auf die notwendige Na-Ergänzung gibt das K : Na-Verhältnis, das enger als 20 :1 sein soll. Besonders in Güllebetrieben und bei hohem Einsatz von Maissilage kann der Na-Mangel gravierend sein. Das K : Na-Verhältnis von Maissilage beträgt häufig 100–200 :1. Der Na-Bedarf wird mit Viehsalz und (oder) mit Natriumbikarbonat ergänzt. Viehsalz in zu hohen

Tagesgaben (über 100 g je Kuh) kann Durchfall verursachen. Natriumbikarbonat ist gut verträglich und verwertbar und wirkt auch vorbeugend gegen Pansenübersäuerung. Tagesgaben von 50 g Viehsalz und 50 g Natriumbikarbonat je GVE können ohne weiteres verabreicht werden.

Wirkstoffversorgung
Da Mineralfuttersorten auch Vitamine und Spurenelemente enthalten, ist in der Regel eine ausreichende Versorgung damit gegeben.
Zur Absicherung besonderer Belastungssituationen empfiehlt sich die Verabreichung von Vitaminstößen oder Wirkstoffmischungen. Das betrifft die Zeit vor und nach dem Belegen, im Krankheitsfall, bei längeren Transporten, Stallwechsel und Futterumstellungen.
Bei Fruchtbarkeitsstörungen können, zum Teil schon vorbeugend, spezielle Mineral- oder Wirkstoffmischungen unterstützend wirken.
Zu Winterfutterrationen mit wenig oder keiner Grünfuttersilage, bei größeren Mengen Maissilage oder Rüben kann der Einsatz von karotinhältigen Mineralfuttersorten zweckmäßig sein.

c) Fresszeiten

Unbegrenzte (freie) Futteraufnahme wirkt sich günstig auf die Verdauungsphysiologie und den Stoffwechsel aus. Der Futterverzehr und die Leistungsbereitschaft werden deutlich positiv beeinflusst.
Werden Futterzeiten eingehalten, so muss mit mindestens sechs Stunden Fresszeit je Tag gerechnet werden.
Hochleistungskühe sollen 24 Stunden am Tag Zugang zu frischem Futter und Wasser haben.

Vor jeder neuen Futtervorlage sollen der Futterrest (ca. 5%) entfernt und der Futterbarn gereinigt werden.

d) Fütterungsreihenfolge

Die Reihenfolge der verabreichten Futtermittel kann Auswirkungen auf die Pansenphysiologie haben. Bei zwei Mahlzeiten täglich und begrenzter Futtervorlage ist die richtige Reihenfolge:

bei Aufzuchtrindern sowie altmelkenden Kühen

Raufutter ⟶ Saftfutter ⟶ Kraftfutter

bei Milchvieh mit höheren Leistungen
Reihenfolge: (morgens, abends)

Raufutter ⟶ Kraftfutter, 1. Gabe ⟶
Saftfutter ⟶ Kraftfutter, 2. Gabe ⟶
Raufutter

Reihenfolge: (mittags)

Raufutter ⟶ Kraftfutter, 1 Gabe

Durch Beachtung der richtigen Fütterungsreihenfolge kann bei höherem Kraftfuttereinsatz eine Pansenübersäuerung vermieden werden.
Bei freier Grundfutteraufnahme und unbegrenzter Fresszeit sowie bei mehrmaliger Kraftfuttergabe pro Tag (maximal 2 kg KF pro Gabe) oder Kraftfutterzuteilung auf Abruf ist die Fütterungsreihenfolge bedeutungslos.

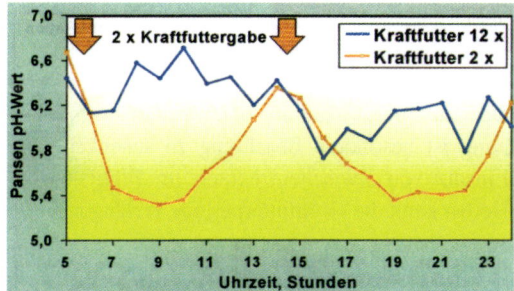

Häufige Kraftfuttergabe führt zu geringeren pH-Wert-Schwankungen

e) Wasserversorgung

Hygienisch einwandfreies, sauberes, frisches Trinkwasser muss immer zur Verfügung stehen.
Rinder trinken gerne in vollen Zügen, deshalb ist die Tränkewanne dem Selbsttränkebecken vorzuziehen. **Bei vielen Selbsttränken ist der Wasserzufluss zu wenig ergiebig. Der Wasserzulauf in Tränken soll mindestens zehn Liter Wasser pro Minute betragen.**
Der Wasserbedarf ist vom Alter der Tiere, von der Futtertrockenmasse, von der Leistung des Tieres

und von den Umweltfaktoren abhängig. Bei der Milchkuh spielt die Höhe der Leistung eine wesentliche Rolle.

> Der tägliche Wasserbedarf einer Kuh beträgt ca. 4–5 Liter Wasser je kg Milch
> bzw. 5–6 Liter Wasser je kg Futter-Trockenmasse und Tag.
> Ein Mastrind benötigt ca. 4–5 Liter Wasser je kg Futter-Trockenmasse und Tag.

f) Einsatz von Raufutter

An Milchvieh soll ganzjährig gutes Heu in einer Tagesmenge von 2 bis 4 Kilogramm verfüttert werden.
Bei Mastrindern hängt der Bedarf an Heu vom Strukturwert der Futterration ab. Die Fresslust und die Kotbeschaffenheit geben Aufschluss über die Wiederkäuergerechtheit der Mastration.
Aufzuchtrinder sollen immer Heu in der Ration vorfinden.
Stroh ist nur ein minderwertiger Ersatz für Heu bei Rindern mit geringem Nährstoffbedarf. In eingestreuten Rinderstallungen können kleine Mengen Stroh zwischendurch aufgenommen werden.

g) Einsatz von Silagen

• Grünfuttersilage
Die Qualität der Grünfuttersilagen hängt im Wesentlichen vom Ausgangsprodukt, vom Schnittzeitpunkt, vom Anwelkgrad und von der Siliertechnik ab.
Grünfuttersilagen stellen in Milchviehbetrieben in der Regel das Hauptfutter dar und sollen daher ad libitum verfüttert werden.
In der Rindermast ist energiereiche Grünfuttersilage ebenfalls einsetzbar, wie auch der Einsatz bei Aufzuchtrindern problemlos möglich ist.

• Maissilage
Maissilage soll in der Teigreife geerntet werden und einen möglichst hohen Anteil an Körnern haben. Mit zunehmender Trockenmasse steigen der Energiewert und die Verdaulichkeit, der Rohfasergehalt sinkt.
Die Gefahr von Schimmelbildung und Nachgärung

erhöht sich mit der Reife der Körner (Druschreife). Fachkundig eingesetzt, ist die Maissilage ein wertvolles Futtermittel für alle Rinder zur Sicherung der Energieversorgung. Bei der Verdauung von Maissilage entsteht relativ viel Propionsäure, die bei Kühen mit hoher Milchleistung und bei allen Mastrindern Vorteile für den Stoffwechsel bringt. Im Übermaß – nicht bedarfsbezogen – führt sie zur Verfettung und kann die Milchleistung, den Fettgehalt der Milch sowie die Fruchtbarkeit mindern. Der Einsatz von Maissilage muss daher bei Milchvieh bedarfsbezogen rationiert werden. Außerdem erfordert Maissilage aufgrund des geringen Mineralstoff- und Wirkstoffgehaltes und ihres engen Ca-P-Verhältnisses eine entsprechende Ergänzungsfütterung.

• **Zuckerrübenblattsilage**
Zuckerrübenblatt muss schmutzfrei geerntet und zumeist siliert verfüttert werden. Der Nährstoffgehalt und die Wirkung auf die Milchleistung sind dann beachtlich, der Strukturwert ist gering. Als alleiniges Grundfuttermittel ist Zuckerrübenblatt nicht geeignet. Eine Mineralstoffergänzung mit einem engen Ca-P-Verhältnis ist angebracht.

h) Einsatz von sonstigen Futtermitteln

Futterrüben stellen ein leicht verdauliches, nährstoffkonzentriertes Saftfutter für alle Rinder dar, das sehr gerne gefressen wird und oft eine zusätzliche Nährstoffversorgung bringt.
Einsatzempfehlung: Die vertretbare Höchstmenge für erwachsene Rinder beträgt 25 bis 30 kg je Tag, für Jungrinder entsprechend weniger.

Trockenschnitzel sind proteinarm, aber reich an Energie sowie an Ca und Na. Der Rohfasergehalt ist mit etwa 20% in der Trockenmasse relativ hoch. Sie stellen das optimale Ergänzungsfutter für Grünlandrationen dar.
Gequollene Trockenschnitzel wirken wie Saftfutter und beeinflussen die Futteraufnahme positiv.
Einsatzempfehlung: In der Milchviehfütterung soll die Tagesmenge an melassierten oder unmelassierten Trockenschnitzeln auf 4 kg begrenzt werden. In der Rindermast können Trockenschnitzel Maissilage gut ergänzen. Trockenschnitzel produzieren einen festen, kernigen Talg. Bei Jungtieren kann

ein Anteil von bis zu 20% dem Kraftfutter beigemischt werden.

Biertreber sind reich an Rohprotein, welches zu einem hohen Anteil nicht im Pansen abbaubar ist. Sie eignen sich gut zur Ergänzung von energiereichen Futterrationen. Bekannt ist ihre milchtreibende Wirkung. In frischem Zustand sind sie nur kurzzeitig haltbar.
Frische Biertreber haben einen Trockenmassegehalt von ca. 21 bis 24%. Eine Silierung muss wegen des hohen Protein- und Wassergehaltes mit großer Sorgfalt durchgeführt werden. Da täglich nur relativ geringe Mengen dem Silo entnommen werden, sind Behälter mit kleiner Oberfläche zu verwenden. Ihre Strukturwirksamkeit ist sehr gering.
Einsatzempfehlung: Pro Kuh und Tag können 5 bis 10 kg frische bzw. silierte Biertreber verfüttert werden. In der Jungrinderaufzucht und Rindermast können ca. 2 bis 4 kg pro Tier und Tag eingesetzt werden.

Zwischenfrüchte sind kein allein zu verabreichendes Grundfutter. Sie erfordern Futterübergänge und Futterergänzung (Übergangsfütterung im Herbst und im Frühjahr).
Der Energie-, Struktur- und Mineralstoffversorgung ist besondere Beachtung zu schenken. Der Einsatz von Zwischenfrüchten im Frühjahr und Herbst kann die Grünfutterperiode verlängern.

i) Ganzjährige Fütterung von Silagen

Die Ganzjahressilage-(Stall-)fütterung anstatt Grünfutter bzw. Weide gewinnt in der Praxis immer mehr an Bedeutung.

Besonders wichtig für die Bereitung von Sommersilage sind entsprechende Kenntnis und Genauigkeit bezüglich Konservierung. Es darf nur junges Grünfutter bester Qualität mit modernster Siliertechnik konserviert werden.

Die Entscheidung, ob Ganzjahressilage gefüttert werden soll oder nicht, ist betriebsabhängig und daher individuell vom Betriebsleiter festzulegen.

Vorteile der Ganzjahressilagefütterung:
- Arbeitsersparnis – Der Arbeitsaufwand für Eingrasen bzw. Weideaustrieb entfällt.
- Durch eine gleich bleibende Futterration (bei gleicher Qualität) ist eine Stabilisierung der Verdauung gegeben.
- Gleichmäßigere Futterqualität, da bei Grünfütterung oder Weide mehrmals große Qualitätsschwankungen auftreten.
- Bei Schlechtwetterperioden keine Grünfutterverschmutzung, kein Vertritt und keine Bodenbelastung durch Maschinen.
- Die Fütterung kann bei ganzjährigem Konserveneinsatz leichter mechanisiert werden (Maschinenring-Einsatz).

Nachteile der Ganzjahressilagefütterung:
- Konservierungs- und Entnahmeverluste (15–30%), je nach Qualität verschieden.
- Die Energiekonzentration von Konserven liegt unter der von guten Frischprodukten.
- Die Grundfutteraufnahme ist bei Silagerationen im Gegensatz zu Grünfutterrationen, wie dies z. B. an der BAL Gumpenstein nachgewiesen wurde, um ca. 2–3 kg TM pro Kuh und Tag geringer. Das entspricht bei etwa 160 bis 180 Sommerfuttertagen einer Verringerung der Grundfutterleistung von 500 bis 700 kg Milch je Kuh und Jahr bzw. einem höheren Kraftfutteraufwand von ca. 250 bis 300 kg.
- Für kleinere Betriebe wegen der geringeren Entnahmemenge/Tag weniger geeignet. (Vorschub soll mindestens 1,5 m/Woche sein; Anschnittfläche max. 0,1 bis 0,2 m²/GVE).
- Geschmacks- und Qualitätsminderung sowie Verringerung des Karotingehaltes durch die Lagerung.

j) Aufgewertete Grundfutterration (AGR)

Speziell konstruierte Mischer (Futtermischwagen) verarbeiten die Futtermittel zu einer einheitlichen Masse, die zumeist einmal täglich zur beliebigen Aufnahme den Tieren vorgesetzt wird.
Bei einer aufgewerteten Grundfutterration wird ein Teil des Kraftfutters in die Grundfutterration eingemischt, das restliche Kraftfutter wird entweder über eine vorhandene Abrufstation gegeben oder im Melkstand verabreicht. Die Kraftfuttermenge wird so eingestellt, dass der Milcherzeugungswert der Mischration etwa null bis vier Kilogramm unter dem durchschnittlichen Tagesgemelk der Herde liegt.
Die angestrebte Energiekonzentration (ca. 6,6 bis 6,7 MJ NEL/kg TM) einer aufgewerteten Mischung hängt von der Leistung der Herde ab.
Vorteil: leistungsbezogene Kraftfutterzuteilung möglich
Nachteil: höhere Kosten, verursacht durch zusätzliche Technik (Abrufstation)

k) Totale-Misch-Ration (TMR)

Werden das Grundfutter und die gesamte Kraftfuttermenge vermischt, entsteht eine „Totale-Misch-Ration". Verdauungsphysiologisch ist eine solche Mischration günstig zu beurteilen.
In Hinblick auf eine leistungsbezogene Fütterung wäre die Einteilung der Herde in Leistungsgruppen sinnvoll. Dies ist jedoch aus arbeitswirtschaftlichen Überlegungen, vor allem bei kleineren Herden, kaum vertretbar. Es wird daher der gesamten Herde eine Einheitsmischung verabreicht.
Wenig Schwierigkeiten haben Betriebe mit diesem System, die ein sehr hohes Leistungsniveau (z. B. mehr als 8.500 kg) haben. Probleme treten dagegen in Herden im mittleren Leistungsbereich (6.000 bis 7.000 kg) bzw. bei sehr unterschiedlichen Milchleistungen innerhalb der Herde auf.
Die angestrebte Energiekonzentration einer TMR ist auf das Leistungsniveau der Herde abzustimmen (6,6 bis 6,9 MJ NEL/kg TM).
Vorteil: geringerer Arbeitsaufwand, Einsparung von Technikkosten gegenüber der AGR
Nachteil: nährstoffmäßige Über- und Unterversorgung bei einphasiger Fütterung

Richtlinien und Richtwerte für den erfolgreichen TMR-Einsatz:
- Homogene Mischungen, als Voraussetzung für gesunde und leistungsbereite Kühe, durch richtige Mischdauer und Beladereihenfolge;
- Bei der Mischreihenfolge ist zu beachten:
  - vom kleinsten zum größten Gewichtsanteil;
  - lange Futterkomponenten (die noch zerkleinert

werden müssen, wie zum Beispiel Grassilage, Heu) immer vor kurzen Komponenten;

- trockene Rationsanteile vor strukturschwachen (z. B. Maissilage) und feuchten Komponenten;

Beispiel einer möglichen Mischreihenfolge:
1. Kraftfutter (schroten, nicht quetschen)
*   und Stroh oder Heu*
2. Grassilage
3. Biertreber
4. Maissilage

- Säuren vor Ölen und/oder Wasser;
- Komponenten, die nur in Kleinstmengen der Ration beigemengt werden (z. B. diverse Zusatzstoffe) sollten etwa in der Mitte des Beladevorganges zugeführt werden;
- ausreichend lang, aber nicht zu lange mischen; das Futter darf nicht musen;

Überprüfen der Mischgenauigkeit:
- Schüttelbox
Die Partikelgrößenverteilung und damit auch die Mischgenauigkeit und der Strukturgehalt einer TMR kann mit einer Schüttelbox überprüft werden. Eine Schüttelbox besteht aus drei gleich großen, übereinander setzbaren Siebkästen mit jeweils unterschiedlichen Lochgrößen.

In das oberste Sieb, mit den größten Löchern, werden 250 g Futterprobe (TMR) exakt eingewogen. Der zusammengesetzte „Siebkasten" (Schüttelbox) wird dann auf einer glatten, ebenen Fläche fünf Mal in waagrechter Richtung kräftig und rasch hin und her geschoben, darauf folgend um 90 Grad gedreht und nochmals fünf Mal geschüttelt bzw. in waagrechter Richtung hin und her geschoben. Danach wird die Futtermenge von jedem der drei Siebkästen exakt gewogen und die Anteile am Gesamtgewicht der Futterprobe (250 g) ermittelt. Um ein möglichst korrektes Durchschnittsergebnis zu bekommen sollten zumindest drei, an verschiedenen Stellen entnommene, Futterproben geschüttelt werden.

Zielwerte einer ideal gemischten TMR (Rossow, 2008):
8-10 % Futteranteil im obersten Sieb (> 19mm),
30 bis 50 % im Mittelsieb (8-18 mm) und
40 bis 60 % (< 8 mm) Futteranteil im untersten Sieb.

Schüttelbox mit drei Siebkästen

- Erbsentest
Ein wesentliches Qualitätsmerkmal einer TMR ist u.a. die gleichmäßige Einmischung von Kraftfutter. Zur Ermittlung der Einmischgenauigkeit kann der Erbsentest herangezogen werden.

Dem Kraftfutter werden zwei Prozent des Mischgewichtes an Erbsen beigemengt und gut durchmischt. Die „Kraftfutter-Erbsen-Mischung" wird als Futterkomponente in den Mischwagen gefüllt. Vor der Entleerung des Mischwagens werden, je nach Bedarf, fünf bis zehn Schüsseln gleichmäßig verteilt auf dem Futtertisch gestellt., welche beim Entleeren des Mischwagens von der TMR zugedeckt werden. Nachdem der Mischwagen entleert ist, werden die Schüsseln „ausgegraben" und die Erbsen in den jeweiligen Schüsseln gezählt. Die Anzahl der Erbsen sollte in jeder Schüssel annähernd gleich sein.

Kennzahlen einer TMR:
- Trockenmasse-Gehalt der TMR: 35% bis 45%
- Energiekonzentration je nach Leistungsniveau: 6,6 bis 6,9 MJ NEL/kg TM
- Partikelgröße in der TMR: mind. 9% > 2,5 cm
- Partikelgröße im Futterrest: max. 12% > 2,5 cm

Kompakt-TMR:

Kühe versuchen auch, Kraftfutteranteile aus der Totalen-Misch-Ration heraus zu selektieren. Hochrangige Kühe schieben das Futter hin und her, nützen dabei jeden Platz zur Aufnahme von selektiertem Kraftfutter und verdrängen dabei auch rangniedere Tiere, was bei diesen wiederum Stress verursacht. Insgesamt wird dadurch die Fresszeit verlängert und die Ruhe- bzw. Liegephase verkürzt.

Eine TMR ist daher so zu mischen, dass ein Selektieren nicht möglich ist. Eine derart gemischte TMR ist unter dem Namen „Kompakt-TMR" bekannt. Das Grundprinzip dabei ist, Kraftfutter, Mineralfutter und Maissilage an die Grassilage, welche in der Regel die Basis der Ration darstellt, zu „kleben" (Kristensen, 2015).

Mischvorgang einer Kompakt-TMR (Kristensen/Grupp, 2015):

1. **Einweichen:** Alle trockenen Futtermittelbestandteile (Kraftfutter, Pellets, etc.) werden eingewogen und im Mischwagen mit der gleichen Menge an Wasser eingeweicht. Je nach Anteil aufquellender Futtermittel (wie z. B. Rübenschnitzel) dauert der Einweichvorgang 8–12 Stunden. Klumpenbildung muss vermieden werden.
2. **Strukturierung:** Im nächsten Schritt werden Grassilage, Heu und/oder Stroh, Mineralfutter in den Mischwagen gegeben und mindestens 15 bis ca. 20 Minuten gemischt.
3. **Endphase:** Erst zum Schluss wird Maissilage beigemengt und ebenfalls zwischen 15 bis 20 Minuten gemischt.

Kühe selektieren Kraftfutteranteile aus der TMR

11.2.4 Futterangebot im Jahresablauf

• Sommerfütterung

Grünfütterung im Stall

Grünfutter soll in trockenem, nicht regennassem Zustand gemäht, schmutzfrei gewonnen und möglichst frisch verfüttert werden. Im gelagerten Grünfutter entstehen schnell Nährstoffverluste; wieder verfüttert, nimmt die Gefahr des Aufblähens der Tiere zu. Frisches Grünfutter ist nährstoff- und vitaminreich und wird gerne und in großen Mengen gefressen. Es ist als Grundfutter für alle Rinder sehr geeignet. Weil es infolge seines höheren Wassergehaltes voluminöser ist, brauchen die Rinder ausreichend Zeit zum Fressen.

Beim Grünfutter hat das fortschreitende Wachstum der Pflanzen Einfluss auf den Nährstoffgehalt, die Strukturwirksamkeit und die Futterqualität. Daher sind ein zeitgerechter Erntebeginn, die Dauer der Nutzung sowie die vom jeweiligen Reifezustand abhängige Futterergänzung sehr wesentlich. Die regelmäßige Beifütterung von Heu verbessert den Strukturwert der Ration. Grünfutterrationen können auch mit Mais- und/oder guter Grassilage ergänzt werden.

Weidenutzung

Die Weidehaltung ist für rinderhaltende Betriebe im Grünland- und Berggebiet von großer Bedeutung. Die Weide liefert einerseits nährstoffreiches und gut verwertbares Grundfutter andererseits pflegen und erhalten die Weidetiere auch unsere Kulturlandschaft. Ein besonderer Vorteil für die Tiere ist die regelmäßige Bewegungsmöglichkeit im Freien, die sich positiv auf die Tiergesundheit und auf die Qualität der tierischen Produkte von Weiderindern auswirkt.

In der Weidehaltung unterscheidet man grundsätzlich zwischen

a) Weidesystemen

dazu zählen:

- Kurzrasenweide (intensive Standweide),
- Koppelweide (Umtriebsweide),
- Portionsweide (intensive Koppel- oder Umtriebsweide),

- Extensive Standweide,
- Mischweidesystem,
- Almweidesysteme und

b) Weidestrategien

darunter versteht man zum Beispiel
- Stundenweide,
- Halbtagsweide,
- Ganztagsweide und
- Low-Input Vollweidehaltung von Milchkühen.

Das Futterangebot

Je nach Weidesystem sind bestimmte Aufwuchshöhen des Grases anzustreben. Diese sollen zum Beispiel bei Kurzrasenweidehaltung 5–7 cm, bei Koppelweidehaltung 10–15 cm und bei Portionsweidehaltung 10 bis max. 20 cm betragen.

Kurzrasenweide

Die Kurzrasenweide entspricht einer intensiven Standweide (1 bis max. 4 Schläge) deren Fläche über die gesamte Weidesaison besetzt ist. Es muss so viel nachwachsen, wie die Kühe täglich fressen. Ein Nachmähen der Weide ist nicht vorgesehen bzw. sollte nicht erforderlich werden.

Falls die Aufwuchshöhe des Grases unter 5 cm absinkt (Trockenheit, Überweidung), so muss entweder den Tieren mehr zugefüttert, die Weidefläche vergrößert oder die Kühe müssen vorübergehend im Stall gefüttert werden.

Koppelweide

Die Weidefläche ist in Koppeln unterteilt, dabei ist für eine gleichmäßige Futterqualität und Futteraufnahme eine kurze Beweidung einer Koppel (3–10 Tage) von Bedeutung. Die beweideten Koppeln bedürfen einer konsequenten Ruhephase bis die gewünschte Aufwuchshöhe des Grases wiederum gegeben ist.

Portionsweide

Das Weidevieh bekommt zu jedem Austreiben eine frische Weidefläche zugeteilt. Der Bewegungsraum für die Weidetiere soll nicht mehr als die dreifache Tagesportionsfläche betragen, damit das frisch nachwachsende Futter nicht durch vorzeitigen Verbiss geschädigt wird.

Bei weidereifem Futterbestand kann mit 50 bis 60 Quadratmetern Weidefläche je GVE und Tag gerechnet werden.

Diese intensive Nutzungsform der Weide ist besonders für Milchvieh, aber auch für die Weidemast von Jungrindern geeignet.

Alpung

Der Nährstoffgehalt und die Verdaulichkeit von alpinem Weidefutter liegen überwiegend auf niedrigem Niveau, daher werden Almen vorwiegend für Kalbinnen, zum Teil auch für Ochsen genutzt. Auf Almen sind die Koppelweide und die extensive Standweide die vorwiegend genutzten Weidesysteme.

Ausführliche Informationen, Bilder und Publikationen zur Weidehaltung siehe unter Raumberg-Gumpenstein 2017 „Bio-Landwirtschaft und Biodiversität der Nutztiere", http://www.raumberg-gumpenstein.at/cm4/de/forschung/forschungsbereiche/bio-landwirtschaft-und-biodiversidter-nutztiere/pflanze/biogruenland/weideinfos-gruenland.html [03.01.2017]

• Winterfütterung

Die Winterfütterung ist weitgehend auf konservierte Grundfuttermittel angewiesen. Nährstoffverluste lassen sich beim Konservieren nicht vermeiden.

Zur Optimierung des Nährstoffgehaltes in den konservierten Grundfuttermitteln sind folgende Kriterien zu beachten:
- Der günstigste Erntezeitpunkt
- Die Konservierungsart
- Die Konservierungstechnik
- Die Lagerung
- Der Weg des Futters vom Lager bis zum Maul der Tiere

Der richtige Zeitpunkt der Ernte und die ordnungsgemäße Erntetechnik sind die Basis für die Qualität des konservierten Futters. Das Wetter, die Trocknungstechnik und die Möglichkeit einer Kalt- bzw. Warmlufttrocknung beeinflussen die Endqualität des Heus, aber auch die Konservierungskosten.

Die Zielsetzung ist beste Heuqualität in ausreichender Quantität.

Beim Silieren können die Nährstoffverluste durch die Technik, durch entsprechende Siloformen und vor allem durch gewissenhafte Arbeit minimiert und beste Silagequalitäten erzeugt werden.

Zu beachten ist, dass bei der Lagerung, aber auch beim Weg des Futters vom Lager über den Barn bis in das Maul der Tiere Verluste auftreten können. Diese Verluste betreffen den Nährwert (Abbauverluste, Blattverluste, Verluste durch Verderbnis etc.), vor allem aber den Vitamingehalt der Karotin-Gruppe.

Die Winterfutterration für Milchvieh und Aufzuchtrinder sollte nach Möglichkeit aus folgenden Komponenten zusammengesetzt sein:
- Grünfuttersilage
- Maissilage
- Heu
- Kraftfutter mit Mineral- und Vitaminergänzung

In Grünlandbetrieben ohne Silomaisanbau muss der Energieausgleich mit Trockenschnitzeln oder anderen stärkereichen Futtermitteln angestrebt werden. Der Einsatz von Heu ist immer notwendig. Die Menge richtet sich nach dem jeweiligen Strukturbedarf.

• Übergangsfütterung

Übergangsfütterung im Frühjahr

Die Umstellung von der Winterfütterung auf die Frühjahrsration (Weide, junges Grünfutter) stellt eine bedeutende Veränderung der Futterzusammensetzung dar. Um Leistungseinbußen, Stoffwechsel- und Fruchtbarkeitsstörungen zu vermeiden, ist in der Fütterung von Milchkühen eine besonders sorgfältige Vorgangsweise angebracht. Die Frühjahrsration ist im Vergleich zur Winterration wesentlich ärmer an Trockensubstanz und an Rohfaser. Hingegen ist der Rohproteingehalt in der jungen Frühjahrsweide um durchschnittlich 40% höher als bei durchschnittlichen Winterrationen.

Da der Energiegehalt im jungen Weidefutter nicht in jenem Maße ansteigt wie der Rohproteingehalt, ergibt sich ein deutliches Übermaß an Protein.

Diese Tatsache kann zu starker Belastung des Tieres führen und zur völligen Entgleisung des Eiweißstoffwechsels der Mikroben und des Tieres. Durchfälle und hohe Harnstoffwerte in der Milch sowie ein Absinken des Milchfettgehaltes zeigen die stoffwechselbelastende Situation.

Konsequenzen für die Fütterung:

Jede Übergangsfütterung, besonders jene im Frühjahr, sollte über mindestens zwei Wochen gehen, wobei die Futtermittel der neuen Ration langsam gesteigert und jene der bestehenden Ration langsam gemindert werden.

Übergangsfütterung im Herbst

Die Übergangsfütterung im Herbst ist im Normalfall relativ unproblematisch. Die Futtersituation ändert sich von einer eiweißreicheren, trockensubstanzärmeren Sommerfutterration in eine trockensubstanzreichere, rohfaserreichere Winterfutterration. Durch eine Übergangsfütterung von etwa ein bis zwei Wochen kann diese Umstellung problemlos erfolgen.

Bevor es zur eigentlichen Übergangsfütterung auf die Winterfutterration kommt, wird in vielen Betrieben, um Futterengpässe zu vermeiden, durch den Einsatz von **Zwischenfrüchten** die Grünfutterperiode verlängert. Die im Herbst anfallenden Grünfuttermittel haben einen niedrigen Trockenmassegehalt und einen geringen Rohfasergehalt. Der Anteil an Rohprotein ist höher, vor allem der Anteil an Nicht-Protein-Stickstoffverbindungen und Nitrat.

Die Beifütterung von Heu sowie die Ergänzung mit einer angepassten Mineralstoffmischung ist besonders wichtig.

11.2.5 Milchvieh

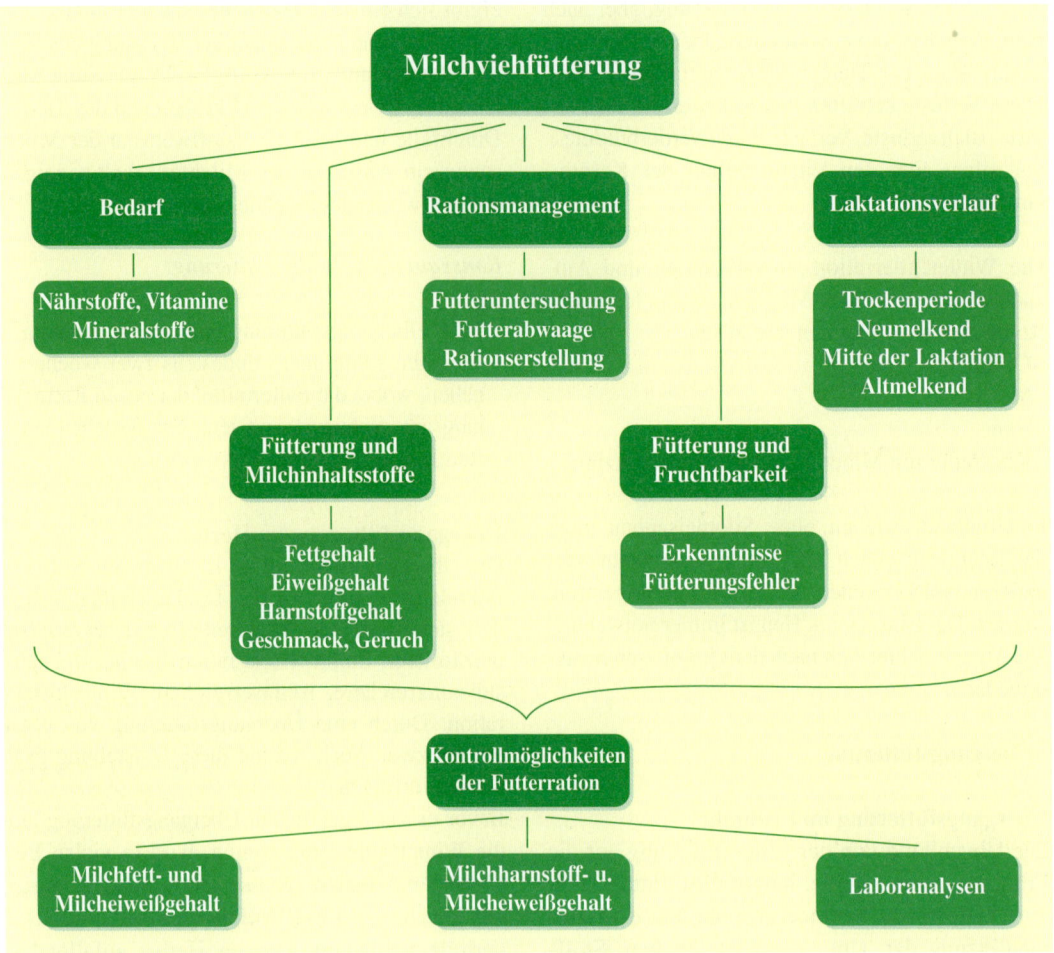

a) Bedarf

• Nährstoffbedarf

Eine wirtschaftliche, langfristig erfolgreiche Milchwirtschaft setzt die bedarfsgerechte Ernährung der Kühe voraus.

Der Nährstoffbedarf der Milchkühe ergibt sich aus:
- Dem Erhaltungsbedarf
- Dem Bedarf für die Milchbildung, abhängig von der Milchmenge und den Milchinhaltsstoffen
- Dem Bedarf für die Ausbildung des Fötus

Die Bedarfseinheiten gelten pro Tag und pro kg erzeugter Milch, je nach unterschiedlichen Milchfett- und Milcheiweißprozenten.

Erhaltungsbedarf

Der Erhaltungsbedarf wird nach dem Tiergewicht aus dem metabolischen Körpergewicht ($= LG^{0,75}$) mit folgender Formel berechnet:

Erhaltungsbedarf in MJ NEL/Tag
$= LG^{0,75}$ x 0,293 MJ NEL

Lebendmasse in kg	NEL in MJ	nXP in g
500	31,0	380
550	33,3	400
600	35,5	420
650	37,7	440
700	39,9	460
750	42,0	480
800	44,1	500
850	46,1	520
Je 50 kg LM-Unterschied	~ +/- 2,2	+/- 20

Weidegang erhöht den Bedarf bis zu zehn Prozent, abhängig vom Weideweg und der Dauer der Beweidung je Tag.

Leistungsbedarf für die Bildung von 1 kg Milch

Milchinhaltsstoffe	NEL in MJ	nXP in g
3,5% Fett 3,2% Protein	2,92	82
4,0% Fett 3,2% Protein	3,10	82
4,0% Fett 3,4% Protein	3,14	86
4,5% Fett 3,4% Protein	3,33	86
4,5% Fett 3,6% Protein	3,37	90
5,0% Fett 3,8% Protein	3,57	94
5,0% Fett 4,0% Protein	3,57	98

Bedarf in den letzten sechs Wochen der Trockenperiode (nach Burgstaller)

6. bis 4. Woche vor dem Abkalbetermin:
50–52 MJ NEL/1080–1100 g nXP
3. Woche vor bis zum Abkalben:
53–55 MJ NEL/1155–1175 g nXP

• Mineralstoff- und Vitaminbedarf

Bedarf an Kalzium und Phosphor
Er gliedert sich in:

Den Bedarf für unvermeidliche Verluste
Dieser wird je kg verzehrter Trockenmasse der Gesamtfutterration ermittelt.

Er beträgt **je kg verzehrter TM** der Gesamtfutterration 2,0 g Ca und 1,43 g P

Den Bedarf für die Milchbildung
Dieser ergibt sich aus der Summe der erzeugten Milch je Tag.

Er beträgt **je kg erzeugter Milch** 2,5 g Ca und 1,43 g P

Der Tagesbedarf einer Milchkuh ergibt sich aus der Summe von unvermeidlichen Verlusten + dem Bedarf für die kg erzeugter Milch.

Empfehlungen zur Ca- und P-Versorgung
Zu beachten ist, dass mit fortschreitendem Alter der Kühe die Mobilität des Mineralstoffwechsels abnimmt und damit eine bedarfsbezogene Versorgung mit Mineralstoffen (vor allem mit Ca und P) an Bedeutung gewinnt.
Während der Trockenstehzeit sollen die Tageswerte bei 10 kg T-Aufnahme 40 g Ca, 25 g P, 16 g Mg und 12 g Na betragen.

Milchmenge kg/Tag	Futteraufnahme kg/Tag	Kalzium		Phosphor	
		g/Tag	g/kg TM	g/Tag	g/kg TM
10	12,0	49	4,1	31	2,6
15	14,0	66	4,7	41	2,9
20	15,5	82	5,2	51	3,3
25	17,5	98	5,6	61	3,5
30	19,5	114	5,9	71	3,6
35	21,0	130	6,2	80	3,8
40	22,0	144	6,5	89	4,0

Bedarf an Magnesium und Natrium
In der Regel ist der Bedarf an Magnesium durch Grundfutter und den im Mineralfutter enthaltenen Anteil an Mg gedeckt.

Erhaltungsbedarf

Lebendgewicht in kg	Magnesium (Mg) (g)	Natrium (Na) (g)
600	12	8
650	13	9
700	14	10

Leistungsbedarf

Je 1 kg Milch	Magnesium (Mg) g	Natrium (Na) g
4,0 % Fett	0,6	0,6

Der Bedarf an Natrium ist mit durchschnittlichen Futterrationen nicht gedeckt. Empfohlen wird für laktierende Kühe die Beifütterung je Tier und Tag von
- etwa 50 g **Viehsalz** und
- 50 g **Natriumbikarbonat**.

Eine ungenügende Natriumversorgung führt erst nach längerer Zeit zu Mangelerscheinungen, weil die Kühe das fehlende Futternatrium durch Rückresorption im Speichel ersetzen können. Wenn diese Grenze der Regulierung erreicht ist, so wird ein Natriummangel zu einem fruchtbarkeitsstörenden Faktor.

Beziehung zwischen Natriumversorgung und Erstbesamungsergebnissen bei Kühen

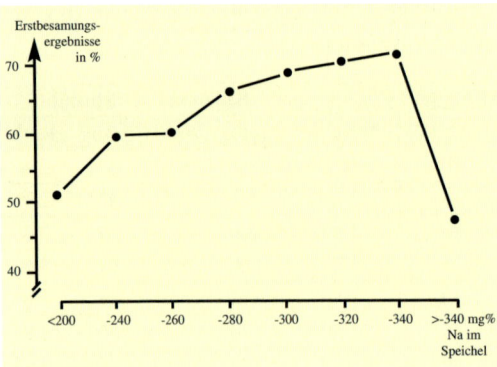

Kalium-Überschuss im Futter beeinträchtigt die Verwertung von Magnesium und Natrium. Außerdem trägt ein Kalium-Überangebot zum Auftreten von Genitalkatarrhen und Zysten bei.

Bedarf an Spurenelementen

in mg je kg Futtertrockenmasse

Zn	Mn	Cu	J	Fe	Co	Se
50	50	10	0,5	50	0,1	0,15

Optimale Mineralstoffverhältnisse

Ca	:	P	=	1,5 : 1	bis	2 : 1
K	:	Na	=	4 : 1	bis	20 : 1
K	:	P	=	1 : 1	bis	7 : 1
Ca	:	Mn	=	100 : 1	bis	200 : 1
Ca	:	Zn	=	100 : 1	bis	200 : 1
Ca	:	Cu	=	300 : 1	bis	500 : 1

Bedarf an Vitaminen

Vitamin A
Das Beta-Karotin stellt den nach Menge und Wirksamkeit wichtigsten Vertreter dieser Vitamingruppe dar. Es beeinflusst die Funktion der weiblichen Fortpflanzungsorgane sehr wesentlich. Im Grünfutter ist davon reichlich vorhanden. Bei der Futterkonservierung und -lagerung treten unterschiedlich hohe Verluste auf, sodass bei Winterabkalbungen eine zusätzliche Beta-Karotin-Versorgung – begonnen eine Woche vor dem Abkalbetermin, bis zur 9. Woche danach – deutlich verbesserte Fruchtbarkeitsergebnisse bringt.

Der Tagesbedarf an Vitamin A beträgt 10.000 bis 20.000 IE je 100 kg Lebendmasse.

Vitamin D
Es steht in enger Beziehung zum Mineralstoffwechsel der Kuh. Sonnenbestrahlung aktiviert Vitamin D im Körper.

Der Tagesbedarf beträgt etwa 1.000 IE je 100 kg Lebendmasse.

Vitamin E
Es ist normalerweise im Futter ausreichend vorhanden. Besonders reich an Vitamin E sind frische Getreidekeimlinge.
Eine Speicherung von Vitaminen im tierischen Körper ist nur in beschränktem Maße und für kurze Zeitspannen möglich.
Es sollen ganzjährig nur vitaminierte Mineralfuttermittel eingesetzt werden.

b) Rationsmanagement

• Futteruntersuchung

Je höher die Leistung der Kühe, umso wichtiger ist die Berechnung der Futterration. Dazu ist die genaue Kenntnis der Inhaltsstoffe (Nähr- und Mineralstoffe, ev. Spurenelemente) der verwendeten Futtermittel notwendig.

• Futterabwaage

Eine exakte Rationsberechnung erfordert die Erhebung der täglich verzehrten Grundfuttermenge bzw. TMR-Menge pro Kuh.

Die Futterwiegung soll mindestens an vier Mahlzeiten durchgeführt werden, wobei der Futterrest von der eingefütterten Menge abzuziehen ist. Aus dem Nettogewicht wird der durchschnittliche Verzehr pro Kuh und Tag ermittelt.

• Rationserstellung

Das Ziel sollte sein, eine möglichst hohe Leistung aus dem Grundfutter zu erzielen. Das Kraftfutter muss leistungsbezogen zugeteilt werden und soll das Grundfutter optimal ergänzen. Große Bedeutung kommt dem Kohlehydrat- und Eiweißstoffwechsel im Pansen zu. Anzustreben ist eine möglichst gute zeitliche Übereinstimmung zwischen Energie- und Eiweißabbau („Pansensynchronisation").

Beispiele:

	rasch abbaubar 0–2 Stunden	langsam abbaubar 2–9 Stunden
Eiweiß	Junge eiweißreiche Grassilagen, Rapsextraktionsschrot, Erbse	Sehr trockene Grassilagen, Biertreber, Sojaschrot
Energie	Energiereiche Grassilage, Weizen, Gerste	(Trockene) Maissilage, Körnermais, Trockenschnitzel

Schema:

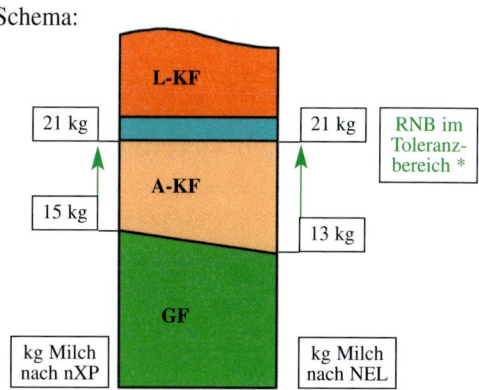

Leistungskraftfutter (L-KF):
1 kg L-KF soll für ca. 2 kg Milch reichen.

Mineralergänzungsfutter:
Nach dem Nährstoffausgleich muss der Mineralstoffausgleich (auf die jeweilige Leistung) erfolgen.

Ausgleichskraftfutter (A-KF):
Eiweißarmes A-KF zum Nährstoffausgleich (Energieergänzung) nach nXP und NEL
Eiweißreiches A-KF zum Ausgleich (Ergänzung) der N-Bilanz

Grundfutterration (GF):
Die GF-T beträgt ca. 13–14 kg. Die GF-Ration ist arm an Energie; sie reicht nach MJ NEL für 13 kg Milch und nach g nXP für 15 kg Milch. Die RNB beträgt + 1,1.

* RNB–Untergrenze: – 50 + kg erzeugte Milch
RNB–Obergrenze: Die Harnstoffwerte in der Milch sollen 35 mg je 100 ml Milch nicht überschreiten.

c) Milchleistungsperiode – Laktationsverlauf

• Übersicht

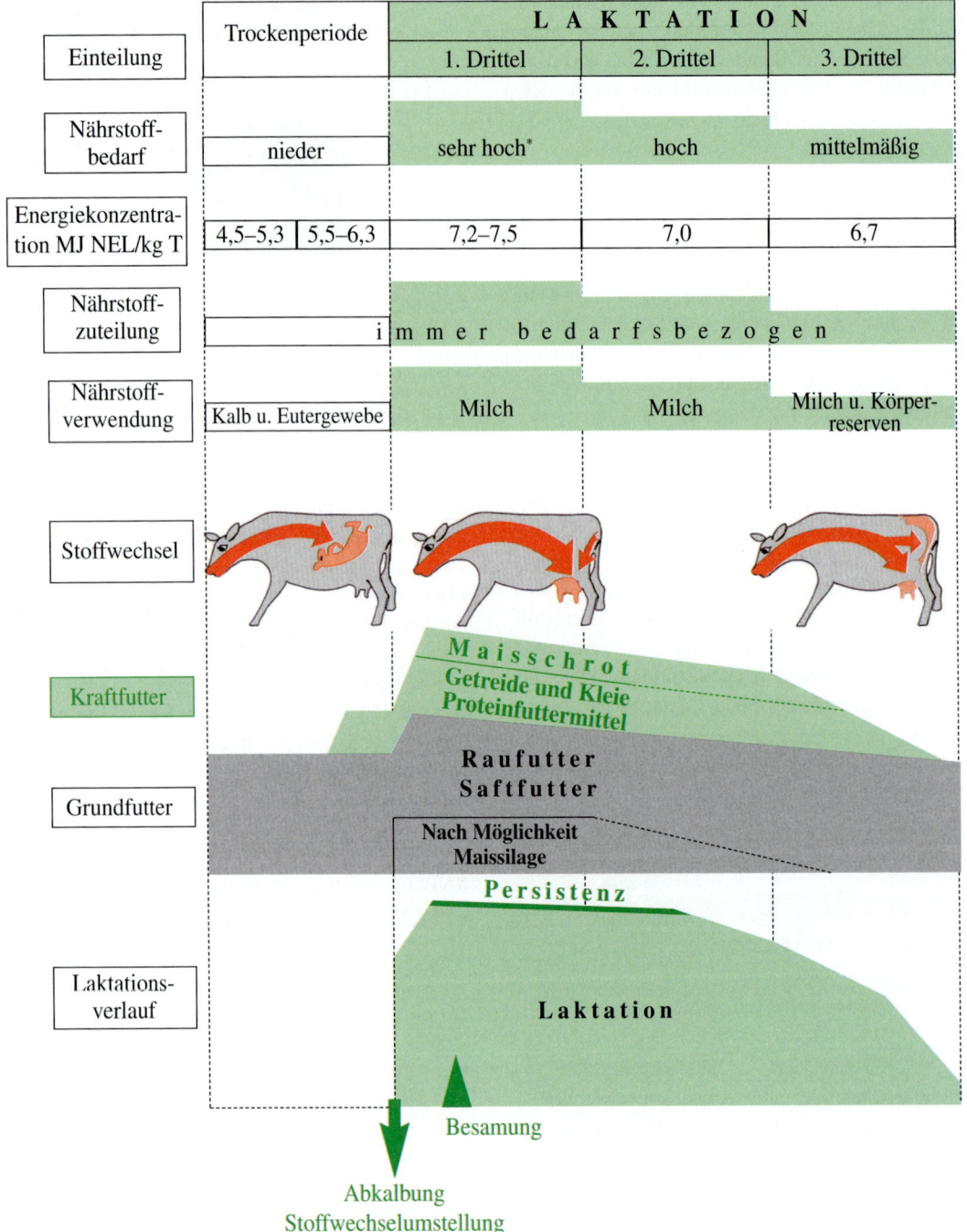

Einteilung	Trockenperiode	L A K T A T I O N		
		1. Drittel	2. Drittel	3. Drittel
Nährstoff-bedarf	nieder	sehr hoch*	hoch	mittelmäßig
Energiekonzentration MJ NEL/kg T	4,5–5,3 | 5,5–6,3	7,2–7,5	7,0	6,7
Nährstoff-zuteilung	i m m e r b e d a r f s b e z o g e n			
Nährstoff-verwendung	Kalb u. Eutergewebe	Milch	Milch	Milch u. Körper-reserven

Stoffwechsel

Kraftfutter — M a i s s c h r o t / Getreide und Kleie / Proteinfuttermittel

Grundfutter — R a u f u t t e r / S a f t f u t t e r / Nach Möglichkeit Maissilage

Laktations-verlauf — P e r s i s t e n z / Laktation

Besamung

Abkalbung
Stoffwechselumstellung

---

* Zu Laktationsbeginn = energetische Unterversorgung
(max. 70 kg Lebendgewichtsverlust bis zum 50. Laktationstag)

• Trockenperiode

Die Milchkuh soll mindestens 6, höchstens 8 Wochen vor dem Abkalbetermin trockenstehen. In dieser „Erholungsphase" der Kuh ist ihre Ernährung möglichst exakt bedarfsbezogen durchzuführen.

Die Trockenperiode wird in zwei Abschnitte gegliedert:

1. Abschnitt – Vom Trockenstellen bis 3 Wochen vor dem Abkalbetermin:

Der Gesamtbedarf je Kuh und Tag beträgt:
Erhaltungsbedarf + Leistungsbedarf für die Bildung von etwa 4–6 kg Milch;
in Nährstoffen = Erhaltungsbedarf
+ 15–20 MJ NEL/400–600 g nXP

Dieses Nährstoffangebot ist generell ausreichend. Der Bedarf für den Fötus ist noch relativ gering, und jede Nährstoffüberversorgung würde eine Fettbildung im Körper des Muttertieres verursachen. Durch die Beobachtung der Körperkondition (➡ Siehe Kap. BCS, Band 2, Seite 70 f) soll in diesem Abschnitt die Richtigkeit der Nährstoffversorgung überprüft werden. Besondere Vorsicht ist bei solchen hochträchtigen Rindern geboten, die sich in zu üppiger Kondition (fett) befinden. Eine Hungerperiode würde ein Abspecken verursachen, was häufig Stoffwechselstörungen, wie v. a. Ketose, zur Folge hat.

Grundsätze der Rationsgestaltung für den 1. Abschnitt:
- Nur Grundfutter verabreichen
- Maissilagegaben begrenzen, max. 8 kg Tier/Tag
- Ausreichend Raufutter vorlegen
- Keine Ca-reichen Futtermittel füttern
- Ca : P-Verhältnis aus dem Grundfutter soll etwa 1,2 : 1 betragen oder enger sein

2. Abschnitt – Die letzten 3 Wochen vor dem Abkalbetermin (Transitphase):

Der Gesamtbedarf je Kuh und Tag beträgt
Erhaltungsbedarf + Leistungsbedarf für die Bildung von etwa 7–9 kg Milch;
in Nährstoffen = Erhaltungsbedarf
+ 22–25 MJ NEL/600–770 g nXP

Mit diesem Abschnitt setzt eine **Vorbereitungsfütterung** ein, die ansteigende Mengen von 1 bis 3 (4) kg Milchleistungskraftfutter je Tier und Tag umfassen soll.
Dieses Kraftfutter muss die gleiche Zusammensetzung aufweisen wie das Leistungskraftfutter nach dem Abkalben.
Die Vorbereitungsfütterung betrifft auch die hochträchtigen Kalbinnen.

Die Aufgaben dieser Vorbereitungsfütterung sind:
- Anpassung des Verdauungstraktes, insbesondere des Pansens und seiner Mikroben an die Futterration in der Laktation,
- Versorgung des nun stärker wachsenden Fötus,
- Versorgung für das neu aufzubauende Eutergewebe,
- Vorbeugung von Stoffwechselstörungen und
- Verbesserung der Fruchtbarkeit in der Folgelaktation.

Der Futterverzehr der hochträchtigen Milchkuh nimmt ab, weil das im Mutterleib reifende Kalb Verdauungsvolumen der Mutter verdrängt. Gleichzeitig steigt der Nährstoffbedarf. Gutes Grundfutter und Kraftfutter im Rahmen der Vorbereitungsfütterung liefern die benötigten Nährstoffe.

Das **Mineralfutter** soll in diesem Abschnitt ein sehr enges Ca-P-Verhältnis von unter 1 : 1 aufweisen, weil damit einer Gebärparese (Festliegen) des Muttertieres vorgebeugt werden kann. Zusätzlich wirkt ein geringer Gehalt an Kalium in diesem Zeitabschnitt günstig.
Kalziumbereitstellung trainieren! Durch die Zugabe von „sauren Salzen" (Kalziumchlorid, Magnesiumsulfat) sinkt der pH-Wert im Blut. Der Organismus der Kuh versucht diesem Zustand durch eine verstärkte Freisetzung von Kalzium und Phosphor aus dem Skelett entgegenzuwirken.

Grundsätze der Rationsgestaltung für den 2. Abschnitt:
- 2–3 Wochen vor der Abkalbung mit der Beifütterung von 1,0 kg Kraftfutter beginnen und auf ca. (3) 4 kg steigern.
- Die Mineralstoffversorgung muss mit einer kalziumarmen Mischung erfolgen (Ca : P < 1 : 1).

- Die Grundfutterration soll in ihrer Zusammensetzung jener der neumelkenden Kühe entsprechen.
- Insgesamt ist auf eine kalziumarme und phosphorbedarfsdeckende Rationszusammenstellung zu achten.

• Laktation

Das 1. Drittel (neumelkend)

Die Geburt des Kalbes leitet die Laktation (Milchperiode) ein.

Die damit verbundene Umstellung des Stoffwechsels von der Trockenperiode zum Umsatz stellt für die Milchkuh eine beträchtliche Belastung dar. Sie wird bei Kühen mit hoher Einsatzleistung dadurch verstärkt, dass der plötzliche Bedarf an Nähr-, Mineral- und Wirkstoffen wesentlich rascher ansteigt als der Futterverzehr. Eine vorrangige Aufgabe der Fütterungsstrategie ist nun, der neumelkenden Milchkuh diese Umstellungsvorgänge im Körper ohne gesundheitliche Schäden unter Ausschöpfung des gesamten Leistungsvermögens zu erleichtern. Alle diesbezüglichen Möglichkeiten einer fachkundigen Fütterung müssen in diesem Stadium optimal ausgenützt werden.

Die Proteinversorgung

Eine bedarfsdeckende Rohproteinversorgung ist bei sachgemäßer Zusammenstellung der Futterration auch bei sehr hohen Tagesgemelken möglich. Neben der zugeführten Menge an Rohprotein muss die Abbaubarkeit der einzelnen Futtermittel und die Energieversorgung im Pansen beachtet werden. Die Berechnung der ruminalen Stickstoffbilanz dient der Kontrolle der Proteinversorgung.

Die Energieversorgung

Eine bedarfsdeckende Energieversorgung ist bei Tagesgemelken von mehr als 35 kg auf Grund der begrenzten Trockenmasseaufnahme und der pansenphysiologischen Grenzen des Kraftfuttereinsatzes kaum möglich.

Zur Sicherstellung einer möglichst optimalen Energieversorgung ist zu beachten:
- Mastkondition in der Trockenstehzeit vermeiden
- Sachkundige und situationsangepasste Vorbereitungsfütterung
- Wiederkäuergerechte Rationszusammenstellung und Fütterungsstrategie

- Allmähliche Steigerung der Kraftfuttermenge nach dem Abkalben
- Bedarfsbezogener Kraftfuttereinsatz im gesamten Laktationsverlauf

Eine besonders wichtige Voraussetzung dafür, dass Milchkühe die Belastung des Laktationsbeginns bewältigen können, ist eine intakte Leber.

Milchkühe, die in Mastkondition zum Abkalben kommen, neigen verstärkt zu Stoffwechselerkrankungen. Jeder rasch erfolgende Gewichtsverlust nach der Abkalbung führt zu einer Belastung und oft zur Schädigung der Leber. Appetitverlust als Folge davon verstärkt diese Belastung.

➤ Siehe Kap. 11.4.1, Ketose, Band 2, Seite 160

Vorbeugend wirken kann eine vielseitig zusammengesetzte Ration.

Der Einsatz von Futtermitteln mit geringer Abbaubarkeit im Pansen, wie Maissilage, Körnermais, Trockenschnitte, Sojaextraktionsschrot und ActiProt, ist für Kühe mit hoher Leistung vorteilhaft. ActiProt kann als alleiniges Eiweißfuttermittel bis zu ca. 30 kg Tagesmilchmenge, bei einer Maximalgabe von 2 kg je Tier und Tag bzw. einer Einmischrate in das Milchleistungsfutter von 25%, eingesetzt werden. Bei höheren Tagesmilchleistungen ist der Einsatz in Kombination mit Soja- oder Rapsextraktionsschrot zu empfehlen. Bei maisbetonten Rationen ist ActiProt wegen der hohen Pansenstabilität als alleiniges Eiweißkraftfuttermittel nicht geeignet.

Als **Leistungskraftfuttermischung** könnte folgende empfohlen werden:

28,0% Körnermais
30,0% Gerste
10,0% Weizenkleie
30,0% Sojaextraktionsschrot
 1,5% Mineralfutter
 0,5% Natriumbikarbonat

1 kg dieser Mischung würde für die Erzeugung von theoretisch etwa 2 kg Milch reichen.
Der UDP-Wert dieser Mischung beträgt 26,5% und eignet sich daher sehr gut für Milchkühe im 1. Laktationsdrittel.

Der **Milcherzeugungswert** von 1 kg **Leistungskraftfutter** kann für die Praxis nicht exakt angege-

ben werden, weil die Ausnützung der Nährstoffe von folgenden Kriterien abhängt:
- von der genetischen Veranlagung der Kuh,
- von der wiederkäuergerechten Gestaltung der Futterration,
- von der Zusammensetzung und der verabreichten Tagesmenge des Kraftfutters,
- von der Qualität des Grundfutters und
- von der Höhe der Grundfutterverdrängung.

Für die Praxis kann ein durchschnittlicher Milcherzeugungswert von etwa 1,6 bis 1,8 kg Milch pro kg Kraftfutter angenommen werden.

Kraftfuttereffizienz (kg Milch pro kg Kraftfutter) in Abhängigkeit von der Energieversorgung

Die Summe der Fütterungskriterien, die körperliche Kondition der Kuh und eventuelle Stressbelastungen üben großen Einfluss auf die weitere Fruchtbarkeit aus.

Prof. Dr. Burgstaller hat folgende Versuchsergebnisse veröffentlicht:

Beobachtungen	Nährstoffversorgung		
	Vor der Abkalbung	sehr hoch	knapp
	Nach der Abkalbung	unterversorgt	leistungsgerecht
Abgeschlossene Gebärmutterreinigung 4 Wochen nach der Abkalbung		46%	83%
Gebärmutterentzündung (Endometritis) während der Reinigungsphase (Puerperium)		71 %	27%
Genitalkatarrhe nach der Reinigungsphase		55%	23%
Eierstockzysten		45%	19%
Erstbesamungsergebnisse		36%	52%
Abgänge wegen Sterilität		21%	13%
Abgänge wegen Stoffwechselerkrankungen		10%	3%

Diese Versuchsergebnisse bestätigen:
Milchkühe müssen immer möglichst bedarfsgerecht ernährt werden! Ihr Bedarf ist in der Trockenperiode gering, im 1. Laktationsdrittel sehr hoch!

Wichtige Maßnahmen und grundsätzliche Überlegungen zur Rationsgestaltung für Kühe im 1. Laktationsdrittel:
- Züchtung auf spätreifere, stoffwechselstabile

Milchkühe mit langsamerem Start in der Laktation, sehr gutem Durchhaltevermögen (Persistenz) und guten Leistungssteigerungen von der ersten Laktation zu den folgenden Laktationen.
- Fachkundige Vorbereitungsfütterung unter Berücksichtigung der Kondition der Kuh.
  Die Tiere dürfen nicht zu fett zur Abkalbung kommen (BCS < 3,75).
- Bei den ersten drei bis vier Melkzeiten nach der Abkalbung das Euter nicht ausmelken. Damit werden der Kuh anfänglich nur geringere Nähr- und Mineralstoffmengen entzogen. Eine langsame Anpassung an die Situation des höheren Bedarfs ist möglich.
- Eine vielseitig zusammengesetzte Ration ist immer vorteilhaft.
- Beste Futterqualität ist für Hochleistungskühe gerade gut genug. Der Lebendgewichtsverlust soll so gering wie möglich sein (BCS nicht < 2,5).
- Die Wiederkäuergerechtheit der Ration ist oberstes Gebot in der Fütterung der Hochleistungskuh.
- Die Strukturwirksamkeit der Ration beachten.
- Die Energiedichte von mind. 7,2 MJ NEL/kg T ist in dieser Phase notwendig.
- Alle Möglichkeiten, die zu einer Erhöhung der Futteraufnahme beitragen, ausschöpfen. 60 bis 70 Tage nach der Abkalbung soll der maximale Futterverzehr erreicht sein.
- Aufbauend auf eine hohe Grundfutteraufnahme wird das Kraftfutter eingesetzt. Die Kraftfutter-Steigerung zu Beginn der Laktation ist unter genauer Beobachtung der Grundfutteraufnahme (Fressverhalten) vorzunehmen. Die Kraftfuttergabe kann um ca. 0,25 kg pro Tag erhöht werden.
- Der „Milchgipfel" soll nach sechs bis acht Wochen erreicht sein und möglichst lange erhalten bleiben (Persistenz).
- Energiemangel und Rohproteinüberversorgung vermeiden.

- Eine bedarfsgerechte Versorgung mit Mineralstoffen und Vitaminen ist im 1. Laktationsdrittel besonders wichtig.
- Keine plötzliche Futterumstellung! Jede Rationsumstellung muss gleitend über ein bis zwei Wochen durchgeführt werden.

Das 2. Drittel (Mitte der Laktation)

Die Milchkuh soll mittlerweile trächtig geworden sein. Eine Überprüfung durch Progesterontest, Ultraschall oder rektale Trächtigkeitskontrolle bringt Sicherheit. Die Fütterungsanforderungen müssen leistungsbezogen und wiederkäuergerecht erfüllt werden, um die genetische Veranlagung der Milchkühe unter wirtschaftlichen Gegebenheiten auszunützen.

Das 3. Drittel (altmelkend)

Bei der Nährstoffversorgung der Kuh sind die Leistungsergebnisse und ihre Kondition zu berücksichtigen. Kühe, die infolge von Mobilisierung von Körperreserven an Kondition verloren haben und abgemolken erscheinen, sollen nun die Möglichkeit bekommen, ihre Körperverfassung zu normalisieren. Andererseits muss eine Verfettung vermieden werden, damit die Kühe in richtiger Kondition zum Trockenstellen kommen.

Eine Überversorgung mit Futterenergie soll vermieden werden.

d) Fütterungseinflüsse auf Inhaltsstoffe und Qualität der Milch

Fett-, Eiweiß- und Vitamingehalt sind stark beeinflussbar, der Mineralstoffgehalt ist ziemlich konstant. Geschmack, Geruch und Keimgehalt können indirekt durch die Fütterung beeinflusst werden.

• Einflüsse auf den Fettgehalt

Wiederkäuergerechte, bedarfsdeckende Rationen mit ausreichender Strukturwirksamkeit setzen voraus, dass die genetische Veranlagung für den Milchfettgehalt umgesetzt wird. Im Speziellen ist die Essigsäure als Verdauungsprodukt der Rohfaser für die Bildung des Milchfettes verantwortlich.

Hoher Fettgehalt in der Milch durch:
- Wiederkäuergerechte, strukturreiche Ration
- Richtiges Fütterungsmanagement
- Nährstoffmäßig ausgeglichene Ration

Niedriger Fettgehalt in der Milch durch:
- Rohfasermangel
- Hohen Stärkeanteil (Kraftfutteranteil) in der Ration
- Mängel im Fütterungsmanagement
- Schlecht vergorene Silagen oder sonstiges, nicht einwandfreies Futter

• Einflüsse auf den Eiweißgehalt

Entscheidenden Einfluss hat die Energieversorgung. Rationen mit Energiemangel (häufig in Grünlandbetrieben vorkommend) bringen niedrigere Eiweißgehalte als es der genetischen Veranlagung entspricht. Allerdings kann, was selten der Fall ist, auch schwerwiegender Futterproteinmangel den Eiweißgehalt der Milch senken.

Milcheiweißwerte unter 3,2% weisen auf eine niedrige Energieversorgung hin.

• Einfluss der Energieversorgung bei neumelkenden Kühen auf Eiweiß- und Fettgehalt

Unter normalen Fütterungsverhältnissen steigen Fett- und Eiweißprozente im Verlauf der Laktation bei abnehmender Milchmenge an. Der Unterschied zwischen Fett- und Eiweißprozenten beträgt etwa 0,5–0,8% .

Milchfettgehalt und Milcheiweißgehalt stehen in direkter Beziehung. Das Verhältnis soll 1,1 bis 1,4 : 1 betragen.

Aufschlussreich für die Beurteilung der Energieversorgung neumelkender Kühe sind die Ergebnisse der ersten Milchleistungskontrolle nach dem Abkalben.

➡ Siehe Kap. 11.2.5, Überprüfung der Stoffwechselsituation, Band 2, S. 69 ff

• Einflüsse auf den Harnstoffgehalt

Proteinüberversorgung sowie auch schwerwiegender Energiemangel erhöhen den Harnstoffgehalt in der Milch und gefährden Fruchtbarkeit und Gesundheit der Tiere.

• Einflüsse auf Geschmack, Geruch und Keimgehalt

Vorrangig muss durch entsprechende Stallhygiene und Fütterungstechnik vermieden werden, dass Stallgeruch die Qualität der Milch beeinträchtigt. Manche Futtermittel, wie z. B. Raps und Senf, können die Milch über den Verdauungstrakt in ihrem

Geruch und Geschmack verändern. Ein Einsatz dieser Futtermittel in der Blühphase oder ohne Futterübergang kann diese negative Wirkung noch verstärken.

Fütterungsfehler, besonders solche, die zu Durchfall führen, wie verschmutztes Futter, können den Keimgehalt der Milch verschlechtern. Ähnlich kann verdorbenes, schimmeliges oder fauliges Futter wirken.

e) Fütterungseinflüsse auf die Fruchtbarkeit

• Grundlegende Erkenntnisse

In der Versorgung der einzelnen Organbereiche im Körper der Kuh mit Nähr-, Mineral- und Wirkstoffen gibt es eine bestimmte Reihenfolge.
Sie lautet:
1. Innere Organe, Verdauungs- und Nervensystem
2. Milchdrüse in Funktion
3. Fortpflanzungsorgane in der Trächtigkeit
4. Muskelgewebe und Knochengerüst
5. Fettgewebe
6. Fortpflanzungsorgane bei Nichtträchtigkeit

Somit mindert ein Versorgungsmangel immer zuerst die Fruchtbarkeit. Das bestehende Leben (Eigenversorgung und Versorgung des Jungen mit Milch) hat Vorrang vor neuer Fortpflanzung.

Die bedarfsgerechte Versorgung ist die wichtigste Voraussetzung für optimale Fruchtbarkeit.

• Hauptsächliche Fütterungsfehler

Fehlernährung hinsichtlich Wiederkäuergerechtheit

Die Empfindlichkeit des Pansens gegenüber Fehlernährung ist häufige Ursache für Gesundheitsstörungen und Fruchtbarkeitsprobleme.

Zu üppige Ernährung vor der Abkalbung

Eine Überversorgung mit Nährstoffen in der Trockenperiode führt häufig zur Verfettung. Mit dem Einsetzen der Laktation werden Körperreserven abgebaut, was zu Stoffwechselschwierigkeiten führen kann.

Folgen davon sind in der Regel:
- Verminderte Fresslust und verminderter Futterverzehr
- Verminderte Mikrobenfunktion im Pansen
- Gefahr von Stoffwechselerkrankungen (Gebärparese, Ketose etc.)
- Schädigung der Leber
- Verlängerte Reinigungsphase nach dem Abkalben, damit erhöhte Infektionsgefahr für die inneren Genitalorgane und Fruchtbarkeitsstörungen

Unterversorgung mit Futterenergie in der Laktationsspitze

Folgen dieses Energiemangels sind:
- Ernährungs- und Funktionsstörungen der Eierstöcke
- Hormonschwäche und Fruchtbarkeitsprobleme

Überversorgung mit Rohprotein

Diese kann vor allem zu Beginn der Laktation vermehrt zu Entzündungen im Scheiden- und Tragsackbereich und zu Fruchtbarkeitsschwierigkeiten führen.

Mängel in der Mineralstoffversorgung

Besondere Bedeutung hat die bedarfsdeckende Versorgung mit Ca, P, Na, Zn, Mn, Cu, Co, J.
Ein sehr häufig auftretender Überschuss von K in der Ration muss zeitgerecht erkannt und durch den ausgleichenden Einsatz von Viehsalz bzw. Natriumbikarbonat behoben werden. Das K:Na-Verhältnis in der Gesamtration muss langfristig kleiner als 20:1 sein.

Schadstoffgehalt im Futter

Ein erhöhter Anteil an Schadstoffen, vor allem Stoffwechselausscheidungen von Schimmelpilzen, bringt große Nachteile für die Gesundheit und Fruchtbarkeit.

f) Überprüfung der Stoffwechselsituation

Rückschlüsse auf die Rationsgestaltung

• Nach dem Milchfett- und Milcheiweißgehalt

Die Ergebnisse der ersten Milchleistungskontrolle (MLK) geben Aufschluss über die Stoffwechselsituation der neumelkenden Kuh.

Ergebnis der 1. MLK	Rückschlüsse auf die Fütterung	Folgerungen
4,0% ↑↓ Milchfett 3,2% ↑ Milcheiweiß	bedarfsgerechte Versorgung mit Protein, Energie und Rohfaser	**normale Stoffwechselfunktionen** **normale Fortpflanzungsfunktionen**
4,0% ↑↓ Milchfett 3,2% ↓ Milcheiweiß	Energiemangel!	eventuell etwas gestörte Stoffwechsel- und häufiger gestörte Fortpflanzungsfunktionen!
4,0% ↑↑ Milchfett 3,2% ↓ Milcheiweiß	Schwerwiegender Energiemangel!	Intensives „Abspecken" von Körpersubstanz bringt giftige Ketone in den Stoffwechsel und erhöht vorübergehend die Fettprozente in der Milch. Akute Gefahr der Leberschädigung, Ketose und Fortpflanzungsstörungen.

• **Nach dem Milchharnstoff- und Milcheiweißgehalt**
Aufgrund des Proteinstoffwechsels beim Wiederkäuer kann mit Hilfe der Laboruntersuchungsergebnisse der Milch geschlossen werden:

- vom Eiweißgehalt der Milch auf die Energie-Versorgung
- vom Harnstoffgehalt der Milch auf die Protein-Versorgung

Eiweiß %	Harnstoff mg je 100 ml	Nährstoffversorgung
niedrig unter 3,20	unter 15 15–30 über 30	Energiemangel und Rohproteinmangel Energiemangel Energiemangel und Rohproteinüberversorgung
mittel 3,20–3,80	unter 15 15–30 über 30	Rohproteinmangel **Ausgeglichene Fütterung** Rohproteinüberversorgung
hoch über 3,80	unter 15 15–30 über 30	Rohproteinmangel und Energieüberversorgung ev. Energieüberversorgung Rohproteinüberversorgung u. ev. Energieüberversorgung

• **Nach dem Fett-/Eiweiß-Quotienten**
Idealer Fett-/Eiweiß-Quotient: **1,0 bis 1,5**
Untergrenze (v. a. bei altmelkenden Kühen): 1,0
Strukturgehalt und Kraftfutterzuteilung überprüfen und anpassen.
Obergrenze (v. a. bei neumelkenden Kühen beachten): 1,5
Ein Milcheiweißgehalt von unter 3,2% deutet auf Energiemangel hin, es besteht die Gefahr von Acetonämie.

• **Konditionsbeurteilung (BCS)**
Der Futterzustand und somit die erfolgreiche oder weniger erfolgreiche Umsetzung der Ration kann direkt an der Kuh abgelesen werden.
Eine Möglichkeit, den Ernährungszustand der Tiere zu erfassen, ist der „Body Condition Score" (BCS).

Die Einstufung des Ernährungszustandes von Milchkühen und Kalbinnen erfolgt durch Betasten genau definierter Körperstellen und durch optische Beurteilung des Tieres.

Beurteilung durch Betasten
folgender Körperstellen:
- Hüft- und Sitzbeinhöcker
- Bereich zwischen Hüft- und Sitzbeinhöcker
- Wirbel-Querfortsätze

Je nach Verfettungs- und Bemuskelungsgrad des Tieres werden dabei Noten von 1 bis 5 mit Abstufungen in Viertelpunkten vergeben (Note 1 = hochgradig abgemagert; Note 5 = hochgradig verfettet).

Beurteilung durch Betrachtung

Optische Beurteilung der Körperkondition durch getrenntes Betrachten folgender Körperstellen:
- Dornfortsätze und Verbindungen zwischen Dorn- und Querfortsatz der Lendenwirbel
- Abdeckung der Hüft- und Sitzbeinhöcker sowie der Bereich zwischen Hüft- und Sitzbeinhöcker
- Grube zwischen Hüfthöcker und Beckenausgangsgrube
- Fettringe am Schwanzansatz

Beurteilung der Ergebnisse

Die getrennte Betrachtung und Beurteilung der einzelnen Körperstellen kann in der Praxis unterschiedliche Beurteilungsergebnisse am selben Tier bringen. Entscheidend ist jedoch der Gesamteindruck als **Mittelwert der Einzelergebnisse**.

Anzustrebende Körperkondition – Richtwerte:

Abkalbung	3,25–3,75
Hochlaktation (30.–90. Laktationstag)	2,50–3,50
Mitte der Laktation	2,75–3,50
Ende der Laktation und Trockenstehzeit	3,00–3,75

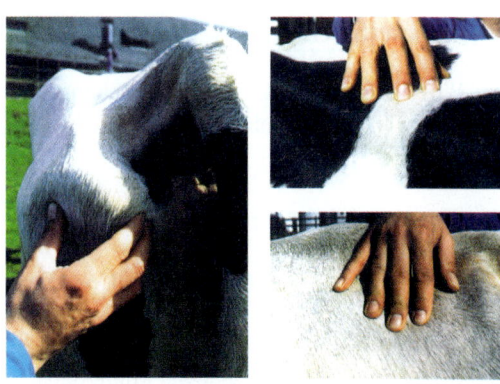

Beurteilung durch Betasten des Sitzbeinhöckers, der Wirbel-Querfortsätze sowie des Bereiches zwischen Sitz- und Hüftbeinhöcker

Hinweis: Ergänzungen dazu in der ÖAG-Info 6/2006 „Körperkonditionsbeurteilung von Milchkühen – So kontrollieren Sie Ihre Fütterung!"

• Laboranalysen

In Betrieben, in denen vermehrt Stoffwechsel- und Fruchtbarkeitsstörungen auftreten, haben sich neben einer gewissenhaften Rationserstellung und Rationskontrolle Laboranalysen von Blut, Harn, Speichel u. a. als zusätzliche Beratungshilfe bewährt.

11.2.6 Aufzuchtkälber von der Geburt bis zur 12. Lebenswoche

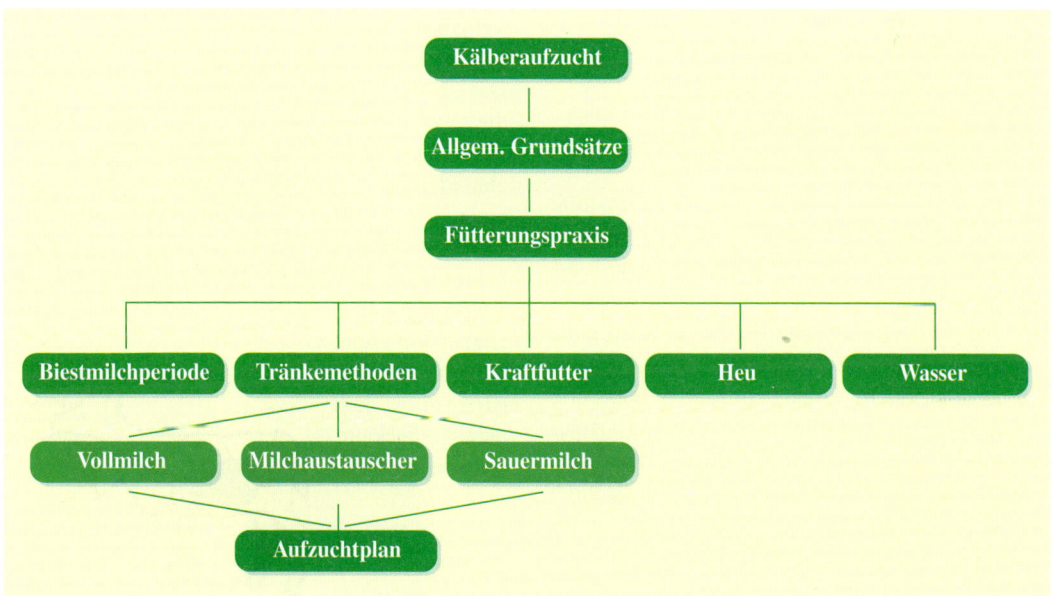

a) Allgemeine Grundsätze

Die Wirtschaftlichkeit der Milchviehhaltung und Rindermast hängt weitgehend von der Kälberaufzucht ab.

Die Voraussetzungen dazu sind:
Vor der Geburt:
- Eine überlegt durchgeführte, zuchtzielorientierte Anpaarung
- Eine tierartgerechte Haltung sowie eine bedarfsbezogene Fütterung des trächtigen Muttertieres
- Die richtige Dauer der Trockenperiode bei der Kuh
- Hygiene bei der Geburt und richtige Geburtshilfe

Nach der Geburt:
- Sorgfalt und Reinlichkeit
- Einhaltung der Tränkezeiten
- Einhaltung der Tränketemperatur von 39 °C
- Anrührtemperatur bei Verwendung von Trockenmilchpulver: 50–60 °C
- Tränkemengen laut Tränkeplan
- Frühe Beifütterung von Kraftfutter und Heu (eine rasche und frühzeitige „Erziehung" zum Grundfutterfresser und Wiederkäuer)

b) Fütterungspraxis

• Biestmilchperiode in der ersten Lebenswoche

Die erste Nahrungsaufnahme:

> Innerhalb der ersten 3 Lebensstunden soll das Kalb so viel Biestmilch bekommen, wie es mag.

Neugeborene Kälber werden ohne Abwehrstoffe gegen Krankheitserreger geboren und sind der vielfältigen Keimflora ihrer Umgebung schutzlos ausgeliefert. Deshalb ist nach der Geburt die rechtzeitige und ausreichende erste Biestmilchversorgung von lebenserhaltender Bedeutung.

Mit der Biestmilch werden dem Kalb Schutzstoffe (Antikörper zur passiven Immunisierung) zugeführt, die es vor den im Stall immer vorhandenen Krankheitserregern schützt. Ebenso wird dadurch die Ausscheidung des Darmpechs (erster, starkklebriger Kot) beim Kalb gefördert.

Biestmilch weist gegenüber der normalen Milch eine veränderte Zusammensetzung auf. Sie enthält unmittelbar nach der Abkalbung große Mengen wirksamer Abwehrstoffe (Gammaglobuline) und ist reich an Mineralstoffen.

Trockenmasse-, Schutzstoff- und Mineralstoffgehalt der Biestmilch

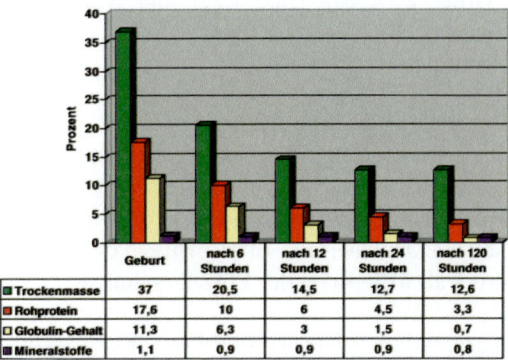

	Geburt	nach 6 Stunden	nach 12 Stunden	nach 24 Stunden	nach 120 Stunden
Trockenmasse	37	20,5	14,5	12,7	12,6
Rohprotein	17,5	10	6	4,5	3,3
Globulin-Gehalt	11,3	6,3	3	1,5	0,7
Mineralstoffe	1,1	0,9	0,9	0,9	0,8

• Menge und Verabreichung der Biestmilchgabe

Am 1. Lebenstag sollte eine Mindestaufnahme von 3 Litern Kolostrum, verteilt auf zwei Gaben, innerhalb der ersten drei bis vier Lebensstunden gesichert sein. Biestmilch muss immer körperwarm, das heißt mit 37–39 °C, verfüttert werden. Bei dieser Temperatur dauert die Gerinnung durch das Labferment im Kälbermagen etwa zwei Minuten, dann ist die Milch verdauungsfähig. Eine zu niedere Tränketemperatur verzögert die Labgerinnung, Verdauungsstörungen (Durchfall) und Erkrankungen des Kalbes wären die Folgen.

Das Kalb kann die ermolkene Biestmilch über eine Flasche oder einen Eimer mit Sauger vorgesetzt bekommen. Der Saugeimer soll so angebracht sein, dass das Kalb naturgemäß mit durchgestrecktem Hals trinken kann.

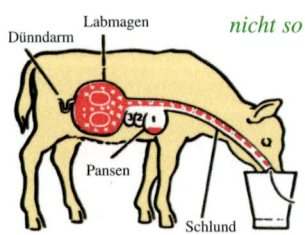

nicht so

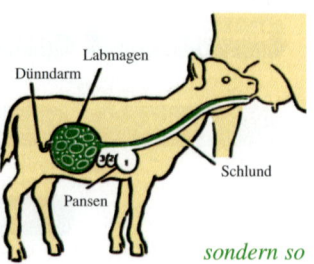

Richtige Haltung bei der Tränkeaufnahme

sondern so

Besonders bewährt hat sich, wenn das Kalb in den ersten Lebenstagen nach seinem Bedürfnis Milch vom Euter der Mutter aufnehmen kann. Öfters kleine Mengen Milch sind dem Kalb besonders bekömmlich. Das häufige Saugen löst beim Muttertier rhythmische Kontraktionen der Gebärmutter (Wirkung des Hormons Oxytocin) aus, was zusätzlich die Reinigungsphase fördert.

Wichtig ist auch in diesem Fall die gesicherte Aufnahme der Biestmilch in den ersten Lebensstunden. – Beobachtung!

Aufbau der Infektionsabwehr beim Kalb

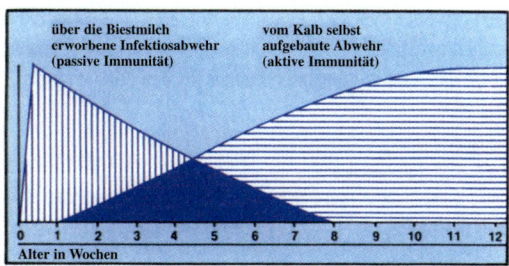

Vom 3. bis 7. Lebenstag wird die Tagesmenge an Milch auf etwa 7 Liter gesteigert, wobei in der Regel ein zweimaliges Tränken pro Tag praktiziert wird.

Qualität der Biestmilch
Mögliche Gründe für mangelnde Qualität des Kolostrum der Mutter könnten sein:
- Euter- und andere Erkrankungen der Mutter
- Zu kurze Trockenstehzeit (mangelhafte Erstgemelksqualität)
- Schwergeburten
- Bei Zukauftieren, wenn der Zukauf erst im 8./9. Trächtigkeitsmonat erfolgt

Vorsorglich sollte Biestmilch guter Qualität von älteren Kühen in Portionen von 1 bis 1,5 Litern eingefroren werden. Dies ist eine hochwertige und preiswerte Biestmilchreserve.

• Aufzuchtperiode ab der zweiten Lebenswoche
Die Einhaltung der Tränketemperatur ist auch für die weitere Aufzuchtperiode maßgeblich, da davon die Labgerinnung und die Verdaulichkeit abhängen.

Durch eine zeitliche und mengenmäßige Begrenzung der Milchgabe und die frühzeitige Beifütterung von Kraftfutter und Heu, wird die Pansen-

entwicklung gefördert und in späterer Folge eine hohe Grundfutteraufnahme gewährleistet. Die Tränke wird dem Kalb über einen Eimer mit Sauger oder Tränkeautomaten (Gruppenhaltung) verabreicht.

• Tränkemethoden

Aufzucht mit Vollmilch
Vollmilch wird „körperwarm" verfüttert. Wasserzusatz ist nicht zu empfehlen. Eine gleitende Umstellung auf Milchaustauschtränke ist jederzeit möglich.

> Für 1 kg Körpergewichtzunahme braucht das Kalb etwa 10 Liter Vollmilch.

Aufzucht mit Milchaustauschertränke (MAT)
Eine MAT soll die Vollmilch ergänzen bzw. ersetzen. Folglich muss sie in ihrer Zusammensetzung den besonderen physiologischen Verhältnissen des Kalbes entsprechen. Milchaustauscher (Null-Austauscher) enthalten Milchzucker, leicht verdauliche pflanzliche Eiweißträger, Mineralstoffe und Vitamine. Zur Energieaufwertung werden Milchaustauscher ausschließlich mit pflanzlichen Fetten ergänzt.

Milchaustauschertränke wird ebenfalls „körperwarm" verabreicht.
Sorgfältiges Anrühren der Tränke nach Herstellerangaben ist notwendig.
In der Regel gilt:
- Anrührtemperatur: 50 bis 60 °C
- Konzentration pro Liter Wasser: ca. 100–125 g Milchaustauscherpulver

Die Auflösung des Milchaustauscherpulvers muss klumpenfrei erfolgen – gründliches Rühren mit einem Schneebesen oder Elektromixer ist notwendig.

Aufzucht mit Sauermilchtränke
Wird die Vollmilch mit organischen Säuren (z. B. Ameisensäure) versetzt, fällt der pH-Wert der Tränke ab; sie wird „sauer".
Zum Ansäuern werden der Vollmilch pro Liter 10 ml zehnprozentige Ameisensäure zugesetzt, zur Dicksauerlegung werden pro Liter Vollmilch 30 ml zehnprozentige Ameisensäure benötigt. Dicksaure Vollmilch kann bei freier Aufnahme (Automaten-

fütterung) als Kalttränke zur Verfügung gestellt werden.

Durch die Absenkung des pH-Wertes auf 3,8 bis 4,5 finden insbesondere Colibakterien (verursachen Durchfall), aber auch Salmonellen nicht mehr ihre Lebensbedingungen vor. Daher hat sich die Sauertränke für Colibakterien gefährdete Betriebe in der Praxis gut bewährt.

Joghurt-Tränke

Die Joghurt-Tränke kann nach unterschiedlichen Methoden hergestellt werden. Die einfachste Art ist die natürliche Säuerung oder durch Zusatz von Milchfermenten oder Joghurt-Starterkulturen vom Handel.

Der tiefere pH-Wert (pH < 4,4) und die in Milliardenhöhe im Joghurt vorkommenden Bakterien vermindern die Vermehrung von unerwünschten Keimen im Verdauungstrakt der Kälber. Ebenso haben die Bakterien eine probiotische Wirkung, was den wesentlichen Unterschied zur und somit auch den überwiegenden Vorteil gegenüber der „normalen" Sauermilchtränke darstellt.

Fütterungshinweise:
- Joghurt-Tränke kann ab dem 2. Lebenstag ad libitum verabreicht werden;
- Die Tränkegabe erfolgt am besten über „Nuckel-Eimer".
- Die Tränketemperatur kann < 38° C betragen; es ist jedoch darauf zu achten, dass die Tränketemperatur im Winter über 15° C gehalten wird.
- Die Tränke kann bei Raumtemperatur mehrere Tage ohne Qualitätseinbuße gelagert werden.

Werden ältere Kälber auf Joghurt-Tränke umgestellt, so müssen die Tiere langsam und behutsam an den sauren Geschmack gewöhnt werden.

• Kraftfutter

Kraftfutter soll möglichst früh – ab der zweiten Lebenswoche – angeboten und angenommen werden.

Auf den **Kraftfutterverzehr** wirken fördernd:
- Hoher Getreideanteil – bis 2/3 (Gerste, Hafer, Weizen)
- Grießig geschrotet, gequetscht oder pelletiert
- Vorlage kleiner Gaben

- Kraftfutter jede Mahlzeit frisch verabreichen!
- Aufstallen der Kälber in Gruppen, um Nachahmungstrieb und Futterneid auszunutzen

Kraftfutterzusammensetzung: 1 kg Kälberkraftfutter soll ca. 17 bis 20% Rohprotein, abhängig von der verabreichten Tagesmilchmenge, und 10,5 bis 11,5 MJ ME enthalten. Rohfaser und Rohasche sollen je 100 g nicht überschreiten.

Haus Riswick Eigenmischung mit gequetschtem Getreide	Aulendorfer Eigenmischung
35% Weizen	16% Gerste
35% Gerste oder Triticale	15% Hafer
15% Sojaschrot	16% Weizen
10% Leinexpeller	20% Trockenschnitzel
4% vitam. Mineralfutter	18% Leinkuchen
1% Sojaöl zur Staubbindung	10% Sojaschrot
	4% vitam. Mineralfutter
	1% Rapsöl

Kraftfutterzuteilung

Ab der 2. Lebenswoche zur freien Aufnahme, bis täglich pro Tier 1,5 bis 2 kg Kraftfutter aufgenommen werden.

Wenn die tägliche Kraftfutteraufnahme ca. 1 kg beträgt (8.–9. Lebenswoche), kann die Tränkemenge stark reduziert bzw. die Tränke abgesetzt werden.

• Heu

Wiesenheu bester Qualität soll ebenfalls ab der 2. Lebenswoche in kleinen Portionen und täglich frisch angeboten werden. Futterraufen haben sich in der Praxis gut bewährt.

• Saftfutter

Ab der 4. bis 6. Lebenswoche kann einwandfreies Saftfutter in kleinen Mengen verabreicht werden. Geeignet sind frisches Wiesengras, gute Maissilage und einwandfrei vergorene, gut angewelkte Grassilage. Wird den Kälbern Grünfutter vorgelegt, so muss dieses frisch gemäht sein.

• Kälber-TMR

Eine Kälber-TMR ist eine homogene Mischung aus mineralisiertem Kraftfutter und kurz gehäckseltem Heu. Diese kann den Kälbern auf Vorrat zur freien

Aufnahme vorgelegt werden. Die Verfütterung von Kälber-TMR bewirkt einen geringen Verbrauch an Milchtränke und eine rasche Entwicklung des Kalbes zum Wiederkäuer. In der 5. bis. 6. Lebenswoche nimmt das Kalb etwas 1,5 bis 2 kg Kälber-TMR pro Tag auf. Eine ausreichende Wasserversorgung ist Grundvoraussetzung für den Einsatz der TMR. Unzureichende Flüssigkeitsaufnahme kann zu Fehlgärungen im Pansen, Darmverstopfungen und Koliken führen.

In manchen Betrieben wird den Kälbern eine Milchvieh-TMR (ca. 16% Rohprotein, 6,9 MJ NEL) vorgelegt. Dies kann für kleine Kälber problematisch sein, da in der Milchvieh-TMR Komponenten enthalten sein können, die aufgrund des noch nicht entwickelten Enzymsystems schwer verdaulich sind und zu Tympanien und Koliken führen können. Die Umstellung von Kälber-TMR auf Milchvieh-TMR soll etwa in der 6. bis. 8. Lebenswoche erfolgen. Entscheidend für den Erfolg beim Einsatz der Kuhmischung sind die Verdaulichkeit hinsichtlich der Einzelkomponenten, die Schmackhaftigkeit und der hygienische Zustand.

Mischungsbeispiel einer Kälber-TMR:

15 % Heu, 1. Schnitt, beste Qualität, mittlerer Strukturanteil
5 % Stroh (Strohzusatz ist erforderlich, wenn das Heu zu wenig Struktur aufweist)
5 % Zuckerrübenmelasse
23 % Wintergerste
10 % Weizen
10 % Rapsextraktionsschrot
12 % Sojaextraktionsschrot
10 % Leinextraktionsschrot
5 % Milchaustauscher
5 % Mineralstoffmischung

Herstellen einer Kälber-TMR:

1. Heu in den Mischwagen geben und nicht zu kurz zerkleinern,
2. dann Melasse zusetzen, gleichmäßig und langsam dosieren,
3. zuletzt Kraft- und Mineralfutter beimengen und
4. die Ration bis zur gewünschten Zerkleinerung mischen.

Die Kälber-TMR kann bis zu 3 Monaten in entsprechenden Behältern (z. B.: Big Bags) gelagert werden.

Aufzuchtplan

Lebenswoche	VM oder MAT l/Tag	Kälberkraft-futter	Bestes Wiesenheu	Silagen	Wasser 12–15 °C, frisch
2.	7–8	↓	↓		
3.	7–8	⇓	⇓		↓
4.	7–8	⇓	⇓	↓	⇓
5.	7–8	⇓	⇓	zur freien Aufnahme in kleinen Mengen	zur freien Aufnahme Selbsttränker oder Eimer
6.	5–7	zur freien Aufnahme			
7.	5–7	⇓	⇓		
8.	4–6	⇓	⇓	⇓	
9.	4–5	mind. 1 kg	⇓	⇓	⇓
10.	3	⇓	⇓	⇓	⇓
11.	3	⇓	⇓	⇓	⇓
12.	2	1,5–2,0 kg	1,0–1,5 kg	⇓	⇓

VM – Vollmilchtränke, MAT – Milchaustauschertränke

• Wasser

Wasser soll dem Kalb ab der 3. Lebenswoche zur Verfügung stehen. Spätestens wenn die Tagesmilchmenge unter 6 Liter sinkt, in der warmen Jahreszeit schon früher, muss dem Kalb frisches Wasser gereicht werden. Selbsttränkebecken haben sich in der Praxis bewährt. Stierkälber sollen etwas höhere Tagesmilchgaben erhalten als Kuhkälber.

In manchen spezialisierten Milchviehbetrieben kommt auch die „Frühentwöhnungsmethode" zur Anwendung. Dabei bekommen die Kälber während der gesamten Milchperiode maximal 6 bis 7 Liter Milchtränke pro Tag, welche in der 8. Lebenswoche zur Gänze abgesetzt wird. Die frühzeitige Aufnahme (ab der 2. Lebenswoche) von Kraftfutter und Heu ist in diesem Fall besonders wichtig. Je früher die Kälber abgesetzt werden, umso mehr Beachtung muss auch der Qualität von Kraftfutter geschenkt werden.

c) Fütterung von Zukaufkälbern

Umstellungsfütterung für zugekaufte Kälber:
Ankaufstag: Wasser, Kamillentee oder schwarzer Tee, eventuell mit Zusatz von 50 g Traubenzucker und 5 g Kochsalz pro Liter bzw. Zusatz von Medizinalfutter (tierärztlich verordnet)
Am 2. Tag: 3–4 Liter Milchtränke; frisches Wasser, Wiesenheu und Kraftfutter
Am 3. Tag: Steigerung der Tränkemenge auf 6 Liter pro Tag. Bei der Verwendung von Milchaustauschertränke soll die Konzentration pro Liter 100 g betragen.
Ab dem 4. Tag: Fütterung laut Tränkeplan (ab 6. Lebenswoche)
Haltungsgrundsätze der Zukaufkälber unbedingt beachten.
Siehe Kap. 11.1.2, Quarantänestall
➡ Band 2, Seite 23

d) Verdauungsstörungen

Verdauungsstörungen können die Entwicklung der Tiere nachhaltig beeinträchtigen.
Durchfallerkrankungen können verschiedene Ursachen (Viren, Bakterien, Fehler in der Fütterung und Haltung ...) haben und sind für das Kalb lebensbedrohlich.
Während der Durchfallerkrankungen gibt der Körper mehr Körperwasser in den Darm ab, als er aus dem Darm aufnimmt. Dementsprechend sind der hohe Flüssigkeitsverlust und die Ausschwemmung lebenswichtiger Nähr- und Mineralstoffe (Elektrolyte) auszugleichen.

> Bei mittelschwerem Durchfall betragen die täglichen Wasserverluste etwa 10% der Körpermasse des Kalbes.
>
> **Dies entspricht 4 Liter Flüssigkeit bei einem 40 kg schweren Kalb!**
>
> Bei schwerem, wässerigem Durchfall können die Flüssigkeitsverluste bis auf 20% ansteigen.

Krankheitsbild:
- Die Kälber werden matt und appetitlos.
- Die Hautelastizität ist stark herabgesetzt.
- Die Augen sinken ein (Flüssigkeitsverlust bereits 8–10%).
- Festliegen (Kreislaufschock).

Maßnahmen gegen Kälberdurchfall

> Bei Kälberdurchfall – Nicht lange zuwarten, sondern rasch handeln!

Flüssigkeitsverlust und Elektrolytverluste ersetzen
- Elektrolytzusätze für die Tränke sind beim Tierarzt und in Apotheken erhältlich

Energiebedarf durch Milchtränke abdecken
- Tränkeplan für Kälber mit Durchfall (nach Dr. Rademacher):
  Körpergewicht des neugeborenen Kalbes: 40–50 kg
  Tagesbedarf an Milch: ca. 12% des Körpergewichtes, d. h. ca. 4,5–6 Liter

Tränkezeitraum (1 Tag)	Tränkemenge in Litern	Art der Tränke
Morgen	1,5–2	Vollmilch
Vormittag	*1–1,5*	*Elektrolyttränke*
Mittag	1,5–2	Vollmilch
Nachmittag	*1–1,5*	*Elektrolyttränke*
Abend	1,5–2	Vollmilch
Später Abend	*1–1,5*	*Elektrolyttränke*

Der zeitliche Abstand von Vollmilchtränkung zur Elektrolyttränkung sollte etwa zwei Stunden betragen.

11.2.7 Aufzuchtkalbinnen

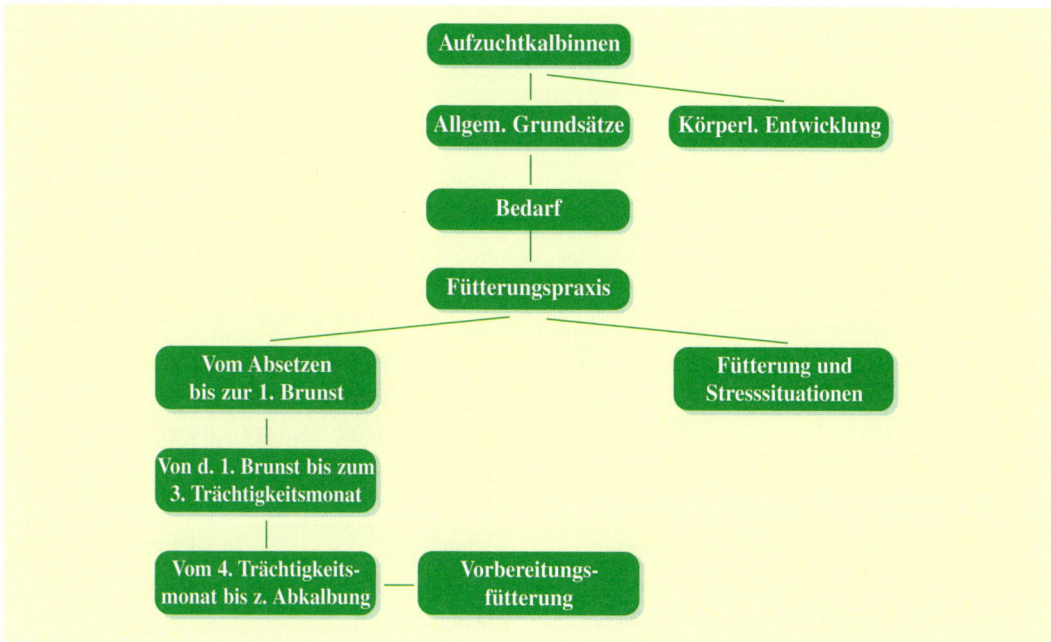

a) Allgemeine Grundsätze

Die Futterrationen sollen mit ihrem bedarfsbezogenen Nähr-, Mineral- und Wirkstoffangebot eine gute Entwicklung der Kalbinnen gewährleisten.

Der Grundstein für leistungsstarke Kühe mit langer Nutzungsdauer wird bereits in der Kälber- und Jungrinderaufzucht gelegt.
Aus wirtschaftlicher Sicht wäre ein frühes Erstkalbealter anzustreben.

- Die Gewichtsentwicklung beeinflusst den Eintritt der Geschlechtsreife.
  · Diese tritt bei Erreichen von 35–40% des Gewichtes der ausgewachsenen Kuh ein (etwa im 10. Lebensmonat).
- Ein Abkalbealter von 26 bis max. 30 Monaten soll angestrebt werden.
- Der Belegzeitpunkt ist abhängig von der Gewichtsentwicklung.

· Zuchtreife milchbetonter Rassen: bei etwa 60% des Gewichtes der ausgewachsenen Kuh
· Zuchtreife kombinierter Rassen: bei etwa 65% des Gewichtes der ausgewachsenen Kuh
- Viel Bewegungsmöglichkeit, vor allem im Freien, wie Weide oder Auslauf, ist der Entwicklung und der Konstitution der Tiere sehr zuträglich.
- Für eine Alpung sind allgemein erst Kalbinnen nach Vollendung des ersten Lebensjahres geeignet.
- Die Beobachtung und Entwicklung der Tiere steht im Vordergrund.

b) Bedarf

Als Maßstab zur Energiebewertung wird bei weiblichen Jungrindern die **Umsetzbare Energie (ME)** und als Maßstab zur Proteinbewertung das **Rohprotein (XP)** verwendet.
Nach der Einführung der neuen Proteinmaßstäbe **nutzbares Rohprotein (nXP)** und **ruminale Stickstoffbilanz (RNB)** bei der Milchkuh hat die GfE (Gesellschaft für Ernährungsphysiologie) diese Maßstäbe auch für die Aufzuchtrinder empfohlen.

Richtzahlen für die Versorgung mit umsetzbarer Energie und Rohprotein

Lebend-masse kg	Trocken-masseauf-nahme kg / Tag	Lebendmassezunahme (g/Tag)							
		500g		600g		700g		800g	
		ME	XP	ME	XP	ME	XP	ME	XP
		MJ	g	MJ	g	MJ	g	MJ	g
150	3,0–4,0	30,5	400	32,3	440	34,1	480	36,0	515
200	4,0–5,0	37,4	450	39,6	490	42,0	525	44,3	560
250	5,0–6,0	43,9	500	46,7	530	49,6	565	52,6	595
300	6,0–6,5	50,4	570	53,6	610	57,6	650	60,8	690
350	6,5–7,0	56,6	640	60,5	690	64,7	735	69,1	785
400	7,0–8,0	62,8	710	67,3	765	72,2	825	77,5	880
450	7,5–9,0	69,0	780	74,2	845	79,9	910	86,0	975
500	9,0–10,0	75,1	850	81,0	925	87,5	1000	94,5	1070
550	9,0–10,5	81,4	915	88,0	1000	95,4	1085	103,2	1165
600	9,0–11,0	88,0	980	95,0	1075	103,0	1170	112,0	1260

Element	mg/kg Futter-Trockenmasse
Eisen	50
Kobalt	0,2
Kupfer	8–10
Jod	0,25*
Mangan	40
Selen	0,1–0,15
Zink	40

Vitamin		je 100 kg Lebendmasse
A	I E	7500–10.000
D	I E	500
E	mg	50

* Bei Kältestress und bei Rationen, welche schilddrüsenbelastende Stoffe (Glucosinolate, cyanogene Glykoside) enthalten, empfiehlt sich eine höhere Jodzufuhr (0,5–1 mg/kg T).

Richtzahlen für die Versorgung von Jungrindern mit Mengenelementen *

Lebend-masse	Calcium					Phosphor					Natrium					Magnesium				
	Zunahmen, g/Tag					Zunahmen, g/Tag					Zunahmen, g/Tag					Zunahmen, g/Tag				
kg	500	600	700	800	900	500	600	700	800	900	500	600	700	800	900	500	600	700	800	900
150	21	24	27	30	33	10	11	12	14	15	3	3	3	4	4	4	4	5	5	5
200	23	26	29	32	35	11	13	14	15	16	4	4	4	4	4	5	5	6	6	6
250	25	28	31	34	37	13	14	15	16	17	4	5	5	5	5	6	6	7	7	7
300	26	29	32	35	38	15	15	16	17	19	5	5	5	6	6	7	7	7	8	8
350	28	31	34	37	40	16	17	18	19	20	5	6	6	6	6	8	8	8	9	9
400	29	32	35	39	41	18	19	19	20	21	6	6	6	7	7	8	9	9	9	10
450	30	33	37	40	43	19	20	21	22	22	6	6	7	7	7	9	9	10	10	10
500	32	34	38	42	45	20	22	23	24	25	6	7	7	8	8	9	10	10	11	11
550	34	36	39	43	46	21	23	25	26	27	7	7	8	8	8	9	10	11	12	12
600	35	38	40	45	47	22	24	26	27	28	7	7	8	9	9	10	11	12	12	13

* hochtragend: 38 g Ca, 30 g P, 14 g Mg, 10 g Na
Mindestgehalte: 4,0 g Calcium je kg T, 2,5 g Phosphor je kg T

Richtzahlen für die Versorgung mit nutzbarem Rohprotein (nXP) und Mindestversorgung mit pansenverfügbarem Stickstoff (DLG-Information 3/1999)

Lebend- masse	Lebendmassezunahme, g/Tag									
	500		600		700		800		900	
	nXP	RNB*	nXP	RNB*	nXP	RNB*	nXP	RNB*	nXP	RNB*
kg	g/Tag		g/Tag		g/Tag		g/Tag		g/Tag	
150	400	0	440	0	480	0	515	0	550	0
200	450	0	480	0	525	0	560	0	595	0
250	495	0	525	0	560	0	590	0	620	0
300**	(555)	−5	(590)	−5	(630)	−6	(670)	−6	(700)	−6
350**	(625)	−6	(670)	−6	(710)	−6	(760)	−7	(810)	−7
400**	(690)	−7	(740)	−7	(795)	−7	(855)	−8	(910)	−8
450**	(760)	−14	(820)	−15	(880)	−16	(950)	−17	(1010)	−18
500**	(825)	−15	(890)	−16	(960)	−17	(1040)	−19	(1120)	−20
550**	(895)	−16	(970)	−18	(1050)	−19	(1140)	−20	(1220)	−22
600**	(965)	−17	(1040)	−19	(1135)	−20	(1220)	−22	(1320)	−23

* größer oder gleich   ** 11 g nXP je MJ ME
Werte in Klammern: hier ist nXP nicht limitierend, wenn ausreichend umsetzbare Energie und Stickstoff im Vormagen zur Verfügung steht

c) Fütterungspraxis

Die Fütterungsintensität hat einen wesentlichen Einfluss auf die Rahmen- und Gewichtsentwicklung sowie auf die hormonelle Entwicklung.

Die Gewichtsentwicklung der Kalbinnen kann über die Futtermenge und über die **Energiekonzentration** im Futter gesteuert werden.

• Vom Absetzen bis zur ersten Brunst

Ein großer Anteil des Nährstoffangebotes wird in diesem Abschnitt bei den Rindern für die Entwicklung des Rahmens, des Pansen und die Ausbildung der Euteranlage verwendet. Die Ausbildung des Drüsengewebes ist die Voraussetzung für die Leistungsfähigkeit der Kuh.

Verfettung der Euteranlage vermeiden!

Grund-futter	- Beste Grundfutterqualität - Wiederkäuergerechte Ernährung beachten - Im Sommer: Grünfutter, Grassilage, Maissilage, Wiesenheu - Besonders vorteilhaft wäre eine gute Weide - Im Winter: Grassilage, Maissilage, reichlich Heu Der Maissilageanteil in der Ration ist auf maximal 30 bis 40% zu begrenzen. Bei maissilagebetonten Rationen besteht die Gefahr der Verfettung!	Anforderungen an die Ration: Je nach angestrebtem Abkalbealter 14–15% Rohprotein, Energiekonzentration 10,4–9,7 MJ ME/kg T
Kraftfut-ter	- In diesem Altersabschnitt ist die Beifütterung von Kraftfutter nötig. Die Zusammensetzung und die Tagesmenge sind von der Qualität des Grundfutters abhängig. - Zusammensetzung: Dem Leistungskraftfutter des Milchviehs entsprechend und dem Grundfutter angepasst. Verwendete Futtermittel: Getreide, Trockenschnitzel, Soja, Rapsextraktionsschrot Anzustrebender Rohproteingehalt: 15–17% Rohprotein (hohe GF-Qualität ohne Maissilage); 16–19% Rohprotein (hohe GF-Qualität mit Maissilage); - Kraftfuttergaben pro Tag: 2 kg (ab 4. Lebensmonat) –1 kg (10. Lebensmonat)	
Mineral-futter	- Je 100 kg Lebendmasse ca. 20 g vitaminierte Mineralstoffmischung - Der Natriumbedarf kann in der gesamten Aufzucht mit 1–2 dag Viehsalz pro Tag oder über Lecksteine erfolgen.	

• Von der ersten Brunst bis zum dritten Trächtigkeitsmonat

Nach der ersten Brunst geht die Intensität der Euterentwicklung wieder zurück.

Grund-futter	- Gute bis mittlere Grundfutterqualität - Wiederkäuergerechte Ernährung beachten - Im Sommer: Grünfutter, Silagen, Heu, Weidegang - Im Winter: Silagen, reichlich Heu	Anforderungen an die Ration: Je nach angestreb-tem Abkalbealter 11–13%
Kraft-futter	- In der Regel KEINE Kraftfutterergänzung notwendig. - Bei geringer Grundfutterqualität kann bis zum 12. Lebensmonat 0,5–1 kg Kraft-futter verabreicht werden.	Rohprotein, Energiekonzen-tration 9,7–9,2 MJ ME/kg T
Mineral-futter	- Je 100 kg Lebendmasse ca. 20 g vitaminierte Mineralstoffmischung - 1–2 dag Viehsalz pro Tag oder Lecksteine	

• Vom vierten Trächtigkeitsmonat bis zur Vorbereitungsfütterung

Ab dem vierten Trächtigkeitsmonat setzt die zweite intensive Euterbildungsphase ein.

Grund-futter	- Gut strukturiertes Grundfutter - Im Sommer: Weide, Grünfutter, Silagen, Heu - Im Winter: Silagen, Heu Anforderungen an die Ration: Je nach angestrebtem Abkalbealter 11–12% Roh-protein, Energiekonzentration 9,2–8,7 MJ ME/kg T	Anforderungen an die Ration: Je nach angestrebtem Abkalbealter 11–12% Rohprotein,
Kraft-futter	- KEIN Kraftfutter	Energiekonzentration 9,2–8,7 MJ ME/kg T
Mineral-futter	- Je 100 kg Lebendmasse ca. 20 g vitaminierte Mineralstoffmischung - 1–2 dag Viehsalz pro Tag oder Lecksteine	

• Vorbereitungsfütterung

Der Nährstoffbedarf der hochträchtigen Kalbin liegt etwas höher als der einer gleichlange trächti-gen Kuh mit derselben Lebendmasse. Die Kalbin benötigt zusätzliche Nährstoffe für ihr eigenes, wenn auch nur mehr geringes Wachstum.

Gesamtbedarf je trächtiger Kalbin und Tag:
8. bis 4. Woche vor der Abkalbung:
Erhaltungsbedarf + Leistungsbedarf für 6–8 kg Milch
Die letzten 3 Wochen vor der Abkalbung:
Erhaltungsbedarf + Leistungsbedarf für 8–12 kg Milch

Grund-futter	- Gute Grundfutterqualität - Im Sommer: Grünfutter, Grassilage, Maissilage, Heu, Weidegang - Im Winter: Grassilage, Maissilage, Heu	Anforderungen an die Ration:
Kraft-futter	- 3 Wochen vor der Abkalbung – Vorbereitungsfütterung mit Kraftfutter - Zusammensetzung: Die Zusammensetzung des Kraftfutters soll der für Milchvieh entsprechen. Rohprotein im KF: 12–15% - Kraftfuttergaben pro Tag: Beginnend mit 1 kg Kraftfutter, welches systematisch bis zu 2,5–3 kg gesteigert wird.	13–15% Rohprotein, Energiekonzen-tration 10,2–10,5 MJ ME/kg T
Mineral-futter	- Je 100 kg Lebendmasse ca. 20 g vitaminierte Mineralstoffmischung - 1–2 dag Viehsalz pro Tag oder Lecksteine	

Belegfähige Kalbin

d) Körperliche Entwicklung

Alter in Monaten	6	12	18	24	28
Durchschn. Tageszunahmen in g	800	850	750	650	650
Durchschn. Lebendgewicht in kg	180	340	460	560	640
Anteil vom Endgewicht	–	1/2	2/3	4/5	–

Übersicht – Fütterungspraxis

	Alter in Mon.	**Gewicht** in kg	**Entwicklungsphasen** Fütterung	**T-Aufnahme** kg/Tag	**MJ ME** pro kg T
1. Lebensjahr	4 5 ↓ 10	130 150 ↓ 320	**Vom Absetzen bis zur 1. Brunst** *Entwicklung: Rahmen, Pansen, Euter* **GF:** beste Qualität **KF:** 2,0 bis 1,0 kg	3,5 ↓ 6,5	10,4–9,7
2. Lebensjahr	11 ↓ 18 ↓ 21	330 ↓ 460 ↓ 520	**Von der ersten Brunst bis zum dritten Trächtigkeitsmonat** *Entwicklung: Rahmen* **GF:** gute bis mittlere Qualität ➤ **Zuchtreife** **KF:** 0,5 kg bis 12. Monat Ab 13.Monat: KEIN Kraftfutter	7,0 9,0 9,5	9,9–9,2
	22 ↓ 25	530 ↓ 590	**Vom vierten Trächtigkeitsmonat bis zur Vorbereitungsfütterung** *Entwicklung: Euter, Fötus* **GF:** Gut strukturiertes Grundfutter **KF:** KEIN Kraftfutter	9,5 10,0	9,3–8,7
	26 27	 640	**Vorbereitungsfütterung** **GF:** gute Qualität (Milchkuh-Ration) **KF:** 0,5–3,0 kg	11,0	10,2–10,5

e) Fütterung vor Transporten und Ortswechsel

Bei Versteigerungen, längeren Transporten und ähnlichen Belastungen sollen die Kalbinnen etwa zwei Wochen vor bis eine Woche danach KEIN Kraftfutter verabreicht bekommen.

Auf eine wiederkäuergerechte Ernährung ist besonders zu achten. Daher ist eine Steigerung der Raufuttergabe wichtig.

In derartigen Stresssituationen ist eine zusätzliche Mineral- und Wirkstoffversorgung in Form von Vitaminstößen zu empfehlen.

> Kalbinnen benötigen im 1. Lebensjahr Grundfutter bester Qualität und Kraftfutter.
> Im 2. Lebensjahr soll die Fütterung extensiv unter Berücksichtigung des Bedarfes erfolgen.
> Für die erste Zuchtbenutzung soll die Kalbin etwa 2/3 des erwarteten Endgewichtes und ein Alter von 17 bis 19 Monaten erreicht haben.
> Bei hochträchtigen Kalbinnen muss zusätzlich zu gutem Grundfutter eine Vorbereitungsfütterung mit Kraftfutter erfolgen.
> Die Kondition und Entwicklung der Kalbinnen gibt Aufschluss über eine richtige Ernährung.

11.2.8 Zuchtstiere

Mit der Aufzuchtfütterung von Zuchtstieren sind Voraussetzungen für eine lange Nutzungsdauer zu schaffen.

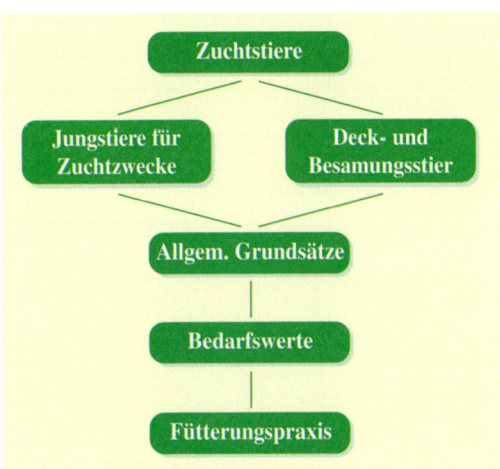

a) Jungstiere für Zuchtzwecke
(Alter: 4. –14. Lebensmonat)

• Allgemeine Grundsätze
- Durch den hohen Anteil der künstlichen Besamung ist der Absatz von Jungstieren für die Zucht gering geworden.
- Die genetisch erwünschte und in hohem Maß erreichte Entwicklungsfreudigkeit beim Jungstier der meisten österreichischen Rinderrassen erfordert eine intensive Aufzuchtfütterung, wenngleich diese nicht mit einer Mast gleichgesetzt werden darf.
- Eine bedarfs- und wiederkäuergerechte Fütterung ermöglicht die erwünschte Jugendentwicklung bei bester Kondition und Zuchttauglichkeit.
- Durchschnittliche Tageszunahmen von mehr als 1.200 g sind problemlos möglich.
- Tiergerechte Haltung mit reichlich Bewegungsmöglichkeit ist eine Voraussetzung zur Erreichung dieses Ziels.

• Bedarf
Diese können den Empfehlungen für die Nährstoffversorgung zur intensiven Jungstiermast (➡ Siehe Kap. 11.2.10, Bedarf – Jungstiermast, Band 2, Seite 85 f) der Rasse Fleckvieh entnommen werden. Ganz besondere Beachtung verdient die Proteinversorgung im 1. Lebensjahr.

• Fütterungspraxis
Die Aufzuchtfütterung von Jungstieren ist aber keine Fütterung kurzlebiger Maststiere.

Grundfutter
Das Grundfutter muss für die gesamte Aufzuchtzeit aus nährstoffreichen Futtermitteln bester Qualität möglichst vielseitig zusammengesetzt sein.
Gut angewelkte Grassilage mit hoher Nährstoffkonzentration eignet sich gut für eine Jungstierration. Sehr gutes Heu soll immer zur beliebigen Aufnahme bereitgestellt sein. Maissilage sollte rationiert in eher kleineren Mengen verabreicht werden.

Kraftfutter
Die Zusammensetzung des Kraftfutters und die Menge je Tier und Tag muss eine bedarfsgerechte Gesamtfutterration sicherstellen.
Mit 2–4 kg je Jungstier und Tag kann gerechnet werden.

Beispiel einer Kraftfuttermischung (n. Burgstaller):
20% Hafer
14% Mais
25% Gerste
13% Weizenkleie
14% Sojaextraktionsschrot
6% Luzernegrünmehl
4% Futterhefe
3% Mineralstoffmischung, vitaminiert (A, D u. E)
1% Kohlensaurer Futterkalk

Mineralfutter
Je 100 kg Lebendmasse werden 20 g einer vitaminierten Mineralstoffmischung, die ein Ca : P-Verhältnis von annähernd 2 : 1 und 1 Mio. IE Vit. A/kg aufweisen soll, empfohlen. Salzlecksteine sollen zur freien Benützung angeboten werden.

• Körperliche Entwicklung
Als Richtwerte gelten:

Alter in Monaten	3	6	9	12	15	18
Durchschn. Tageszunahmen in g	1.000	1.250	1.400	1.400	1.300	1.200
Durchschn. Lebendmasse in kg	140	250	380	510	620	720

b) Deck- und Wartestier
(Alter: ab 15. Lebensmonat)

Die Fütterung des Zuchtstieres muss auf optimale Zuchtkondition abgestimmt sein.

• Allgemeine Grundsätze
- Die Grundsätze der wiederkäuergerechten Fütterung müssen immer beachtet werden.
- Futterumstellungen sind möglichst zu vermeiden. Wenn ein Futterwechsel notwendig werden sollte (z. B. bei Grünfütterung), so ist dieser gleitend vorzunehmen.
- Die Futterhygiene ist besonders zu beachten (Spermaqualität!).

• Bedarf
Der Trockenmassebedarf ist vom Gewicht des Stieres abhängig, er kann mit 1,7–1,5% der Lebendmasse angenommen werden. Der Bedarf an Rohprotein beträgt für den gesamten Zuchteinsatz täglich etwa 1.000 g. Eine zu mastige Fütterung mit Energieüberversorgung fördert die Verfettung des Stieres und vermindert Decklust und Spermaqualität. Der Tagesbedarf an Vitamin A beträgt 80.000–100.000 IE. Ebenso sollen mindestens 200 mg Beta-Karotin in der Tagesration enthalten sein.

• Fütterungspraxis

Zuchtkondition beachten!

Grundfutter
Die Grundfutterration soll wenig Saftfutter und immer gutes Heu zur beliebigen Aufnahme beinhalten. Beim Einsatz von Maissilage ist darauf zu achten, dass der Zuchtstier nicht verfettet.

Kraftfutter
Der Einsatz soll abhängig vom Alter des Stieres und seiner Zuchtbenutzung erfolgen. Jungstiere, die selbst noch wachsen, benötigen mehr Kraftfutter als bereits erwachsene. Die Zusammensetzung des Kraftfutters soll vielseitig und dem Grundfutter angepasst sein.

Beispiel einer Kraftfuttermischung (n. Burgstaller):
30% Hafer
20% Mais/Weizen
20% Gerste
16% Kleie
10% Sojaextraktionsschrot
4% Mineralstoffmischung, vitaminiert (A, D u. E)

Mineralfutter
Je nach Zuchtverwendung sind je Stier und Tag etwa 100–150 g vitaminiertes Mineralfutter zu verabreichen.
Ein Salzleckstein sollte immer angeboten werden.

11.2.9 Mastkälber

Ziel sind voll ausgemästete Kälber mit einer Endmasse von 130 bis 180 kg.

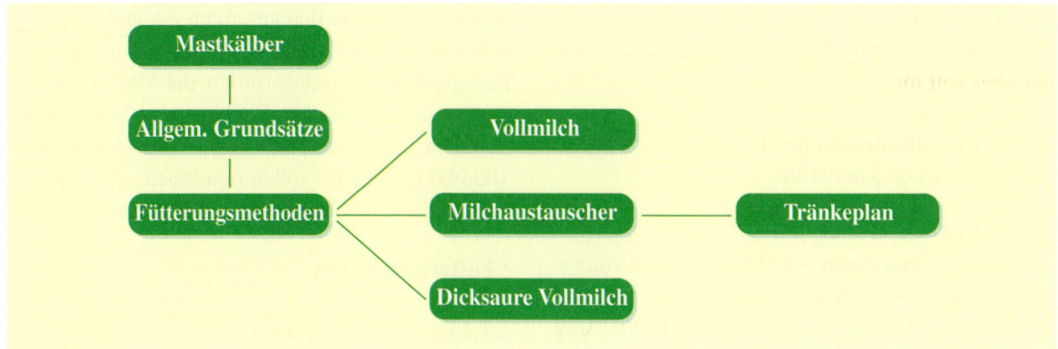

a) Allgemeine Grundsätze

> Erwünscht ist ein abgedeckter Schlachtkörper mit guter Ausbildung der wertvollen Teilstücke wie Keule, Lende, Rücken und Schulter.

Rassen: Geeignet sind alle gesunden Kälber der Zweinutzungsrassen, der Fleischrassen, Kälber aus Gebrauchskreuzungen und der milchbetonten Rassen. Kuhkälber, die nicht zur Aufzucht verwendet werden. Stierkälber werden besser für die Jungrindermast verwendet.

Fütterungsgrundsätze: ➡ Siehe Kap. 11.2.6, Aufzuchtkälber, Band 2, Seite 71

Eisenversorgung: Für Gesundheit, Frohwüchsigkeit und gute Futterverwertung braucht ein Mastkalb 4.000 bis 5.000 mg Eisen, die Hälfte davon innerhalb der ersten vier bis fünf Mastwochen.

Selenversorgung: Spätestens ab der 7. Mastwoche ist darauf zu achten, dass beim Mastkalb der Selenbedarf gedeckt ist.

Angestrebte Tageszunahmen: 1.000 bis 1.500 g (ansteigend)

Schlachtausbeute: 65%

b) Fütterungsmethoden

Die Anforderungen an das Kalbfleisch sind Zartheit und eine hellrote Farbe. Um den Konsumentenwünschen zu entsprechen, muss das Kalb während der ganzen Mastperiode getränkt werden. Geringe Mengen Heu müssen aus Gründen des Tierschutzes verabreicht werden. Diese geringfügige „Strukturfütterung" hat keinen Einfluss auf Qualität und Beschaffenheit des Fleisches.

• Mast mit Vollmilch

Der Vollmilcheinsatz in der Kälbermast ist nur dann sinnvoll, wenn dazu „Übermilch" verwendet wird. Bei Zukaufkälbern kann ab dem 2. Tag nach dem Einstellen mit der Vollmilchtränke begonnen werden.

Ab einer Lebendmasse von etwa 100 kg bewirkt eine Erhöhung der **Nährstoffkonzentration** der Tränke bessere Tageszunahmen und eine bessere Schlachtkörperqualität. Um dies zu erreichen, können zu 1 Liter Vollmilch 30–100 g Milchaustauscherpulver eingerührt werden.

Die tägliche Tränkemenge richtet sich nach
- dem Aufnahmevermögen des Kalbes und nach
- der Verträglichkeit.

Man beginnt mit einer Tagesmenge von etwa 8 Liter (1. Mastwoche), welche auf etwa 15 Liter (11. Mastwoche) gesteigert werden kann.

Bei der Verwendung von durchschnittlicher Vollmilch ist mit einem Aufwand von ca. 10 Liter je 1.000 g Zuwachs zu rechnen.

• Mast mit dicksaurer Vollmilch

Bei der Mast mit dicksaurer Vollmilch gelten im Prinzip die gleichen Bedingungen wie bei der Vollmilchmast. Die Säuerung der Milch kann mit Ameisensäure erfolgen.

➡ Siehe Kap. 11.2.6, Aufzucht mit Sauermilchtränke, Band 2, Seite 73

Dicksaure Vollmilch kann bei etwa 20–22 °C ad libitum verfüttert werden.

• Mast mit Milchaustauscher
Dies ist die am häufigsten verwendete Tränkemethode in der Kälbermast. Der eingesetzte Milchaustauscher soll mindestens enthalten: 18% Fett, 20% Rohprotein, ca. 20 MJ ME/kg.
Eine klumpenfreie Auflösung (bei 50–60 °C) des Milchaustauscherpulvers ist zu beachten!

Tränkeplan für die Kälbermast mit Milchaustauscher (MAT)
(Abgeleitet aus den Kälbermastversuchen an der Bayerischen Landesanstalt für Tierzucht in Grub, nach G. Burgstaller)

Mastwoche	g MAT je Liter Wasser	Wassermenge Liter je Tier u. Tag	MAT-Menge kg je Tier und Tag
1.	160	6,0	1,0
2.	170	6,5	1,1
3.	180	7,0	1,3
4.	190	8,0	1,5
5. *	190	8,5	1,6
6.	200	9,0	1,8
7.	210	10,0	2,1
8.	230	10,0	2,3
9.	230	11,0	2,5
10.	240	11,0	2,6
11.	250	11,0	2,8

*Umstellung von MAT I auf MAT II (höhere Nährstoffkonzentration)

11.2.10 Jungmastrinder

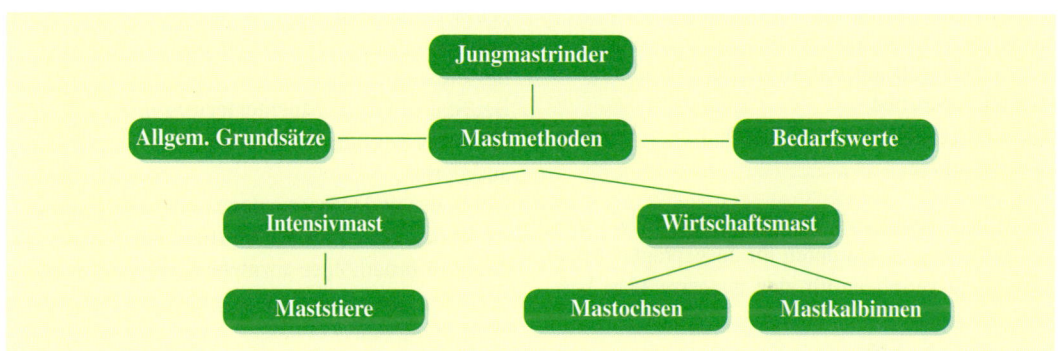

a) Allgemeine Grundsätze

Fütterung und Haltung beeinflussen die Fleischqualität entscheidend.
Kennzeichen für die Fleischqualität sind u. a. der pH-Wert, Marmorierung, Farbe und Scherkraft sowie sensorische Merkmale wie Geschmack, Zartheit und Saftigkeit.

• Die Bedeutung
Hinsichtlich der Quantität des Aufkommens hat die Mast von Jungstieren die größte Bedeutung.
Stiere sind in der Wachstumskapazität und Muskelfülle weiblichen Rindern und Ochsen überlegen.
Diese Überlegenheit beruht im Wesentlichen auf dem Einfluss männlicher Geschlechtshormone (Testosterone).

• Die Eignung der Rasse
Fleischrinder sowie **Zweinutzungsrinder** mit ausgeprägter Bemuskelung und Rinder aus **Gebrauchskreuzungen** sind bestens geeignet.
Fleischrinderrassen: Limosin, Charolais, Deutsch Angus, Aberdeen Angus u. a.
Zweinutzungsrinder: Fleckvieh, Pinzgauer, Gelbvieh, Grauvieh
➡ Siehe Kap. 11.3.4, Rassen, Band 2, Seite 100 ff
Bei milchbetonten Rassen wie Braunvieh oder Holstein Friesian können durch Gebrauchskreuzung mit Fleischrassen oder fleischbetontem Felckvieh

die Mastfähigkeit und die Qualität des Schlachtkörpers der Nachkommen deutlich verbessert werden.

• Die Funktion des Pansens

Auch beim Mastrind sind sämtliche Grundsätze der **wiederkäuergerechten Fütterung** zu beachten.

Wichtige Grundsätze zur **Aufrechterhaltung der Bakterientätigkeit im Pansen:**

- Maximal 1 bis 1,5 kg Kraftfutter pro Gabe, damit der pH-Wert nicht unter 6 absinkt. Denn dies bedeutet den Tod der Bakterien!
- Futtermittelumstellungen langsam durchführen (mind. über 1 Woche).
- Reine Silomaisrationen mit 0,5 kg Heu ergänzen, damit die Struktur der Ration stimmt. Dies fördert die Wiederkautätigkeit und trägt zur besseren Eiweißverdauung im Pansen bei.
- Langsam abbaubare Kraftfuttermittel einsetzen (z. B. Körnermais).

• Die Mastintensität

Vorwiegend hängt die Mastintensität ab von:

- der Nährstoffkonzentration des vorhandenen Grundfutters und
- der weitgehend geschlechtsbedingten Eignung der Masttiere.

Jungstiere sind durch ihre besonders hohen Zuwachsleistungen und durch ihr ausgeprägtes Muskelbildungsvermögen für eine intensive Mast bestens geeignet.

Angestrebt werden mittelrahmige Tiere mit bester Veranlagung zur Fleischbildung. Sie sollen mit ungefähr 600 bis 700 kg Lebendmasse fertig gemästet sein.

Großrahmige **Jungstiere** erreichen die Schlachtreife erst bei einer bedeutend höheren Lebendmasse und kleinrahmig veranlagte Tiere verfetten früh und enttäuschen in der Mastleistung. Beide extremen Typen sind für eine intensive Mast wenig geeignet.

Kalbinnen und **Ochsen** erbringen geringere Tageszuwachsleistungen, ihr Muskelbildungsvermögen ist ebenfalls geringer als das der Stiere, sodass sie auch weniger Ansprüche in Bezug auf die Nährstoffkonzentration des Futters stellen.

Aus ökonomischen Überlegungen eignen sich Kalbinnen und Ochsen daher für eine extensive Aufzuchtperiode, in der eine normale Jugendentwicklung ermöglicht wird, welcher eine kürzere Endmast folgt.

• Das kompensatorische Wachstum

Jungtiere haben die Fähigkeit, eine durch Nährstoffknappheit verursachte Phase einer schwächeren Entwicklung in einem späteren Abschnitt zum Teil aufzuholen. Diesen Vorgang nennt man kompensatorisches Wachstum.

• Der Ausmästungsgrad

Optimale Schlachtkörperqualität erbringen fertig gemästete Rinder. Sie zeichnen sich durch eine Fettabdeckung der Körperoberfläche und eine Einlagerung von Fett im Bindegewebe aus.

Bei Kalbinnen und besonders bei Ochsen führt die Bildung von intramuskulären Fetteinsprengungen (= **Marmorierung**) zu besonderen Qualitätsvorzügen, weil dadurch Geschmack und Safthaltevermögen beim Zubereiten des Fleisches wesentlich verbessert werden.

Bei Stieren ist die **Marmorierung** im Fleisch, vor allem bei geringerer Fütterungsintensität, weniger ausgeprägt.

Kalbinnen und Ochsen neigen mehr als Stiere dazu, im letzten Abschnitt der Mast Fettreserven in den großen Körperhöhlen anzulegen. Mit zunehmender Verfettung tritt eine Verschlechterung der Futterverwertung ein.

• Das Alter und die Lebendmasse zum Zeitpunkt der Schlachtreife

Mastende unter wirtschaftlichen Voraussetzungen nach Kategorie und Intensität:

	Alter in Monaten	Lebendmasse in kg
Jungstiere (intensiv gemästet)	16–20	600–700
Kalbinnen (extensiv gemästet)	18–24	520–540
Ochsen (extensiv gemästet)	20–25	580–680

Jüngere Mastrinder haben in der Regel ein zarteres, feinfasrigeres Fleisch mit weniger Fettanteil im Schlachtkörper als ältere.

• **Der Einfluss der Mastrinderkategorie auf die Fleischqualität**

Allgemein kann folgende Reihung nach Fleischqualität vorgenommen werden:
- Mastkalbinnen
- Jungochsen
- Jungkühe nach dem 1. Kalb
- Jungstiere

Bei Kalbinnen und Jungochsen ist das Fleisch zart, feinfasrig und besonders saftig. Hinsichtlich Marmorierung sind die Ochsen den Kalbinnen zumeist überlegen.

Bei Stieren wird die Fleischfaserung mit zunehmendem Alter etwas gröber.

Die Fleischqualität von Erstlingskühen ist ähnlich der von Kalbinnen, ihr Fettanteil im Körper eher geringer.

b) Bedarf

Empfehlungen zur Energieversorgung (MJ ME/Tag) von Maststieren, Fleckvieh

LM kg	Mittlere Zunahmen 1200 g		Mittlere Zunahmen 1350 g		Mittlere Zunahmen 1500 g	
	Momentane Zunahmen	MJ ME	Momentane Zunahmen	MJ ME	Momentane Zunahmen	MJ ME
200	1130	52,3	1340	57,0	1540	61,7
220	1160	56,1	1360	60,9	1560	65,7
240	1180	59,8	1380	64,6	1570	69,5
260	1200	63,5	1390	68,4	1590	73,3
280	1220	67,1	1410	72,0	1590	77,0
300	**1230**	**70,7**	**1420**	**75,6**	**1600**	**80,6**
320	1250	74,2	1430	79,1	1600	84,1
340	1260	77,6	1430	82,5	1610	87,5
360	1270	80,9	1430	85,8	1600	90,9
380	1270	84,1	1440	89,1	1600	94,1
400	**1270**	**87,2**	**1430**	**92,2**	**1590**	**97,2**
420	1270	90,2	1430	95,2	1590	100,2
440	1270	93,1	1420	98,1	1580	103,0
460	1270	95,9	1410	100,8	1560	105,8
480	1260	98,6	1400	103,5	1550	108,4
500	**1250**	**101,1**	**1390**	**106,0**	**1530**	**110,8**
520	1240	103,6	1370	108,3	1510	113,1
540	1220	105,8	1350	110,5	1480	115,3
560	1210	107,9	1330	112,6	1460	117,3
580	1190	109,9	1310	114,5	1430	119,1
600	**1170**	**111,7**	**1280**	**116,2**	**1400**	**120,7**
620	1140	113,4	1250	117,8	1360	122,2
640	1120	114,9	1220	119,2	1330	123,5
660	1090	116,2	1190	120,4	1290	124,6
680	1050	117,3	1150	121,4	1250	125,5
700	**1020**	**118,3**	**1110**	**122,4**	**1210**	**126,2**

(Quelle: Gruber Tabelle zur Fütterung in der Rindermast, http://www.lfl.bayern.de/ite/rind/09368/, Download am 16.02.2013)

Empfehlungen zur Rohproteinversorgung (g XP/Tag) von Maststieren, Fleckvieh

LM kg	Mittlere Zunahmen 1200 g		Mittlere Zunahmen 1350 g		Mittlere Zunahmen 1500 g	
	Momentane Zunahmen	g Rohprotein	Momentane Zunahmen	g Rohprotein	Momentane Zunahmen	g Rohprotein
200	1130	619	1340	691	1540	765
220	1160	657	1360	728	1560	802
240	1180	694	1380	765	1570	838
260	1200	730	1390	801	1590	873
280	1220	765	1410	835	1590	907
300	**1230**	**800**	**1420**	**869**	**1600**	**940**
320	1250	834	1430	902	1600	972
340	1260	867	1430	934	1610	1003
360	1270	898	1430	965	1600	1032
380	1270	929	1440	995	1600	1061
400	**1270**	**959**	**1430**	**1023**	**1590**	**1089**
420	1270	988	1430	1051	1590	1115
440	1270	1015	1420	1078	1580	1140
460	1270	1042	1410	1103	1560	1164
480	1260	1067	1400	1127	1550	1187
500	**1250**	**1091**	**1390**	**1150**	**1530**	**1209**
520	1240	1114	1370	1171	1510	1229
540	1220	1136	1350	1191	1480	1247
560	1210	1156	1330	1210	1460	1265
580	1190	1175	1310	1228	1430	1281
600	**1170**	**1193**	**1280**	**1244**	**1400**	**1295**
620	1140	1210	1250	1259	1360	1308
640	1120	1224	1220	1272	1330	1320
660	1090	1238	1190	1284	1290	1330
680	1050	1250	1150	1294	1250	1339
700	**1020**	**1261**	**1110**	**1303**	**1210**	**1346**

(Quelle: Gruber Tabelle zur Fütterung in der Rindermast, http://www.lfl.bayern.de/ite/rind/09368/, Download am 16.02.2013)

Richtwerte zur Futteraufnahme und zum Nährstoffbedarf von Mastochsen (Rasse Fleckvieh)

Alter Monate	Zunahmen g	Gewicht kg	TM-Aufnahme kg TM/Tag	Energiebedarf MJ ME/Tag	Energiebedarf MJ MF/kg TM	Rohproteinbedarf g/kg TM
1–4	600–850	bis 160	1,0–3,3	20–40	20,0–11,8	250–190
5–6	850	160–210	3,4–5,3	41–50	11,8–9,9	170
7–8	850	210–260	5,3–6,7	51–60	9,8–9,5	135
9–11	800	260–330	6,7–7,7	61–72	9,4	120
12–14	800	330–400	7,8–8,7	73–83	9,4	115
15–17	800	400–470	8,8–9,3	84–93	9,6	115
18–20	800	470–550	9,4–10,1	94–104	10,1	115
21–23	850	550–630	10,0–10,4	105–113	10,2–10,4	115
24	850	630–650	10,4–11,0	115	10,3–10,7	115

Richtwerte zur Futteraufnahme und zum Nährstoffbedarf von Mastkalbinnen in der Mast ab Kalb

Alter Monate	Zunahmen g	Gewicht kg LG	T-Aufnahme kg TM/Tag	Energiebedarf MJ ME/Tag	Energiebedarf MJ ME/kg TM	Rohproteinbe-darf g/kg TM
1–4	850	bis 150	1,0–3,5	20–40	20,0–11,9	250–180
5–7	1.050	150–240	3,5–5,7	40–60	11,8–11,0	160–140
8–10	1.050	240–340	5,7–7,6	60–75	11,0–10,2	140–130
11–13	1.050	340–440	7,7–8,4	75–85	10,5–10,1	140–130
14–17	1.000	440–430	8,4–9,0	85–95	10,5–10,6	120–130

Richtwerte zur Futteraufnahme und zum Nährstoffbedarf von Mastkalbinnen aus der Mutterkuhhaltung

Alter Monate	Zunahmen g	Gewicht kg LG	TM-Aufnahme kg TM/Tag	Energiebedarf MJ ME/Tag	Energiebedarf MJ ME/kg TM	Rohproteinbe-darf g/kg TM
8–11	1.100	260–360	5,5–7,4	60–80	11,0–10,8	150–130
12–15	1.100	360–460	7,5–8,4	81–89	10,8–10,6	130–140
16	1.000	460–500	8,4–9,0	89–95	10,8–10,6	120–130

Mineralstoffversorgung von Maststieren – Empfehlungen in Anlehnung an die GfE (g/Tag)
(Quelle: Gruber Tabelle zur Fütterung in der Rindermast, http://lfl.bayern.de/ite/rind/09368/ Download am 16. 2. 2013)

Lebend gewicht (kg)	Mittlere Zunahmen (g)	Kalzium (Ca)	Phosphor (P)	Magnesium (Mg)	Natrium (Na)	Kalium (K)	Chlorid (Cl)
200	1200	37	17	7	5	42	8
	1350	42	20	7	5	45	9
	1500	47	22	8	6	48	9
300	1200	44	21	8	6	57	10
	1350	48	23	9	6	60	11
	1500	53	25	10	7	64	12
400	1200	48	24	10	7	70	13
	1350	52	25	11	8	73	13
	1500	56	27	11	8	77	14
500	1200	50	25	11	8	82	15
	1350	53	27	12	8	84	15
	1500	56	28	12	9	87	16
600	1200	49	26	12	8	90	16
	1350	52	27	12	9	92	16
	1500	55	28	13	9	94	17
700	1200	47	25	12	9	95	17
	1350	49	26	13	9	97	17
	1500	51	27	13	9	99	17

c) Mastmethoden

Man unterscheidet grundsätzlich:

Intensivmast	Wirtschaftsmast

Voraussetzungen dafür sind:
• Grundfutter mit sehr hoher Nährstoffkonzentration, wie
  - Maissilage mit mindestens 32% Trockenmasse und hohem Anteil an Körnern oder
  - Ganzpflanzensilagen (von Weizen, Roggen bzw. Gerste); diese können als Grundfutteralternative zu **Maissilage** eingesetzt werden.
• Jungrinder, welche das nährstoffkonzentrierte Grundfutter durch hohe Tageszunahmen und viel Muskelbildungsvermögen nutzen können, wie
  - **Jungstiere** der Rasse Fleckvieh oder anderer fleischbetonter Rassen.
 	
Die Intensivmast zeichnet sich durch einfache Handhabung, raschen Verlauf, viel Fleischbildungsvermögen und hohe Wirtschaftlichkeit aus.
	Voraussetzungen dafür sind:
	• Die Nutzung von **extensiveren Futterflächen**, Weiden oder Almen für eine normale Jugendentwicklung von Rindern und eine darauf folgende kürzere Endmast mit gutem Grund- und Kraftfutter.
	• Grünfuttersilage bester Qualität und gut angewelkt.
	• Vorwiegend **Kalbinnen** und **Jungochsen** von Rassen mit gutem Fleischbildungsvermögen.

d) Fütterung der Maststiere

• Ziele
Durchschnittliche Tageszunahme: 1.200–1.400 g
Endgewicht: 600–700 kg (je nach Rasse)
Schlachtalter: 16.–18. Lebensmonat

• Produktionsablauf
Die Mast beginnt, sobald die Milchperiode der Kälber beendet ist, nach einer kurzen Zeit der Gewöhnung an die Mastration.
- Ankauf der Stierkälber mit ca. 90–120 kg (ca. 2,5–3 Monate alt).
- Bis ca. 150 kg sollte das Kalb am Betrieb des Mästers an die neuen Bedingungen angepasst werden (ca. 4–5 Wochen).
- Dazu gehören die Anpassung an das neue Stallklima sowie neben der Fütterung von bestem Wiesenheu und Maissilage die Gewöhnung an höhere Kraftfuttermengen.

Die Mast erfolgt in zwei Abschnitten:
- 1. Mastabschnitt (bis ca. 400 kg Lebendgewicht)
- 2. Mastabschnitt (ab ca. 400 kg bis 650 kg Lebendgewicht)

• Fütterungspraxis
Zusammensetzung und Tagesmenge des Kraftfutters müssen zusätzlich zur Grundfutterration den jeweiligen Bedarf der Tiere an Umsetzbarer Energie (ME) und Rohprotein (XP) decken. Der Nährstoff- und Mineralstoffbedarf richtet sich nach der Lebendmasse und dem Tageszuwachs der Masttiere.
Einen wesentlichen Einfluss auf den Masterfolg hat die Futteraufnahme. Der Normalbereich der Futteraufnahme beträgt ca. 4,5 kg Trockenmasse bei 200 kg bis zu etwa 9,5 kg bei 600 kg Lebendgewicht (n. Heindl, Schwarz, Kirchgessner).

Durch die Verfütterung von Maissilagen bester Qualität und bestem Heu kann die Futteraufnahme im Durchschnitt um etwa 1 kg Trockenmasse angehoben werden.

Grundfutter

In der intensiven Stiermast sind qualitativ hochwertige **Maissilagen** das bevorzugte Grundfutter.

Anforderungen an die Maissilage:
- Trockenmassegehalt: 32%–35%
- Verdaulichkeit der organischen Substanz: > 73%
- Rohfaser pro kg TM: < 200 g
- Rohprotein pro kg TM: 70–90 g
- Umsetzbare Energie pro kg TM: > 10,5 MJ ME

Maissilage zur freien Aufnahme!

Ganzpflanzensilagen von Getreide können als Grundfutteralternative bei knappen Maissilagevorräten eingesetzt werden. Die Energiekonzentration einer Gersten- bzw. Weizensilage liegt ca. 10–15% unter jener von Maissilagen.
Der Einsatz von **Grassilagen** ist in der intensiven Jungstiermast weniger geeignet. Grundfutter mit geringer Nährstoffkonzentration erfordert höheren Kraftfuttereinsatz oder verlängert die Mastzeit.

Kraftfutter

Das Kraftfutter stellt eine Ergänzung zur teigreifen Maissilage dar. Da Maissilage einen relativ geringen Eiweißgehalt aufweist, besteht in erster Linie die Notwendigkeit einer Proteinergänzung. In der Stiermast sind inländische Eiweißfuttermittel als Eiweißkomponente geeignet.
Der Proteinbedarf ist bis Mastmitte ansteigend und in der zweiten Masthälfte annähernd gleich bleibend. Zur Steigerung der Tageszunahmen und zur Erhöhung der Energiekonzentration der Gesamtration sollte die Kraftfutterergänzung neben Eiweißträgern auch Energiefuttermittel beinhalten.
Neben einer Eigenmischung mit ca. 22%–24% Rohprotein, kann auch eine Fertigmischung für Mastrinder verwendet werden.
Der Futterhygiene, frei von Schimmel und Verschmutzung, ist auch in der Rindermast besonderes Augenmerk zu schenken.

Eiweißfuttermittel für die Stiermast
Sojaextraktionsschrot 44
Sojaextraktionsschrot HP
Rapsextraktionsschrot
Sonnenblumenextraktionsschrot
Erbse
Ackerbohne

Energiefuttermittel für die Stiermast
Körnermais
Weizen
Gerste
Trockenschnitte

Kraftfutteranteil in Rindermastrationen mit guter Maissilage als Grundfutter:
Anfangsmast: ca. 40% der TM-Aufnahme
Endmast: ca. 28–30% der TM-Aufnahme
Das entspricht Kraftfuttermengen in der Höhe von 2–3 kg pro Tag.

Mineralfutter

Die Mineralstoffversorgung erfolgt durch die Fütterung einer vitaminisierten Mineralstoffmischung. Das Ca : P-Verhältnis ist in der Stiermast etwa 2 : 1. Zur Kalziumergänzung kann zusätzlich Futterkalk verwendet werden. Zu Natriumbedarfsdeckung eignet sich am besten Viehsalz.
Mögliche Formen der Mineralstoffversorgung:
2–3% vitaminisierte Mineralstoffmischung dem Kraftfutter beimischen oder 60–80 g pro Tag direkt über den Barn verabreichen.

Kurze Mast ist rentable Mast!

Zum Erkennen des richtigen Zeitpunktes für die Schlachtung gehört das geübte Auge des Mästers.

Charakteristika und Rationsgestaltung in den jeweiligen Mastabschnitten

Mastabschnitte	Charakteristika	Rationsgestaltung
1. Mastabschnitt (bis ca. 400 kg LG)	- Zunehmender Futterverzehr - Zunehmender Tageszuwachs - Starkes Wachstum	- qualitativ hochwertige Maissilage ad libitum - 0,5 kg – 1,0 kg bestes Heu od. Grassilage bis max. 15% der Ration - ca. 0,8–1,0 kg Eiweißergänzung mit Sojaextraktionsschrot - ca. 1,0–1,2 kg Energieergänzung mit Getreide und Körnermais + 15% Trockenschnitteanteil - bedarfsgerechte Mineralstoffversorgung
2. Mastabschnitt (400–650 kg LG)	- Stagnierender Futterverzehr - Rückläufiger Tageszuwachs - Vermindertes Wachstum - Zunehmende Fetteinlagerung	- qualitativ hochwertige Maissilage ad libitum - ev. 0,5 kg bestes Heu - ca. 0,6–1,0 kg Eiweißergänzung mit Sojaextraktionsschrot oder einer Mischung aus 2/3 heimischem Eiweißkraftfutter und 1/3 Sojaschrot - ca. 1,5–2,0 kg Energieergänzung mit Getreide (Reduzierte Futteraufnahme mit energiereichem Kraftfutter kompensieren) - bedarfsgerechte Mineralstoffversorgung

Jungstiermast mit Maissilage

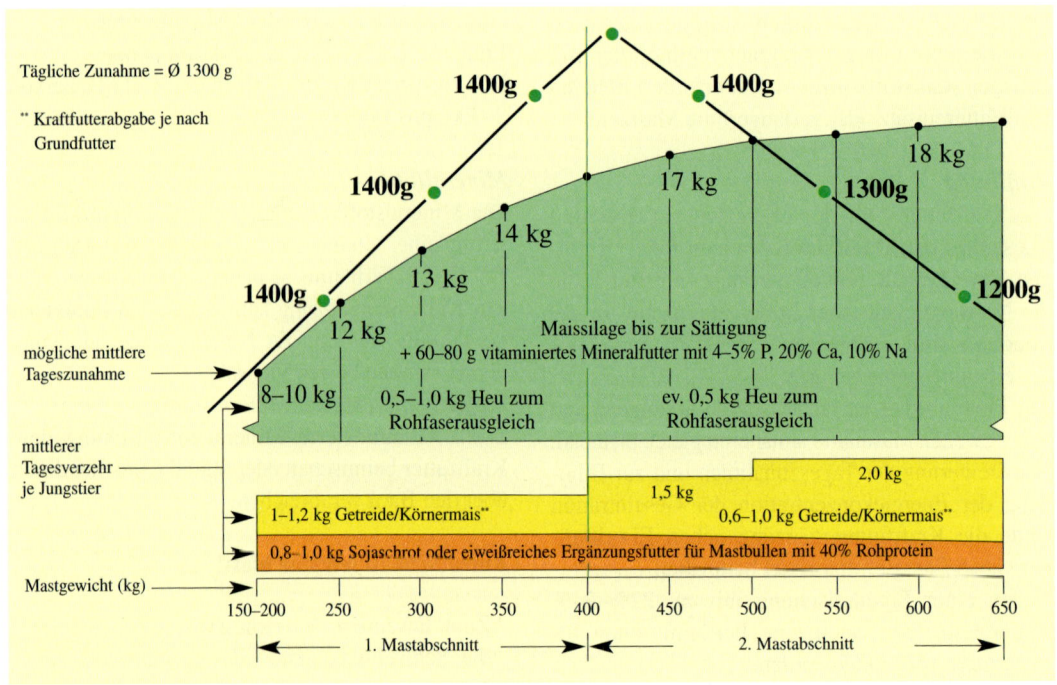

e) Fütterung der Ochsen

Extensive Rindfleischproduktion mit guter Fleischqualität.

• **Ziele**
Durchschnittliche Tageszunahme: 600–1.000 g
Endgewicht: 640–670 kg (Fleckvieh)
Schlachtalter: unter 30. Lebensmonat
(ideal: 23–24 Lebensmonate)

• Produktionsablauf

Die Kastration der männlichen Jungrinder erfolgt vor der Geschlechtsreife, in der 2. Hälfte des 1. Lebensjahres. Durch das Fehlen der männlichen Geschlechtshormone wird das Wachstum allgemein verlangsamt, das Knochenwachstum hält länger an, die Neigung zu erhöhtem Fettansatz nimmt zu und das Muskelwachstum ist vermindert.

Die Mast erfolgt in zwei Abschnitten:
- Vormast (150 kg bis ca. 500 kg Lebendgewicht)
- Qualitätsendmast (ab ca. 500 kg bis 650 kg Lebendgewicht)

• Fütterungspraxis

Eine richtig durchgeführte Kälberaufzucht ist eine wichtige Voraussetzung für hohe Futteraufnahmen.

Die Mast beginnt nach der Aufzuchtperiode.

Die Ochsenmast erfolgt vorwiegend als **Wirtschaftsmast**, d. h. vorwiegend mit **Grundfutter** und **wenig Kraftfutter**. Für Jungochsen stellt eine gut bewirtschaftete Weide eine ausgezeichnete Futtergrundlage dar.

Je nach Abkalbezeitpunkt (Herbst-/Frühjahrsabkalbung) kann die gesamte Mastdauer eine oder zwei Weideperioden beinhalten.

Produktidee für den Almochsen:

„Höchster Genusswert des Fleisches hinsichtlich Saftigkeit, Zartheit und dem besonderen Aroma durch den Kastrationseffekt und die ein- (mindestens 150 Tage) bis zweisommerige Weidehaltung."

Anzustrebende Fütterungsintensität im Mastverlauf

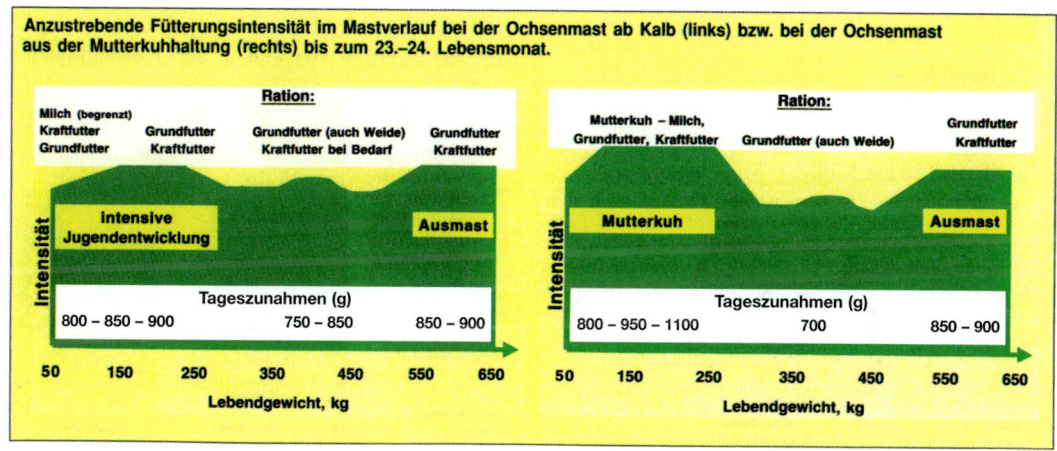

Rationsgestaltung bei der Ochsenmast in den jeweiligen Mastabschnitten

Mastabschnitte	Rationsgestaltung
Vormast 150–500 kg Lebendgewicht	*Grundfutter* ad libitum + Beifütterung von etwa 1 kg Kraftfutter *Sommerfütterung:* Weide, Heu + Kraftfutter (Energieergänzung) *Winterfütterung:* Grassilage ad libitum und Heu; bei Bedarf auch etwas Kraftfutter (erwartete Tageszunahmen ca. 600–900 g)
Qualitätsendmast (Dauer: 3 bis 5 Monate) 500–650 kg Lebendgewicht	Die Endmast soll im Stall erfolgen. *Grundfutter:* Grassilage, Maissilage und Heu *Kraftfutterergänzung:* je nach Grundfutter – Energieergänzung mit Getreide; Proteinergänzung mit Soja oder inländischen Eiweißfuttermitteln In der Endmast der Jungochsen ist die täglich zu verabreichende Kraftfuttermenge etwa gleich hoch wie in der Jungstiermast (erwartete Tageszunahmen ca. 900–1.000 g)

Der Bedarf an **Mineral- und Wirkstoffen** muss an die Grundfuttersituation angepasst sein. Bei Grünlandfutter etwa 60–80 g (Ca : P = 3 : 1) vitaminisierte Mineralstoffmischung pro Tag, bei maissilagereichen Rationen soll die Tagesmenge auf ca. 80–100 g (Ca : P = 4 : 1) angehoben werden.

f) Fütterung der Mastkalbinnen

> Das Proteinansatzvermögen (Muskelansatzvermögen) ist bei Mastkalbinnen deutlich geringer als bei Maststieren. Kalbinnen neigen daher zur frühen Verfettung.

Die geringeren Fütterungsansprüche ermöglichen eine Verwertung von extensiven Grünlandflächen für die Produktion von qualitativ hochwertigem Rindfleisch.

• Mastverfahren
Mast ab ca. 300 kg: Einsteller aus Mutterkuh-
haltung
Mast ab ca. 150 kg: Kalb aus Milchviehbetrieb

• Intensive Ochsenmast
Eine intensive Stallmast mit Jungochsen nach der Aufzuchtperiode bringt höhere Zunahmen und eine Verkürzung der gesamten Mastdauer.
Produktionsablauf und Fütterung ähneln der intensiven Jungstiermast.

• Fütterungspraxis
Die Fütterung der Mastkalbinnen ist ähnlich der Ochsenmast. 1 bis 3 kg Kraftfutter pro Tag sind in der Kalbinnenmast notwendig. Die KF-Menge ist vom Eiweiß- bzw. Energiegehalt des Grundfutters (Grassilage, Maissilage, Heu, Weidefutter) abhängig.

> Generell kann gesagt werden, dass in der Qualitätsendmast die Marmorierung im Fleisch und die Einlagerung von Fett in den Körperhöhlen erfolgt.
> Den Ausmästungsgrad zu erkennen und die Masttiere der Schlachtung zuzuführen, ist entscheidend für den Masterfolg.

Anzustrebende Fütterungsintensität im Mastverlauf

Mast ab Einsteller aus Mutterkuhhaltung

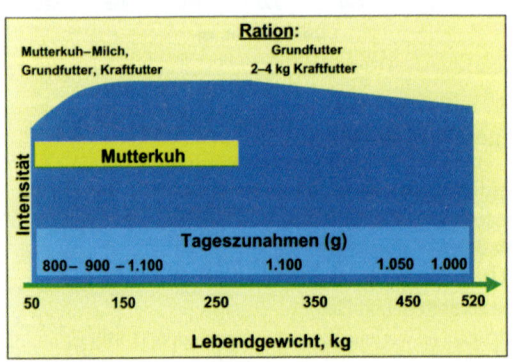

Mast ab Kalb

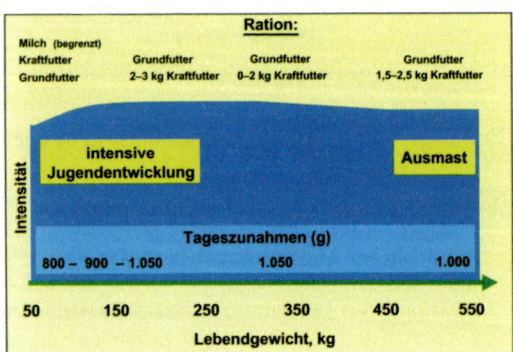

11.2.11 Mastkühe

Durch die Ausmästung von Kühen, die zur Schlachtung bestimmt sind, können hohe Tageszunahmen (900–1.400 g) und gute Qualitäten erreicht werden.

Es sind dies vorwiegend jüngere Kühe, deren körperliche Kondition infolge vorhergegangener Milchnutzung zur Schlachtung verbessert werden soll.

Die Fleischqualität von gemästeten Kühen hängt besonders vom Alter und dem Ausmästungsgrad ab.

Nach dem Trockenstellen erfolgt eine Ausmästung mit
- gutem Grundfutter (2/3 Maissilage + 1/3 Grassilage ad libitum) und
- Kraftfutter (2 bis 3 kg).

> Grundsätzlich ist die Fütterung der Mastkuh ähnlich der Qualitätsmast im Rahmen der Wirtschaftsmast.

Die Mastdauer beträgt je nach Rasse und Kondition der Kühe ca. 10 bis 12 Wochen.

11.2.12 Mutterkühe

> Die Mutterkuhhaltung ist eine extensive Form der Rinderhaltung zur Erzeugung von Qualitätskälbern ohne Milchgewinnung.
> Produktionsziele: - Baby-beef-Nutzung (frühreife Rassen, Gebrauchskreuzungen)
>   - Einstellerproduktion (rahmige, spätreife Rassen)

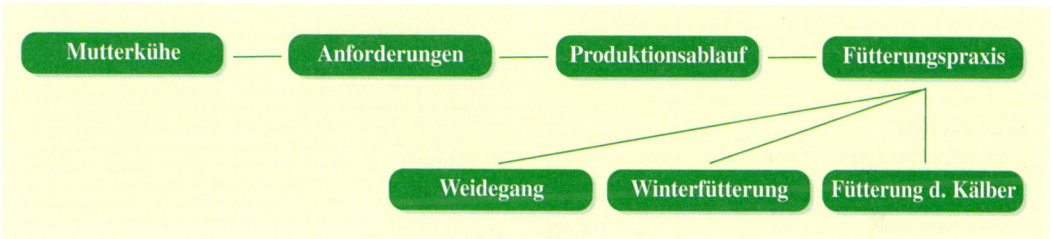

a) Anforderungen an die Mutterkuh/ an den Stier

• **Anforderungen an die Mutterkuh**
- Gute Fruchtbarkeit
- Leichtkalbigkeit
- Gute Muttereigenschaften
- Milchleistung (ca. 4.000 kg)
- Festsitzende Euter

• **Anforderungen an den Stier**
- Gutmütigkeit
- Zuchtwert geprüft auf Leichtkalbigkeit

- Natürliches Deckverhalten und gute Fruchtbarkeit
- Vererbung wüchsiger Kälber

b) Produktionsablauf

Die Abkalbezeit, die Decksaison, das Trennen der Herde und das Absetzen der Kälber ergeben den jährlichen Produktionsablauf. Man unterscheidet saisonale Abkalbung und ganzjährig verteilte Abkalbung in Betrieben mit Direktvermarktung.

Produktionsrhythmus:

Kalbeperiode (ca. 2–3 Monate)

↓

Decksaison (ca. 2–3 Monate)

↓

Herde trennen
(im Alter von ca. 6 Monaten – Kühe mit männl.
Kälbern von denen mit weibl. Kälbern trennen)

↓

Kälber absetzen (im Alter von 8–10 Monaten)

↓

Trockenperiode (Dauer ca. 1,5–2 Monate)

Winterkalbung – Dezember bis Februar
Vorteile der Winterabkalbung:
- Abkalbung, Nachgeburts-, Reinigungsphase und
die erste Säugeetappe sind noch im Stall und daher leichter zu beobachten.
- Die Hauptzeit der Laktation fällt in die Vegetationsperiode.

Frühsommerkalbung – Mai bis Juni

Abkalbezeiten

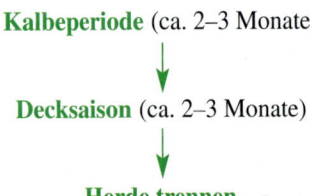

Drei konzentrierte Abkalbezeiten												
Gruppe	J	F	M	A	M	J	J	A	S	O	N	D
Gruppe 1 Winterkalbung	Abkalbung			Decksaison							Trockenstehend	
Gruppe 2 Frühjahrskalbung			Trockenstehend	Abkalbung		Decksaison						
Gruppe 3 Herbstkalbung								Trockenstehend	Abkalbung	Decksaison		

c) Fütterungspraxis

• Bedarf
Rahmen und Lebendmasse der Mutterkühe sind im Wesentlichen rassebedingt und bestimmen den Erhaltungsfutterbedarf. Leichtere Kühe haben einen geringeren Erhaltungsfutterbedarf und sind billiger zu füttern.
Der Bedarf in der Laktation ist von der Milchleistung der Kuh abhängig. In der Regel kann eine Laktationsleistung von 3000 bis 4000 kg Milch angenommen werden, wobei neben der genetischen Veranlagung der Kuh ihre Nährstoffversorgung und das Milchaufnahmevermögen des Kalbes leistungsbestimmend sind. Die Leistung der Mutterkuh wird über die Zunahme der Kälber gemessen.

• Fütterung im ersten Säugemonat
Unabhängig von der Milchleistung soll im ersten Säugemonat eher verhalten gefüttert werden, d. h. ein Grundfutter von geringer bis mittlerer Qualität angeboten werden.
Der Energiegehalt der Gesamtration liegt bei etwa 5,0–5,2 MJ NEL/kg TM.

• Fütterung im zweiten bis fünften Säugemonat
Mit zunehmender Milchleistung steigt der Energiebedarf auf 5,5 – 5,8 MJ NEL/kg TM.
Ab dem zweiten Säugemonat soll gutes Grundfutter zur freien Aufnahme zur Verfügung stehen.

• Fütterung im sechsten bis zehnten Säugemonat
In diesem Abschnitt kann das Grundfutter niedere Qualität, mit einem Energiegehalt in der Gesamtration von ca. 5,0 – 5,2 MJ NEL/kg TM aufweisen.
Gegen **Ende der Säugeperiode** und in der **Trockenstehzeit** (6 Wochen vor der Abkalbung) soll das Futterangebot und die Qualität des Futters an die Körperkondition (BCS - 3,0 bis max. 3,75 Punkte) der Kühe angepasst werden. Ausreichend strukturreiches Grundfutter mit mäßigem Energiegehalt einsetzen.

• Weidegang
Während der Vegetationszeit soll die Mutterkuh ihren Nährstoffbedarf ausschließlich von der Weide decken. Bei Weidegang muss die Besatzdichte auf das Futterangebot abgestimmt werden – das Futterangebot auf der Weide nicht überschätzen!
Bei einer mittleren bis intensiven Standweide werden je Mutterkuh ca. 0,5 ha Weidefläche benötigt.

- Bei guter Weideführung benötigt die Mutterkuh **kein Kraftfutter**.
- Die Zufütterung von **Heu** (Heuraufe) ist vor allem bei junger Weide zu empfehlen.
- **Salzlecksteine** zur Deckung des Natriumbedarfes und
- Leckschüsseln mit einer **vitaminierten Mineralstoffmischung** sollen bereitgestellt werden.

• **Winterfütterung**

Im Winter muss vorwiegend mit wirtschaftseigenem Grundfutter eine leistungsgerechte Fütterung der Mutterkuh sichergestellt werden.

- Geeignete **Grundfuttermittel**: Grassilage, Zuckerrübenblattsilage, Maissilage, Heu, Stroh
- **Kraftfutterergänzung:** Bei schlechtem Grundfutter kann eine Kraftfutterergänzung in der Höhe von 1 kg bis max. 2 kg pro Tag notwendig sein. Geeignete Kraftfuttermittel: Trockenschnitzel, Getreide
- **Mineralfutterergänzung**: Alle Rationen sind mit einer passenden vitaminierten Mineralstoffmischung zu ergänzen. In den Wintermonaten ist auch bei der Mutterkuh die Karotin-Versorgung zu beachten. Unzureichende Karotin-Versorgung beeinträchtigt die Qualität der Biestmilch und vermindert dadurch die Widerstandskraft der Kälber.
Richtwerte:
20–40 g vitaminisierte Mineralstoffmischung und 20–30 g Viehsalz pro Tag

• **Fütterung der Kälber**

- Ab der 3. bis 4. Lebenswoche den Kälbern **gutes Heu** und **Kraftfutter** anbieten.
- Mineralstoff- und Vitaminversorgung der Mutterkuhkälber beachten.
- Richtwert zur Einmischung ins Kälberkraftfutter: 4–6% vitaminisierte Mineralstoffmischung mit weitem Ca : P-Verhältnis und 1–2% Futterkalk.
- Ab der 2. Lebenswoche soll Wasser zur freien Aufnahme zur Verfügung stehen.
Die Kraftfutterversorgung der Kälber erfolgt in einem eigenen Bereich, der nur über einen so genannten **„Kälberschlupf"** zugängig ist.

• **Fütterung der Absetzer**

- Rationsumstellung langsam und nicht gleichzeitig mit dem Absetzen durchführen.
- Qualitativ hochwertiges Grundfutter zur freien Aufnahme anbieten (mind. 2mal täglich frisch verabreichen).
- Ausreichend Kraftfutter verabreichen (ca. 1–3 kg pro Tag)
- Mineralstoff- und Vitaminversorgung beachten.

d) Produktionssysteme

• **Jungrindfleisch-/Beefproduktion**

Diese Produktionsform findet vorwiegend in der Direktvermarktung und/oder im Rahmen von Markenprogrammen (wie z. B. Styria-Beef, Natura-Beef, Tiroler Jahrling) statt. Die Jungrinder werden intensiv gefüttert und im Alter von 10 bis 12 Monaten mit einem Lebendgewicht von ca. 380 bis 500 kg geschlachtet.

• **Einstellerproduktion**

Die Kälber werden im Alter von 6 bis 9 Monaten und mit einem Lebendgewicht von 200 bis 300 kg abgesetzt und an Mastbetriebe verkauft.

• **Ausmast am eigenen Betrieb**

Kalbinnen und Ochsen werden im Rahmen von Markenfleischprogrammen am eigenen Betrieb fertig gemästet.

➡ Siehe Kap. 11.2.10, Jungrindermast, Band 2, Seite 85 ff

Die Tiere werden bei intensiver Mast mit einem Alter von 12–16 Monaten und bei extensiver Mast im Alter von 20–34 Monaten geschlachtet.

• **Zuchtviehverkauf**

In kleineren Mutterkuhbetrieben werden zum Teil auch reinrassige Jungkühe und Zuchtstiere (wie z. B. Charolais, Limousin, Angus, Fleckvieh) für andere Mutterkuhbetriebe gezüchtet.

• **Landschaftspflege und Generhaltung**

Extensivrassen, wie zum Beispiel das Schottische Hochlandrind, Galloway, Luing, Yak u.a.m., können ganzjährig im Freiland gehalten werden und sind insgesamt sehr anspruchslos. Bei allgemein geringer wirtschaftlicher Bedeutung können Fleischprodukte dieser Rassen lediglich durch Direktvermarktung in „gehobener Gastronomie" zu guten Preisen vermarktet werden.
Betriebe, welche vom Aussterben bedrohte Rassen (wie z.B. Murbodner, Tuxer, Pustertaler Sprintzen) halten lukrieren im Rahmen der „Förderung für Generhaltung" einen Teil ihrer Betriebseinnahmen. Ansonsten haben diese Rassen eine geringe wirtschaftliche Bedeutung.

11.3 Züchtung

11.3.1 Übersicht

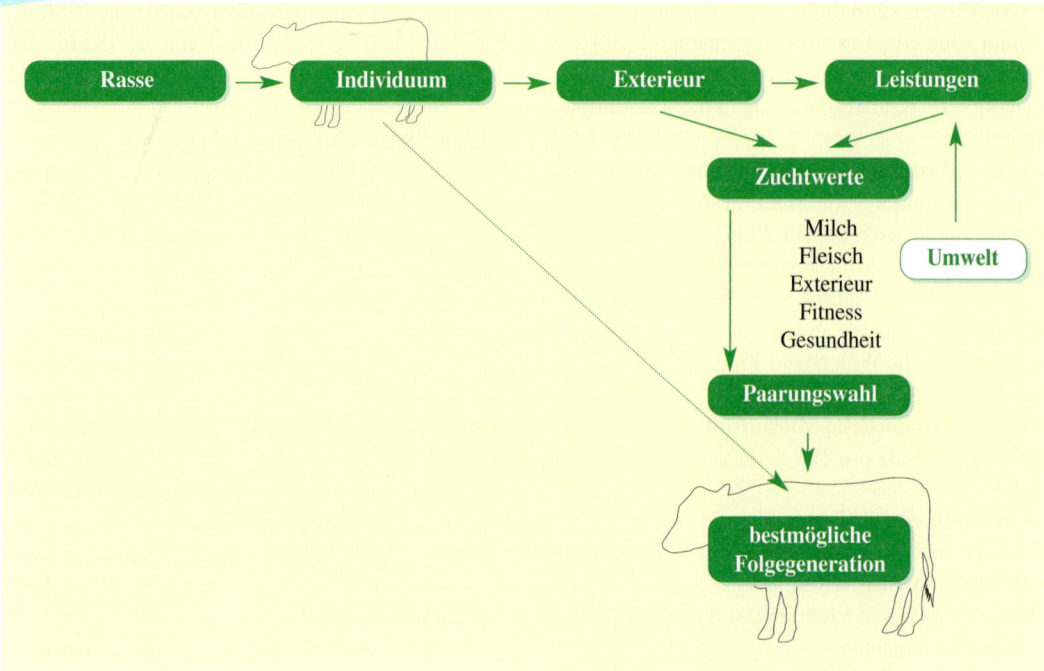

11.3.2 Entwicklung

Alle Hausrinder stammen vom Auerochsen, auch Ur genannt, ab. Dieses Wildrind war ursprünglich in Indien beheimatet und lebte später in einem Verbreitungsgebiet, das Europa, Vorder- und Zentralasien umfasste. Noch im 17. Jahrhundert kam es in Polen vor.

Beim wildfärbigen Auerochsen unterschieden sich die Geschlechter deutlich im Exterieur und in der Farbe. Die Stiere waren sehr groß, in der Vorderhand betont, gut bemuskelt und dunkelbraun bis schwarz gefärbt. Auffällig waren die gewaltigen, nach vorne gerichteten Hörner. Die wesentlich kleineren, zarteren Kühe waren rötlich-braun.

Aus historischen Funden kann geschlossen werden, dass das Rind bereits um das 7. Jtsd. vor Chr. in

Auerochse (Ur)

Pinzgauer-Tuxer 1859

Indien, Persien, Mitteleuropa und Ägypten domestiziert wurde.

Die Basis waren bodenständige Rinder. Diese waren, mit dem Durchschnitt unseren heutigen Rassen verglichen, kleinrahmig, spätreif und genügsam. Ihr Leistungsvermögen für Milcherzeugung und Fleischbildung war gering. Die allgemein kargen Haltungs- und Ernährungsverhältnisse boten kaum bessere Leistungsmöglichkeiten. Ochsen, Kühe, oftmals auch Kalbinnen und Zuchtstiere wurden häufig zur Arbeitsleistung im Zug eingesetzt. Diese Nutzung zur Arbeit, die regelmäßige sommerliche Weide und die Alpung in oft sehr schwierigen Geländeverhältnissen waren in unserer Heimat Ursache und Voraussetzung für eine gute Konstitution und ein solides Fußwerk dieser autochthonen Rinderschläge. Ihre Farbe war ursprünglich ein dunkles Graubraun, ähnlich der des Auerochsen. Im Lauf der Domestikation ergaben sich viele neue Farbkomponenten von grau über schwarz, braun, rot, gelb bis weiß, wobei vielerorts die Neigung zu verschiedenen Scheckungen zunahm.

Der Beginn einer organisierten Rinderzucht geht auf die zweite Hälfte des 19. Jahrhunderts zurück. Mit der Industrialisierung ergab sich ein gesamtwirtschaftlicher Aufschwung, der auch eine Intensivierung in der Landwirtschaft einleitete. Die bislang übliche Dreifelderwirtschaft wurde vom Fruchtwechsel abgelöst, die Bewirtschaftung des Grünlandes verbessert und die Absatzlage landwirtschaftlicher Produkte erhöht.

Die bisher gehaltenen spätreifen Rinderschläge waren genetisch kaum in der Lage, die nunmehr unter

Scheckenvieh (Kampete) 1856

Hans SN 1 (Stammvater v. FV.) 1874

den verbesserten Haltungs- und Fütterungsbedingungen geforderten höheren Leistungsanforderungen zu erfüllen. Das ergab allgemein den Wunsch nach besser veranlagten Tieren.

Seither wird systematisch unter Ausnützung aller gebotenen Möglichkeiten an der Verbesserung des Leistungsvermögens und des Exteriors der Rinder gearbeitet.

Die ersten Zuchtstiergesetze stammen aus den Jahren 1868 in der Steiermark und 1869 in Vorarlberg. Die ersten Viehzuchtgenossenschaften wurden für Braunvieh 1893 in Dornbirn, für Fleckvieh 1894 in Schärding gegründet.

Geschlechtsdimorphismus = Unterschied zwischen männlich u. weiblich

Männlicher Urochse bedeutend größer als weibliche Tiere.

99

a) Mitglieder

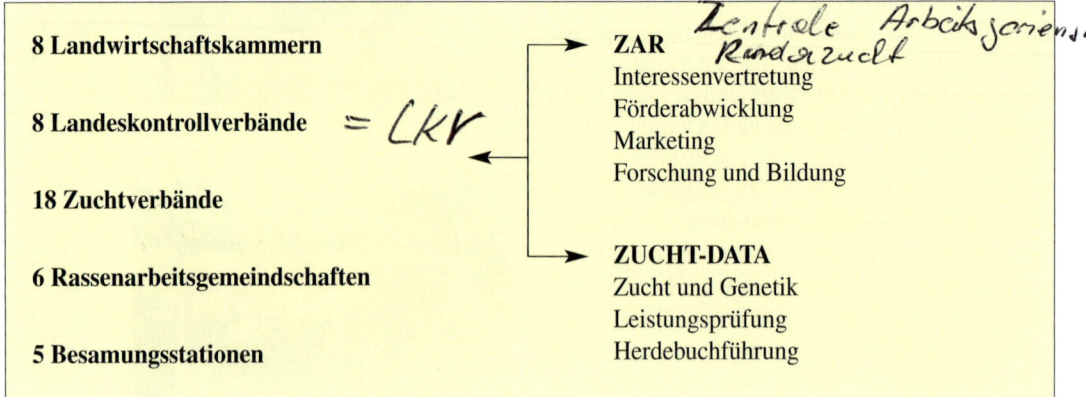

8 Landwirtschaftskammern

8 Landeskontrollverbände = *LKV*

18 Zuchtverbände

6 Rassenarbeitsgemeindschaften

5 Besamungsstationen

ZAR *Zentrale Arbeitsgemeinsd Rinderzucht*
Interessenvertretung
Förderabwicklung
Marketing
Forschung und Bildung

ZUCHT-DATA
Zucht und Genetik
Leistungsprüfung
Herdebuchführung

b) Genetik Austria

Mit der Gründung dieser Organisation 2001 haben sich die Besamungsstationen, die Rassenarbeitsgemeinschaften und die Rinderzuchtverbände zu einer zukunftsorientierten Förderungseinheit der österreichischen Rinderzucht zusammengeschlossen.

c) Jungzüchtervereinigung (ÖJV)

Diese Vereinigung wurde 2000/2001 gegründet und nimmt als Dachorganisation aller österreichischen Jungzüchter viele einschlägige fachliche Aufgaben wahr.

Zu diesen Aufgaben zählen:
- Unterstützung der Arbeit der regionalen Verbände oder Clubs von Jungzüchtern auf dem Gebiet der Rinderzucht.

- Pflege des Informationsaustausches.
- Repräsentation und Vertretung der Interessen der Jungzüchter gegenüber anderen Verbänden oder Vereinigungen des In- und Auslandes.
- Ausrichtung und Mitwirkung bei Veranstaltungen, Seminaren, Vorträgen, Exkursionen etc.

11.3.4 Rassen

a) Grundsätzliches

Die heute bestehenden Rinderrassen sind das Produkt langer, von Menschen gezielt geplanter Entwicklungsvorgänge und regionaler, insbesonders auch topografischer Einflüsse (Topografie = Geländeform). Die Rassen unterscheiden sich nicht nur nach **Exterieur- und Farbeigenschaften**, sondern vor allem auch nach **Nutzungsrichtungen** und **Leistungsschwerpunkten**. Alle Rassen, die in Österreich vorkommen, werden alphabetisch angeführt.

Nutzungsrichtungen	Schwerpunkte	Rassen (z. B.)
Milchrassen	Milch	Braunvieh, Holstein, Jersey
Zweinutzungsrassen → milchbetont		Montbeliard-Fleckvieh
→ kombiniert		Fleckvieh, Grauvieh, Pinzgauer
→ fleischbetont		Fleisch-Fleckvieh
Fleischrassen → großrahmig		Blonde d`Aquitain, Charolaise
→ mittelrahmig		Angus, Limousin, Piemonteser, Weißblaue Belgier
Robustrassen → großrahmig		Salers
→ mittelrahmig	robust, leichtkalbig	Aubrac, Galloway
→ kleinrahmig		Hochlandrind, Zwergzebu
Mutterkuhrassen → Mutterlinie	robust, leichtkalbig	Fleckvieh, Galloway, Grauvieh, Pinzgauer
→ Vaterlinien	robust, leichtkalbig	Fleischfleckvieh, Galloway, Limousin
→ gleichrassig	robust, leichtkalbig	Fleckvieh, Galloway, Salers

Die meisten in Österreich gehaltenen Rassen entsprechen der **Zweinutzungsrichtung**.

Die Gewichtung der Eigenschaften

ist je nach Nutzungsschwerpunkten und Zuchtzielen in den Zuchtgebieten unterschiedlich.

• Für **alle Rassen** gelten folgende **Anforderungen**:

- Korrekte Körperformen und Leistungsorgane
- Hohe Leistungsbereitschaft für die erwünschten, rassetypischen Eigenschaften
- Lange Nutzfähigkeit
- Regelmäßige Fruchtbarkeit
- Hoher Grundfutterverzehr
- Gutmütiges Temperament
- Maximierung des wirtschaftlichen Gesamtnutzens

• Für **Mutterkuhrassen** sollen besonders beachtet werden:

> - Gute Veranlagung für Grundfutterverzehr, Milchleistung (Grundlage für die Entwicklung der Nachkommen), korrekte Bemuskelung (Fleischnutzung)
> - Hochsitzende Euter mit mittellangen, gleichmäßig geformten Strichen
> - Sehr korrekte Fundamente inklusive Klauen
> - Positiver Mutterinstinkt

➡ Siehe Kap. 11.2.12, Mutterkühe, Seite 95, und Kap. 11.3.9., Zuchtprogramme, Seite 153.

b) Milchrassen *(Milch betonte Rassen)*

• **Braunvieh** (Brown Swiss)
Merkmale: mittelrahmig, einfärbig graubraun bis braun, öfter angeraucht. Flotzmaul (Rehmaul) und Klauen dunkel, gute Euterformen.
Herkunft: Verdrängung von ehemaligem Braunvieh (Montafoner) aus der Ostschweiz, dem Allgäu und Westösterreich durch Verdrängungskreuzung mit Brown Swiss aus USA.
Nutzeigenschaften:

Wuchs	sehr gut
Milchmenge	vorzüglich
Milchinhaltsstoffe	sehr gut
Mastleistung	mäßig
Schlachtleistung	mäßig

Diese Rasse zeichnet sich durch Langlebigkeit aus.

Braunvieh

• **Holstein** (HF Holstein Friesian)
Merkmale: großrahmig, frühreif, schwarzgescheckt mit pigmentiertem Kopf (weiße Abzeichen erlaubt), Flotzmaul und Klauen dunkel.
Red Holstein (RH) haben rot als Farbe; Kreuzungspartner für Fleckvieh und Pinzgauer.
Herkunft: aus USA und Kanada (Weltmilchrasse).
Nutzeigenschaften:

Wuchs	vorzüglich
Milchmenge	vorzüglich
Milchinhaltsstoffe	gut (für Milcheiweiß oftmals mäßig)
Mastleistung	mäßig
Schlachtleistung	schlecht

Holstein

Braunvieh

Red-Holstein

• Jersey

Merkmale: kleinrahmig, sehr zierlich mit sehr guten Eutern. Die Körperfarbe variiert von rehbraun bis gelbrot und selten schwarz. Frühreif, langlebig und sehr leichtkalbig.

Herkunft: England

Nutzeigenschaften:

Wuchs	schlecht
Milchmenge	vorzüglich
Milchinhaltsstoffe	vorzüglich
Mastleistung	schlecht
Schlachtleistung	schlecht

Jersey

c) Zweinutzungsrassen

Milchbetont

• Montbeliard-Fleckvieh

Merkmale: mittel- bis großrahmig, frühreif, rot Zeichnung wie Fleckvieh, Mängel in der Fitness kommen öfters vor.

Herkunft: Frankreich

Nutzeigenschaften:

Wuchs	sehr gut
Milchmenge	vorzüglich
Milchinhaltsstoffe	gut, Milcheiweiß oft mäßig
Mastleistung	mäßig
Schlachtleistung	mäßig

Diese Rasse wird als Fleckvieh anerkannt.

Montbeliard

Montbeliard

Kombiniert

• Fleckvieh (Simmentaler)

Merkmale: Mittel- bis großrahmig mit viel Körperbreite und Muskelansatzflächen. Die Körperfarbe reicht von hellgelb bis dunkelrot, wobei grau und schwarz nicht vorkommen. Die Zeichnung ist gedeckt, gefleckt oder gesprenkelt, Kopf, Unterbauch, Unterbeine und Schwanzende sind weiß, Flotzmaul und Klauen sind zumeist hell, färbige Abzeichen aller Art erlaubt.

Herkunft: Aus bodenständigen gescheckten Rinderschlägen mit Einfluss von Simmentaler Schecken aus der Schweiz und dem südlichen Deutschland.

Nutzeigenschaften:

Wuchs	sehr gut
Milchmenge	sehr gut
Milchinhaltsstoffe	sehr gut
Mastleistung	vorzüglich
Schlachtleistung	sehr gut

Fleckvieh ist weltweit die bedeutenste Zweinutzungsrasse.

Fleckvieh

Fleckvieh

• Normanner Rind
Merkmale: Körperhaftes Rind mit viel Tiefe und Breite sowie guter Bemuskelung.
Die Tiere sind dunkelbraun bis randwärts fast schwarz gefärbt, wobei der Kopf und öfters die Unterbeine weiß bzw. mit vielen kleinen färbigen Abzeichen versehen sind. Zwischen Gesicht und Stirn befindet sich häufig eine Querdelle. Der Jahresmilchertrag beträgt je Kuh gute 6000 kg.
Herkunft: Frankreich
Nutzeigenschaften:

Wuchs	sehr gut
Milchmenge	sehr gut
Milchinhaltsstoffe	gut
Mastleistung	sehr gut
Schlachtleistung	sehr gut

• Pinzgauer / *Sodberger Hunneln*
Merkmale: mittelrahmig, etwas spätreifer. Kastanienbraun mit Pinzgauerzeichnung (Entpigmentierung vom Widerist über den Rücken zum Schwanz und bauchwärts zur Vorderbrust). Flotzmaul hell, Klauen dunkel. Im größerem Ausmaß wurde bei der Rasse eine Veredelungskreuzung mit Red Holstein Friesian durchgeführt um eine Verbesserung der Milchleistung zu erreichen.
Herkunft: aus bodenständigen Rinderschlägen im Land Salzburg und angrenzenden Gebieten.
Nutzeigenschaften:

Wuchs	sehr gut
Milchmenge	gut
Milchinhaltsstoffe	gut
Mastleistung	sehr gut
Schlachtleistung	vorzüglich

Normanner Rind

(*Quelle: commons.wikimedia.org*)

• Grauvieh (Oberinntaler)
Merkmale: klein- bis mittelrahmig, eher frühreif, einfarbig hellgrau, häufig angeraucht mit Aalstrich, Flotzmaul (Rehmaul) und Klauen dunkel.
Herkunft: aus bodenständigen kleineren Rinderschlägen im alpinen Raum.
Nutzeigenschaften:

Wuchs	mäßig
Milchmenge	schr gut
Milchinhaltsstoffe	sehr gut
Mastleistung	sehr gut bei geringerem Endgewicht
Schlachtleistung	sehr gut

Pinzgauer

Pinzgauer

Grauvieh

genetisch hornloses Fleckvieh

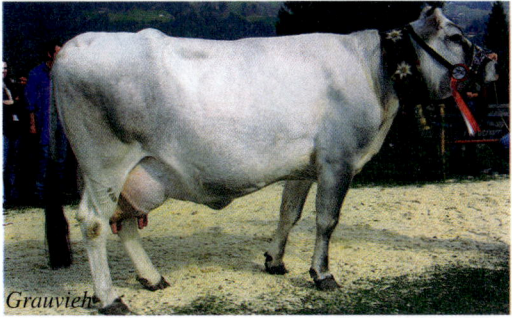

Grauvieh

Fleischbetont

• Fleisch-Fleckvieh

Merkmale: Entwicklungsfreudige besonders gut bemuskelte Zuchtrichtung des Fleckviehs, bei welcher die Zucht auf genetische Hornlosigkeit (PP) zunehmend an Bedeutung gewinnt. In der Mutterkuhhaltung ist die Remontierungsmöglichkeit innerhalb dieser Rasse ein Vorteil. Der Kalbeverlauf sollte geprüft werden

Nutzeigenschaften:

Wuchs	vorzüglich
Milchmenge	sehr gut
Milchinhaltsstoffe	sehr gut
Mastleistung	vorzüglich
Schlachtleistung	vorzüglich

Fleisch-Fleckvieh

d) Fleischrassen

Großrahmig

• Blonde d'Aquitaine

Merkmale: walzenförmiger, extrem langer, eher wenig tiefer Körper mit leichterem Kopf. Ganzfärbig hellgelb. Gute Ausschlachtung.

Herkunft: aus Frankreich, durch Kreuzung mehrerer blonder Fleischrassen erzüchtet.

Nutzeigenschaften:

Wuchs	vorzüglich
Kalbeverlauf	gut
Mastleistung	sehr gut
Schlachtleistung	sehr gut

Besonders gut geeignet als Kreuzungspartner für Braunvieh-Mutterkühe.

Blonde d'Aquitaine

• Charolais

Merkmale: knochenstark, üppig bemuskelt, spätreif, einfärbig weiß bis creme, helles Flotzmaul, helle Klauen. Früher häufig, derzeit noch manchmal zu Schwergeburten neigend. Muskulatur etwas gröber in der Faserung.

Herkunft: Frankreich

Nutzeigenschaften:

Wuchs	vorzüglich
Kalbeverlauf	öfter schlecht
Mastleistung	vorzüglich
Schlachtleistung	sehr gut

Weltweit als Fleischrasse im Einsatz.

Charolais

Mittelrahmig

• Angus

Merkmale: sehr frühreif, üppig bemuskelt aber früh verfettend, feinknochig. Einfarbig schwarz, genetisch hornlos. Deutsche Angus sind etwas wüchsiger als reinrassige. Feine Fleischfaserung.

Herkunft: England

Nutzeigenschaften:

Wuchs	mäßig
Kalbeverlauf	vorzüglich
Mastleistung	gut
Schlachtleistung	sehr gut

Angus

• Limousin

Merkmale: sehr frühreif, feinknochig, gute Ausprägung aller wertvollen Muskelpartien, einfarbig hellrot, Flotzmaul und Klauen hell.

Vielfach eingesetzt als Vaterrasse für Markenprogramme in der Qualitätsrindfleischproduktion.

Herkunft: Frankreich

Nutzeigenschaften:

Wuchs	gut bis mäßig
Kalbeverlauf	vorzüglich
Mastleistung	sehr gut
Schlachtleistung	vorzüglich

Limousin

• Piemonteser

Merkmale: walzenförmig, feinknochig, leichter Kopf, feinfaserige Muskelpakete v. a. der Hinterhand und des Rückens mit geringem Bindegewebeanteil. Sehr gute Ausschlachtung. Einfarbig hellgrau mit deutlicher Anrauchung.

Herkunft: Italien

Nutzeigenschaften:

Wuchs	gut
Kalbeverlauf	in der Kreuzung gut
Mastleistung	sehr gut
Schlachtleistung	vorzüglich

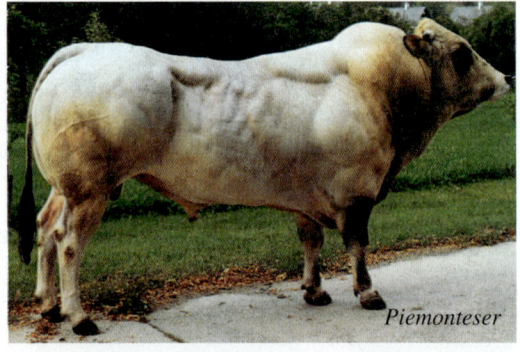
Piemonteser

• Weißblauer Belgier

Merkmale: Besondere Ausprägung der wertvollen Muskelpartien v.a. der Hinterhand. Manchmal problematisches Fußwerk. Es gibt auch eine kombinierte Zuchtrichtung.

Herkunft: Belgien

Nutzeigenschaften:

Wuchs	sehr gut
Kalbeverlauf	in der Kreuzung gut
Mastleistung	sehr gut
Schlachtleistung	vorzüglich

Salers

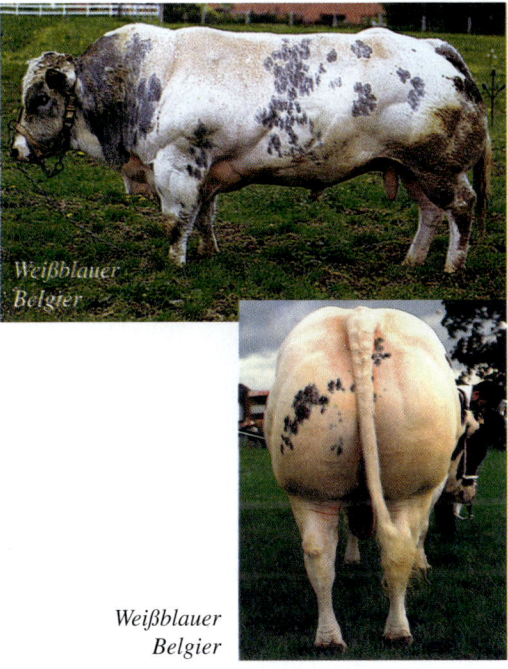

Weißblauer Belgier

Weißblauer Belgier

e) Robustrassen

Großrahmig

• Salers

Merkmale: einfarbig dunkelrot bis schwarz, lockiges Haarkleid, Flotzmaul hell, lange Hörner, genügsam.

Herkunft: Frankreich

Nutzeigenschaften:

Wuchs	sehr gut
Kalbeverlauf	gut
Mastleistung	sehr gut
Schlachtleistung	sehr gut

Mittelrahmig

• Aubrac

Merkmale: Hinterhand und Rücken gut bemuskelt, häufig Doppellender, harte Klauen, einfarbig fahlgelb bis graubraun, genügsam und langlebig.

Herkunft: Frankreich

Nutzeigenschaften:

Wuchs	gut bis mäßig
Kalbeverlauf	gut
Mastleistung	gut
Schlachtleistung	sehr gut

Aubrac

(*Quelle: Jean-Luc Bailleul; commons.wikimedia.org*)

• Galloway

Merkmale: langer Körper, gut bemuskelt, sehr robust und genügsam. Genetisch hornlos.

Das Haarkleid ist länger und gewellt. Die häufigste Farbe ist einfarbig schwarz. Es gibt auch einfarbig braune (dun), gelbe und weiße mit Abzeichen und schwarze mit weißem Bauchgurt. Sehr gute, feinfaserige, wildähnliche Fleischqualität.

Herkunft: Schottland, sehr alte Rasse.

Nutzeigenschaften:

Wuchs	gut
Kalbeverlauf	vorzüglich
Mastleistung	gut
Schlachtleistung	sehr gut

Galloway

Galloway

• Luing

Merkmale: rötlich-braun, zum Teil genetisch horn-los, ähnlich den Galloways.

Herkunft: ursprünglich aus Schottland.

Nutzeigenschaften:

Wuchs	gut
Kalbeverlauf	sehr gut
Mastleistung	gut
Schlachtleistung	gut

Luing

Kleinrahmig

• Schottisches Hochlandrind

Merkmale: zartes Rind, ganzfärbig rotbraun, selten schwarz oder gescheckt mit langzotteligem Fell und extrem langen Hörnern, sehr spätreif und genügsam.

Herkunft: Schottland

Nutzeigenschaften:

Wuchs	schlecht
Kalbeverlauf	vorzüglich
Mastleistung	mäßig bis schlecht
Schlachtleistung	gut bis mäßig

Schottisches Hochlandrind

• Zwergzebu

Merkmale: sehr kleine, zierliche, genügsame und hitzeresistente Rasse.

Stiere erwachsen: 120 cm WH, 250–300 kg

Kühe erwachsen: 110 cm WH, knapp 200 kg

Für Hobbyhaltung (Rasenmäher) geeignet.

Zwergzebu

f) Hornlose Rassen

Hornlosigkeit mindert das Verletzungsrisiko für die Tierbetreuer aber auch von Tier zu Tier. Das GEN für Hornlosigkeit (P) ist dominant gegenüber dem Genpartner für gehörnt (p), sodass reinerbige Zuchttiere in der ersten Nachkommengeneration ausschließlich hornlose Tiere bringen.
Genetisch hornlose Rassen: Angus und Galloway.

Mittlerweile hat auch in der Herdebuchzucht vieler Rassen die Selektion auf genetische Hornlosigkeit an Bedeutung stark gewonnen.

g) Extreme Rassen nach Körpergröße und Gewicht (Masse)

• Chianina
Gilt als **größte Rinderrasse** der Welt. Ihre Herkunft ist Italien.
Erwachsene Stiere: 170–180 cm WH, über 1500 kg
Kühe: 150–170 cm WH, ca. 900 kg
Einfarbig weiß mit schwarzen Wimpern, schwarzer Schwanzquaste und relativ zartem Knochengerüst.

Chianina

• Hinterwälder
Gilt als **kleinste Zweinutzungsrasse** in Mitteleuropa. Sie stammen aus Deutschland aus dem Gebiet des Schwarzwaldes.
Erwachsene Stiere: 139 cm WH, ca. 700 kg
Kühe: 120 cm WH, ca. 450 kg
Die Jahresleistung der Kontrollkühe wird mit 3300 kg Milch bei 4,0 % Fett und 3,4 % Eiweiß angegeben. Sehr rumpfige, langlebige Tiere mit Farbe und Zeichnung wie das Fleckvieh.
Die Population umfasst ca. 2300 Tiere und ist im Generhaltungsprogramm.

Hinterwälder

• **Jersey** (siehe Bd. 2, Seite 103)

• **Schottisches Hochlandrind** (siehe Bd. 2, Seite 108)

• **Zwergzebu** (siehe Bd. 2, Seite 108)

h) Mutterkuhrassen

Mutterlinie

• **Blondvieh** (Kärntner, Murbodner, Waldviertler)
• **Fleckvieh** (Simmentaler)
• **Galloway**
• **Grauvieh** (Oberinntaler)
• **Pinzgauer**
sonstige Zweinutzungs- bzw. Generhaltungsrassen oder Kreuzungen

Vaterlinie

• **Fleckvieh** (Simmentaler)
• **Fleisch-Fleckvieh**
• **Angus**
• **Galloway**
• **Limousin** (häufigste Vaterlinie)

Mutter- und Vaterlinie gleichrassig

Vorteilhaft ist die Remontierungsmöglichkeit aus der reinrassigen Nachzucht.
• **Fleckvieh** (Simmentaler oder Fleisch-Fleckvieh)
• **Galloway**
• **Salers**
• **Limousin**
• **Generhaltungsrassen**

i) Veränderungen der Rinderrassenbestände nach dem 2. Weltkrieg

(exakt erfasst von den Rassenzählungen ab1947)

Rasse *	1947	1954	1959	1969	1974	1978	1985	1995	2005	2010	2014	2015
Fleckvieh	36,3	40,0	45,9	62,9	71,1	74,6	78,6	81,3	78,8	77,6	76,0	75,8
Braunvieh	11,8	13,3	14,1	15,6	14,3	13,5	11,9	10,0	8,5	7,5	6,8	6,7
Holstein	0,8	0,8	0,7	0,5	0,8	1,7	3,3	2,6	5,3	5,7	6,5	6,8
Pinzgauer	16,7	15,7	14,6	10,5	7,8	6,0	3,7	2,3	2,3	2,2	2,0	1,9
Grauvieh	2,0	1,8	1,7	1,2	1,0	1,2	0,7	0,7	0,8	0,9	0,9	0,9
Fleischrassen und sonstige	32,4	28,4	23,0	9,3	5,0	3,0	1,8	3,1	4,3	6,1	7,8	7,9

* Seit 2011 Erhebung durch das BMLFUW, Hauptrasse laut AMA-Rinderdatenbank, Stichtag 1. Dezember.

Innerhalb des Zeitraums von fast 70 Jahren hat sich die Verteilung der Nutztierrassen stark verändert. Vielerlei Evolutionseinflüsse waren Ursache dafür. Günstigere Umweltsituationen verlangten nach Tieren mit besseren Veranlagungen; manche Rassen wurden durch leistungsbetontere ersetzt oder mit solchen gekreuzt. So wurde im beobachteten Zeitraum in Österreich beim Rind das Fleckvieh zahlenmäßig gut verdoppelt, das Friesen-Rind vervielfacht, die Rassen Grauvieh, Original Braunvieh und Pinzgauer deutlich vermindert und das Gelbvieh fast eliminiert. Spezielle Fleischrassen und auch sehr milchbetonte Rassen wie z. B Brown Swiss oder RHF kamen als neue Rassen bzw. als Kreuzungspartner zum Einsatz. Für manche Rassen wurde die Existenz und damit deren Gene gefährdet. Abgesehen davon ist es eine kulturelle Aufgabe, gefährdete Rassen zu erhalten.

j) Generhaltungsrassen in Österreich

Der Verein ÖNGENE (Österreichische Nationalvereinigung für Genreserven mit Sitz in Wels) regelt die diesbezüglichen Aufgaben. Diese Generhaltungszucht wird ermöglicht mittels noch vorhandener reinrassiger Zuchttiere und Spermareserven.

Folgende Rinderrassen sind im Programm erfasst:

• Original Braunvieh (Montafoner)
Eine bodenständige, mittelrahmige, milchbetonte Zweinutzungsrasse, deren Heimat die Ost-Schweiz sowie Regionen des alpinen Raumes von Vorarlberg, Tirol, Kärnten, Steiermark und Niederösterreich umfassen. Nach dem 2. Weltkrieg wurde dieser Rassenblock durch die Rasse Brown Swiss aus den USA verdrängt.

Original Braunvieh

• Ennstaler Bergschecken
Eine bodenständige, mittelgroße, edle und feingliedrige Scheckenrasse. Weiß mit zumeist hellroter Sprenkelung. Die Rasse ist genügsam, bringt gute Ausschlachtung mit feinfaserigem Fleisch.

Ennstaler Bergschecke

• Blondvieh

Es gibt 3 regionale Schläge (Murbodner, Kärntner und Waldviertler Blondvieh). Ihre Bedeutung liegt in der Genügsamkeit, Spätreife und der Fleischqualität (feinfaserig, gut marmoriert).

Besondere Bedeutung haben diese Rassen in der Mutterkuhhaltung. Die Rasse Murbodner hat sich nun wieder besonders gut bewährt.

Murbodner Blondvieh

Waldviertler Blondvieh

Kärntner Blondvieh

• Original Pinzgauer

Bodenständige Zweinutzungsrasse, die bis etwa 1950 als einzige Rinderrasse im Bundesland Salzburg zur Zucht zugelassen war. Auch alle angrenzenden Gebiete züchteten nur Pinzgauer. Nach 1945 wurde in größerem Ausmaß mit RHF zwecks Verbesserung der Milchleistungsanlagen gekreuzt, sodass der Anteil an Original Pinzgauer gering ist.

Original Pinzgauer

• Jochberger Hummeln

Eine genetisch hornlose Variante des Original Pinzgauer Rindes mit sehr guter Schlachtkörperqualität.

• Tux-Zillertaler

Regionale Splitterrasse des Pingauers, rotbraun bis schwarz, Unterbauch und Schwanzspitze sind weiß, sehr gute Schlachtkörper- qualität und ge- nügsam.

Tux-Zillertaler

• Grauvieh

Es wird zu den ÖNGENE-Rassen gezählt weil der Bestand auch im regionalen Vorkommen stark rückläufig ist.

Grauvieh

• Pustertaler Sprinzen

Zweinutzungsrasse aus Südtirol, mittelrahmig, ähnlich dem Fleckvieh, tief und breit, rot selten schwarz gesprenkelt mit einer Farbverteilung wie beim Pinzgauer Rind.

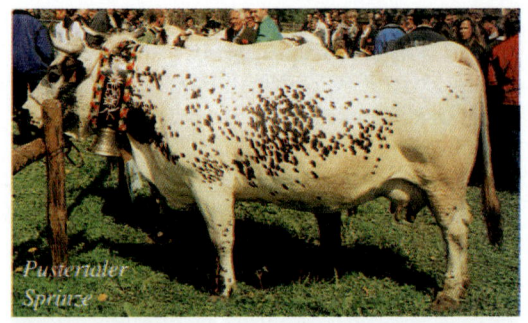

Pustertaler Sprinze

k) ÖNGENE Rassen 2017

Gefährdete Rassen	Bestand			Betriebe		
	2013	2014	Diff. in %	2013	2014	Diff. in %
Original Pinzgauer	4.657	4.393	-5,7	795	721	-9,3
Tiroler Grauvieh	3.785	3.608	-4,7	990	900	-9,1
Murbodner **	3.980	4.051	1,8	447	408	-8,7
Kärntner Blondvieh ***	987	979	-0,8	105	97	-7,6
Waldviertler Blondvieh ***	946	961	1,6	124	108	-12,9
Tux-Zillertaler ***	922	911	-1,2	198	181	-8,6
Original Braunvieh ***	832	801	-3,7	208	195	-6,3
Ennstaler Bergschecken ***	220	246	11,8	43	40	-7,0
Pustertaler Sprintzen ***	336	355	5,7	77	78	1,3

* ÖPUL-geförderte Tiere, letztverfügbare Daten
** gefährdet, spezielles Zuchtprogramm
*** hochgefährdet

Quelle: AMA / ÖNGENE, Mai 2016, www.oengene.at

l) Aufgaben des Generhaltungs- programmes

- die Definition des Rassenstandards,
- die Festlegung von Zuchtzielen,
- die zentrale Registrierung der Herdebuchtiere,
- die Erstellung von Anpaarungsprogrammen bei Beachtung einer genetischen Vielfalt und
- die Konservierung von Sperma.

Die den Satzungen entsprechende Haltung gefährdeter Rassen wird gefördert.

11.3.5 Leistungsprüfungen

Diese betreffen:

Quantitätseigenschaften

und

Qualitätseigenschaften

➡ Siehe Kap. 9.4.3, Qualitative und Quantitative Merkmale, Band 1, Seite 191

Die Ergebnisse der Leistungsprüfungen sind:
- wesentliche Basis für die Zuchtwertschätzungen,
- eine Grundlage für das Erkennen der Leistungsfähigkeit,
- eine Kontrolle über eine wiederkäuergerechte und leistungsbezogene Fütterung und
- eine Kontrolle über die Wirtschaftlichkeit.

a) Methoden

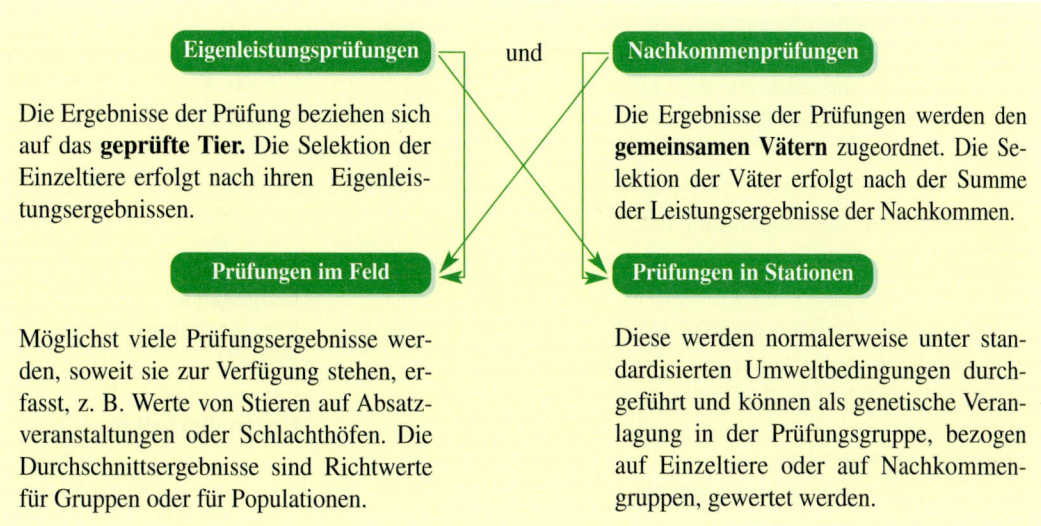

Eigenleistungsprüfungen und **Nachkommenprüfungen**

Die Ergebnisse der Prüfung beziehen sich auf das **geprüfte Tier.** Die Selektion der Einzeltiere erfolgt nach ihren Eigenleistungsergebnissen.

Die Ergebnisse der Prüfungen werden den **gemeinsamen Vätern** zugeordnet. Die Selektion der Väter erfolgt nach der Summe der Leistungsergebnisse der Nachkommen.

Prüfungen im Feld

Prüfungen in Stationen

Möglichst viele Prüfungsergebnisse werden, soweit sie zur Verfügung stehen, erfasst, z. B. Werte von Stieren auf Absatzveranstaltungen oder Schlachthöfen. Die Durchschnittsergebnisse sind Richtwerte für Gruppen oder für Populationen.

Diese werden normalerweise unter standardisierten Umweltbedingungen durchgeführt und können als genetische Veranlagung in der Prüfungsgruppe, bezogen auf Einzeltiere oder auf Nachkommengruppen, gewertet werden.

b) Übersicht über die Leistungs- und Prüfkriterien

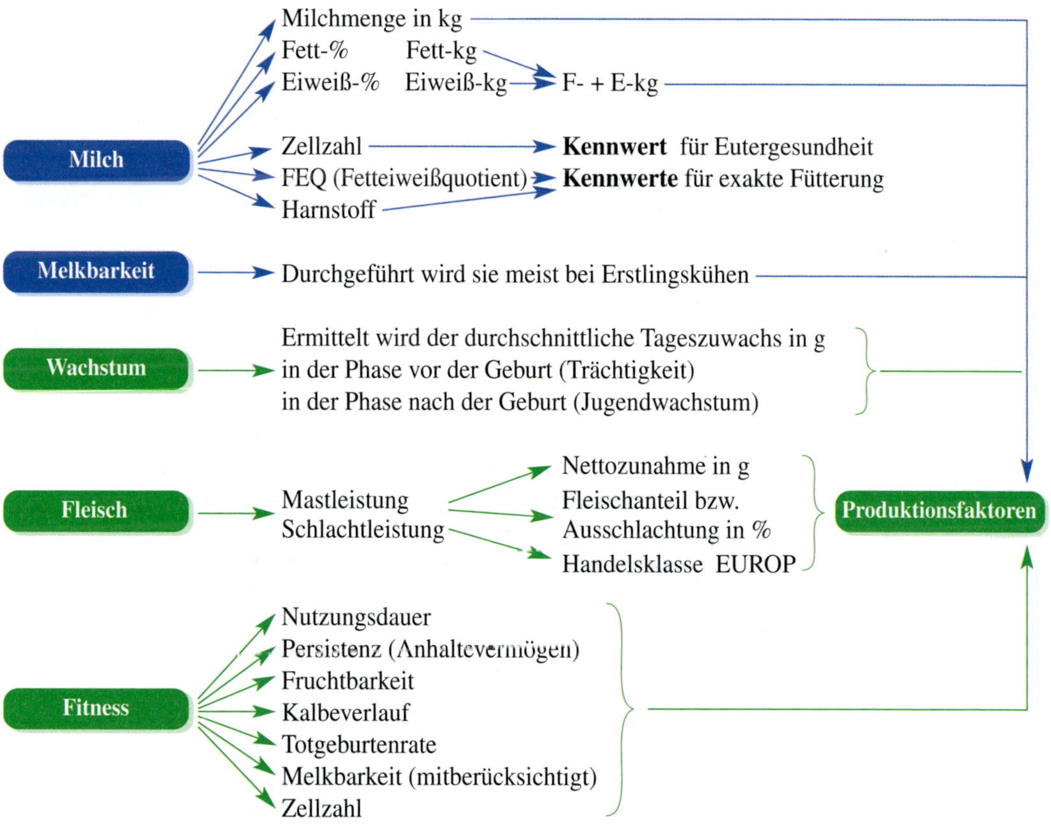

Milch
- Milchmenge in kg
- Fett-%   Fett-kg
- Eiweiß-%   Eiweiß-kg → F- + E-kg
- Zellzahl → **Kennwert** für Eutergesundheit
- FEQ (Fetteiweißquotient) → **Kennwerte** für exakte Fütterung
- Harnstoff

Melkbarkeit → Durchgeführt wird sie meist bei Erstlingskühen

Wachstum
Ermittelt wird der durchschnittliche Tageszuwachs in g
in der Phase vor der Geburt (Trächtigkeit)
in der Phase nach der Geburt (Jugendwachstum)

Fleisch
Mastleistung
Schlachtleistung
- Nettozunahme in g
- Fleischanteil bzw. Ausschlachtung in %
- Handelsklasse EUROP

Fitness
- Nutzungsdauer
- Persistenz (Anhaltevermögen)
- Fruchtbarkeit
- Kalbeverlauf
- Totgeburtenrate
- Melkbarkeit (mitberücksichtigt)
- Zellzahl

Produktionsfaktoren

c) Milch

Die ersten Leistungsprüfungsergebnisse von Kühen liegen aus dem Jahre 1904, durchgeführt auf freiwilliger Basis von Züchtern der Fleckviehgenossenschaft Schärding in Oberösterreich, vor.

> 119 geprüfte Fleckviehkühe erbrachten **1904** durchschnittlich 2.078 kg Milch mit 3,78% Milchfett.

Seit 1951 besteht ein internationales Komitee zur Ermittlung der Wirtschaftlichkeit von Milchtieren, dem auch Österreich angeschlossen ist und das ein Abkommen über die Durchführung der Milchleistungsprüfung getroffen hat.
Die nach diesen Richtlinien festgestellten Leistungsergebnisse werden international anerkannt.

> Die **Kontrolldichte** betrug in Österreich 2007 **72,1%** der Milchkühe.

• Prüfmethoden

Die Prüfung erfolgt nach der Laktationsperiodenmethode AT (Standard- oder Referenzlaktation) und wird von etwa 1700 Kontrollorganen der Kontrollverbände durchgeführt.
Es müssen **alle Kühe** eines Kontrollbetriebes leistungsgeprüft werden.

• Prüfkriterien

- Milchmenge in kg
- **Fettgehalt in %**
- **Eiweißgehalt in %**
- **Zellzahl**
- **Laktosegehalt in %**
- **Harnstoffgehalt in %**

Als Maß für objektive Vergleiche wird häufig FECM (fat protein corrected milk) verwendet.

> **FECM** = äquivalente Menge von Milch mit 4,0% Fett und 3,3% Eiweiß.

• Milchleistungsprüfung (MLP)

Aufgezeigte Werte im Tagesbericht der Milchleistungsprüfung (MLP):

Lebensnummer	Name	Lakt.	Tg.	M-kg	Fett-%	Ew-%	Zellz.	FEQ	Harnst.
Z. B. AT 139.013.133	**Weixl**	6	**246**	**38,8**	4,87	3,51	155	1,39	16,0

Lakt. Laktationszahl der Kuh, auf welche sich der Tagesbericht bezieht

Tg. bisher erbrachte Tage in dieser Laktation

M-kg Milch-kg, erbracht am Kontrolltag

Fett-% ermittelte Fett-% der Milch am Kontrolltag

Ew-% ermittelte Eiweiß-% der Milch am Kontrolltag

Zellz. x 1000 = ermittelte tatsächliche Zellzahl der Milch am Kontrolltag.
Kennwert für Eutergesundheit. Die Zellzahl sollte unter 100.000/ml betragen.

Erlaubte Maximalwerte siehe Band I. Leicht melkenden Eutern sowie auch sehr kurzen Zitzen wird ein Einfluss zur Zellzahlerhöhung nachgesagt. Auch bei altmelkenden Kühen steigt die Zellzahl.

FEQ Fett-Eiweiß-Quotient. Wird ermittelt durch **Division von Fett-% durch Eiweiß-%**.
Kennwert für bedarfsgerechte Versorgung mit Rohfaser, Energie und Rohprotein in der Futterration. Der FEQ **soll zwischen 1,1 und 1,5** betragen.

Es bedeutet:

FEQ über 1,5	zu Laktationsbeginn	rohfaserreiche, energiearme Futterration bedingt Körperfettabbau und die Gefahr einer Acetonämie
FEQ unter 1,1	in der gesamten Laktation	strukturreiche, energiearme Fütterration, wenig Milchmenge, niedrige Eiweiß-%
		rohfaserarme, energiereiche(kraftfutterbetonte) Futterration

Eine besondere Aussagekraft hat der FEQ zu Beginn der Laktation

➡ Siehe Kap. 11.2, Fütterung
Band 2, Seite 41

Harnst. Harnstoffgehalt in **mg je 100 ml Milch**
Kennwert für bedarfsgerechte und harmonische Versorgung vom **Rohprotein-** zum **Energieanteil** im Futter.

➡ Siehe Kap. 11.2, Fütterung
Band 2, Seite 48

Bringt zusätzlich wichtige Erkenntnisse zur Gesundheit (Stoffwechsel, Leber etc.) und zur Fruchtbarkeit.

➡ Siehe Kap. 11.2, Grenzwerte Fütterung, Band 2, Seite 49

• Ergebnisse der Milchleistungsprüfung

Standardlaktation:
Dafür gelten maximal 305 Melktage
Gesamtlaktation:
Ist das Leistungsergebnis der gesamten Laktation und wird nur der Lebensleistung zugerechnet.

• Chronologische Aufzählung

Einsatzleistung (EL)
Leistungsergebnisse der 1. Kontrolle nach der Abkalbung
100-Tage-Leistung
Leistungsergebnisse der ersten 100 Tage der Laktation
200-Tage-Leistung
Leistungsergebnisse der ersten 200 Tage der Laktation

> **7 / 6 – 8621 – 4,23 – 3,36 – 655**

7   Zahl der Abkalbungen
6   Zahl der abgeschlossenen Laktationen
8621 durchschnittl. Milchmenge in kg je Laktation

4,23   durchschnittliche Fett-%
3,36   durchschnittliche Eiweiß-%
655   durchschnittliche Fett- und Eiweiß-kg

Erstlaktation
Leistungsergebnisse von 305 Tagen der 1. Laktation
Laktationsdurchschnitt
Dieser dient, allgemein verwendet, zur Angabe von Leistungsergebnissen von Kühen mit mehr als einer Laktation.
Höchstleistung
wie zum Beispiel

> **HL. 3. – 13.293 – 4,01 – 3,92 – 1.009**

AULA V.: Streller, MV.: Morello Züchter: Fam. Günzinger, St. Georgen (OÖ)

Die **HL.** (z. B. **3. Laktation**) ist diejenige Standardlaktation mit der höchsten Menge an Fett- und Eiweiß-kg. Damit kann das Maximal-Leistungsvermögen festgestellt werden.

Lebensleistung
Diese ergibt sich aus der Summe aller Gesamtlaktationen und ermöglicht die Beurteilung des Gesamtleistungsvermögens und der Lebensdauer. **Z. B. 12 / 11 – 61.160 – 4.788**

• Einflüsse auf die Milchleistung

Genetische Veranlagung
Der Erblichkeitsgrad für die Milchmenge ist in der Erstlaktation etwas höher als in den Folgelaktatio-

nen. Bei Erstlingskühen erfolgt die Vorbereitungs-fütterung und die Nährstoffversorgung zu Beginn der Laktation ohne Bezug zur erwarteten Leistung, also ziemlich einheitlich.

Erblichkeitsgrade (ca.)	
Milch-kg 1. Laktation	0,35
folgende Laktationen	0,30
Fett-%	0,45
Eiweiß-%	0,55
Laktose-%	0,40
Zellzahl	0,15

Erstkalbealter

Das Erstkalbealter soll bei entsprechender Jugend-aufzucht etwa zwischen 26 und 32 Monaten liegen. Ein deutlich niedrigeres und ein deutlich höheres Erstkalbealter bringen Leistungs- und Wirtschaft-lichkeitsverluste.

Körperliche Reife

Die Leistung steigt normalerweise bis zur körper-lichen Reife der Kuh – sie ist etwa in der dritten bis vierten Laktation erreicht – deutlich an und bleibt einige Laktationen gleich. „Die Kühe wachsen in die Leistung". Erst mit einer Alterung bzw. mit kör-perlichen Verbrauchserscheinungen sinkt die Leis-tung. Erbanlagen, Umwelteinflüsse und vor allem tierartentsprechende Haltungsmaßnahmen, („Kuh-komfort") haben große Bedeutung auf die Zahl der Jahre mit hohen Leistungen, auf die Lebensdauer sowie auf die gesamte Lebensleistung.

Dauer der Trockenperiode

Trockenperioden wesentlich unter sechs Wochen ergeben zumeist eine Leistungsminderung in der Folgelaktation. Verlängerte Trockenperioden brin-gen keinerlei gesteigerte Ergebnisse.

Dauer der Zwischenkalbezeit

Ab dem 6. Trächtigkeitsmonat kann eine Konkur-renz um die Nährstoffe zwischen Fötus und Milch-leistung entstehen. Eine verlängerte Zwischenkal-bezeit kann die folgende Laktationsleistung erhö-hen, eine verkürzte vermindern.

Körperkapazität

Körpergröße und Gewicht der Kühe beeinflussen generell die Milchleistung. Zu beachten ist aber auch, dass Gewicht und Erhaltungsfutteraufwand in positiver Beziehung stehen.

Regelmäßigkeit und Häufigkeit des Melkens

Bei Kühen mit hohen Tagesgemelken wirken regelmä-ßiges und auch drei- bis mehrmaliges Melken günstig auf die Leistung und ev. auch auf die Eutergesundheit.

➡ Siehe Kap. 11.2, Fütterung, Band 2, Seite 50

Rinderrassenverteilung in den Bundesländern in %

Bundesland	Fleckvieh	Braunvieh[*]	Holstein[**]	Pinzgauer	Grauvieh	Fleischrassen und sonstige
Burgenland	62,5	0,4	15,1	1,1	0,0	20,9
Kärnten	74,5	3,0	9,2	2,4	0,1	10,8
Niederösterreich	85,3	2,0	3,1	0,4	0,1	9,1
Oberösterreich	86,7	2,6	5,0	0,7	0,1	4,9
Salzburg	68,4	1,3	12,9	12,6	0,3	4,5
Steiermark	72,7	8,7	5,2	0,8	0,1	12,5
Tirol	55,7	20,8	8,7	2,1	7,8	4,9
Vorarlberg	14,7	52,5	24,4	0,5	2,2	5,6
Wien	8,5	8,5	8,5	0,0	0,0	74,6
Österreich	**75,8**	**6,7**	**6,8**	**1,9**	**0,9**	**7,9**

Erhebung durch das BMLFUW, Hauptrasse lt. AMA-Rinderdatenbank, Stichtag 1. Dezember

[*] inkl. Original Braunvieh

[**] inkl. Red Frisian und Original Schwarzbunte

• Entwicklung der Lebensleistung in kg Milch 2000 bis 2015

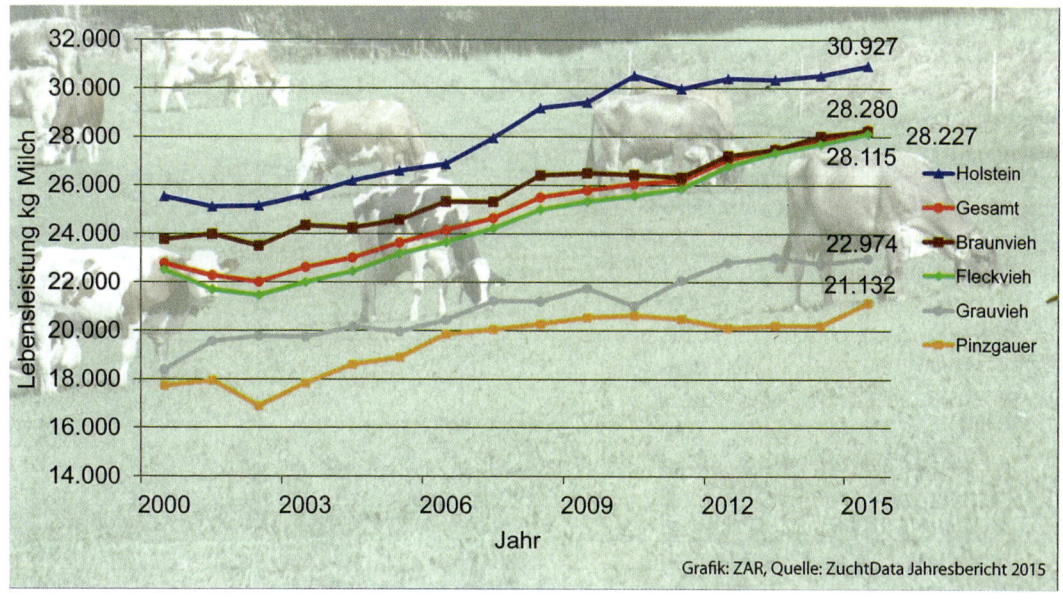

Grafik: ZAR, Quelle: ZuchtData Jahresbericht 2015

• Ergebnisse der Milchleistungsprüfung 2015

Rasse	Kuhzahl [1]	Milch kg	Fett %	Fett kg	Eiweiß %	Eiweiß kg	Fett + Eiweiß
Fleckvieh	261.989	7.176	4,15	297	3,40	244	542
Braunvieh	41.620	7.185	4,16	299	3,46	248	547
Holstein Frisian	39.237	8.592	4,07	350	3,28	282	632
Pinzgauer	6.043	5.666	3,87	219	3,25	184	404
Grauvieh	3.004	4.946	3,95	195	3,27	162	357
Jersey	917	5.413	5,14	278	3,84	208	486
Tuxer	146	4.599	3,77	173	3,36	155	328
Murbodner	219	4.029	3,96	160	3,34	134	294
Pustertaler Sprintzen	15	3.982	4,74	149	3,40	135	284
Waldviertler Blondvieh	5	3.475	3,91	136	3,41	118	254
Kärntner Blondvieh	19	4.972	4,12	205	3,30	164	369
Ennstaler Bergschecken	29	3.904	3,74	146	3,28	128	274
Österreich	**353.243**	**7.281**	**4,13**	**301**	**3,39**	**247**	**548**

[1] Vollabschlüsse

117

d) Melkbarkeit

Mit Beachtung der Wirtschaftlichkeit in der Milchviehhaltung und des Einsatzes der Melkmaschine gewann ab etwa 1960 die objektive Feststellung der Melkbarkeit rasch an Bedeutung.

• Prüfmethode und Prüfergebnisse
Derzeit ist die Erfassung des **durchschnittlichen Minutengemelkes DMG** das wesentliche Prüfkriterium. Sie erfolgt mit der Betriebsmelkmaschine und einer Stoppuhr durch ein Kontrollorgan.
In der Regel werden alle Erstlingskühe bei der 1. oder 2. Kontrolle geprüft. Diese Daten stellen die Basis für die Zuchtwertschätzung dar.

Das **DMG 2002** (kg Milch je Minute) ergibt durchschnittlich bei:

Fleckvieh	**2,05**	**Braunvieh**	**1,97**
Grauvieh	**1,71**	**Friesen**	**2,29**
Pinzgauer	**1,88**		

Seit etwa 1995 werden allgemein vergleichbare Melkbarkeitsergebnisse ermittelt.
Das Prüfgerät *Lactocorder* wird derzeit nur bei Stiermüttern eingesetzt.

• Einflüsse auf die Melkbarkeit

Erbanlagen

Der Erblichkeitsgrad beträgt ungefähr 0,30

Melkablauf
Die im Euter gespeicherte Milch reagiert beim Melken unterschiedlich. Man unterscheidet:

Zisternenmilch

Sie beträgt 10 bis 20% der Gesamtmilch und wird durch einen straffen Schließmuskel am Ausfließen gehindert. Die Melkverfügbarkeit ist mit dem Anstecken des Melkzeuges gegeben.

Alveolarmilch

Anrüsten bewirkt über Oxytocinausschüttung nach etwa 1 Minute die Melkverfügbarkeit der Alveolarmilch (⬈). Kontraktionen des Gewebes drücken dabei die Milch von den Milchbläschen in Richtung Zisterne.

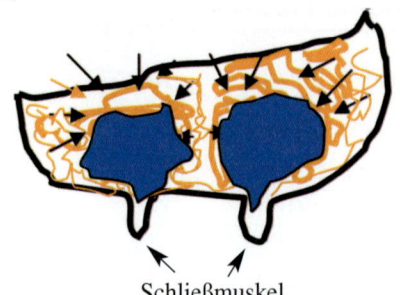

Schließmuskel

Chronologische Folgerungen
für den *Melkablauf*:
- Reinigen und Anrüsten des Euters
- etwa eine halbe Minute später Melkzeug ansetzen
- Hauptmelkvorgang
- Ausmelken

für die **Melkphysiologie**:
- Oxytocinausschüttung ➔ melkbereit,
- Zisternenmilch fließt rasch ab
- Alveolarmilch wird zügig ermolken
- rasche Restmilchgewinnung

für die **Eutervorbereitung**
- Vormelken
- Reinigen
- Stimulieren (Anrüsten)

für den **Milchfluss**
Der Milchflussverlauf lässt sich unterteilen in :

1 **Anstiegsphase**
2 **Plateauphase** = Milchflussmaximum
3 **Abstiegsphase**
4 **Ausmelkphase**
5 **Blindmelkphase**

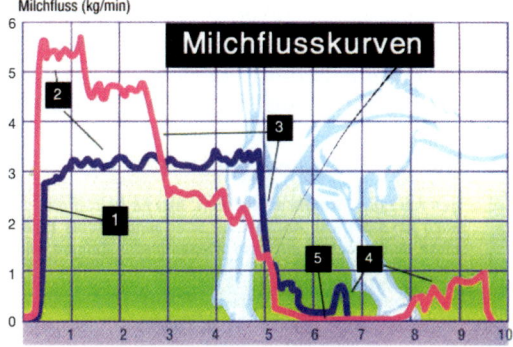

Milchflusskurve: ▬▬▬ = **vorteilhaft**
- kurze Anstiegsphase
- gleichmäßige Plateauphase
- rasche Abstiegs- u. Ausmelkphase
- kurze Blindmelkphase

Milchflusskurve : ▬▬▬ = **nachteilig**
- lange Anstiegsphase
- stark stufige Plateauphase
- langsame Abstiegs- u. Ausmelkphase
- lange Blindmelkphase

Die Werte der Melkbarkeitskriterien, DMG und Höchstminutengemelk sollten aus vernünftigen Überlegungen, wie es die Einschränkungen von Arbeitszeit sowie das Verhindern von Euterkrankheiten sind, im guten Mittelbereich liegen. Extremwerte sind unerwünscht.

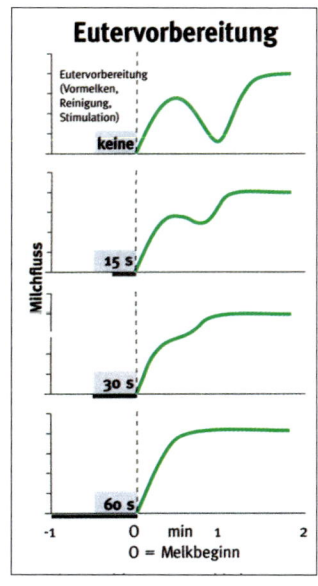

Die Auswirkungen verschiedener Anrüstzeiten (in sec.) auf die Anstiegsphase des Milchflusses

Alter

Mit zunehmendem Alter und mit Steigerung der Milchleistung erhöhen sich auch zumeist der Milchfluss, der Anteil der Zisternenmilch und die Zellzahl.

Zusammenhänge von Zellzahl – Eutergesundheit – Keimzahl

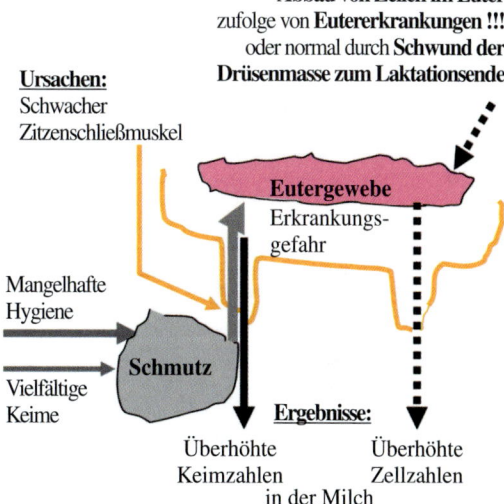

Einflussmöglichkeit:

auf Keimzahl = **verbesserte Hygiene** bei der Haltung und beim **Melkvorgang**

auf Zellzahl = **Züchtung auf höheren Fitnesswert** und strafferen Zitzenschließmuskel sowie auf altmelkende Kühe achten.

e) Wachstum

• Allgemeines

Das Wachstum ist ein biologischer Vorgang, der allen jungen Tieren eigen ist. Es umfasst die Vergrößerung und Differenzierung von Zellen, Geweben, Organen und Systemen im Körper und ist tierart- und rassenspezifisch sowie auch individuell von den entsprechenden Genen und den Umweltbedingungen gesteuert. Die Zahl der Muskelzellen in den verschiedenen Muskelpartien des Körpers beruht auf inividueller genetischer Veranlagung und ist mit der Geburt festgelegt.

• Kriterien

Das **Wachstum des Fötus im Mutterleib** (pränatales Wachstum, vor der Geburt).

Das **Wachstum des Jungtieres** (postnatales Wachstum, von der Geburt bis zum Erwachsensein).

Das **Kompensatorische Wachstum:** Man versteht darunter die Fähigkeit, Wachstumsdefizite, welche durch Mängel vorwiegend in der Nährstoffversorgung (z. B. bei Alpung, durch Trockenperiode auf der Weide etc.) hervorgerufen werden, nach Beheben des Mangels aufzuholen. Dabei kann das Verhältnis von Muskel- zum Fettansatz beim Tier günstiger sein als bei kontinuierlichem Wachstum.

Die **Gewichtszunahme** verläuft abhängig von Anlagen, vom Entwicklungsrhythmus und dem Geschlecht des Jungtieres sowie der Nährstoffversorgung innerhalb von Grenzwerten unterschiedlich:

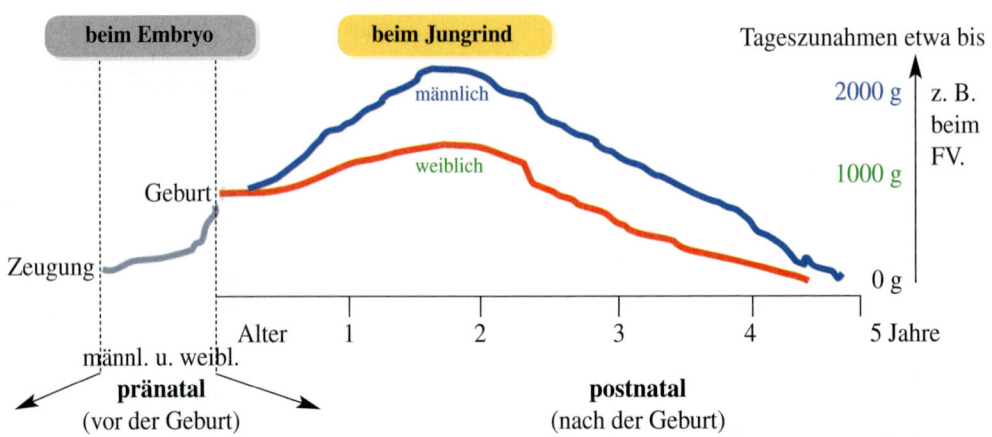

Während der Trächtigkeit steigt die tägl. Gewichtszunahme der Embryonen im Kurvenverlauf von 0,01 g im 1. Monat über 60 g im 5. und 150 g im 7. bis 750 g im 9. Monat an.

In der Wachstumsphase steigt der Gewichtszuwachs von der Geburt bis zu einem Optimum im Kurvenverlauf an und nimmt anschließend kontinuierlich bis zum Erwachsensein auf 0 ab. Beim männlichen Rind wird das Erwachsensein etwas früher erreicht als beim weiblichen.

Die **Futterverwertung** (Nährstoffaufwand für 1 kg Gewichtszunahme) verschlechtert sich mit fortschreitender Entwicklung. Sie steigert sich beträchtlich mit zunehmender Verfettung des Tierkörpers. Kalbinnen und Ochsen verfetten allgemein früher als Stiere. Die Körperproportionen sowie die Körpermaße und das Körpergewicht verändern sich im Laufe der Jugendentwicklung nach gewissen allgemeingültigen Regeln (Huth 1968).
Vergleichsbasis ist die gleiche Widerristhöhe.

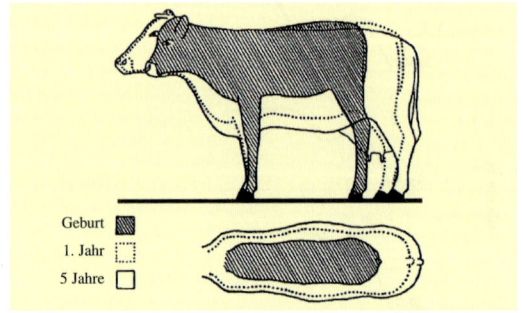

120

Alter	Veränderungen der Körperproportionen
1. Lebensjahr	vornehmlich **Höhenwachstum**, mäßige Zunahme in Länge u. Breite
2. Lebensjahr	vornehmlich **Längen-** und **Breitenwachstum**
3.+ 4. Lebensjahr	vornehmlich **Breiten-** und **Tiefenwachstum**

Die **Erblichkeitsanteile** betragen für:
die praenatalen Zunahmen	0,38
die postnatalen Zunahmen	0,30
die Widerristhöhe bis zum 6. Monat	0,38
die Widerristhöhe bis zum 6.–12. Monat	0,51
das Lebendgewicht bis zum 6. Monat	0,31
das Lebendgewicht bis zum 12. Monat	0,37
das Lebendgewicht bis zum 21. Monat	0,44

(nach Kräußlich)

f) Fleisch

Die **Leistungsprüfungen** erfassen alle zur Verfügung stehenden Kriterien der Mast- und Schlachtleistung. Die Daten dafür stammen aus Eigenleistungs- und Nachkommenprüfungen, von Zuchtrinderversteigerungen, von Vertragsmastbetrieben und Schlachthöfen.
Voraussetzungen für eine objektive Beurteilung sind eine tierart-, alters- und leistungsnormenentsprechende Fütterungsmaßnahmen der Tiere.

• **Mastleistung**

Tägliche Zunahme in g = Lebendgewicht: Alter in Tagen oder
Nettozunahme in g = Schlachtkörpergewicht: Alter in Tagen

Einflüsse auf die Mastleistung

Genetische Einflüsse: Wachstumsfreudige Tiere bringen bessere Mastleistungsergebnisse und ein höheres Endgewicht als kleinwüchsige, frühreifere Tiere.

Fleischleistungsprüfung 2015 - Rassenverteilung

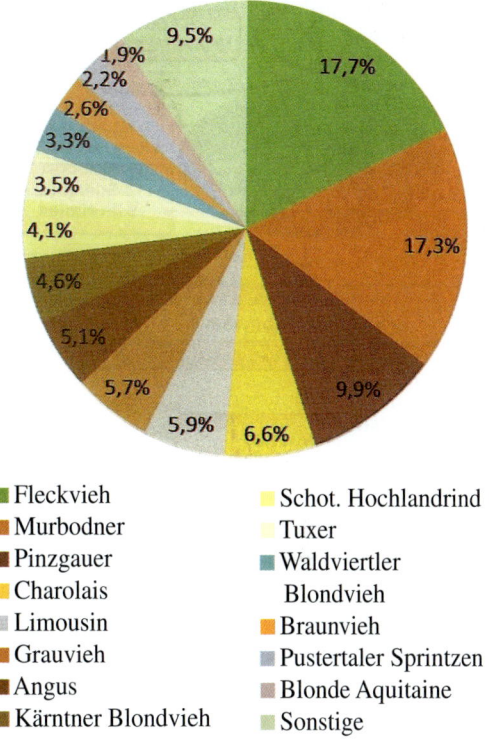

- ■ Fleckvieh 17,7%
- ■ Murbodner 17,3%
- ■ Pinzgauer 9,9%
- ■ Charolais 6,6%
- ■ Limousin 5,9%
- ■ Grauvieh 5,7%
- ■ Angus 5,1%
- ■ Kärntner Blondvieh 4,6%
- □ Schot. Hochlandrind 4,1%
- □ Tuxer 3,5%
- ■ Waldviertler Blondvieh 3,3%
- ■ Braunvieh 2,6%
- ■ Pustertaler Sprintzen 2,2%
- ■ Blonde Aquitaine 1,9%
- ■ Sonstige 9,5%

Der Erblichkeitsgrad beträgt ca. 0,25

Geschlecht und Fütterungsansprüche: Männliche Rinder erbringen in der Wachstumsphase bedeutend höhere Tageszuwächse als weibliche Tiere oder Ochsen; sie stellen naturgemäß auch höhere Fütterungsansprüche.

• **Schlachtleistung**

**Fleischanteil in %
oder Ausschlachtung in %**

Ist der Anteil an Fleisch des Schlachtkörpers (ohne Fett, Knochen und Sehnen). Er wird in Deutschland in Prüfstationen erfasst, in Österreich über Korrelationen errechnet. Auch die Ausschlachtung wird noch verwendet.

Fleischleistungsprüfung 2015

Rasse	Kontrollherden *	Kontrollkühe	Zuchtherden *	Herdebuchkühe
Fleckvieh	662	4.652	562	4.238
sonst. Kreuzungen	528	1.453	0	0
Murbodner	514	4.537	499	4.512
Pinzgauer	449	2,589	417	2.515
Grauvieh	391	1.491	334	1.348
Schot. Hochlandrind	192	1.089	183	1.053
Tuxer	183	926	177	917
Braunvieh	183	681	145	621
Charolais	160	1.744	153	1.716
Pustertaler Sprintzen	146	586	142	581
Kärntner Blondvieh	145	1.207	141	1.197
Limousin	127	1.546	122	1.541
Waldviertler Blondvieh	107	861	102	846
Angus	84	1.350	77	1.324
Blonde Aquitaine	43	497	40	480
Galloway	42	294	36	274
Ennstaler Bergschecken	34	130	31	124
Aubrac	20	186	18	173
Weiß-blaue Belgier	16	63	13	60
Holstein Frisian	8	9	5	5
Gelbvieh	6	8	6	8
Salers	4	123	2	85

Zuwachsleistung der versteigerten Stiere

Rasse	Anzahl Stiere		tägliche Zunahme (g)	
	2014	2015	2014	2015
Fleckvieh	536	516	1.357	1.341
Braunvieh	64	30	1.164	1.149
Pinzgauer	55	61	1.219	1.149
Grauvieh	22	20	1.185	1.186
Charolais	30	34	1.160	1.340

Einflüsse auf die Fleischanteile (bzw. Ausschlachtung):

Geschlecht

Mastkalbinnen	53–56%	Mastochsen	54–56%
Mastkühe	52–54%	Maststiere	56–62%

Rasse

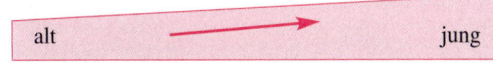

Milchrasse   →   Fleischrasse

Alter

alt   →   jung

Ausmästungsgrad

gering   →   hoch

Fleischfülle

gering   →   viel

• Klassifizierung der Schlachtkörper
(europaweit)

Sie erfolgt in Handelsklassen (HKl) nach Festlegen der Kategorie und Beurteilung der Fettklasse.

Einstufung in Kategorien (Symbol, Geschlecht und Alter)

Kalb	V	männlich und weiblich, bis 8 Monate alt
Jungrind	Z	männlich und weiblich, 9 bis 12 Monate alt
Jungstier	A	jünger als 2-jährig
Stier	B	älter als 2-jährig
Ochse	C	kastriert (älter als 8 Monate)
Kuh	D	erwachsenes weibliches Rind, das bereits gekalbt hat
Färse	E	erwachsenes weibliches Rind, das noch nie gekalbt hat

Fettklassen:
(nach dem Verfettungsgrad)

1   **sehr unerwünscht:**
keine Fettabdeckung am Körper (blauer Schlachtkörper)

2   **sehr erwünscht:**
leichte Fettabdeckung, deutliche Marmorierung

3   **erträglich**:
stärkere Fettabdeckung

4 + 5 wenig erwünscht:
starke Fettbildung, bei Kühen und Ochsen oft mit guter Anfleischung

Bemuskelungsklassen = Handelsklassen
(Qualitätsbezeichnung in Buchstaben
EUROP (Kennwort)

Qualitäts-stufen	Muskelfülle	Beschreibung der Muskeln
E	außergewöhnlich gut	alle Profile äußerst konvex
U	sehr gut	alle Profile konvex
R	noch gut	Profile geradlinig
O	knapp	Profile konkav
P	sehr gering	Profile stark konkav

Fett- und Handelsklasse sind Grundlagen für die Preisbildung.

• Einstufungsergebnisse in Handelsklassen (HK) in % (als durchschnittliches Beispiel)

HK	Fettklassen					Summe in %
	1	2	3	4	5	
E	0,0	0,7	1,3	0,1	0,0	2,1
U	0,3	18,0	21,9	0,7	0,0	40,9 ⎫
R	1,6	29,2	17,5	0,4	0,0	48,6 ⎭ 89,5
O	1,0	5,0	1,7	0,0	0,0	7,7
P	0,2	0,3	0,2	0,0	0,0	0,7

Bei den **Maststieren** liegen die Ergebnisse gehäuft in den Handelsklassen **U** und **R** sowie den Fettklassen **2** und **3**. Gesamt sind es 89,5%.

Der Anteil an der Klasse **U** sowie den optimalen Fettklassen **2** und **3** sind weiter leicht steigend.

Sonstige Mastrinder

Bei den **Kühen** der Zweinutzungsrassen zeigt sich in der geringfügigen Herabsetzung bei den Handelsklassen die Betonung zu höheren Milchleistungen an. Ein gezielt durchgeführtes Ausmästen von zur Schlachtung bestimmten Kühen schlägt sich in besseren Preisen nieder.

Auch bei **Mastkalbinnen** und **Ochsen** bringt die erwünschte Anfleischung verbesserte Preisbildungen. Stark verfettete (4–5) oder „blaue" (1) Schlachtkörper sowie übergewichtige Maststiere ergeben Preisabzüge.

• Einflüsse auf die Schlachtleistung

Genetische Veranlagung

> Die Erblichkeitswerte betragen
> für die Ausschlachtung etwa 0,45
> für die Handelsklasse   etwa 0,25

Innere Fleischqualität

Dazu zählen:
- die **Marmorisierung** (der Anteil an intramuskulärem Fett)
- die **Zartheit** der Muskelfaser

Beide sind abhängig von:
- der **Rasse**
- der **Tierkategorie**
  (Kalb, Kalbin, Jungstier, Ochse, Kuh, Altstier)
- dem **Mastverfahren**
- der **Mastintensität**
- dem **Mastendgewicht**
- der **Veranlagung**.
Diese kann mittels Genomanalyse überprüft werden. ➡ Siehe Kap. 11.3.7. Zuchtwertschätzung, Band 2, Seite 145

Die Praxis zeigte, dass sich z. B. bei Ochsen mit reinerbiger Veranlagung für positive Marmorisierung und für Zartheit der Muskelfaser der Anteil in den Handelsklassen E und d U verdoppelte.

Beispiele für diesbezügliche Veranlagung:
- die Rasse **Angus**
- die japanische **Wagyu-Kobe**
  (Anlage, spezielle Fütterung und Massage)
- und **Individien**
  z. B. Limousinstier HIRT (KB. Tieberhof)

Rasse	Stier	intramusk. Fett	Zartheit
Limousin	HIRT	★ ★	★ ★

HIRT

Für die Rindermast und im Besonderen für Vatertiere in der Mutterkuhhaltung sind **positive Vererber für die innere Fleischqualität** von besonderer Bedeutung.

> Die Muskelfülle und Fleischbeschaffenheit ist bei frühreiferen, kleinwüchsigeren Rassen allgemein besser als bei spätreiferen, großwüchsigeren. Die Ersteren verfetten allerdings auch viel früher und erfordern für optimale Schlachtkörperqualität ein geringeres Mastendgewicht.

Geschlecht

Bei männlichen Tieren verläuft die Jugendentwicklung, das Wachstum in Höhe, Länge und Breite intensiver als bei weiblichen. Männliche Jungrinder weisen ein stärkeres Muskelbildungsvermögen als weibliche auf; sie nützen höhere Fütterungsintensität bedeutend besser. Weibliche Jungrinder verfetten bei höherer Fütterungsintensität vorzeitig und allgemein stärker. Ochsen wachsen anfänglich mehr in die Höhe bei geringerer Breitenentwicklung und sind in der Jugend für extensivere Futterverhältnisse gut geeignet. Richtig ausgemästet, können Ochsen und Kalbinnen sowie Jungkühe beste Schlachtkörperqualitäten erzielen.

Alter

Das Wachstum und die Wachstumsintensität geht zum Teil auch altersabhängig in Schüben vor sich.

➡ Siehe Kap. 11.3.5, Leistungsprüfungen Band 2, Seite 120

Im letzten Wachstumsabschnitt vermehren sich, abhängig vom Geschlecht und der Frühreife, bei guter Nährstoffversorgung das Unterhautfettgewebe sowie die intramuskuläre Fetteinlagerung (Marmorierung). In gleichem Verhältnis verschlechtert sich die Futterverwertung. Das wirtschaftliche Mastende und damit den Zeitpunkt der Schlachtung zu erkennen, ist von großer Bedeutung.

Grundsätzlich kann angenommen werden, dass ein Jungrind unter wirtschaftlichen Voraussetzungen bis zu etwa zwei Drittel des möglichen Erwachsenengewichtes gemästet werden kann.

> Ergebnisse von Eigenleistungsprüfungen werden vielfach auch als Nachkommenprüfungen für die Väter ausgewertet und bilden eine wesentliche Selektionsgrundlage für die Züchtung.

g) Fitness

Die unter dem Begriff **Fitness** (verstanden wird darunter die biologische Fitness) zusammengefassten Merkmale (funktionale Merkmale) haben entscheidenden Einfluss auf die Wirtschaftlichkeit der Rinderhaltung. Ihre Berücksichtigung ist in einem modernen, effizienten Zuchtgeschehen nicht mehr wegzudenken.

• Nutzungsdauer

Für eine objektive Bewertung muss sie unabhängig von der Leistung des Tieres ermittelt werden, weil einerseits Kühe mit geringer Leistung früher gemerzt (ausgeschieden) werden, andererseits sehr guten Leistungskühen oft durch eine Sonderbehandlung oder Nachsicht eine verlängerte Haltungsdauer zugestanden wird.

Die **leistungsunabhängige Nutzungsdauer** wird auf Grund der Lebensdaueranalyse mittels bestimmter erfasster Kennzahlen festgestellt und ist Grundlage für diesen Zuchtwert.

Das wesentliche Merkmal ist das so genannte Abgangsrisiko. Ein höheres **Abgangsrisiko** bedeutet immer eine kürzere Nutzungsdauer.

Als **Einflussfaktoren auf das Abgangsrisiko** werden folgende Informationen berücksichtigt:

- *Region–Jahr–Saison und Betrieb–Jahr–Saison*
damit werden regionale, saisonale und managementbedingte Unterschiede erfasst.
- *Erstkalbealter*
mit höherem Erstkalbealter steigt das Abgangsrisiko.
- *Laktationzahl und Laktationsstadium*
das Abgangsrisiko ist in der 1. Laktation zu Beginn derselben höher; in den weiteren Laktationen ist es umgekehrt.
- *Relative Leistung innerhalb der Herde*
damit wird die leistungsunabhängige Nutzungsdauer ermittelt; das Abgangsrisiko wäre für Kühe mit unterdurchschnittlicher Leistung leistungsabhängig viel größer als für solche mit überdurchschnittlicher Leistung
- *Änderung der Herdengröße*
Bei einer Bestandsverminderung im Betrieb ist das Abgangsrisiko größer als bei gleich bleibendem Bestand bzw. beträchtlich höher bei Bestandserhöhung
- *Alpung*
Das Abgangsrisiko einer gealpten Kuh ist halb so groß wie dasjenige einer nicht gealpten.
- *Genetische Effekte*
Folgende **genetische Korrelationen** (Wechselbeziehungen) zwischen ausgewählten **Exterieurmerkmalen** und der **Nutzungsdauer** werden als Hilfsmittel zur Bestimmung des Abgangsrisikos (am Beispiel Fleckvieh) herangezogen:

Exterieurmerkmale	Fundament	Sprunggelenk	Euter	Zentralband	Euterboden	Strichstellung
genetische Korrelationen zur **Nutzungsdauer**	0,20	0,15	0,30	0,22	0,26	0,14

Mit diesen Korrelationen können vor allem bei Stieren mit einer geringeren Nachkommenzahl hinsichtlich der Zuchtwertschätzung für die Nutzungsdauer um bis zu 10% höhere Sicherheitswerte erreicht werden. Exterieurstarke Vererber profitieren dadurch.

Die **Nutzungsdauer** wird als **Relativzuchtwert** mit einem Mittelwert von 100 und einer genetischen Streuung (Standardabweichung) von 12 Punkten angegeben. Extremwerte für den Relativzuchtwert sind derzeit bei 52 bzw. 148 gelegen. Als Richtwert kann eine Abweichung von 12 Punkten mit einem halben Jahr Nutzungsdauer angenommen werden.

Das bedeutet, dass z. B. Stiere mit einem Zuchtwert von 112 eine um ein Jahr längere Nutzungsdauer vererben als Stiere mit einem Zuchtwert von 88; (Die Differenz von 88 zu 112 beträgt 24 Punkte).

> Der Erblichkeitsgrad für das Gesamtmerkmal Nutzungsdauer wird mit 0,12 angenommen.

Nach Untersuchungen von Prof. Essl bestehen gewisse Zusammenhänge zwischen:

Nutzungsdauer und **Frühreife** bzw. **Spätreife**
Diese Zusammenhänge vermitteln Einflüsse auf die Wirtschaftlichkeit der Rinderhaltung.

> **Frühreife** = *hohe* Erstlaktationen
> + *geringe* Steigerungen in den Folgelaktationen
> ergibt in der Regel **kürzere Nutzungsdauer**
>
> **Spätreife** = *solide* Erstlaktationen
> + *hohe* Leistungssteigerungen in den Folgelaktationen
> ergibt in der Regel **längere Nutzungsdauer**

Die Praxis zeigt, dass sich bei Rindern die genetische Veranlagung zur Nutzungsdauer beträchtlich unterscheidet.

Manche Linien bzw. die Nachkommen mancher Vatertiere zeichnen sich durch überdurchschnittlich lange Nutzung aus.

Als positive Beispiele seien erwähnt:
- die BV-Stiere VIGATE DE 09 23056799, PRESIDENT US 191215

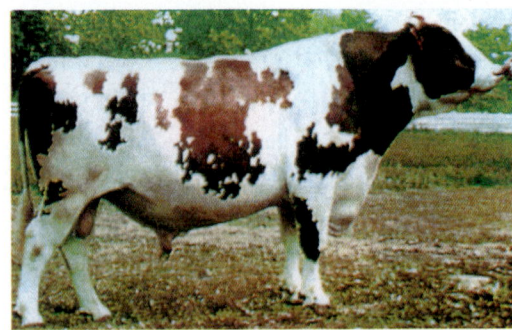

BRAND (Topper Red) RHF, brachte prozentuell den höchsten Anteil an 100.000 kg Milch-Kühen

MORELLO Linie Metz, FIH, im 14. Lebensjahr

KARLA V. Nobleman BV. Stmk.13 Kälber LL. 144.789, Zü.: Opplinger Fritz, Gaishorn

- die FV-Stiere HAXL DE 09 79317838, SALAMON AT 544188843, MORELLO AT 842871443.
- der HF-Stier BOSSIDE RUBEN CA 6595 344 sowie der RHF-Stier, BRAND CA 311 569

• **Persistenz** (Anhaltevermögen)

Darunter versteht man die **Gleichmäßigkeit des Laktationskurvenverlaufs**.

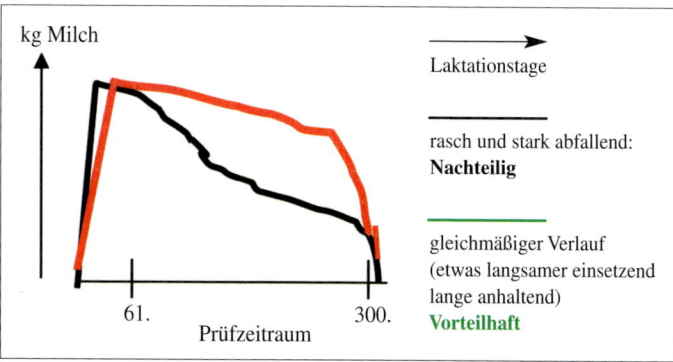

Das Testtagsmodell liefert die Leistungsergebnisse, wobei der Laktationsverlauf einheitlich zwischen dem 61. und dem 300. Laktationstag beurteilt wird.

→ Siehe Kap. 11.3.7 f)
Band 2, Seite 151

> Die Erblichkeit für die Persistenz beträgt 0,15

Kühe, die etwas langsamer einsetzen, aber eine gute Persistenz bringen, können schon von Beginn der Laktation annähernd bedarfsdeckend ernährt werden, auch wenn sie zu sehr hohen Laktationsleistungen befähigt sind. Es treten bei so veranlagten Kühen kaum Schäden (Stoffwechsel-, Fruchtbarkeitsprobleme etc.) durch Mangelsituationen auf.

> Die Nutzungsdauer ist zusätzlich zur Milcherzeugung das wirtschaflich bedeutendste Merkmal für Milchkühe.

• **Fruchtbarkeit**
Eine erwünschte Fruchtbarkeit bei weiblichen Rindern besteht in der Fähigkeit, in regelmäßigen Abständen, die der Physiologie der Fortpflanzung entsprechen, befruchtungsfähige Eizellen zu erzeugen, trächtig zu werden und lebensfähige Nachkommen zu gebären. Die Kuh soll jährlich ein Kalb bringen.

Bei Zuchtstieren wird ein naturbedingter Ablauf aller Begattungsfunktionen, verbunden mit der Abgabe von Sperma in entsprechender Menge und Güte, gefordert.

Kriterien beim weiblichen Rind

Brunstregelmäßigkeit und Brunstintensität
Bei geschlechtsreifen, nicht trächtigen Rindern soll die Brunst in regelmäßigen Abständen von 21 (18 bis 24) Tagen auftreten, typische Symptome zeigen und ca. 18 Stunden dauern. Etwa 30 bis 40 Tage nach erfolgter Abkalbung soll die Kuh wieder brünstig werden.

Zwischenkalbezeit (ZKZ)
Darunter versteht man die Zeit in Tagen von einer bis zur nächsten Abkalbung.
Ideale **ZKZ** = um **365 Tage**

Serviceperiode (SP)
Sie umfasst die Tage vom Abkalben bis zum erfolgreichen Besamen oder Decken.
Ideale **SP** = um **80 Tage**

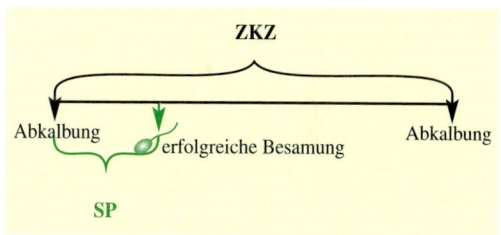

Relevant sind ZKZ-und SP-Werte im mehrjährigen Durchschnitt einer Kuh bzw. im Durchschnitt einer Herde.

Fruchtbarkeitsstörungen können angenommen werden, wenn
die **ZKZ** mehr als **390** Tage bzw.
die **SP** mehr als **105** Tage beträgt.

Besamungsindex (BI)
Er gibt die Zahl der Besamungen (Belegungen) an, die für eine Trächtigkeit nötig waren.
Gestörte Fruchtbarkeiten liegen vor, wenn in der

Herde oder im mehrjährigen Durchschnitt einer Kuh der **BI** mehr als 1,6 beträgt.

Non-Return-Rate (NRR)

Die NRR 90 ermittelt in Herden den Prozentsatz an Tieren, die innerhalb von 90 Tagen nicht zu einer Nachbesamung wiederkehren, also vermutlich trächtig sind. Bei manchen Auswertungen wird auch eine NRR 56, also eine Kontrolle nach 56 Tagen verwendet.

Man kann auch damit die Fruchtbarkeitsergebnisse des Einzeltieres sowie einer Herde erfassen.

Kriterien beim Zuchtstier

Deckverhalten

Das Deckverhalten ist die Folge von Instinkten. Nur bei chronologischem, vollständigem Ablauf des Paarungsvorganges kann die Fortpflanzung erfolgreich sein. Einflüsse darauf nehmen die Zuchtkondition, der Geschlechtstrieb (Libido), die Funktion der Begattungsorgane und die Anregung, die von brünstigen weiblichen Tieren ausgeht sowie auch das Milieu (Gewöhnung).

Beim Einsatz in der Künstlichen Besamung spielt die Gewohnheit für die Libido eine wesentliche Rolle. An Stelle einer brünstigen Kuh tritt ein Phantom oder ein anderer Stier. Ältere Stiere benötigen oft ein Erhöhen der Reizschwelle (Bewegen des Phantoms bzw. des Aufsprungtieres). Während der warmen Jahreszeit (Hochsommer) sind Libido und Spermaqualität zumeist schwächer.

Menge und Güte des Spermas

Wichtige Voraussetzung dafür sind die Zuchtkondition des Stieres sowie zwei normal geformte, längsovale Hoden mit straffer, kerniger Konsistenz. Abnormitäten zeigen zumeist Funktionsmängel an. Das Sperma je Sprung wird **Ejakulat** genannt.

Durchschnittliche **Anforderungen** an die Qualität des Ejakulats sind:
- Samenmenge
  ca. 7 bis 10 ml (bei Jungstieren etwas weniger) je Ejakulat
- Samendichte
  ca. 1,2 Milliarden Spermien je ml
- Gesamtspermienzahl
  ca. 8 bis 12 Milliarden je Ejakulat

- ein Anteil an pathologischen bzw. missgebildeten Spermien von weniger als 20%
- die Eignung des Samens zum Tiefgefrieren.

Die besten Fruchtbarkeitsergebnisse bringen allgemein Stiere im Alter von zwei bis fünf Jahren.

Die Non-Return-Rate

Sie kann auch als Maßstab für das Befruchtungsvermögen eines Stieres herangezogen werden.

Einflüsse auf die Fruchtbarkeit

Genetische Veranlagung

Die Veranlagung ist relativ schwierig zu erfassen, weil es häufige und vielfältige Umweltbeeinflussungen auf die Fruchtbarkeit gibt.

Der Erblichkeitsgrad beträgt etwa 0,02.

Für die Selektion von Besamungsstieren hinsichtlich Fruchtbarkeitskriterien müssen Nachkommenprüfungen von mindestens 100 Töchtern vorliegen (geringer Erblichkeitsgrad).

Durch systematische Züchtung auf lange Nutzungsdauer kann die genetische Veranlagung für Fruchtbarkeit nachweisbar verbessert werden.

Eine negative Wechselbeziehung besteht zwischen Milcheiweißmenge und Fruchtbarkeit sowie Krankheitsresistenz.

Management

Die Beziehung des Menschen zum Tier, die gewissenhafte und konsequente mehrmalige Beobachtung des Tierverhaltens im Laufe des Tages sowie die rasche Behebung erkennbarer Mängel können die Fruchtbarkeit deutlich verbessern. Auch die Wahl des optimalen Besamungszeitpunktes zählt dazu.

Haltung

Haltungsformen sowie Aufstallungsarten, die dem natürlichen Verhalten und den Anforderungen der Tiere wenig oder nicht entsprechen bzw. das Erkennen von Brunsterscheinungen für den Menschen erschweren, wirken nachteilig auf die Fruchtbarkeitsergebnisse.

Während der heißen Jahreszeit ist die Fruchtbarkeit allgemein etwas vermindert. Besamungsstationen halten zu dieser Zeit häufig eine Absamungspause von einigen Wochen.

Trockenperiode

Verkürzte Trockenstehzeiten, deutlich unter sechs Wochen, können in Folge die Fruchtbarkeit mindern.

Schwergeburten

Sie können die Fruchtbarkeit zum nächsten Kalb negativ beeinflussen (längere ZWK).

Vor allem die Folgen von Schwergeburten, wie Verletzungen und Infektionen im Genitalbereich und auffälliges Nachgeburtsverhalten wirken nachteilig auf die folgende Fruchtbarkeit. Konsequentes Beobachten der betroffenen Kühe und rasch einsetzende Behandlungen sind wichtig.

Mehrlingsgeburten

Die Häufigkeit von Zwillingsgeburten liegt bei etwa 4%, davon sind etwa 10% eineiige Zwillinge. Erhebungen der letzten Jahre zeigen bei der Häufung von Zwillingssgeburten folgende Rassenunterschiede:

Braunvieh   3,6%
Fleckvieh   5,6%
Grauvieh   3,0%
Holstein   3,3%
Pinzgauer   5,4%

Die genetische Veranlagung für Zwillingsgeburten zeigt bei den verschiedenen Linien große Unterschiede. So treten z. B. beim Fleckvieh deutlich gehäuft (bis 11%) Zwillingsgeburten bei Nachkommen der **Horex-Honig-Horror-Linie** auf.

Drillinge haben eine Häufigkeit von ca. 0,05%. Die Auswirkungen von Mehrlingsgeburten können negativ sein. Oftmals wird die Nachgeburt verhalten und es treten Probleme, die nachfolgende Fruchtbarkeit betreffend, auf.

Bei verschiedengeschlechtlichen Zwillingen sind 85% der weiblichen Kälber unfruchtbar und zeigen öfters schon äußerlich erkennbare Missbildungen im Genitalbereich. Die Ursache der Unfruchtbarkeit liegt darin, dass es häufig durch Verwachsen der Eihäute zu einem Austausch von Geschlechtshormonen zwischen dem männlichen und dem weiblichen Embryo kommt. Die männlichen Geschlechtsorgane entwickeln sich beim Embryo etwas früher und unterdrücken in unterschiedlichem Ausmaß die normale Ausbildung der weiblichen Geschlechtsorgane beim Zwil-

lingspartner. Durch Blutuntersuchung kann die Fruchtbarkeitsmöglichkeit des weiblichen Zwillings erkannt werden.

Einsatzleistungen

Sehr hohe Einsatzleistungen können insofern einen negativen Einfluss auf die Fruchtbarkeit haben, weil vielfach die neumelkende Kuh zu diesem Zeitpunkt noch nicht ihren maximalen Futterverzehr erreicht hat und nicht bedarfsgerecht ernährt werden kann. Das betrifft vor allem sehr leistungsstarke Erstlingskühe.

➡ Siehe Kap. 11.2, Fütterung, Band 2, Seite 69

> Kühe, die zu Beginn des ersten Laktationsabschnittes abnehmen, nehmen nicht gerne auf!

• Kalbeverlauf

Problemlose Abkalbungen sind ein bedeutungsvolles Kriterium in der gesamten Rinderproduktion.

Es werden Kälberverluste vermindert und nachteilige Einflüsse, wie häufiges Nachgeburtsverhalten, Leistungseinbußen, Fruchtbarkeitsminderungen, höhere Krankheitsanfälligkeit bei den Kühen und Kälbern sowie erhöhte Tierarztkosten vermieden.

Folgende Abstufungen werden für die Bewertung des Kalbeverlaufs unterschieden:

Stufe 1	Keine Geburtshilfe erforderlich	= **Leichtgeburt**
Stufe 2	Hilfe einer Person erforderlich	= **Normalgeburt**
Stufe 3	Hilfe von mehr als einer Person oder mechanische Geburtshilfe	= **Schwergeburt**
Stufe 4	Kaiserschnitt	= **Problemgeburt**
Stufe 5	Zerstückelung (Embryotomie)	= **Kalbverlust**

Problemgeburt und Kalbverlust werden für die Zuchtwertschätzung gleichwertig behandelt.

Der Kalbeverlauf wird bei Kalbinnen und Kühen unterschiedlich bewertet.

Die Ergebnisse werden als maternale Nachkommenprüfung auch für die Väter, wie leicht die Töchter eines Stieres abkalben, ausgewertet.

Der Kalbeverlauf ist ein Resultat aus Eigenschaften der Mutter, des Kalbes und verschiedener Umweltfaktoren. Züchterische Erfahrungen haben gezeigt, dass es nicht sinnvoll ist, bei der Stierselektion so genannte „Kalbinnenstiere", die leichte Abkalbungen bringen, zu empfehlen. Die daraus resultierenden „zarten" Kälber neigen, wenn sie später als trächtig zur Abkalbung kommen, auf Grund ihrer oft geringeren Körperbreite (Becken) vermehrt zu schweren Geburten. Sinnvoll ist es, Stiere bei welchen die Schwergeburtenrate erhöht ist, für Kalbinnenbesamungen auszuschließen.

• **Totgeburtenrate**
Dabei wird erfasst, ob ein Kalb tot geboren wurde bzw. innerhalb von 48 Stunden nach der Geburt verendet ist oder nicht.
Die Häufigkeit von Totgeburten liegt bei den österreichischen Rassen zwischen 2 und 4%.

Der Erblichkeitsgrad liegt bei 0,02.

Auch dieses Merkmal kann als Nachkommenprüfung (wie viele Prozent der Töchter eines Stieres Totgeburten aufweisen) maternal beurteilt werden.

• **Zellzahl**
➡ Siehe, Kap. 11.3.5 c), Band 2, Seite 119

• **Melkbarkeit**
➡ Siehe Kap. 11.3.5 d), Band 2, Seite 118

11.3.6 Exterieur

a) Grundsätzliches

Unter Exterieur versteht man die äußere Erscheinung eines Tieres, wobei die Zielsetzung eine zweckmäßige, wirtschaftliche und langdauernde Nutzfähigkeit und nicht die Schönheit ist.

Die Grundlage für eine objektive Wertschätzung von Zuchtrindern stellen deren messbare Leistungsergebnisse und die Wirtschaftlichkeit der Erzeugung dar.

• **Wechselbeziehung** von körperlichen Merkmalen (Exterieur) zu Nutzeigenschaften wie:
- *Rahmen*
zum Futterverzehr, zum Leistungspotenzial bei Milch und Fleisch, zur Stressbewältigung, zum Anteil an Erhaltungsfutter- vom Gesamtfutteraufwand,
- *Bemuskelung*
zur Schlachtausbeute, zur Fleischfülle, zum Anteil wertvoller Fleischpartien,
- *Fundament in der Summe aller Eigenschaften*
zur Nutzungsdauer, zur Eignung für die verschiedenen Haltungsformen, zum Pflegeaufwand,
- *Euterform und -aufhängung*
zur Eutergesundheit, zur Verletzungsgefahr des Euters, zur Arbeitserleichtung beim Melken, zur Eignung als Mutterkuh,
- *Becken (Beckenform und -neigung)*
zum Abkalbeverlauf, zum Format des Euters, zur Bemuskelung der Hinterhand,
- *gewisse körperliche Mängel*
zur Nutzungsdauer, zur Leistungsbeeinträchtigung, zu erhöhten Tierarztkosten, zu vermehrtem Pflegeaufwand.

Die Exterieurbeurteilung soll grundsätzlich als sinnvolle Ergänzung zu den Ergebnissen der Leistungsprüfungen betrachtet und von fachkundigen Personen durchgeführt werden.

Um weitgehend objektive Vergleiche zu ermöglichen, wurden 1997 einheitliche Richtlinien für die Exterieurbeurteilung festgelegt.
Davon betroffen sind vor allem:
- Nachzuchtgruppen von Prüfstieren,
- Kühe zur Aufnahme in das Herdebuch oder als Stiermutter sowie
- Zuchtrinder für die gezielte Paarung.
Siehe z. B. die Broschüre www.fleckscore.com (lineare Nachzuchtbeschreibung für Fleckvieh)

• Die Benennungen und Maße am Tierkörper

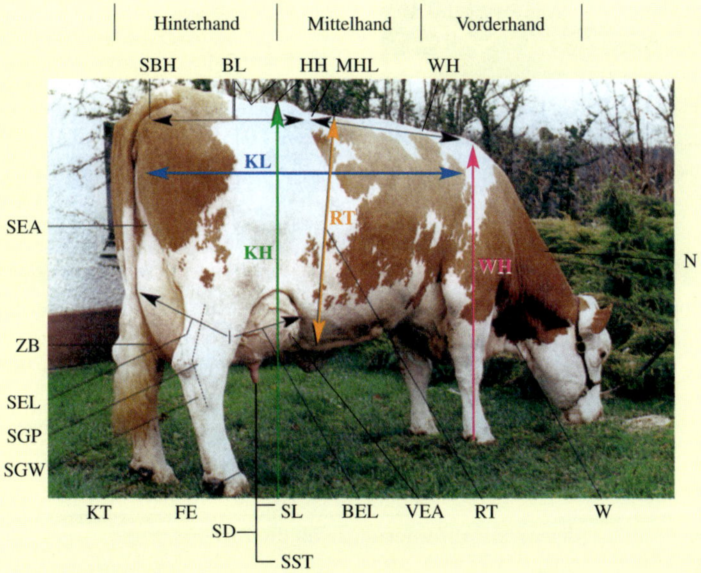

| | Hinterhand | | Mittelhand | | Vorderhand | |

SBH   BL   HH MHL   WH

SBH	Sitzbeinhöcker		SEA	Schenkeleuteransatz		SD	Strichdicke
BL	Beckenlänge		ZB	Zentralband		SL	Strichlänge
KH	Kreuzhöhe		SEL	Schenkeleuterlänge		SST	Strichenstellung
HH	Hüfthöcker		SGP	Sprunggelenksausprägung		BEL	Baucheuterlänge (Voreuterlänge)
MHL	Mittelhandlänge		SGW	Sprunggelenkswinkelung		RT	Rumpftiefe
KL	Körperlang = BL + MHL		KT	Klauentracht		VEA	Vordereuteraufhängung
WR	Widerrist		FE	Fessel		W	Wamme
						N	Nacken

• Typ

Er umfasst den Gesamteindruck des Tieres sowie viele Details des Exterieurs.

Mit dem Typ werden bedeutende Rückschlüsse auf das Leistungsvermögen, die Langlebigkeit und die Wirtschaftlichkeit ermöglicht.

Der erwünschte Typ ist keine konstante Norm, er verändert sich mit den Anforderungen der Zeit!

Typ nach Langlet

Gesamtheit der **äußeren Erscheinung** eines Tieres, die gewisse Rückschlüsse auf sein Leistungsvermögen zulässt.

Typ nach Grote

Spiegel der **inneren Anlagen** eines Tieres

Typ nach Pohl

Zweckmäßiges, nützliches, praktisches **Arbeitsgewand**

Typ nach Grupp

entscheidet über die **Zukunft der Rassen**

Typ nach Stoffwechsel- bzw. Leistungsrichtung

(mit bildlichen Darstellungen)

Stoffumsatztyp

Langer, schmaler Kopf, langer Hals, hinterhandbetonter Rumpf, schräg nach hinten verlaufende Rippen, knappe Bemuskelung. Z. B. Braunviehkuh

Stoffansatztyp

Kürzerer, breiter Kopf, gedrungener Hals, tonnenförmiger, breiter Rumpf, steil verlaufende Rippen, üppig bemuskelt. Z. B. Angus-Kuh

Zweinutzungstyp

Edel, tiefrumpfig, straffe Verbindungen, solider Fuß, gutes Euter, langlebig,
LONDON (V.: Hochtor) 8/7 – 9659 – 4,65 – 3,85

Zweinutzungstyp ist international von großer Bedeutung.

Allgemeine Anforderungen an die Zweinutzung		
Voraussetzungen	**Merkmale**	**Eigenschaften**
vom Typ	Länge	Futteraufnahme
	Breite	Verdauungsraum
	Tiefe	leistungsfähige Organe
	Rumpfwölbung	
	Hinterhandbetonung	Stoffwechselfunktionen
	Körperkapazität	als Puffervermögen bei Leistungsspitzen
an den Körper	allgemeine Korrektheit	Leistungsbereitschaft, problemlose Nutzungsdauer
	Fundamentausbildung	ausreichend Winkelung, trockenes Sprunggelenk, straffe Fessel, gute Tracht, abnützungsfeste Klauen
	Harmonie im Exterieur, Rassen- und Geschlechtsgepräge	Organfunktionen, Hormonfunktionen und innere Sekretionen
	Beckenbreite, -länge, -neigung, Hinterhandbemuskelung	Geburtsverlauf, Eutersitz, Keule außen voll, innen schwächer bemuskelt (Eutersitz)
an Leistungen Milch	Menge	angemessene Einsatzleistung, gute Persistenz, Steigerungsvermögen bis 3. Laktation
	Euter	Sitz, Mittelband, Form, Drüsigkeit, Zitzenverteilung, -form, -ansatzverlauf, Melkbarkeit, Zellzahl
Fleisch	Quantität und Qualität am Rücken, an der Keule, an der Schulter	Muskelfülle, Safthaltefähigkeit, Feinfasrigkeit, Marmorierung etc.
an Nutzungsdauer	Korrektheit im Skelett, den Körperverbindungen und den Klauen	für alle Haltungs- und Nutzungsformen sowie den Bewegungsabläufen

Typlos

total typlose Kuh

Typ nach zeitbezogener Entwicklung (am Beispiel von Fleckvieh)

etwa um 1900

großrahmig, seichtrumpfig, spätreif,
grobknochig, derb. Kraftfuttertyp

etwa 1950

kleinrahmig, extrem tiefrumpfig,
frühreif, edel, Grundfuttertyp

um 2010

rahmig, frohwüchsig, edel, tief,
harmonischer Leistungstyp

• Die **körperliche Harmonie** erfasst das **Gesamtbild** des Rindes sowohl im Stand als auch in der Bewegung. Beurteilt wird die Seiten-, Vorder- und Hinteransicht.

> Die körperliche Harmonie ist ein Zeichen für Gesundheit, Korrektheit und normal ablaufende Körperfunktionen.

• **Geschlechtsgepräge**

Erwachsener geschlechtstypischer Stier

Ein erwachsener **Stier** zeigt im Vergleich zu einem weiblichen Rind einen ausdrucksvollen, breiteren Kopf mit kürzerem Gesichts- und längerem Stirnabschnitt, einen gedrungeneren Hals mit entsprechendem Nackenaufsatz und stärker ausgebildeter Wamme. Seine Brust ist tief und breit, der Rücken lang und kräftig und die Bemuskelung voll entwickelt.
Die Geschlechtsorgane zeigen einen normal geformten Penis mit straff sitzender Vorhaut sowie gut und gleichmäßig ausgebildete Hoden.

Erwachsene Kuh

Die **Kuh** hat einen schmäleren, länger wirkenden, weiblichen Kopf, einen zarteren Hals mit weniger Wamme, eine schmälere Brust, einen zur Hinterhand betonten Körper, einen zarteren Knochenbau und eine feinere Haut. Die Bemuskelung ist von der Rasse abhängig und wird von der Fütterung, der Milchleistung und vom Laktationsstadium beeinflusst. Die Scheide soll normal gelagert, faltig mit straff geschlossenen Schamlippen, die Beckenbänder sollen fest gespannt sein. Diese Eigenschaften lassen auf normal ablaufende Geschlechtsfunktionen schließen.

Schon bei **Kälbern** und später bei **Jungrindern** soll man am körperlichen Ausdruck eindeutig ihr Geschlecht und ihren Rassecharakter erkennen können.

Typgerechter Jungstier, 15 Monate alt

Rassetypische Jungkalbinnen (FV. u. HF.)

• Fell

Gleichmäßig dichte Behaarung (Unter-, Woll- und Deck-,Grannenhaare) ist, jahreszeitlich beeinflusst, auf einer gesunden, elastischen Haut bei jeder Haltungsform ein wesentliches Gesundheitsmerkmal. Eine regelmäßige Hautpflege sollte für alle Nutztiere, selbst durchführbar, möglich sein (Reibepflock, Putzmechanik, Suhle, Einstreu etc.).

• Fellfarbe und Zeichnung

Ihre Beschreibung kann, vor allem bei Rassen mit unterschiedlicher Färbung, Tönung und Zeichnung, eine wertvolle Hilfe bei der Identifikation von Einzeltieren sein.

Kriterien
Farbe: weiß, hellgelb, falb, lederfärbig, grau, graubraun, braun, blaugrau, rot, schwarz

Tönung: schmutzig weiß, dunkel angeraucht, mit hellerem oder dunklerem Aalstrich

Zeichnung: ganzfärbig, gedeckt, gescheckt, gefleckt, gesprenkelt, fast weiß, pinzgauerfärbig

Kopf: ganzfärbig, weiß, weiß mit farbigen Abzeichen, färbig mit weißen Abzeichen

Abzeichen: Augenumrandung ganzheitlich (Brille), teilweise (Augenflecken), Stirn-, Wangen-, Lippen-, Bein- und Fesselflecken

Flotzmaul: rosa, lederfärbig, blauschwarz, schwarz

Hörner: gehörnt (hell, dunkel, hell mit dunkler Spitze), hornlos, enthornt

Beschreibungen für Farbe, Zeichnung, Abzeichen an Kopf, Körper, Beinen werden mit Code laut Formblatt für **Lineare Beschreibung** vorgenommen.

Klauen: hell, dunkel, schwarz

Für eine Rinderhaltung in sehr warmen Klimaten mit starker Sonnen-Einstrahlung sind eine intensive Färbung der Tiere (ganzfärbig bzw. an nähernd gedeckte Farbe des Körpers) sowie eine farbige Umrandung der Augen als Schutzmaßnahme vor zu viel Sonne (für Export von Zucht- und Nutztieren bestimmter Rassen) züchterisch zu beachten.

*ganz-farbig hellgrau, ange-raucht**

* angeraucht bedeutet eine auf gewisse Körperpartien z. B. Kopf, Hals, Flanke, Rippen beschränkte dunklere Tönung.

Z. B. gelb gedeckt

rot gescheckt

rot gefleckt

dunkel-rot ge-sprenkelt

Pinzgauer Zeich-nung

b) Beurteilung

Die Beurteilung soll im Freien oder in einem gleichmäßig belichteten Raum mit griffiger Bodenbeschaffenheit sowohl im Stehen als auch beim Bewegen der Tiere durchgeführt werden.

• Beurteilungsmethoden
Messen: Gemessen wird dort, wo eindeutige, das heißt wiederholbare Ergebnisse ermittelt werden können. Messungen werden mit der Messkluppe oder dem Maßband durchgeführt.

Beschreiben: Die Beschreibung soll ein Bild (eine klare Vorstellung) des betreffenden Merkmals vermitteln. Jede Beschreibung erfolgt wertfrei, so wie sich das Tier im Moment der Beschreibung präsentiert.

Es wird ausgesagt, **wie** das Merkmal ausgeprägt ist.

In der Beschreibungspraxis spielt das „geübte Auge" eine bedeutende Rolle.

Bewerten: Das beschriebene **Merkmal** wird in **Vergleich** zum **Idealwert** gesetzt. Es müssen also für die Bewertung eines Merkmals des Tieres seine **Beschreibung** und der **Idealwert** vorliegen.

Es wird ausgesagt, **wie gut oder wie schlecht** das Merkmal ausgeprägt ist.

135

Notenskala für die Beschreibung und Bewertung

Eine **neunstufige Notenskala** wird für die Rassen **Fleckvieh, Pinzgauer** und **Grauvieh**, eine **100- Punkte-Skala** für **Braunvieh** und **Holstein Frisian** angewendet.

Neunstufige Skala		100-Punkte-Skala
1 sehr schlecht	von einem	1
2 schlecht	biologischen Extrem	
3 mangelhaft		
4 ausreichend		
5 durchschnittlich	5 = Mittelwert nicht Idealwert	50
6 befriedigend		praktisch
7 gut		von 60 bis 100
8 sehr gut	bis zum anderen	in Anwendung
9 ausgezeichnet	biologischen Extrem	100

• **Messen und Beschreiben der Merkmale (angegebene Maße am Beispiel vom Fleckvieh)**

Noten	1	bis	5	bis	9

Mittelwert

RAHMEN

Unter Rahmen (Format) versteht man die gesamte Körperkapazität. An Maßen werden mit der Kluppe in cm genommen:

Kreuzhöhe (KH) vom Boden bis zur Rückenlinie zwischen den beiden Hüfthöckern
klein — 137–143 cm — groß

Mittelhandlänge (MHL) vom Widerrist bis zur Verbindungslinie zwischen den beiden Hüfthöckern
kurz — 90–94 cm — lang

Beckenlänge (BL) von der vorderen Begrenzung des Hüft- bis zur hinteren des Sitzbeinhöckers
kurz — 52–54 cm — lang

Hüftbreite (HB) von der Außenkante des rechten bis zu der des linken Hüfthöckers
schmal — 52–54 cm — breit

Körperlänge (KL) ergibt sich aus Mittelhandlänge + Beckenlänge
kurz — 140–150 cm — lang

Rumpftiefe (RT) von der Rückenlinie hinter der letzten Rippe bis zur tiefsten Stelle des Rumpfs
aufgezogen – seicht — 74–78 cm — tief – sehr tief

Für die Beschreibung des Gesamtmerkmals Rahmen wird folgende Gewichtung vorgenommen:
Größe (KH) : Länge (MHL + BL) : Breite (HB) : Tiefe (RT) = 3 : 1 : 1 : 1

Unter Bedachtnahme auf optimal ökonomische Körperfunktionen eines erwachsenen Rindes soll zwischen **Rahmen** und den anderen **Teileigenschaften des Exterieurs Harmonie** gegeben sein.

Eine überdurchschnittliche Beachtung der Körpergröße (KH, WH) kann zur Folge haben:
- einen erhöhten Erhaltungsfutterbedarf
- eine Beeinträchtigung der Nutzungsdauer
- eine Verschlechterung der Fruchtbarkeit
- eine Verminderung von wertvollen Fleischpartien am Körper
- einen relativ höheren Schadstoffausstoß (Methan, CO_2 etc.)

Aber auch rassebezogen zu knapprahmige Tiere bringen gesamtwirtschaftliche Nachteile.

Bei Kühen ist die Benotung schwieriger als bei Kalbinnen und Stieren, weil das Alter und der Zeitabstand von der letzten Abkalbung sowie die Leistung und Persistenz auf die Kondition Einfluss nehmen. Teststiertöchter werden in der Regel neumelkend beurteilt, sodass ein objektiver Vergleich möglich ist.

BEMUSKELUNG

Für die **Qualitätsbeurteilung ausschlaggebend** sind:
- **das Profil der Keule** (Länge, Breite, Fülle) und
- **die Muskelausprägung** (im Beckenbereich und der Lendenpartie).

Ausprägung und Beschreibung

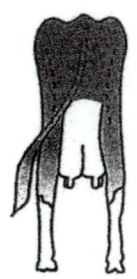  

Bemuskelungs-profil	sehr mager sehr konvex		flach bemuskelt konvex		normal geradlinig		gut angefleischt konkav		vollfleischig sehr konkav
Benotung	1	2	3	4	5	6	7	8	9
vergleichbar mit der Handelsklasse	**P**		**O**		**R**		**U**		**E**

FUNDAMENT und FORM

Die Anforderungen an ein stabiles und belastbares Fußwerk und korrekte Formen sind durch vielseitige Haltungseinflüsse hoch und stellen eine bedeutende Selektionsgrundlage dar.

Vorderfußstellungen von vorne betrachtet

korrekt normal   **x-beinig**   **o-beinig**
mangelhaft

Hinterfußstellungen von hinten betrachtet

korrekt normal   **kuhhessig**   **fassbeinig**
mangelhaft

Sprunggelenk

Seine **Winkelung** wird zwischen Schienbein und hinterer Röhre festgestellt und soll ca. 150 Grad betragen. Seine **Ausprägung** soll Straffheit und Festigkeit der Bänder und Sehnen anzeigen und „trocken" im Gegensatz zu „schwammig" sein.

Winkelung

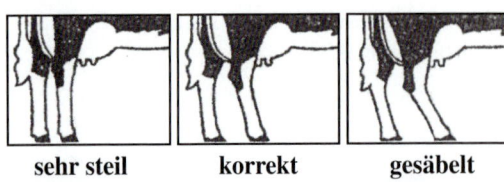

| sehr steil | korrekt | gesäbelt |

Ausprägung

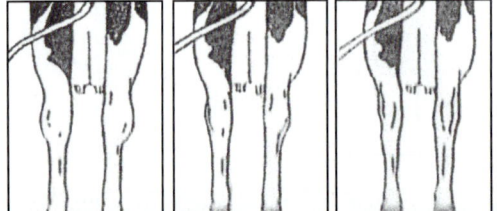

| schwammig | leicht unklar | sehr trocken |

| Schulter | Sprunggelenk |

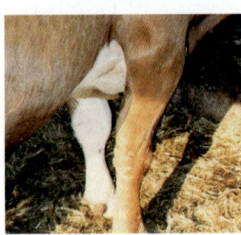 

| **laffenstützig** | **korrekt gewinkelt** |
| Bindegewebsschwäche | trocken und straff |

Fessel

Sie soll besonders bei den Hinterbeinen straff, weder zu nachgiebig noch zu steil sein.

 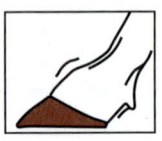 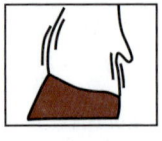

| normal leicht federnd | durchtritt | überkötend |

Klauen

Gesunde Klauen mit harter abnützungsfester Struktur sind für alle Haltungsformen von großer Bedeutung. Sie erhöhen eine problemlose Nutzungsdauer (diesbezüglicher Zuchtwert bzw. ein Zeugnis der Klauenbeschaffenheit sind beachtenswert).

Höhere Klauentrachten (über 3 cm) sind für die Tragfähigkeit besonders an den hinteren Beinen von Bedeutung.

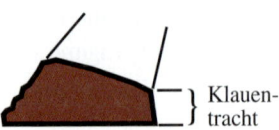

} Klauentracht

> Die Erblichkeit für das Merkmal **Fundament** beträgt im Schnitt 0,18.

Becken

Das Becken stellt mit seiner **Breite**, **Länge** und **Neigung** die knöcherne Basis für:
- die **Hinterhandbemuskelung**
- die **Aufhängung des Euters** und
- die **Begrenzung des Geburtsweges**

Die **Beckenneigung** wird ermittelt mit dem Verlauf der Längsachse vom Hüfthöcker zum Sitzbeinhöcker.

| stark ansteigend | leicht geneigt | stark abfallend |

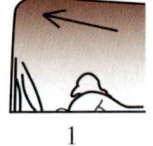  

| 1 | 5 | 9 |

Die Neigung ist auch rasseabhängig. Milchbetonte Rassen neigen überwiegend zu ebenen bis stärker ansteigenden Verläufen, kombinierte zu leicht, und fleischbetonte eher zu stärker abfallenden Verläufen. Kühe mit stärker ansteigenden Verläufen neigen häufiger zu Schwergeburten.

Mängel sind enge sowie stärker abgedachte Becken.

| enges Becken | stärker abgedachtes Becken |

Benotung	Beschreibung (Fundament)					
	Becken-neigung	Sprunggelenk Winkelung	Sprunggelenk Ausprägung	Fessel Ausprägungen	Klauen-trachten	Trachtenhöhe
1	stark ansteigend	sehr steil	schwammig	durchtrittig	sehr flach	1 cm
2						
3	eben	wenig Winkel	voll	sehr weich	flach	2 cm
4						
5	leicht geneigt	korrekt gewinkelt	leicht unklar	federnd	mittel	3 cm
6						
7	deutlich geneigt	viel Winkel	klar	sehr straff	hoch	4 cm
8						
9	stark geneigt	gesäbelt	sehr trocken	überkötend *	sehr hoch	5 cm

* = sehr steile Fessel, die dazu neigt, nach vorne durchzubiegen.

Locomotion

Mit diesem Beurteilungskriterium wird der **Bewegungsablauf** der Nutztiere nach dem Motto „wer korrekt, flüssig und flott marschiert" fühlt sich wohl, frisst mehr, ist leistungswilliger und gesund in **Noten von 9 bis 1** ermittelt!

Beurteilt werden:
- die Gleichmäßigkeit des Bewegungsablaufes
- die zum Rahmen des Tieres passende Schrittlänge
- die Sicherheit des Auftrittes
- die Harmonie und die Energie in der Bewegung.

EUTER

Die **Milchdrüse** ist für alle weiblichen Säugetiere zur Erzeugung der ersten und sehr wesentlichen Nahrungsquelle der Nachkommen von immenser Bedeutung. Aber auch für die Produktion eines der wichtigsten Nahrungsmittel für den Menschen ist sie sehr wichtig. Aufbau und Funktion des Euters siehe auch

➡ Siehe Kap. 3.3.3, Band 1, Seite 68

Milchdrüsen sind Hautgebilde, der Funktion nach modifizierte Schweißdrüsen, kommen bei beiden Geschlechtern vor und sind vom Hormonsystem beeinflusst. Durch diese hormonelle Beeinflussung sind sie daher nur beim weiblichen Geschlecht situationsgebunden in Funktion. Das Euter bzw. Gesäuge ist paarig vorhanden, die Lage am Körper verschieden. Beim Rind ist es vierstrichig, bei Ziege, Schaf und Pferd liegt es zweistrichig zwischen den Schenkeln. Bei Schwein, Kaninchen und Hund befindet es sich vielstrichig am Bauch, und bei Affen und Elefanten zweistrichig zwischen den Vorderbeinen.

Die **Drüsenkörper** sind von einer Fettkapsel umgeben; die **Euteraufhängung** besteht aus elastischen Bändern. Das volle Euter einer Leistungskuh kann bis 50 kg schwer sein, was hohe Anforderungen an **Form** und **Aufhängung** stellt.

Für einen bleibend stabilen Sitz sowie für die Gesunderhaltung des Euters und eine Erleichterung der Melktätigkeit sind wesentlich:

- **Zentralband**
  Es ist erkennbar als Furche zwischen der linken und rechten Euterhälfte und soll stark ausgebildet sein.
- **Euterboden** (Eutertiefe)
  Entspricht dem tiefsten Punkt am Euter beim Ansatz der Strichen. Von dort wird bis zu einer durch die Mitte der Sprunggelenkshöcker gedachten Linie gemessen. Bei jungen Kühen soll der Euterboden 4 bis 5 cm über dieser gedachten Linie liegen.

- Die **Vordereuteraufhängung** ist erkennbar am Übergang vom Euter in die Bauchdecke und ist für die Stabilität der vorderen Aufhängung des Euters verantwortlich.

Eutertextur

Man versteht darunter sowohl die Ausbildung der Beaderung, damit die Durchblutung des Euters, als

Benotung	Beschreibung		
	Zentralband	Euterboden	Vordereuteraufhängung
1	kaum erkennbar	sehr tief	im stumpfen Winkel
2			
3	wenig ausgeprägt	tief	steil
4			
5	mittel ausgeprägt	mittel	in schwachem Übergang
6			
7	gut ausgebildet	hoch	in gutem Übergang
8			
9	stark ausgebildet	sehr hoch	fließender Übergang Winkel unter 45°

auch das Drüsengewebe in seiner sichtbaren und fühlbaren Ausprägung. Die Textur ist somit ein Zeichen für die aktive Funktion des Euters.

Striche

Einige Eigenschaften der Striche haben bemerkenswerten Einfluss auf das Melken, speziell in Richtung Melkautomatik und auf die Verletzungsgefahr der Strichen. Es werden erfasst:

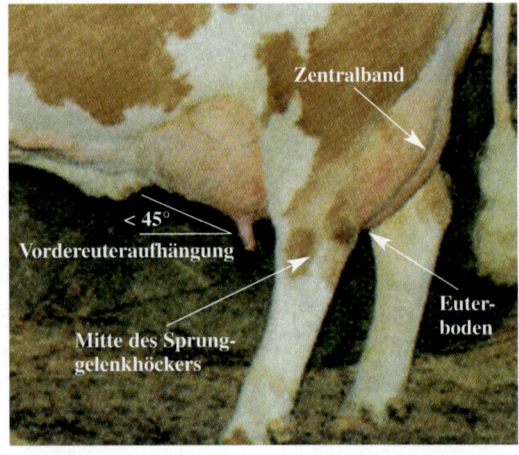

Platzierung

Benotung
1   weit außen
2
3   außen
4
5   knapp außen
6
7   innen, melkgerecht
8
9   zu weit innen

Länge

Benotung
1   sehr kurz, 1cm
2
3   kurz, 3 cm
4
5   mittel, 5 cm
6
7   lang, 7–8 cm
8
9   sehr lang, über 12 cm

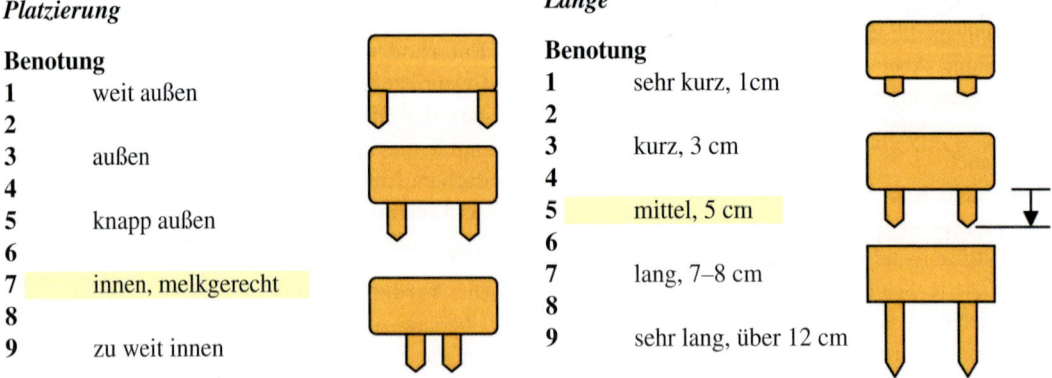

Dicke

Benotung

1	sehr dünn, unter 1,5 cm
2	
3	dünn, 1,8–2,0 cm
4	
5	mittel, 2,3–2,7 cm
6	
7	dick, 3,1–3,6 cm
8	
9	sehr dick, über 4,0 cm

Stellung

Benotung

1	stark nach außen gerichtet
2	
3	leicht nach außen gerichtet
4	
5	senkrecht gerichtet
6	
7	leicht nach innen gerichtet
8	
9	stark nach innen gerichtet

Die **Dicke** wird am Strichansatz gemessen. Für die **Stellung** gilt der Richtungsverlauf von oben nach unten.

Euterreinheit

Nebenstriche haben keinen Einfluss auf die Euternote. Sie werden mit eigenen Code-Kennzahlen in die Beschreibung aufgenommen.

Für die **Euterkriterien** in Summe gilt ein Erblichkeitsgrad von etwa 0,25.

• Exterieurmängel

Sie werden nicht beschrieben, sondern als Mangel bei der linearen Beschreibung berücksichtigt.

1 = vorhanden oder
2 = stark ausgeprägt

am *Körper*

Vor- und Mittelhand
schmale Brust
lockere Schulter
verstelltes Vorderbein
Senkrücken

Hinterhand
Nierendruck
abgedachtes Becken
enges Becken
hessig gestellt

Klauenbereich
Rollklaue
Spreizklaue

am *Euter*

Gesamtansicht und Zitzenpositionierung
Ödemeuter
gestuftes Euter
seitlich enger Zitzenabstand
Hinterzitzen weit außen
Zitzeneigenschaften
Zitzen milchbrüchig
Vorderzitzen nach außen gespreizt
Zitzen nach vorne gespreizt

in *spezieller Kategorie*

sehr nervös

Die Zuchtverbände verwenden Formblätter für die lineare Beschreibung der Herdebuchkühe.

• Bewerten der Merkmale

Mit dem Bewerten wird die Basis für eine effiziente Selektion und eine gezielte Paarung im Hinblick auf vorteilhafte Exterieurmerkmale geschaffen.

Zielsetzung: Die Bewertung soll aufzeigen, **wo** und **in welchem Abstand** sich das zu bewertende Merkmal **im Vergleich zum Idealwert** befindet, ohne die Bewertung anderer Tiere kennen zu müssen.
Darstellung: Sie muss **anschaulich** und **verständlich** sein sowie **objektive Vergleiche** ermöglichen.
Die Lineare Bewertung im Schema:
Sie entspricht dem Exterieurzuchtwert
Das **Schema** umfasst den **Bereich des realen biologischen Vorkommens** (von der negativsten bis zur positivsten Ausprägung) eines Merkmals, ausgehend vom Mittelwert. Der **Mittelwert 100** entspricht immer dem **durchschnittlichen Vorkommen** des Merkmals in der jeweiligen Population und **nicht dem Idealwert**. Damit ist, von Ausnahmen abgesehen, das **Ergebnis der Bewertung** mit dem **Zuchtwert** des jeweiligen Merkmals ident.

Lineare Bewertung im Schema:

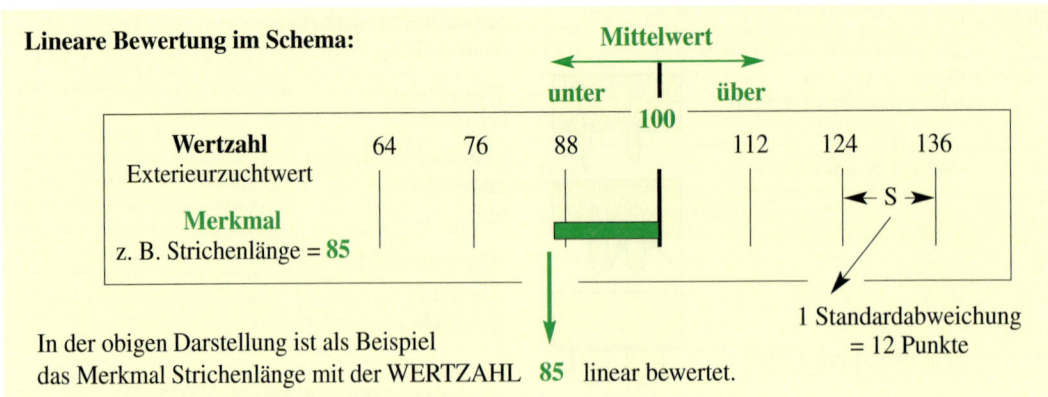

In der obigen Darstellung ist als Beispiel das Merkmal Strichenlänge mit der WERTZAHL **85** linear bewertet.

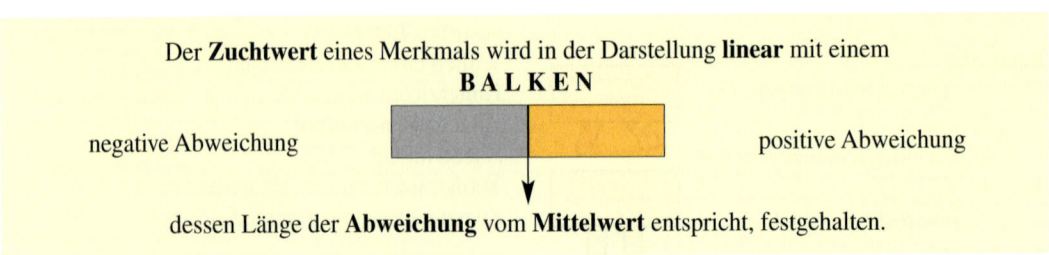

Der **Zuchtwert** eines Merkmals wird in der Darstellung **linear** mit einem
B A L K E N

negative Abweichung   positive Abweichung

dessen Länge der **Abweichung** vom **Mittelwert** entspricht, festgehalten.

Die Abstände der senkrechten Hilfslinien betragen jeweils **12 Punkte** des Relativzuchtwerts, das entspricht einer **Standardabweichung (S).**
➡ Siehe Kap. 9.4.2, Verschiedenheit der Individuen, Band 1, Seite 193

Der Bereich des **Idealwertes** kann in der Darstellung mit einer **Umrahmung** (einem Kästchen) oder einer **Aufhellung** der unterlegten Farbtönung aufgezeigt werden:

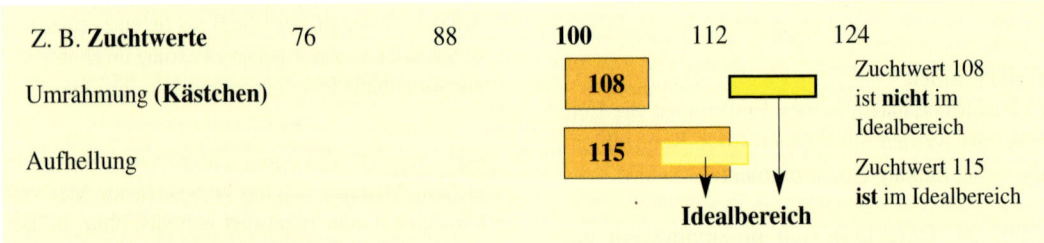

Normalerweise **sind Zuchtwerte über 100 als positiv** zu interpretieren; **je höher** über 100 **umso besser!**

Diese **außer der Norm** benoteten **Idealwerte** sind in der „linearen Bewertung" durch Umrahmungen (Kästchen) oder Aufhellungen (in der Tönung) gekennzeichnet.

Ausnahmen (außer der Norm) gibt es z. B.   ☐ = Idealwert

bei den **Merkmalen**	extrem	76	88	100	112	124	extrem
Beckenneigung	eben				☐		abfallend
Sprunggelenkswinkelung	steil		☐				säbelbeinig
Strichlänge	kurz		☐				lang
Strichdicke	dünn		☐				dick
Strichplatzierung vorne	außen					☐	innen
Strichstellung hinten	nach außen				☐		nach innen

142

Bewertung neu für Fleckvieh

Mit 2012 werden die vier Hauptkriterien der Exterieurbeurteilung Rahmen, Bemuskelung, Fundament und Euter nach neuen Einheiten – angelehnt an das 100-Punkte-Schema – bewertet, um eine differenziertere Abstufung zu ermöglichen.

Praktisch wird von der Skala im Vergleich zum bisher benutzten 9-Punkte-System nach folgender Gliederung vorgegangen:

Alte und neue Bewertungs-Skala im Vergleich									
alte Skala 1–9	1	2	3	4	5	6	7	8	9
100-Punkte-Skala	68–69	70–72	73–75	76–78	79–81	82–84	85–87	88–90	91–93

Gewichtung der Einzelmerkmale [1]	
Merkmale Euter	**Gewichtung bei der Berechnung (Notenvorschlag)**
Voreuterlänge	6 %
Schenkeleuterlänge	6 %
Zentralband	13 %
Euterboden	24 %
Voreuteraufhängung	14 %
Strichplatzierung	15 %
Strichstellung	10 %
Strichdicke	6 %
Strichlänge	6 %
Merkmale Fundamente	**Gewichtung bei der Berechnung (Notenvorschlag)**
Winkelung	40 %
Ausprägung	20 %
Fessel	20 %
Trachten	20 %

[1] = Vorschlagsberechnung für die Hauptnoten für Fundament und Euter.

Der **Mittelwert ist 100**.

Zusätzlich möglich sind Korrekturen, die von den Bewertern mit unterschiedlicher Gewichtung der Einzelmerkmale durchgeführt werden können.

11.3.7 Zuchtwertschätzung

Unter **Zuchtwert (ZW)** versteht man jenen relativen Funktionswert eines Tieres, den dieses aufgrund seiner Erbanlagen im Rahmen eines bestimmten Zuchtprogrammes einnimmt.

Das bedeutet, dass der Zuchtwert eines Tieres im Gegensatz zu seinen Erbanlagen eine veränderliche Größe ist. Er hängt neben den **Erbanlagen** von der **Population** und dem **Zuchtziel** ab.

a) Übersicht

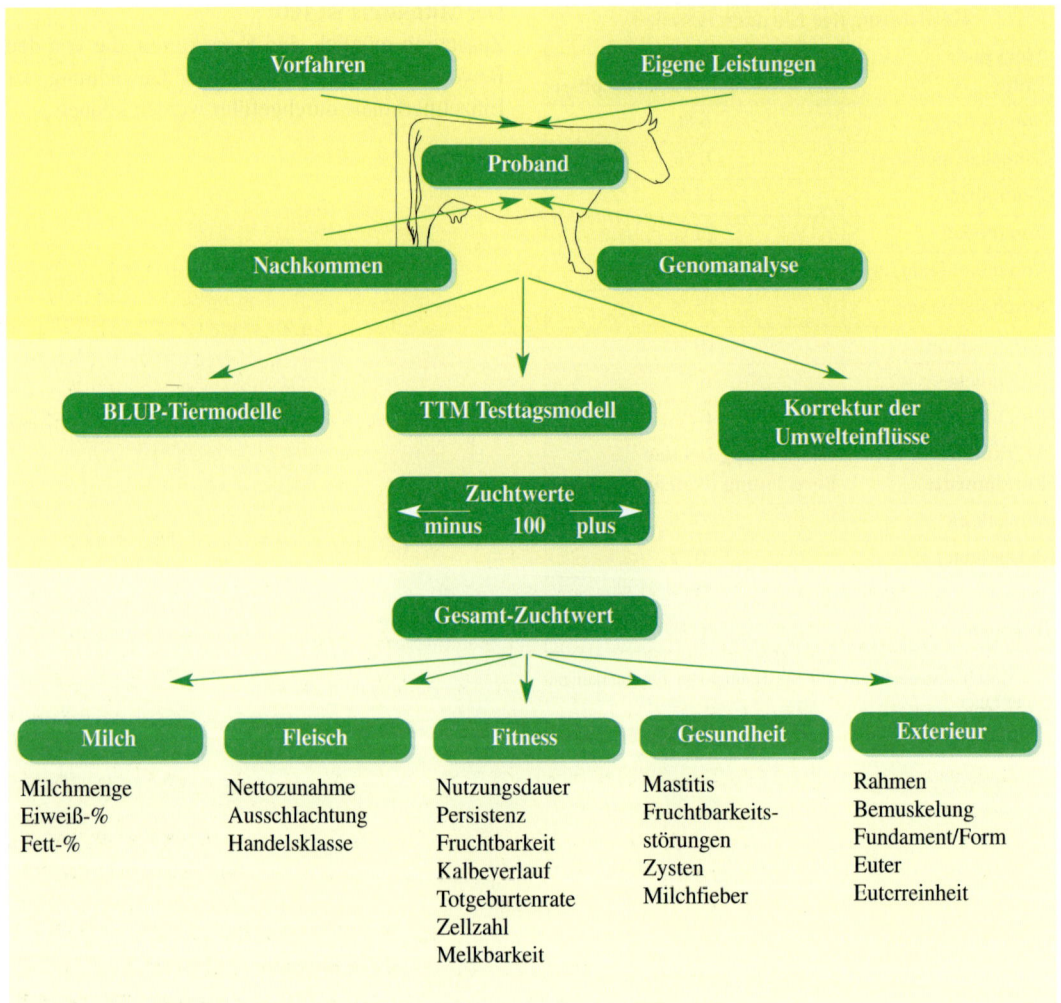

b) Informationen

Für die Zuchtwertschätzung können **Abstammungs- und Leistungsinformationen, beide kombiniert**, die **Stiertestung als Nachkommen-prüfung** oder die **Ergebnisse der Genomanalyse** herangezogen werden, um die genetische Veranlagung zu schätzen.

• **Nach Leistungsergebnissen**

1. Vorfahrensleistungen

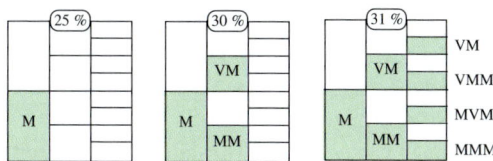

$\boxed{25\%}$ = Sicherheit der Zuchtwertschätzung

Mit der Zahl der erfassten Vorfahren steigt die Sicherheit der Ergebnisse.

2. Eigenleistungen

• **Nach Gewebeuntersuchung**

Genomanalyse (vereinfacht dargestellt)

➤ Siehe Kap. 9.2.1, Erbgut, Grundlegende Erkenntnisse, Band 1, Seite 182

Diese Untersuchungsbereiche betreffen Größenordnungen von **Nano (ein Millionstel)-Meter**.
Experten können diese Materie bearbeiten und interpretieren.
Damit wird der **Zuchtwert** eines Tieres direkt

abgeleitet.

Zeitgemäße technische Hilfen wie z. B. elektronische Spezial-Mikroskope, die entsprechende Ausbildung und Übung der Fachkräfte sowie die Vielfalt der detaillierten Ausprägung der Merkmale in den Zellen der Gewebeproben ermöglichen seit kurzer Zeit diese Analyse.

Dazu einige Hinweise:
In den **Genen** des Genoms kann der Genetiker an bestimmten **Genorten** (Genlocis) so genannte **SNP**s (Single Nucleotide Polymorphism) **unterschiedlicher Ausprägung** sowie in **verschiedenen Abständen voneinander** erkennen und daraus **Vererbungstendenz** ermitteln.

➤ Siehe Kap. 9.2.2 c), Erbgut, Keimzellenbildung, Band 1, Seite 184

Wurde zuerst eine Vielzahl von **SNP**s zur Beurteilung herangezogen, geht man nun davon aus, dass sich mit Betrachtung von etwas weniger „Hauptgenen" die genetische Variation erklären lässt.

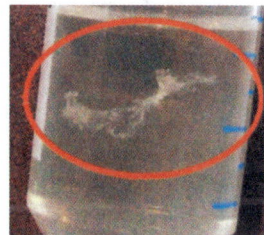

Ausgefallene und **damit sichtbar gewordene DNA** im Reagenzglas.

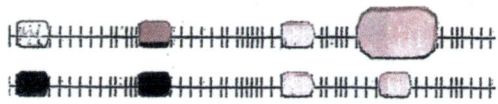

Die erkennbare **Varianz** bestimmter **Markergene** bzw. **SNP**s sowie der unterschiedliche Abstand von einander (gemessen in nm) repräsentieren den **Effekt** der genomischen Zuchtwertschätzung nach Thaller.

Einen Schwerpunkt der Untersuchung betrifft die **Varianz der Basensequenz** innerhalb der Genbausteine **A T C G**

➤ Siehe Kap. 9.3.1 d) Genetische Information, Band 1, Seite 187

Aus der Summe von **SNP-Effekten** sowie der **Analyse** der **Basensequenzen** (Genbausteine **A T C G**) kann mit zu Hilfenahme von genetischen Ergebnissen bereits geprüfter Rinder (Vergleichsproben) und von grundlegenden Formeln zur Genotypisierung der **genetische Zuchtwert** ermittelt werden.

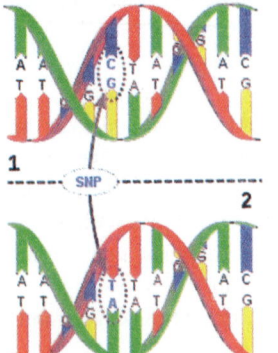

Unterschiedlichkeit einer **Kombination** bei Genbausteinen

SNP 1 → SNP 2
C G zu T A

Die **Genomanalyse** wirkt wie ein „**genetischer Fingerabdruck**" und ermöglicht das **Erkennen der Erbanlagen** des untersuchten Tieres.

3. Eigen- inklusive Vorfahrensleistungen

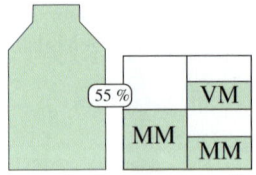

4. Nachkommenprüfungen

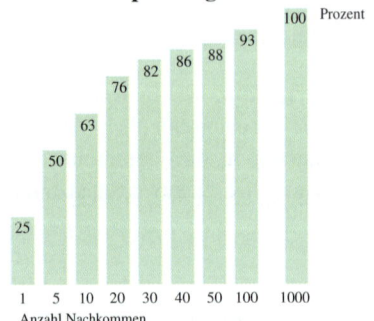

5 Nachkommen = etwa 50 Prozent
30 Nachkommen = etwa 82 Prozent
100 Nachkommen = etwa 93 Prozent
1000 Nachkommen = etwa 100 Prozent

Die Zahl der geprüften Nachkommen erhöht wesentlich die Sicherheit der Ergebnisse.

• Prüfeinsatz von Teststieren

Junge Stiere, die aufgrund von hochpositiven Vorfahrenleistungen und überdurchschnittlichen Exterieureigenschaften für einen späteren Besamungseinsatz hoffnungsvoll erscheinen, werden einer Nachkommenprüfung unterzogen. Von ihnen wird Sperma gewonnen und damit die **Besamung** einer größeren Anzahl von Erstlingskühe durchgeführt. Erstlingskühe werden generell einheitlich deswegen als Partner gewählt, weil diese zum Zeitpunkt der Besamung nach der ersten Abkalbung kaum selektiert sind und daher als genetisch neutral betrachtet werden können. Damit ist es möglich, die Vererbungstendenz der Teststiere weitgehend objektiv zu erfassen.

So können nach etwa **4- bis 5-jähriger Wartezeit** der Probanden chronologisch **folgende Vererbungsergebnisse** festgestellt werden:

Paternale Fruchtbarkeit	Einsatzleistungen der Töchter	Persistenz der Töchter
Geburtsverlauf	Melkbarkeitsergebnisse der Töchter	Leistungssteigerungen in den Folgelaktationen
Informationen über ev. auftretende Erbfehler	Zellzahl in der Milch der Töchter	Zuchtwertergebnisse der Nachkommen
Fleischleistungsergebnisse der Söhne	100- u. 200-Tage-Leistungen der Töchter	Maternale Fruchtbarkeit
Exterieurergebnisse der Nachkommen	Erstlaktationen der Töchter	Leistungsunabhängige Nutzungsdauer

Für **effiziente Nachkommenprüfungen** sind die Ergebnisse von **50 weiblichen und 30 männlichen Nachkommen** erforderlich.

Nach **Qualität der Prüfergebnisse** werden unterschieden:
- **Besamungsstiere** für den allgemeinen Einsatz
- **NK-positiv geprüfte Altstiere** für den Einsatz bei Züchtern
- **Stierväter** für die nächste Prüfstiergeneration.

Stiere mit negativen Ergebnissen werden geschlachtet und ihr Spermavorrat vernichtet.

c) Schätzmodelle

• BLUP-Tiermodelle
(**b**est **l**inear **u**nbiased **p**rediction =
beste **l**ineare **u**nverzerrte **P**rognose)
Diese wurden 1992 in Österreich eingeführt und ermöglichen die Schätzung der genetischen Veranlagung aller Rinder (auch der Jungrinder ohne Eigenleistung). Es werden alle zur Verfügung stehenden Informationen auch von verwandten Tieren sowie alle Möglichkeiten Umwelteinflüsse auszuschalten, als Grundlage für die Errechnung der Zuchtwerte verwendet.
Außerdem werden für Zuchtwertschätzungen nach dem BLUP-Tiermodell berücksichtigt:
- der Herdendurchschnitt
- die Region
- das Jahr und die Saison
- der Beurteiler
- der Abstand von der Kalbung
- der Abstand vom letzten Melken

Grundsätzlich wird nicht zwischen männlichen und weiblichen Tiere unterschieden. Alle Zuchtwertschätzungen mit Ausnahme der Nutzungsdauer beruhen auf einem BLUP-Tiermodell.

• TTM (Test Day Model = Testtagsmodell)
Seit 2002 erfolgt die Zuchtwertschätzung für Milchvieh nach dem Testtagsmodell. Es handelt sich dabei um ein BLUP-Tiermodell, wobei alle Probemelkergebnisse direkt in die Zuchtwertschätzung einfließen. Damit können speziell wirkende Umwelteffekte an bestimmten Probemelktagen (z. B. Fütterung) sowie Einflüsse einer eingetretenen Trächtigkeit, der Serviceperiode, des Erstkalbealters und des Laktationstages besser berücksichtigt und korrigiert werden. Der Vergleich von Kühen ist direkt innerhalb eines Betriebes und eines Kontrolltages möglich. Außerdem ist ein kontinuierlicher Informationszuwachs gewährleistet, da alle Kontrollergebnisse verwendet und nicht auf eine abgeschlossene 305-Tage-Leistung gewartet werden muss. Kuh Zuchtwerte werden bereits bei Vorliegen von zumindestens einem Probemelk- Ergebnis und den entsprechenden Verwandtschaftsinformationen veröffentlicht.
Beim TTM werden generell die Zuchtwerte mit einer höheren Sicherheit geschätzt.

d) Teilzuchtwerte

• Allgemeines
- Durchführung gemeinsam mit Deutschland
- Aufteilung:
  TZ. Grub (Bayern): Milch, Exterieur, Zellzahl, Melkbarkeit, Persistenz
  TZ. Stuttgart (Baden-Württemberg): Fleisch
  ZAR / Zucht Data Wien: Nutzungsdauer, Fruchtbarkeit, Kalbeverlauf, Totgeburtenrate, Gesamtzuchtwert
  VIT Verden (Niedersachsen): Alle Merkmale für Holstein
- Termine: 3-mal jährlich (Apr., Aug., Dez.)
- Basis: bei jedem ZWS-Termin wird aktualisiert
- Relativzuchtwerte: Mittel = 100,
    Streuung = 12 Punkte
  Zuchtwerte über 100 wünschenswert (ausgenommen einige Exterieurmerkmale)
- Veröffentlichungskriterien: Milch – Töchter in mind. 10 Betriebe, bzw. gZW
  Exterieur – für FV, BV, PI ab 20 Tö., Grauvieh ab 10 Tö.

• Prinzipien

> **Leistung = Zuchtwert + Umwelt**

➡ Siehe Kap. 11.3.5, Leistungsprüfungen, Seite 113, Kap. 11.3.6, Exterieur, Seite 130

Aufgabe der Zuchtwertschätzung ist auch die Trennung der **genetischen** von den **umweltbedingten Einflüssen**. Einige wichtige Umwelteinflussfaktoren, die in der Zuchtwertschätzung korrigiert werden, sind z.B. das Betriebsmanagement, die Laktation, das Alter der Tiere sowie der unvermeidliche individuelle Einfluss des Bewerters.

Über die genetische Veranlagung eines Tieres sagen nicht nur seine eigenen Leistungen, sondern auch die seiner Verwandten aus.
Der prozentuelle Anteil gleicher Gene beträgt:

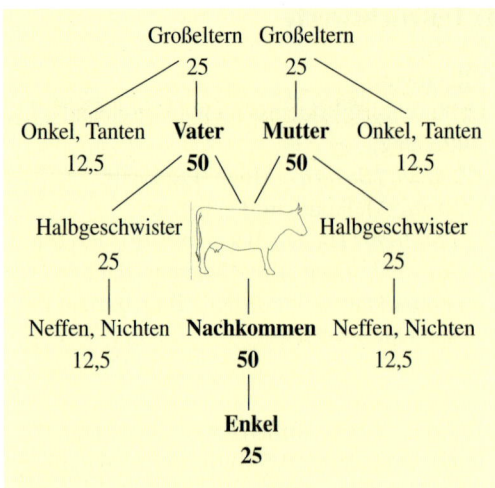

Großeltern   Großeltern
      25   25

Onkel, Tanten   **Vater**   **Mutter**   Onkel, Tanten
     12,5   **50**   **50**   12,5

Halbgeschwister   Halbgeschwister
      25   25

Neffen, Nichten   **Nachkommen**   Neffen, Nichten
     12,5   **50**   12,5

              Enkel
               25

• Milch (MW)

- Testtagsmodell (Kontrollen aus allen Laktationen) als BLUP-Tiermodell
- Gewichtung = Mittel der 1. : 2. : 3. Laktationen sowie der weiteren Laktationen zu jeweils 1/3.
- Für vergleichbare Ergebnisse sind gewisse Korrekturen z. B. für Weidegang, Alpung, Laktationsstadium, Abkalbealter, Serviceperiode etc. erforderlich.
- Milchwertbasis
  bei FV, BV = Fett-kg : Eiweiß-kg 1 : 10
  bei Holstein, Pinzgauer, Grauvieh 1 : 4
  zusätzlich für Braunvieh und Holstein gelten Eiweiß-%.

• Fleisch (FW)

- BLUP-Tiermodell
- Daten von Stieren aus Eigenleistungs-, Nachkommenprüfstationen, von Versteigerungen, Vertragsmastbetrieben und Schlachthöfen (bei Pinzgauer und Grauvieh gelten Schlachtdaten von Mastkälbern ev. Ochsen).
  Der **Fleischzuchtwert (FW)** wird nach der Schlachtung ermittelt:
  Nettozunahme in g   = NTZ
  Ausschlachtung in %   = AUS
  Handelsklasse nach EUROP = HKL
- Gewichtung
  bei FV, BV = NTZ : AUS : HKL = 44 : 28 : 28
  bei Pinzgauer-Kälbern = NTZ : HKL = 50 : 50
  bei Grauvieh-Kälber u. ev. Ochsen = 50 : 50

- Ein ZW für **Bemuskelung** wird weiters bei weiblichen Tieren im Rahmen der Nachzuchtbewertung (Exterieur) vergeben z. B. : 96 / **103** / 92 / 110
- Der **Gebrauchskreuzungszuchtwert (GKZW)** für Stiere von Fleischrassen ergibt sich als Index aus den Zuchtwerten von:
  - Tageszunahme
  - Ausschlachtung
  - Handelsklasse
  - paternalen ZW für Kalbeverlauf und Totgeburtenrate (Fleisch : Fitness = 75 : 25)

• Fitness (FIT)

- Die Nutzungsdauer wird leistungsunabhängig mit der Lebensdaueranalyse durchgeführt, die auch noch lebende Tiere statistisch berücksichtigt und ist ein Maßstab für die Vitalität.
- Die Persistenz erfasst den Laktationskurvenverlauf im Vergleich zum Durchschnittswert vom 60. bis zum 300. Laktationstag und hat eine große wirtschaftliche Bedeutung.
- Die Fruchtbarkeit wird mittels BLUP-Tiermodell festgestellt und erfasst den paternalen Zuchtwert (FRU pat), der Auskunft über die Fruchtbarkeit des Stieres selbst (Spermaqualität) und den maternalen (FRUmat), der die Fruchtbarkeit der Töchter angibt. Dem Index liegen die Non-Return-Raten (56 Tage nach der Erstbesamung = Belegung) sowie die Rast- und Verzögerungszeiten zugrunde.

• Kalbeverlauf

- BLUP-Tiermodell
- In Abhängigkeit von der notwendigen Geburtshilfe gilt eine 5-stufige Skala.
- Der paternale ZW (KVL pat) gibt Auskunft, wie leicht/schwer die Kälber eines Stieres geboren werden, der maternale (KVL mat), wie leicht/schwer die Töchter eines Stieres abkalben. Es zeigt sich insofern eine negative Korrelation als bei Abkalbungen von Töchtern der Stiere mit günstigen Kalbeverlaufsraten wesentlich häufiger Schwergeburten auftreten.

• Totgeburten

- Kriterium – tot geboren oder bis 48 Stunden nach der Geburt verendet.
- Der paternale ZW (TOT pat) gibt an, wie häufig Kälber eines Stieres tot geboren werden bzw. binnen 48 Stunden verenden; der maternale (TOT

mat) wie häufig Töchter eines Stieres tote oder lebensschwache Kälber gebären.

- **Zellzahl**
- Testtagsmodell als BLUP-Tiermodell in den ersten drei Laktationen
- Gilt als Hilfsmerkmal für die Eutergesundheit und Mastitisresistenz.

- **Melkbarkeit**
- Kriterium – durchschnittliches Minutengemelk (DMG) in 1. Laktationen; bei BV in Tirol und Vorarlberg erfolgt eine Milchflussbefragung.
- Negativer genetischer Zusammenhang besteht häufig zwischen Melkbarkeit und Zellzahl (leichtere Melkbarkeit = höhere Zellzahl).

- **Gesundheit**
- Mittels BLUP-Tiermodellen werden mittels des Gesundheitsmonitorings Zuchtwerte für Stiere in Österreich und Deutschland erstellt.
- Merkmale:
  Mastitis: 10 Tage vor bis 150 Tage nach der Ankalbung
  Fruchtbarkeitstörungen: bis 30 Tage nach der Abkalbung
  Zysten: 30 – 150 Tage nach der Abkalbung
  Milchfieber: 10 Tage vor bis 10 Tage nach der Abkalbung

- **Exterieur**
- BLUP-Tiermodell
- Daten kommen von der linearen Nachzuchtbeschreibung der Stiertöchter in der 1. Lakt. bzw. bei Wiederholung in der 2./3.Lakt.
- Optimalergebnisse sind aus dem Balkendiagramm ersichtlich; für bestimmte Merkmale gelten Ausnahmen

➡ Siehe Kap. 11.3.6 b), Exterieur, Beurteilung, Band 2, Seite 136

e) Gesamtzuchtwert (GZW)

- Der ökonomische GZW ergibt sich mit einer festgelegten Indexmethode aus bestimmten Teilzuchtwerten (TZW)
- Berücksichtigt werden:
  die wirtschaftlichen Gewichtungen
  die Sicherheiten und genetischen Korrelationen der TZW

Derzeitige Gewichtung (gerundet) der Teilzuchtwerte in %:

Rasse	Milch	Fleisch	Fitness	Exterieur
Fleckvieh	38	16	44	0
Braunvieh	48	5	47	0
Holstein	45	0	40	15
Pinzgauer	36	14	50	0
Grauvieh	25	20	55	0

Als Beispiel bei **Fleckvieh** in Einzelwerten aufgeführt:

Milch		
Fett-kg	4,4%	
Eiweiß-kg	33,4%	**37,8%**
Fleisch		
Nettozunahme	9,7%	
Fleischanteil	3,3%	
Handelsklasse	3,3%	**16,3%**
Fitness		
Nutzungsdauer	13,4%	
Persistenz	2,0%	
Fruchtbarkeit	6,8%	
Kalbeverlauf	3,7%	
Totgeburtenrate	8,1%	
Zellzahl	9,7%	**43,7 %**
Melkbarkeit		2,2%

- Mit unterschiedlicher Gewichtung der Einzelzuchtwerte kann eine züchterspezifische Differenzierung erreicht werden.
- Die Veröffentlichung des Gesamtzuchtwertes erfolgt erst, wenn Zuchtwerte für Milch von Töchtern in mindestens zehn Betrieben vorliegen.
- Bei Zweinutzungsrassen ist der größte Zuchtfortschritt erreichbar, wenn eine Selektion nach dem Gesamtzuchtwert erfolgt.

Der **Gesamtzuchtwert** soll immer das **Hauptkriterium für die Selektion** darstellen und ein Garant dafür sein, züchterische Fehlentwicklungen zu vermeiden! Er wird in Österreich geschätzt.

• **TOP-Beurteilungen von Kuhgruppen einzelner Väter nach dem 1. und dem 3. Kalb**

Damit kann die durchschnittliche Vererbung des Entwicklungsverlaufes von Leistung und wichtigen Eigenschaften des gemeinsamen Vaters als Zuchtwert geprüft werden.

Ergebnisse aus der Drittkalbsbewertung im August 2015
Zwei Beispiele:

Name	Tö 1. B.	Tö 2. B.		Ra	Be	Fu	Eu
Hagwirt	44	20	ZW	111	94	101	96
192627			Abw. 3/3	+1,0	+ 0,5	+ 0,3	–0,2
Havester x Regio			Abw. 1/3	– 0,1	+ 1,0	+ 0,7	+0,7
MG	524	24	Zw	118	109	114	111
605764			Abw. 3/3	+ 2,7	+ 0,6	+1,2	+ 0,8
Manitoba x Regio			Abw. 1/3	+ 0,7	+ 0,5	+1,3	–0,4

1. Zeile: Name des Bullen; Exterieur-Zuchtwert des Bullen für Rahmen, Bemuskelung, Fundament und Euter (basierend auf der Erstbewertung der Erstmelkkühe).
2. Zeile: Herdebuchnummer des Bullen; T1. B.: Aktuell in der Nachzuchtbewertung erfasste Tiere;
T2. B.: Anzahl Töchter aus dem Prüfeinsatz, die nach der dritten Kalbung bewertet wurden;
Abw. 3/3: Bewerterkorrigierte Exterieur-Abweichung der Drittkalbskühe von diesem Bullen zu Exterieur aller Drittkalbskühe.
3. Zeile: Abstammung des Bullen; Abw. 1/3.: Bewerterkorrigierte Exterieur-Abweichung von der Drittkalbs- zur Erstbewertung dieses Bullen.
Beispiel: Nach dem 3. Kalb wurden 20 Hagwirt-Töchter neu bewertet. Diese Hagwirt-Drittkalbskühe liegen um – 0,2 Punkte unter den Euternoten aller bewerteten Drittkalbskühe (2. Ziel). Die 20 bewerteten Hagwirt-Drittkalbskühe verbesserten sich im Vergleich zur Erstbewertung, aus der ZW von 96, der in der 1. Zeile berechnet wurde, um + 0,7 Punkte im Euter (3. Zeile).

Hagwirt: Seine 20 bewerteten Töchter überraschen trotz der hohen Milchleistung mit deutlich besserer Bemuskelung bei gutem Rahmen. Die Töchter sind überwiegend korrekt gewinkelt bei trockener Ausprägung, die Fessel nicht immer ganz straff, dennoch kann das Fundament positiv überzeugen. Auch die Euter sind in Ausformung und Sitz zufriedenstellend, die Striche öfters etwas dünner, die Strichplatzierung der Vorderstriche auffallend gut. Insgesamt wurden die Euter besser eingestuft als bei der Jungkuhbewertung.

MG: Seine Töchter fallen oft durch einen imposanten Rahmen auf, bei gleichzeitig sehr guter Bemuskelung. Gegenüber der Erstbewertung hat sich die Tendenz in diesen beiden Merkmalen nochmals verstärkt. Die Becken sind häufig etwas abgezogen, teilweise abgedacht. Das Fundament ist bei etwas weniger Winkelung im Fessel- und Trachtenbereich sehr positiv zu beurteilen und brachte ein deutliches Plus. Die Euter zeigen einen noch guten Eutersitz und sind bei etwas weniger Zentralband teilweise schenkeleuterbetont. Die Strichstellung hinten lässt des öfteren Wünsche offen. Insgesamt aber sind die Euter noch gut, wenngleich die bewerteten Töchter gegenüber der Erstbewertung etwas schlechter beurteilt wurden.

f) Lebensleistung und Nutzungsdauer

Sie werden bei Nutzrindern ermittelt um möglichst objektiv Aufschluss über die diesbezüglichen Zuchtwerte zu bekommen.

Die Ergebnisse der Leistungsprüfungen sowie die Beurteilung der körperlichen Voraussetzungen und Aktivitäten liefern die Grundlagen für vergleichbare Feststellungen.

Dazu einige praktische Beispiele:

1. Sechs 100.000-Liter-Kühe
(LILLI, NELLI, BLECKI, NINA, SARA, NORA)
Gut kombiniert, rumpfig mit korrekten Verbindungen und Fußwerk sowie sehr guten Eutern bezogen auf das betagte Alter

2. Acht Hochleistungskühe (Blick von oben)
In bestem Kombinationstyp mit korrektem Fußwerk, hervorragenden Becken in guter Kondition und erstklassigen Bemuskelungsanlagen bei erstklassigen Schenkeleutern.

3. Alpina
Die Kuh Alpina, gezüchtet in Tirol hat im Alter von **23 Jahren** das **21. Kalb** geboren und rund **80.000 kg Milch** Lebensleistung erbracht. Sie war 2016 die älteste Kontrollkuh in Österreich und gehört der kleinrahmigen Zweinutzungsrasse DEXTER abstammend aus Großbritannien an.

Die unterschiedliche Wertigkeit der erbrachten Leistungskriterien wie:
das so **hohe Lebensalter**,
die **enorme Fruchtbarkeit**,
die **gute Leistungskombination**,
die **Lebensleistung in Milch**
erschweren eine objektive vergleichbare Beurteilung, sind aber eindeutig überdurchschnittlich!

11.3.8 Klassifizierung von Zuchtrindern

Richtlinien, je nach Rasse unterschiedlich, bilden die Voraussetzungen für die Eintragung in Herdebuchabteilungen. Davon leitet sich der mögliche Zuchteinsatz von männlichen und weiblichen Rindern ab.

a) Herdebuchabteilungen

Voraussetzungen (am Beispiel für Fleckvieh)

für **männliche** Zuchttiere	Anteil von Fremdblut	HB-Abteilung	Eignung für Züchtung
Großeltern und Mutter sind in einem Herdebuch derselben Rasse. Vater in HB-Abteilung **A** oder **C** eingetragen. **Stier selbst mindestens in II b gekört**	bis 25%	**A**	**JA**
Großeltern und Mutter sind in einem Herdebuch derselben Rasse. Vater in HB-Abteilung **B** eingetragen. **Stier selbst in III a-b oder nicht gekört bzw. abgekört**.	bis 25%	**B**	**NEIN**
Großeltern und Eltern weisen Leistungsergebnisse und Zuchtwertfeststellungen auf. **Stier mindestens in II b gekört.**	über 25%	**C**	**JA**

für **weibliche** Zuchttiere	Anteil von Fremdblut	HB-Abteilung	Eignung für Züchtung
Großeltern und Mutter sind in einem Herdebuch derselben Rasse. Vater in HB-Abteilung **A** oder **C** eingetragen und in II **gekört**.	bis 25%	**A**	**JA**
Großeltern und Eltern sind in einem Herdebuch derselben Rasse. Vater in HB-Abteilung **B** eingetragen und **nicht gekört** oder Mängel am Tier oder bei Eltern (Erbfehler, Exterieur).	bis 25%	**B**	**NEIN**
Eltern sind in einem Herdebuch derselben Rasse eingetragen, Zuchtwertfeststellung vorhanden. Vater mindestens in II b gekört.	über 25%	**C**	**JA**
Rassetypische Merkmale am Tier vorhanden, keine Abstammung, keine Leistungsergebnisse bzw. schwere Mängel ev. Erbfehler.	über 25%	**D**	**NEIN**

b) Bewertung

• Zuchtkälber
Züchterisch hoffnungsvolle Kälber können genomisch untersucht werden.

• Jungstiere (JSt)
Für die Zucht vorgesehene Jungstiere werden vor ihrer Zuchtverwendung von einer dafür ernannten Körkommission bewertet. Bei Eignung kann je Qualität ihre Reihung in die Zuchtbuchabteilung A oder C erfolgen und ist Richtlinie für die Preisbildung und den Zuchteinsatz.
Voraussetzungen für die Eignung sind:
- entsprechende Herdebuchabteilung
- Mindestleistung im Tageszuwachs
- Mindestentwicklung (Kreuzhöhe)
- Positives Ergebnis der Exterieurbeurteilung
- Ergebnis der Genomanalyse

Gewährleistung: Der Verkäufer garantiert für die Zuchttauglichkeit; die Frist beträgt normalerweise 6 Wochen für die Deck-, 4 Monate für die Befruchtungsfähigkeit.

•Altstiere (NKPSt)
Die Ergebnisse der Nachkommenprüfung sind für den Einsatz und die Preisbildung entscheidend.
➡ Siehe Kap. 11.3.7 b), Zuchtwertschätzung, Methoden, Band 2, Seite 146, und Kap. 11.3.9 b), Zuchtprogramme, Maßnahmen für Zweinutzungsrassen (schematisch), Band 2, Seite 153

• Weibliche Zuchtrinder
Im Rahmen von Zuchtviehabsatzveranstaltungen

werden allgemein trächtige Kalbinnen in bestimmten Trächtigkeitsstadien, Kühe trächtig oder neumelkend zumeist ohne Kalb, Jungkalbinnen ab einem gewissen Alter garantiert nicht trächtig, angeboten. Eine Kommission bewertet die Tiere in Zuchtklassen.

Gewährleistung: Der Verkäufer haftet, wenn angegeben für die bestehende Trächtigkeit, das Belegdatum und den Belegstier, für normale Euteranlage sowie je nach Bewertungsklasse für eine Mindest-Einsatzleistung.

Einsatz im Zuchtprogramm: Festgelegte Zuchtwerte bzw, Leistungen sowie Ergebnisse der Exterieurbeurteilung sind Bedingungen für die Herdebuchaufnahme bzw. den Einsatz als Stiermutter.

11.3.9 Zuchtprogramme

Einzelne Zuchtmaßnahmen werden sinnvoll zu Zuchtprogrammen vereint.

> Das Ziel ist letztlich Nutztiere zu züchten, die dem gesetzten Zuchtziel besser entsprechen als die Elterngeneration und damit einen definierbaren Zuchtfortschritt unter Beachtung der physiologischen Grenzen garantieren!

a) Künstliche Besamung (K.B.)

Sie stellt beim Rind eine der wichtigsten Voraussetzungen für ein erfolgreich praktiziertes Zuchtprogramm dar. Die Tatsache, dass einerseits von einem normalen Ejakulat eines Stieres bis etwa 300 Spermaportionen für die künstliche Besamung weiblicher Rinder gewonnen werden können und andererseits diese nach entsprechender Behandlung über das Konservieren in flüssigem Stickstoff für lange Zeit fruchtbar erhalten bleiben können, ermöglicht strengste Selektion bei den Stieren und den nahezu grenzenlosen Einsatz des Spermas. Diese besonderen Auswirkungen der K.B. sind von allen Nutztieren nur den Rindern vorbehalten und ermöglichten einen systematischen Zuchtfortschritt.

Als seltenes Spitzenbeispiel der K.B. für einen optimalen Zuchtfortschritt kann gelten:

VANSTEIN, geb. 2000, V. RANDY, MV: MALF
bis 2017 **47.109 Töchter** 6752 – 4,19 – 3,51- 520
GZW 132 MW 122 FW 116 FIT 113
ZW: R 101 Bem 104 F 96 Eu 112
bis 2011 47.252 Erstbesamungen, 2012 Notschlachtung (13-jährig) wegen Beckenvorfall

2011 wurden bei Rindern künstliche Besamungen durchgeführt von:
707 Tierärzten
73 Besamungstechnikern
7.401 Eigenbestandsbesamern

International besteht ein Handel mit Tiefgefriersperma; die Durchführung obliegt den Rinderzuchtorganisationen. Von Österreich wurde 2011 Rindersperma in über 30 Länder exportiert.

Folgende Entwicklungsvorgänge fanden in Österreich statt:

	1950	1970	1990	2011
Besamung mit	Frischsperma	Tiefgefriersperma (ab 1964)		
Zahl der Besamungsstationen	25	9	7	5
Zahl der Besamungsstiere	ca. 150	427	462	444
Zahl der Gesamtbesamungen	?	500.988	858.488	1.342.199
Besamungsdichte in %	ca. 15	40,5	74,8	94,8

Geschichte und Technik der K.B.

➡ Siehe Kap. 9.5.1, Künstliche Besamung, Band 1, Seite 200

b) Maßnahmen für Zweinutzungsrassen (schematisch)

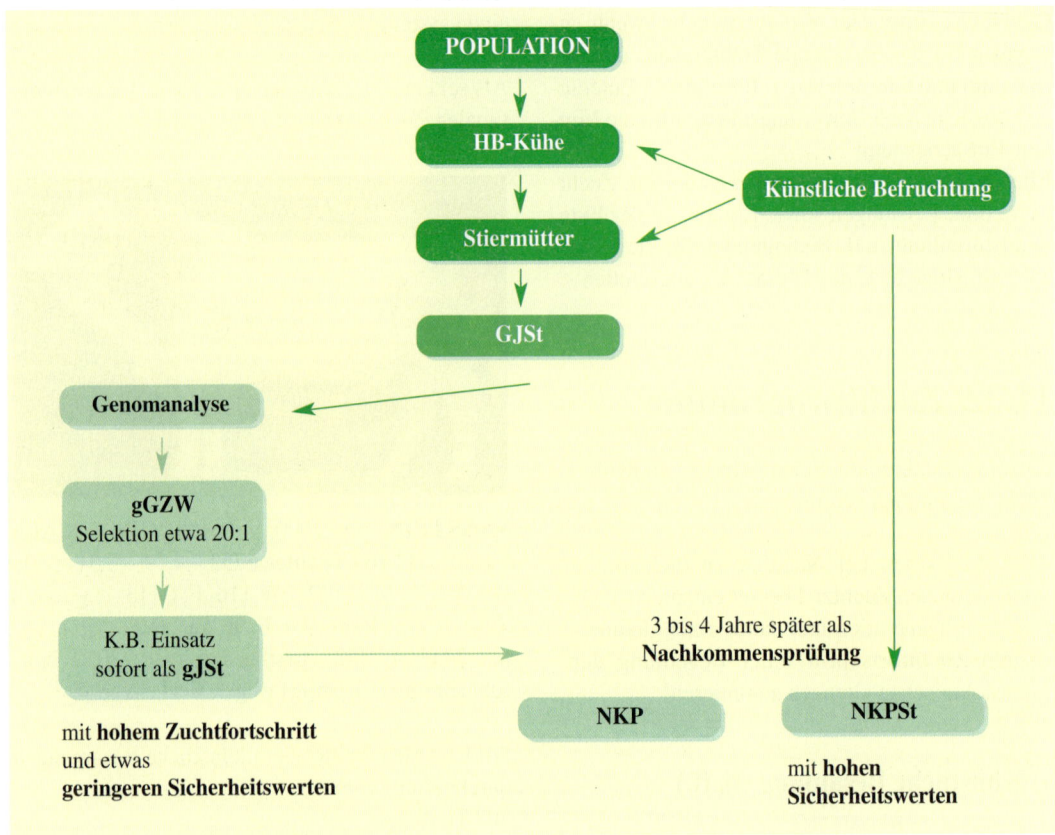

gGZW = genomisch geprüfter Gesamtzuchtwert
goZW = genomisch optimierter Zuchtwert
      (mittels Ahnenindex optimiert)

gJSt   = genomisch geprüfte Jungstiere
NKP = Nachkommenprüfung
NKPSt = nachkommengeprüfte Altstiere

Die **Genomanalyse** ermöglicht von der Art der Durchführung und der günstigen Kostensituation die Prüfung vieler Kandidaten der jüngsten Stiergeneration. Zusätzlich ergibt eine nachfolgend intensive Selektion (etwa 20 : 1) einen prognostizierten großen Zuchtfortschritt durch den Einsatz der gJSt. Nach Ablauf einer Generation (etwa 4 Jahre) liegt das Ergebnis der gJSt als nunmehr NKPSt mit zuverlässlich hohen Sicherheitswerten vor.

➡ Siehe Kap. 11.3.7 b), Zuchtwertschätzung, Methoden, Band 2, Seite 145

Als Empfehlungen für die Züchter leiten sich ab:
- GJSt und NPKSt im Verhältnis von etwa 1 . 1 einsetzen.
- Beim Einsatz von GJSt sich nicht auf einen Stier festlegen, sonder mehrere verschiedene verwenden, um das eventuell vorhandene Risiko zu mindern.
- NKPSt nach ihren ZW-Ergebnissen sehr gezielt einsetzen.
- Generell gilt, dass „Stiere der jeweilig jüngeren Generation" für den Zuchterfolg prädestinierter sein müssen, als Stiere früherer Generationen.

c) Maßnahmen für Gebrauchskreuzung

Gebrauchskreuzungen werden besonders im Rahmen der Fleischrinderproduktion vielfach und vorteilhaft genutzt.

Programme sind auch dafür wichtig.

• Zielsetzung

Ziele sind bei den letztendlich zur Schlachtung und Fleischnutzung bestimmten Nachkommen:
- vorrangig die **Mastleistung**,
- vorrangig die **Schlachtleistung**,
- oder gleichrangig **beide**.

• Durchführung

Soll eine Gebrauchskreuzung optimale Erfolge bringen, muss sie konsequent nach einem Plan durchgeführt werden.

Überlegungen:
- Welche **Betriebsformen** sind geeignet?
- Welche **Kriterien** müssen beachtet werden?
- Welche **Rassen** kommen für die Mutterherde und als Vatertier in Frage?

• Betriebsformen

1. Mutterkuhhaltung

Selektionskriterien
- Frühreife
- Leichtkalbigkeit
- Bemuskelungsqualität
- Nutzung

Zumeist erfolgt sie in Form von „Baby beef" mit Schlachtung der Jungtiere im Alter von 10 bis 12 Monaten.

Vatertiere mit einem positiven Gebrauchszuchtwert bringen mehr Erfolg. Bei Nutzung zur Einstellerproduktion muss, wenn der Deckstier mit der Herde geht, darauf geachtet werden, dass die Jungkalbinnen nicht vorzeitig trächtig werden.

2. Milchproduktion

Die leistungsstärkeren Milchkühe werden mit „Milchvererbern" besamt, damit die weibliche Nachzucht als Remonte geeignet ist; für die milchleistungsschwächeren sollen Gebrauchskreuzungsstiere zum Einsatz kommen, damit die daraus resultierenden Kälber eine positive Masteignung aufweisen.

3. Zuchtbetrieb

Gezielte Anpaarung ist Voraussetzung.

Vaterrassen
Im Rahmen einer Gebrauchskreuzung kann grundsätzlich der Einsatz von Vatertieren fleischbetonter Rassen die erste Folgegeneration mit besseren Anlagen für die Mast- und Schlachtleistung ausstatten. Zu beachten ist die richtige Rassenwahl und die Verwendung solcher Stiere, die entweder selbst positive Prüfergebnisse aufweisen oder aus positiv geprüften Vätern bzw. Linien stammen.

• Vaterrassen für die Gebrauchskreuzung (Übersicht)

Rasse	Kalbe-verlauf	Tages-zunahme	Ausschlach-tung	Muskelaus-prägung	Fleischbe-schaffenheit	Knochen-stärke
Angus *	leicht	gut	vorzügl.	vorzügl.	vorzügl.	fein
Blonde d Aquit.	normal	sehr gut	vorzügl.	vorzügl.	sehr gut	normal
Charolais	normal bis schwer	vorzügl.	vorzügl.	vorzügl.	sehr gut	grob
Fleisch-Fleckvieh **	normal	vorzügl.	vorzügl.	vorzügl.	sehr gut	normal
Galloway *	leicht	gut	sehr gut	sehr gut	vorzügl.	normal
Limousin	leicht	gut	vorzügl.	vorzügl.	vorzügl.	fein
Piemonteser	normal bis schwer	gut	vorzügl.	vorzügl.	vorzügl.	fein
Weißbl. Belgier	normal	sehr gut	vorzügl.	vorzügl.	sehr gut	fein

* genetisch hornlose Rassen   ** bei Fleisch-Fleckvieh gibt es eine hornlose Variante

d) Zuchtwertergebnisse

Fleckvieh
• **NKSt** nachzuchtgeprüfter Altstier auch **gGZW** genomisch geprüft (als Beispiel: GS RAU)

GS RAU

RUMBA	AT 623.710.746	RALBO	DE 09 11825633
		STUTZI	AT 477.737.946
IRINA	AT 353.632.433	GS MALF	AT 040.568.233
5/4	9.552 4,34 3,29 729	IRISA	AT 288.300.433
4.	11.541 4,37 3,24 879		

MMV: HAU RED

MILCHLEISTUNG

	n	Milch	F-%	F-kg	E-%	E-kg	HD-Ø
1.Lak	5593	6.774	4,09	277	3,45	234	7697
2.Lak	1070	7.498	4,09	307	3,52	264	7737
3.Lak	58	7.624	4,11	313	3,47	265	7498
ZW:		+754	-0,20	+16	-0,01	+25	

1235 TÖCHTER		64	76	88	100	112	124	136	
Rahmen	105								
Bemuskelung	107								
Fundament	96								
Euter	127								
Kreuzhöhe	103	klein							groß
Körperlänge	104	kurz							lang
Hüftbreite	107	schmal							breit
Rumpftiefe	111	seicht							tief
Beckenneigung	98	eben							abfallend
Sprg.winkel	98	steil							säbelbeinig
Sprg.auspräg.	92	voll							trocken
Fessel	94	durchtrittig							steil
Trachten	93	niedrig							hoch
Voreuterlänge	106	kurz							lang
Sch.euterlänge	112	kurz							lang
Voreuteraufhäng.	109	locker							fest
Zentralband	122	nicht ausg.							stark ausg.
Euterboden	115	tief							hoch
Strichlänge	91	kurz							lang
Strichdicke	95	dünn							dick
Strichplatz. vo.	112	außen							innen
Strichstell. hi.	110	nach außen							nach innen
Euterreinheit	103	Nebenstr.							reine Euter

Die Kombination RUMBA x GS MALF bringt bei GS RAU das gewünschte Ergebnis. Mit seinen hochsitzenden, sehr gut aufgehängten Eutern ist er der überragende Eutervererber. Die Euter sind auch gesund, was sich in einem sehr guten Zellzahl-ZW niederschlägt. Die Töchter sind umsatzbetont, zeigen aber bezüglich Brustbreite und Körpertiefe sehr viel Entwicklungspotential. Die erwähnte gute Kuhfamilie macht sich auch mit den hervorragenden Fitnesszuchtwerten bemerkbar.

GS RAU ist international der beliebteste Vererber der FLV - Zucht!

MILCH-ZUCHTWERT: 118 (99%)

Mkg	Fett %	Eiw. %
+754	-0,20	-0,01

gGZW:133

FLEISCH-ZUCHTWERT: 104 (99%)

NTZ	AUS	HKL
111	91	101

FITNESS-ZUCHTWERT: 129 (99%)

ND	Per	ZZ	Bef	Fm	Kp	Km	Tp	Tm	Mbk
125	83	119	+1%	111	95	120	102	107	102

GESUNDHEITS-ZUCHTWERTE:

Mas	fFru	Zyst	Mifi
115	104	95	97

BETTY (V: GS RAU)
5/4 10.179-4,47-3,54 - 815
HL4 12.042-4,80-3,42 - 990

NELLY (V.: GS RAU)
HL2.: 10.717-5,42-4,14-1025

HOLLI (V.: GS RAU)
HL1.: 8.154-3,84-3,59-606

11

11.3.10 Zuchtplanung im Betrieb

a) Wichtige Maßnahmen

• Eine **bedarfsgerechte** und **wiederkäuergerechte Betreuung**, damit die genetische Veranlagung der Tiere möglichst zuverlässig erkennbar ist.
Voraussetzungen dafür sind:
- **Leistungsprüfungen** und
- **tierart-** sowie **leistungsgerechte Haltung** und **Fütterung**

• Eine **optimal durchgeführte Anpaarungswahl**
Voraussetzungen dafür sind :
- Für jedes zuchtreife weibliche Rind den aktuell bestens geeigneten Stier auswählen,
- Kenntnisse über die Zuchtwerte der Kühe und Stiere als notwendige Entscheidungshilfen,
- zeitgerecht durchgeführte Samenbestellungen; auch Sperma von Ersatzstieren.

• Eine **konsequente Verfolgung des betriebsorientierten Zuchtzieles**
Mit Berücksichtigung von Leistungsschwerpunkten.

b) Allgemein wichtige Selektionskriterien

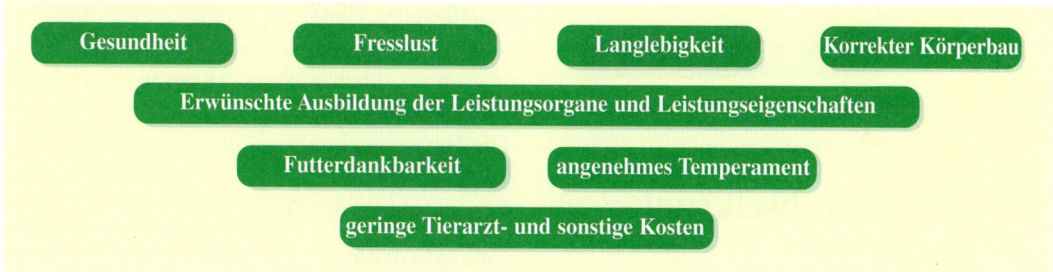

c) Der Erfolg hängt im Wesentlichen ab von:

d) Legende zu Zuchtprogramminformationen

Kennzahlen 2017
Fleckvieh
130.000 HB-Kühe, Besamungsdichte 97,1 %
ELP-Kapazität (NÖ + ST): 180 Plätze
800 Genomtypisierungen/Jahr
30–40 Jungstiere/Jahre

Holstein
10.500 HB-Kühe, Besamungsdichte 96,9 %
20 Genomtypisierungen/Jahr
2–3 Jungstiere/Jahre

Braunvieh
14.000 HB-Kühe, Besamungsdichte 94,5 %
ELP-Kapazität (NÖ + ST): 30 Plätze
Prüfkapazität: 14 Prüfstiere jährlich
90 Genomtypisierungen/Jahr
8 Jungstiere/Jahre

Fleischrinder und Generhaltungsrassen
10.000 HB-Kühe, 5–6 Jungstiere/Jahre

11.4 Tiergesundheit – Rind

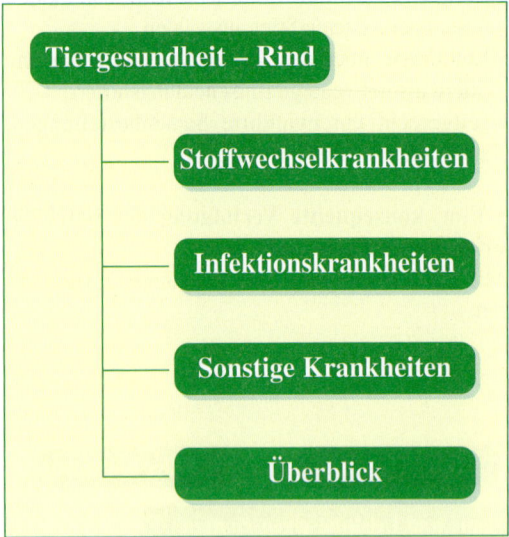

Tiergesundheit – Rind

- Stoffwechselkrankheiten
- Infektionskrankheiten
- Sonstige Krankheiten
- Überblick

11.4.1 Stoffwechselkrankheiten

a) Krankheiten der Verdauungsorgane

> Die Verdauung beim Wiederkäuer unterscheidet sich aufgrund des Vormagensystems wesentlich von dem anderer Tiere. Die im Pansen vorhandenen Einzeller und Bakterien können Zellulose durch Gärung zerlegen und verdauen.

➡ Siehe Kap. 3.3.3, Verdauung
Band 1, Seite 47

• Funktionelle Störungen
Sie können alle Organe des Verdauungssystems betreffen. Mechanische Störungen der Verdauungstätigkeit können z. B. durch Zahnwechsel, Schlundverstopfung, Fremdkörper im Haubenbereich, Blättermagenanschoppung, Labmagenverlagerung, Blähungen, Darmverschlingungen usw. ausgelöst werden und auch nerval bedingt sein.

Eine **Fremdkörpererkrankung** kann durch spezielle Proben und Schmerzreaktionen erkannt werden und tritt vorwiegend bei trächtigen Tieren auf.

Der im Haubenbereich durchstechende Fremdkörper kann den Herzbeutel anstechen und zur Entzündung führen.
Vorbeugend kann ein Käfigmagnet Metalle einfangen, bevor sie durchstechen.

• Biochemische Störungen
Sie sind mit Veränderungen des Pansen-pH-Wertes (Säuregrad) in Abhängigkeit des Zeitpunktes der Futteraufnahme verbunden. Eine Erhöhung wird als Alkalose durch Anstieg des Pansen-Ammoniakgehaltes, eine Erniedrigung als Azidose (Übersäuerung) bezeichnet, in deren Folge sich eine akute Blähung mit schaumiger Gärung entwickeln kann. (Ursache: Eiweißreiche Futtermittel, nasses Futter). Bei der Untersuchung ist es wichtig, das Allgemeinbefinden (Puls, Temperatur, Atmung) festzustellen und spezielle Untersuchungen des Verdauungstraktes durchzuführen. An der linken Hungergrube beurteilt man die Schichtung im Pansen, die Umfangsvermehrung, ev. Pansengeräusche usw. Zusätzlich beurteilt man die Rationsgestaltung bzw. untersucht den Pansensaft.

Eine **Inaktivität der Vormagenflora** ist verbunden mit Milchrückgang (insbes. Fett), Gewichtsverlust, Haarausfall und Lecksucht. Fortgeschrittene Fälle zeigen wiederholt Blähungen und veränderten Pansensaft. Der Kot ist trocken, mit Schleim überzogen und enthält hohe Anteile an unverdauten Pflanzen. Als Therapie empfiehlt sich eine Umstellung der Ration auf energie-eiweiß- und mineralstoffreiches Futter und die Gabe von Pansensaft zur Reaktivierung der Flora.

Pansenfäulnis entsteht durch Fäulnisbakterien aus fehlgegorenen Futtermitteln oder bakteriellen Verunreinigungen. Die Therapie muss gegen die Keime gerichtet sein (Antibiotika) und die Schleimhaut schützen (Leinsamen- Haferschleim, Pansensaft).

Azidosen sind Übersäuerungszustände durch Milchsäure und organische Säuren und entstehen auch durch Rückfluss von (Lab-)Magensäure. Sekundär können Azidosen zu Geschwüren, Klauenentzündungen, Ketose und Leberabszessen führen. Durch stärkere Buttersäureproduktion und deren folgenden Abbau entsteht subklinisch eine Ketose. Vorbeugend ist eine Mindestmenge an Raufutter wichtig und die Aufteilung des Kraftfutters auf mehrere Portionen notwendig. Puffersubstanzen (Natriumbikarbonat) können in hohen Leistungsbereichen ebenfalls einer Übersäuerung vorbeugen.

Parakeratose: Bei stärkerer Propionsäureverschiebung wird der Körperstoffwechsel von der Milchfett- auf die Depotfettbildung umgelenkt (Verfettung). Es kommt zur Verhornung der Pansenzotten mit größerer innerer Verletzungsgefahr (Leberabszesse, Klauenrehe usw.).

b) Sonstige Stoffwechselstörungen

• Gebärparese/Milchfieber/Festliegen

Entstehung: Diese Stoffwechselstörung kann nach der Geburt auftreten, der meist ein Kalzium- und/oder Phosphormangel zugrunde liegt. Im Regelfall kann eine gesunde, in der Trockenstehzeit bedarfsgerecht (d. h. durch Ca-Mangelversorgung = enges Ca : P-Verhältnis) versorgte Kuh diesen infolge der einsetzenden Milchleistung plötzlich erhöhten Ca-Bedarf durch die Mobilisation aus den Knochen kompensieren. Ältere Kühe sind aufgrund ihrer höheren Milchleistung und der vielfach diskutierten Ca-Mobilisationsschwäche im Alter besonders gefährdet. Problematisch wird die Situation, wenn eine übermäßig Ca-reiche Fütterung (Klee, Luzerne, Futterkalk) verabreicht wird. Dadurch kommt es zu einer verminderten Ansprechbarkeit eines Hormones (Parathormon), das die Ca-Freisetzung aus den Knochen bewirkt und die Muskelkontraktion ermöglicht bzw. bei Fehlen zur Lähmung (Festliegen) führt.

Ursache: Da ein ständig hohes Ca-Angebot eine verschlechterte Ansprechbarkeit und verminderte Produktion dieses Hormones bewirkt, kann der Organismus den geforderten Ca-Bedarf bei Laktationsbeginn nicht aus den Körperreserven mobilisieren. Ca ist neben P (immer im Ca : P-Verhältnis 2 : 1 bis wenigstens 1 : 1) und Mg an der Reizweiterleitung an Nerven und an der Muskelkontraktion beteiligt. (Festliegen bei Mangel!)

Symptome: Beim Milchfieber unterscheidet man drei Stadien:
1. Nervosität, Trippeln, Herzrasen
2. Charakteristisches Festliegen in Brustlage mit S-förmiger Krümmung der Rücken-Hals-Partie und seitlich auf den Bauch geschlagenem Kopf.

Die Extremitäten und die Körperoberfläche sind kühl, und der Puls ist schwach. Eine Blähung stellt sich ein. Dieses Stadium kann bis zu 12 Stunden dauern.
3. Festliegen in Seitenlage mit immer stärkerer Bewusstseinstrübung, die im Koma endet. Der Tod tritt in diesem Stadium binnen weniger Stunden ein.

Diagnose: Die Diagnose erfolgt anhand der typischen Umstände und Symptome. Eine Bestimmung des Blut-Ca- und -P-Gehaltes ist wichtig.
Als Therapie werden Ca, P und Glucoseinfusionen vom Tierarzt verabreicht, der Erfolg stellt sich oft unmittelbar danach ein.

Prophylaxe: Um dem Milchfieber vorzubeugen, muss schon in der Trockenstehzeit durch die richtige Vorbereitungsfütterung auf einen optimalen Verlauf nach der Geburt hingearbeitet werden.
Eine Verminderung der Ca-Versorgung auf 20–40 g Ca/Tier/Tag ist empfehlenswert. Ausreichende P- (mind. 22 g P/Tier/Tag) und Mg-Versorgung in der Trockenperiode ist wichtig (16 g Mg/Tier/Tag), da Magnesiummangel die Ca-Resorption im Darm negativ beeinflusst. Der Gehalt an Kalium in der Grassilage ist sehr hoch und deshalb ebenfalls als möglicher Auslöser von Milchfieber anzusehen (max. 25–30 g K/kg T).
Auch die Verabreichung von Ca-P-Gel am Tage der Geburt, zweimal im Abstand von 12 Stunden, kann dem Milchfieber vorbeugen.
Durch die Verabreichung von sauren Salzen zur Erreichung einer negativen Kationen (K, Na)-Anionen (Cl, Sulfate)-Bilanz, der Vermeidung hoher Kaliumgehalte, ausreichenden Vitamingaben (z. B. Vit D3-Injektion 3 Tage vor der Geburt) und das Einhalten einer optimalen Körperkondition kann ebenfalls dem Milchfieber vorgebeugt werden.

Festliegen im Überblick

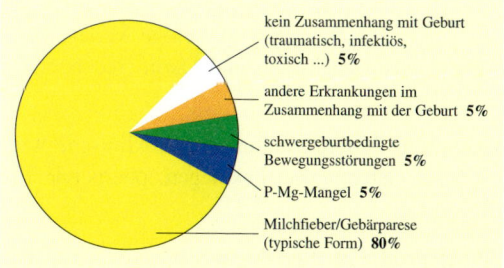

kein Zusammenhang mit Geburt (traumatisch, infektiös, toxisch ...) **5%**

andere Erkrankungen im Zusammenhang mit der Geburt **5%**

schwergeburtbedingte Bewegungsstörungen **5%**

P-Mg-Mangel **5%**

Milchfieber/Gebärparese (typische Form) **80%**

• Azetonämie/Ketose

Entstehung: Als Ketose bezeichnet man einen Zustand, der durch eine erhöhte Fettmobilisation infolge eines Energiemangels auftritt. Bei diesem Fettabbau entstehen Spaltprodukte (Ketonkörper), die den Organismus, im Besonderen die Leber, schädigen. Ketosen treten sehr häufig nach der Geburt auf, da in diesem Stadium der Energiebedarf für die Milchbildung sehr hoch ist. Ebenfalls treten sie häufiger bei sehr fetten Tieren auf, die während der Trockenstehzeit zu mastig gefüttert worden sind.

Symptome: Plötzlicher Milchrückgang und Appetitverlust. Abmagerung und Fruchtbarkeitsstörungen treten ein. Besonders charakteristisch ist der trockene „Scheibenkot". Die nervale Form der Azetonämie ist seltener und äußert sich in erhöhter Aggressionsbereitschaft, Lecksucht und unsicherem Gang. Die Ausatemluft und der Körpergeruch sind obstartig bzw. azetonartig, was durch die Ketonkörper bewirkt wird.

Diagnose: Die Ketonkörper können im Harn mittels Teststreifen oder im Blut mit einem Messgerät nachgewiesen werden.

Therapie: Mit einer Glucoseinfusion führt der Tierarzt unmittelbar Energie für die weitere Stoffwechselfunktion zu.

Prophylaxe: Die Muttertiere sollten während der Trockenstehzeit nicht über den Bedarf (➡ siehe Kap. 11.2.5, Milchviehfütterung) gefüttert werden. Weiters muss jede Ration den Ansprüchen des Wiederkäuermagens gerecht werden (➡ siehe Kap. 11.2, Fütterung). Nach der Geburt ist auf ausreichende Energiezufuhr zu achten.

• Labmagenverlagerung

Entstehung: Die Krankheit besteht ihrem Wesen nach in der teilweisen oder vollständigen Verlagerung des erschlafften, erweiterten, mit Gas und Flüssigkeit gefüllten Labmagens zwischen Pansen und linker Bauchwand (linksseitige Verlagerung) oder rechter Bauchwand und Darm (rechtsseitige Verlagerung).

Ursachen: Futterumstellungen, subklinische Azetonämie, Gebärparese, Festliegen, puerperale Erkrankungen.

Diagnose: Im Bereich des linken unteren Rippenbogens sind bei der Verlagerung in der linken Hungergrube hellklingende Labmagengeräusche hörbar. Bei der rechtsseitigen Verlagerung sind die Geräusche an den entsprechenden Stellen rechts wahrnehmbar.

Therapie: Beide Verlagerungen werden vom Tierarzt operativ behandelt.

• Kalzinose

Diese Krankheit ist durch Abmagerung, Bewegungseinschränkung und Schmerzäußerungen gekennzeichnet. Es kommt zu einer Verkalkung des Kreislaufsystems, der Lunge, Nieren, Sehnen und Sehnenscheiden. Auslösender Faktor sind Vit-D-ähnliche Verbindungen im Goldhafer, einem Gras, das Hauptbestandteil mancher alpinen Weide ist und besonders im feuchten Klima in Höhenlagen von 800 bis 1.200 m gedeiht.

• Tetanien

Unter dem Begriff der Tetanien wird ein durch Krämpfe gekennzeichneter Symptomenkomplex verstanden.

Ursachen: Den Tetanien liegen ursächlich Störungen im Mineralstoffwechsel zugrunde, wobei die beteiligten Elemente im Blut einzeln (Magnesium), oder zusammen (Calcium, Phosphor, Magnesium) erniedrigt sein können. Die Krampfbereitschaft ist in der Trächtigkeit und Hochleistung erhöht, und durch hormonelle Störungen, Transporte, Änderungen in der Fütterung und Haltung sowie durch Witterungseinflüsse können Krämpfe ausgelöst werden.

Entstehung: *Transporttetanie:* Die Krankheit entsteht im Zusammenhang mit stunden- bis tagelangem Verweilen oder Stehen in gefüllten und heißen Eisenbahn- oder Lastkraftwagen ohne Futter und Tränke nach unmittelbar vorangehendem Weidegang und einer fortgeschrittenen Trächtigkeit vorwiegend bei mitteljährigen Kühen.

Symptome: In den ersten zwölf Stunden nach dem Ausladen zeigt das Tier in Blick und Verhalten lebhafte Unruhe. Versteifung der Hintergliedmaßen, Zähneknirschen, Schaumschlagen vor dem Munde, Krampfen, komatöser Zustand mit Festliegen.
Vorbeugend können Magnesiumgaben den Ausbruch der Krankheit verhindern.

• Weißmuskelkrankheit (Muskeldystrophie)
Ursache ist ein Vitamin E/Selen-Mangel.
Die **Symptome** sind Bewegungsunlust, steifer Gang, Festliegen, Atemnot, plötzliche Todesfälle „weißes Fleisch".
Die Weißmuskelkrankheit kommt vor allem in Mutterkuhbetrieben vor, die in extensiven Haltungsformen mit geringen Ergänzungsfuttergaben gehalten werden. Auch die Genetik der Kälber (frohwüchsige Kreuzungstiere sind eher gefährdet) ist für die Entstehung wichtig.
Eine **Vorbeugung** ist über Futterzusätze möglich.

11.4.2 Infektionskrankheiten

Infektionskrankheiten stellen in allen Betrieben große Probleme dar, da die Infektion mit Parasiten, Viren oder Bakterien oftmals sehr rasch geht und der gesamte Bestand infiziert wird. Hier sollen nur die wichtigsten, den Rinderhalter belastenden, Infektionskrankheiten besprochen werden. Durch das rege Transportgeschehen von Tieren durch verschiedenste Länder werden auch bisher seltener vorkommende Krankheiten immer häufiger.

a) Parasitosen

Die parasitären Erkrankungen von Weiderindern zählen sicher zu den größten Problemen in der extensiven Viehwirtschaft, da dadurch ein sehr hoher wirtschaftlicher Schaden entsteht; sei es durch schlechtere Tageszunahmen, Durchfälle oder einfach durch den stressbedingten Konditionsverlust, der die Tiere für andere Krankheiten anfälliger macht.
Man unterscheidet grob zwischen **Ektoparasiten**, also solchen, die das Rind an seiner Körperoberfläche schädigen, und **Endoparasiten**, die ihre parasitäre Wirkung im Innerern (Darm usw.) entfalten.

• Magen-Darm-Würmer
Zu den Magen-Darm-Würmern zählen verschiedene Gattungen, die einen ähnlichen Entwicklungszyklus haben und den Organismus stark schädigen. Durch den massiven Befall kommt es zu einer Abmagerung der Tiere, das Futter kann aufgrund der Parasitenbelastung nicht so gut verwertet werden. Das Haarkleid wird stumpf und struppig, Blutarmut

ist an den weißen Kopfschleimhäuten erkennbar, und Durchfall stellt sich ein. Im schlimmsten Fall kann es zum Tod eines Tieres kommen.
Kälber sollten nur auf solche Weiden ausgetrieben werden, die im Vorjahr bzw. im Austriebsjahr von Jungtieren nicht beweidet wurden.

• Lungenwurmerkrankung
Die Lungenwurmerkrankung wird durch den großen Lungenwurm ausgelöst. Durch Reiz auf die Luftröhre und Bronchialschleimhaut wird das Tier zu starken Hustenanfällen und schwerer Atemnot veranlasst. Weiters kommt es zu starker Abmagerung und struppigem Haarkleid.
Grundsätzlich gibt es die Möglichkeit der so genannten Lungenwurmimpfung, bei der durch Strahlung inaktivierte Larven zweimal vor Weideaustrieb injiziert werden und zu einer Antikörperbildung führen.
Die Lungenwurmbekämpfung vor Weideaustrieb steht im Vordergrund, gefolgt von weidetechnischen Maßnahmen, wie z. B. Mähnutzung verseuchter Weiden, befestigte Tränkemöglichkeiten wie Tränkewasserleitungen mit Selbsttränker.

• Leberegelbefall

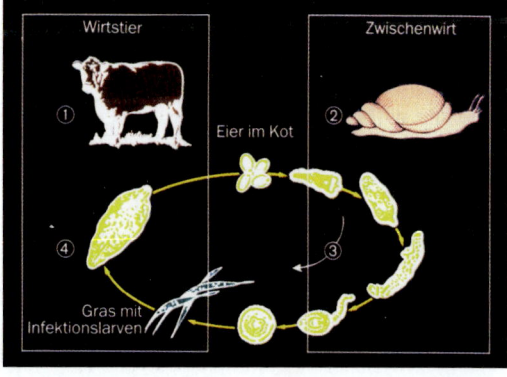

Der Große Leberegel benötigt als Zwischenwirt eine Zwergschlammschnecke, die sich vor allem in feuchten Gegenden aufhält, während der Kleine Leberegel Ameisen als Zwischenwirt bevorzugt.
Bei den Rindern treten struppiges Haarkleid, mehr oder weniger starke Störungen des Allgemeinbefindens durch Fieber (41 Grad), Mattigkeit, Gelbfärbung der Schleimhaut aufgrund der Galleabflussbehinderung, wodurch Gallenfarbstoff ins Blut

übertritt, auf. Seltener kommt es zu Trielödemen oder Bauchfellentzündungen durch die Wanderung in der Bauchhöhle.

Zur direkten Behandlung des Tieres in akuten Fällen empfiehlt es sich, spezielle Leberegelpräparate zu verwenden. Man sollte auf jeden Fall bemüht sein, deren Zwischenwirte zu bekämpfen. Schneckenbekämpfungsmittel im Frühjahr (März) vor dem Austrieb können ebenfalls mit gutem Erfolg verwendet werden. Kalkstickstoffgaben in Dosen von 300 bis 400 kg/ha oder Kupfersulfat erzielen ebenso gute Erfolge.

Vorbeugung: Zwei bis drei Wochen vor dem ersten Weideaustrieb (März/April) sollte die erste Entwurmung erfolgen, um die im Tier überwinterten Larven abzutöten. Um eine wirklich effiziente Magen-Darm-Wurmbekämpfung sicherzustellen, empfiehlt es sich, die Weidetiere in den Monaten Juli/August noch einmal zu entwurmen, um die „midsummer rise" einzudämmen. Falls man diese Sommerentwurmung mittels pour-on-Verfahrens nicht macht, sollte auf jeden Fall die zweite Behandlung gleich nach der Aufstallung im Spätherbst erfolgen, um eine allfällige Ansteckung der Tiere von einer mit Wurmlarven verseuchten Weide zu verhindern. Bei der Behandlung am Tier ist es von großem Vorteil, wenn ein Treibgang mit Behandlungsstand zur Verfügung steht, damit eine Verletzungsgefahr minimiert werden kann.

Um eine wirklich effiziente Parasitenbekämpfung durchzuführen, ist es auch unerlässlich, die Grünflächen, auf denen die Tiere weiden, miteinzubeziehen, da z. B. Schlammschnecken an Uferweiden Zwischenwirte für den Großen Leberegel sind.

Vorgebeugt wird am besten durch:

Weidehygiene:
- hygienisch einwandfreie Tränken schaffen
- Feuchtstellen trockenlegen

Weidemanagement:
- Trennung der Kälberweiden von Weiden älterer Jungrinder
- Weidewechsel nach Entwurmungen

Chemoprophylaxe (medikamentelle Vorbeugung)
- Austriebsbehandlung von Jungrindern, die in die 2. Weideperiode gehen
- (1–) 2 Weidebehandlungen **aller** Jungrinder im 6-Wochenintervall nach Weideaustrieb (kurzwirksame Präparate)
- 1 Weidebehandlung **aller** Jungrinder 8–10 Wochen nach Weideaustrieb (langwirksame Präparate)

alternativ: Behandlung mit Langzeitbolus
Aufstallungsbehandlung der Jungtiere im Herbst nach der 1. Weideperiode mit einem gegen ruhende Larven wirksamen Präparat.

> **Grundsatz:** Erkrankungen und Leistungseinbußen vorbeugen – Immunitätsentwicklung nicht behindern!

Applikationsmöglichkeiten in der Parasitenbekämpfung

- Ohrclips gegen Insekten
- Waschungen
- Pour-on-Lösungen, die auf den Rücken aufgebracht werden
- Verabreichung von einem Langzeitbolus
- Injektionsbehandlung oder
- Pasten, Wurmpulver

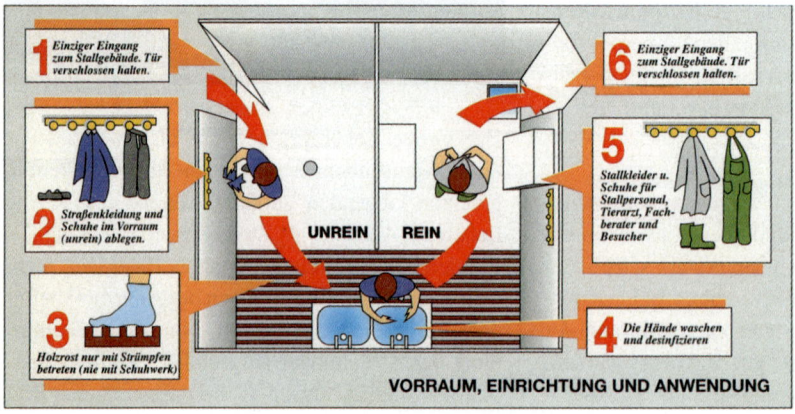

Schutzmaßnahmen gegen die Einschleppung von Seuchen

• Weitere Parasitosen der Rinder

Name	Ursache	Symptome	Therapie
Kokzidiose	Einzeller	Rote Ruhr (= blutiger Durchfall), Bauchschmerzen, blutiger Kot	Absonderung gesunder Tiere, tierärztliche Behandlung: Allgemeintherapie, symptomatische Therapie
Dasselbefall	Dasselfliegen	Panik, Dasselbeulen, Lähmungen, Schluckbeschwerden	Antiparasitika anzeigepflichtig!
Sommerwunden	Würmer	Wunden, v. a. Euter	Antiparasitika
Kribbelmücken		Stiche, Allergie, Juckreiz	Akute antiallerg. Therapie (Kreislauf!) Weideumstellung (abends)
Räude	Milben	Hautveränderungen, Juckreiz	Räudemittel
Trichophytie (Glatzflechte)	Pilze, auf Mensch übertragbar!	runde, haarlose Stellen, Juckreiz	Impfung, Waschung, Vit.A-Gaben, Hautpflege
Weiderot (Rotharnen)	Einzeller, von Zecken übertragen	Blutarmut, Fieber Kreislaufschwäche, dunkelroter Harn	Impfung, Behandlung Bluttransfusion

b) Bakterielle Erkrankungen

• Rauschbrand

Entstehung: Der Rauschbrand ist eine regionsspezifische, anzeigepflichtige Krankheit. Die Erreger werden auf der Weide beim Fressen aufgenommen. Über kleine Maulschleimhautverletzungen (z. B. Zahnwechsel bei Jungtieren) gelangen die Bakterien (Clostridien) in den Organismus und verursachen an den großen Muskelpartien knisternde/rauschende (Name der Krankheit!) Lufteinschlüsse in der Unterhaut.

Diagnose: Bei der Sektion durch den Amtstierarzt ist das trockene, zundrig-schwarze Muskelgewebe auffallend. Außerdem steigt der buttersäureartige Geruch sofort in die Nase, der durch die anaerobe Ernährung der Clostridien in den Muskeln entsteht.

Behandlungen erkrankter Tiere sind zumeist aussichtslos.

Vorbeugend gibt es aber die Möglichkeit der Impfung: Grundimmunisierung aller Rinder zweimal im Abstand von vier Wochen über drei Monate, danach jährliche Auffrischungsimpfung.
Bei der Geburtshilfe auf Sauberkeit achten: Bei unsauberer Geburtshilfe und Verletzungen im Geburtsweg kommt es manchmal zu Infektionen wie dem **Geburts-** bzw. **Pararauschbrand**. Nach der Geburt kommt es zu einer Schwellung und Blaurotverfärbung der Schamlippen. Sie sind am Anfang heiß, schmerzhaft und kühlen dann nach einiger Zeit vom Zentrum her wieder ab. Die Tiere zeigen Fieber (bis 41 Grad!), und der Milchfluss versiegt. Durch die rasche Ausbreitung und die schlechten Behandlungserfolge sterben die Tiere sehr rasch. In gefährdeten Gegenden wird jährlich geimpft, verendete Tiere werden entschädigt.

• Brucellose

Das **seuchenhafte Verwerfen (Abortus Bang)** der Rinder ist eine Zoonose und gehört nicht zu den durch das Belegen übertragbaren Geschlechtskrankheiten. Die Übertragung dieser Seuche erfolgt in der Regel anlässlich des Verwerfens auf die Nachbartiere durch die Geburtswässer und Eihäute, in denen der Krankheitserreger in Massen vorkommt, und – im Gegensatz zu den Deckseuchen – nur ausnahmsweise durch das Belegen. Die mit dieser Seuche behafteten Rinder nehmen fast regelmäßig auf und können in den letzten Monaten der Trächtigkeit verwerfen.

• Tuberkulose

Meist chronische Erkrankung, die durch Bakterien verursacht wird und in verschiedenen Formen auftritt. Als Zoonose ist sie auch für den Menschen gefährlich und wird heute meist von Wildwiederkäuern auf das Rind übertragen. Die Feststellung erfolgt mit einem Tbc-Test (allergische Hautprobe) oder bei der Schlachttier- und Fleischuntersuchung.

• Paratuberkulose

Die Paratuberkulose ist eine bakteriell bedingte Infektionskrankheit. Sie wird hauptsächlich durch infizierte Zukauftiere in freie Bestände eingeschleppt und über Milch und Kot auf Kälber übertragen. Die Infektion breitet sich schleichend und unspektakulär in den Tierbeständen aus. Nach einer Inkubationszeit von mehreren Jahren können einige der infizierten Kühe an unstillbarem Durchfall erkranken und stark abmagern. Das Krankheitsbild kann sich über mehrere Monate oder Jahre erstrecken. Paratuberkulose ist unheilbar, und infizierte Bestände sind nur sehr schwer zu sanieren. Bei erwachsenen Rindern mit starkem Durchfall und Abmagerung ist deshalb neben Parasitenbefall, BVD/MD und Salmonellose immer auch an Paratuberkulose zu denken.

c) Virale Erkrankungen

• Maul- und Klauenseuche (MKS)

Die MKS ist eine sehr leicht übertragbare anzeigepflichtige Infektionskrankheit; der letzte Seuchenzug in Österreich war 1976. Erkranken können Klauentiere (Rind, Schwein, Schaf, Ziege usw.), selten Mensch und Nichtsäuger.

Der **Erreger** ist ein sehr widerstandsfähiges Virus und wird von erkrankten Tieren mit Speichel, Milch und Blasenmaterial ausgeschieden. Das Virus überlebt bis 15 Wochen in Futter und Abwasser und mehrere Jahre im Tiefkühlfleisch.

Übertragung: Die Gefahr der Einschleppung besteht bei Tier- und Fleischimporten. Eine unscheinbare Verlaufsform (bes. bei Wildrindern) sowie eine **direkte** (von Tier zu Tier) und **indirekte Übertragung** (über Fleisch, Milchprodukte, Schlachtabfälle, Mist, Gülle, Abwasser, Staub, Schmutz, Schuhwerk, Kleidung, Nagetiere usw.) ist möglich.

Symptome: Meist erkrankt ein Großteil des empfänglichen Tierbestandes (Rinder, Schweine, Schafe, Ziegen). Zwei bis sieben Tage nach der Ansteckung kommt es zu Krankheitserscheinungen. Kennzeichen sind ein bis zwei Tage Fieber, Blasenbildung (an Maulschleimhaut, Zunge, Zitzen und im Klauenbereich – Name!), Hin- und Hertreten, Lahmheiten, häufiges Liegen, Schmatzen und Speicheln. Schweine und Schafe erkranken überwiegend an den Klauen (bei Jungtieren häufiger),

MKS bei Ziegen ist unscheinbar. Todesfälle sind selten.

Bei Auftreten wird der Bestand gekeult und die Seuche amtlich bekämpft.

• BVD-MD (Bovine Virusdiarrhoe – Mucosal disease)

Unter BVD-MD versteht man zwei verschiedene Krankheitserscheinungen, denen das gleiche Virus zugrunde liegt. Es handelt sich dabei um einen Erreger, der sehr eng mit der Schweinepest verwandt ist. Man unterscheidet heute zwei Biotypen.

Je nachdem, mit welchem Biotyp ein Kalb/Fötus infiziert wird, kommt es zu verschiedenen Erscheinungen. Dabei spielt der Infektionszeitpunkt eine wichtige Rolle. Infektionsmöglichkeiten bestehen durch Samen, Fruchthäute und von Dauerausscheidern. Die Ansteckung erfolgt normalerweise durch orale Aufnahme. Bei Deckinfektionen hingegen wird das Kalb über die Gebärmutter infiziert.

Infektionen vor dem 40. Trächtigkeitstag führen zum Abortus. Je nachdem, mit welchem Biotyp eine spätere Infektion erfolgt, kommt es zu Missbildungen oder ab dem 80. bis 120. Trächtigkeitstag zur Entstehung von Dauerausscheidern. Diese Dauerausscheider stellen in einer Herde ein hohes Infektionsrisiko dar. Ebenfalls tritt ein großer Prozentsatz an Kümmerern auf. Typische, klinische Schleimhautveränderungen, Abmagerung und schwere therapieresistente Durchfälle führen als MD zum Tod des Tieres.

• Blauzungenkrankheit

Eine durch Mücken („Gnitzen") übertragene Viruskrankheit der Wiederkäuer, die ihren Ursprung in Afrika hat und sich in Europa ausgebreitet (speziell Serotyp 8). Symptome sind Entzündungen der Schleimhäute und des Kronsaumes, Fieber, Krusten auf den Zitzen, Ödeme und Lahmheit. Schafe und Ziegen sind besonders gefährdet. Ein Impfprogramm wird durchgeführt, um die Tiere zu schützen, die Ausbreitung der Krankheit einzudämmen und den Handelsverkehr aufrechtzuerhalten.

• Lumpy skin disease-LSD

Die Lumpy Skin Disease (LSD) ist eine virusbedingte Erkrankung der Wiederkäuer, von der (in Europa) primär Rinder betroffen sind. Die in wei-

BVD-Bekämpfungsplan:
Stufenweise Sanierung des Bestandes durch regelmäßige Tankmilch- bzw. Blutuntersuchung

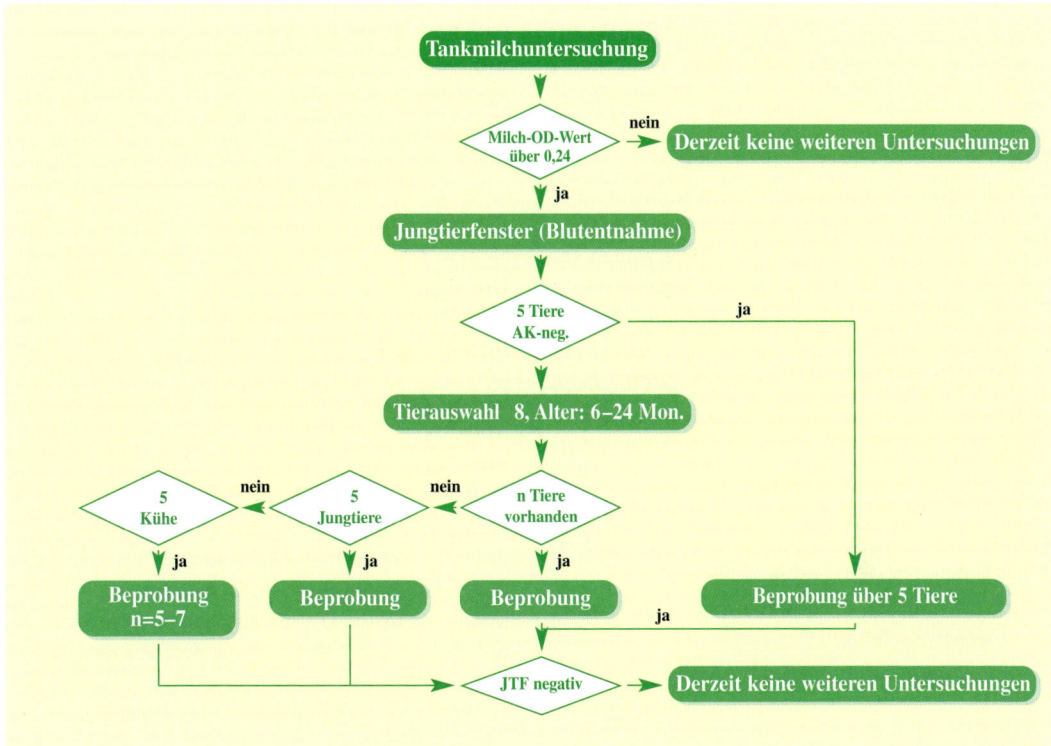

ten Teilen Afrikas seit Jahrzehnten vorkommende LSD galt in Europa bis vor kurzem als exotisch. Der Erreger kann auf direktem oder indirektem Weg übertragen werden, wobei Vektoren (Fliegen, Gelsen, …), Tierverkehr, Häute bzw. direkter Kontakt eine maßgebliche Rolle spielen. Die Infektion hat erhebliche Auswirkungen auf die Gesundheit und das Wohlergehen betroffener Tiere und führt zu massiven wirtschaftlichen Verlusten. Die LSD ist eine anzeigepflichtige Tierseuche, die aber auf den Menschen nicht übertragbar ist. Bereits der Verdacht des Auftretens von LSD ist umgehend zur Anzeige zu bringen!

• Schmallenberg-Virus

Das sich seit Ende 2011 in ganz Europa ausbreitende neuartige Schmallenberg Virus (SBV) hat auch Österreichs Tierbestände erreicht. Es gehört zur Gruppe der Orthobunyaviren und wird, ähnlich wie die Blauzungenkrankheit, über Stechmücken (Gnitzen) übertragen. Vom "Schmallenberg-Virus"

sind Schaf-, Ziegen- und Rinderhaltungen betroffen. Werden trächtige Tiere in einer früheren Phase der Trächtigkeit infiziert, so können zeitverzögert Störungen der Fruchtbarkeit, Totgeburten und erhebliche Missbildungen bei den Neugeborenen auftreten. Da blutsaugende Insekten (v.a. Mücken) an der Weiterverbreitung der Viren beteiligt sind, ist die Ausbreitung der Krankheit sehr stark an das saisonale Vorkommen und Aktivität der Mücken gebunden.Die betroffenen Tiere bauen nach einer kurzen Erkrankung, die sich meist durch milde klinische Symptome ausdrückt und vom Tierhalter oft übersehen wird, eine beständige körpereigene Immunabwehr auf. Eine Infektion trächtiger Tiere kann zu Fruchtschädigungen und daraus fallweise resultierender Geburtsproblemen führen. Erfahrungen in Deutschland und den Niederlanden weisen bei ca. 1 % der Rinder- und rund 4 % der Schafbestände SBV assoziierte Aborte oder Geburten lebensschwacher Kälber, Lämmer oder Zicklein mit Fehlbildungen aus.

• IBR/IPV/IPB

Die Infektiöse Bovine Rhinotracheitis (IBR), Infektiöse Pustulöse Vulvovaginitis (IPV), Infektiöse Pustulöse Balanoposthitis (IPB) sind Rinderseuchen, die durch ein Herpesvirus (BHV 1) ausgelöst werden und in Österreich anzeigepflichtig sind.

IBR: Die IBR ist eine vor allem auf den Atmungstrakt der Tiere beschränkte Krankheit. Nach einer einwöchigen Inkubationszeit bekommen die Tiere hohes Fieber (41 bis 42 °C!). Die Tiere zeigen anfänglich einen starken Augen- und Nasenausfluss, der bald eitrig wird („Grippe"). Die Lidbindehäute sind hochgradig gerötet, und die Tiere haben ein stark gestörtes Allgemeinbefinden. Das Flotzmaul ist trocken und gerötet. Die Tiere atmen angestrengt und pumpend und zeigen in schweren Fällen gelegentlich Maulatmung.

IPV: Scheidenentzündung und eitrige Bläschen im Scheidenbereich sind typisch.
IPB: Vorhautentzündung und eitrige Bläschen am Penis werden sichtbar.
Die Infektion erfolgt durch die Atemluft oder den Deckakt.

> Das Hauptproblem dieses Krankheitskomplexes liegt in der Natur des Herpesvirus, welches vom körpereigenen Immunsystem in den Nervenzellen nicht erreicht und nicht bekämpft werden kann.

Bei Stress können diese Viren nach jahrelanger klinischer Unauffälligkeit des Rindes wieder aktiv werden und zu den typischen Krankheitsbildern führen. Blut- und Sekretuntersuchungen können Aufschluss über eine eventuelle Auseinandersetzung mit diesem Erreger geben, zeigen aber nicht an, ob diese Tiere auch tatsächlich Ausscheider sind. In Österreich werden periodische Untersuchungen amtlich durchgeführt und positive Tiere ausgemerzt.

d) Faktorenkrankheiten

• Mastitis/Euterentzündung
Euterentzündungen sind meistens bakterieller Ursache und die Folgen von Resistenzminderungen (Melktechnik) und mangelnder Melkhygiene.

Symptome: Die Tiere fressen weniger, sind matt, zeigen oftmals einen gespannten Gang und eine erhöhte innere Körpertemperatur. Das erkrankte Euterviertel ist prall gefüllt, schmerzhaft und warm. Ein Ödem bildet sich durch wässrige Schwellung des Bindegewebes aus und führt zu einer mehr oder weniger deutlichen Asymmetrie im Vergleich zu den Nachbarvierteln. Verfärbungen der oft stark gespannten Euterhaut bis ins Blaubraune bei schweren Mastitiden sind möglich. Die Milch verfärbt sich je nach Schädigung des Eutergewebes von Dunkelgelb bis Braun. Je nach Erreger verliert das Gemelk den milchähnlichen Charakter und wird flockig oder eitrig.

Hohe Zellzahl: Anzeichen für subklinische Mastitis
➡ Siehe Kap. 7.5.1, Kontrolle, Band 1, S. 124
Durch den Entzündungsprozess kommt es zu vermehrter Durchblutung (Wärme) und Schwellung des Drüsengewebes. Die Entzündungszellen und deren Stoffwechselprodukte sammeln sich in der Milch und im die Drüsenbläschen umgebenden Gewebe an. Äußerlich sichtbare Zeichen dieser Vorgänge sind Flocken in der Milch (zusammengeklumpte Entzündungszellen) und Verhärtungen im Drüsengewebe. Die Folge einer Entzündung ist immer eine eingeschränkte Funktion, auch wenn der Prozess äußerlich noch nicht erkennbar ist.

Therapie: Je nach Erregerart (nach bakteriologischer Untersuchung, BU von Viertelgemelksproben und Antibiogramm) werden gezielt Antibiotika eingesetzt. Allgemeine Entzündungssymptome müssen ebenfalls behandelt werden. Eine Nachuntersuchung auf Therapieerfolg sollte routinemäßig durchgeführt werden.

Vorbeugung: Akute Euterentzündungen heilen nach intensiver Therapie gut aus. Chronische Mastitiden beherbergen die Keime (z. B. Staphylokokken) oft lebenslang. Durch Melkhygiene kann eine Verbreitung der Infektionen verhindert werden. Bei unverändertem Gemelk, aber klinischem Verdacht auf eine Euterentzündung leistet ein Schalmtest gute Dienste, da man damit einen erhöhten Zellgehalt in der Milch schnell feststellen kann.
➡ Siehe Kap. 7.5.2, Milch, Band 1, Seite 126

In chronischen Fällen kommt es zum Schrumpfen

des erkrankten Viertels, und die Kuh ist nun drei-strichig. Kälber, die als Milchräuber andere Kühe ansaugen, können so Mastitiserreger von kranken Tieren auf noch gesunde übertragen.

• Rindergrippe

Entstehung: Bei der Rindergrippe kommt es durch ungünstige Umwelteinflüsse und mangelnde Abwehr-kraft des Tieres zur verstärkten Besiedelung der Atem-wege mit krankmachenden Viren und Bakterien.

Symptome: Das Tier reagiert mit Verkrampfung, Schleimbildung und Husten („Grippe"). Schwere Verlaufsformen führen rasch zu Entzündungen (Bronchitis, Lungenentzündungen) mit Fieber und Verlegung von Luftwegen und allgemeinen Kreis-lauf- und Atemproblemen bis zum Ersticken.

Eine **Therapie** muss antibiotisch, sekretlösend und krampflösend erfolgen.

Vorbeugend sind ein zugluftfreier Transport, eine Verminderung von Staub und Schadgasen und eine Zukaufsquarantäne zu empfehlen. Dichte Stallbele-gung, hohe Luftfeuchtigkeit sowie Zugluft sind be-sonders gefährlich und gefährden vor allem Jung-tiere (Winterstallhaltung).

11.4.3 Sonstige Krankheiten

• Sterilitäten

Sterilitäten sind Krankheiten oder Fehlfunktionen (z. B. im Hormonhaushalt durch mangelnde Ener-gieversorgung) der Fruchtbarkeitsorgane und multifaktoriell bedingt.

Brunststörungen
- Stille/schwache Brunst
- Dauerbrunst

Zyklusstörungen
- Azyklie
- verkürzter Zyklus
- verlängerter Zyklus

Eierstockstörungen
- Rückbildung
- verzögerter Eisprung
- Follikelrückbildung
- Zysten
- bestehende Follikel/Gelbkörper

Gebärmuttererkrankungen
- Entzündung
- Mumifizierung/Steinfrucht
- Embryonaler Fruchttod, Abortus

• Deckinfektionen

Ursache: Spezifische Deckseuchenerreger sind BVD, IBR, Leptospiren, Trichomonaden, Campy-lobacter, Chlamydien und Neospora-Keime.

Das gemeinsame Merkmal dieser Seuchen ist die Übertragung der Krankheitserreger von an-gesteckten weiblichen Rindern auf den Stier und durch diesen auf gesunde weibliche Rinder.

Symptome: Wenige Tage nach dem Belegen sind manchmal an den weiblichen Geschlechtsorganen äußerlich entzündliche Veränderungen erkennbar, eine Anschwellung der Scham, Ausschläge auf den Schamlippen, eitrige Beläge auf der Scheiden-schleimhaut und schleimig-eitriger Ausfluss, der durch den Schweif in der Umgebung der Scham und auf der dem Körper zugewendeten Schweifflä-che verschmiert wird, sind wahrzunehmen. In der Regel werden die Rinderbesitzer erst aufmerksam, wenn eine größere Anzahl von weiblichen Tieren nachstiert. Andere Erscheinungen sind die vorzeiti-ge Ausstoßung der Frucht (Verwerfen in den ersten Monaten der Trächtigkeit, Frühgeburt), das Abster-ben der Frucht und die scheinbare Trächtigkeit mit Ansammlung einer Flüssigkeit in der Gebärmutter. Den Stieren ist bei fast allen Deckseuchen äußer-lich oft wenig oder überhaupt nichts Krankhaftes anzusehen.

Vorbeugung: Die sicherste Maßnahme zur endgülti-gen Unterbindung der fortdauernden gegenseitigen Ansteckung ist die künstliche Besamung, da hiebei der Stier mit den weiblichen Tieren nicht unmittelbar in geschlechtliche Berührung gebracht wird und die Besamungsstiere laufend untersucht werden.

• Bovine spongiforme Encephalopathie (BSE)

Die BSE ist eine mit psychischen Veränderungen, gestörten Sinneswahrnehmungen sowie mit Hal-tungs- und Bewegungsstörungen einhergehende Er-krankung erwachsener Rinder, die erstmalig An-fang der 80er Jahre in Großbritannien festgestellt wurde.

Der **Verlauf** ist gekennzeichnet durch:
- Störungen des Verhaltens (Ängstlichkeit, Nervosität, Schreckhaftigkeit, häufiges Belecken der Nase, Zähneknirschen, Muskelzuckungen)
- Störungen der Bewegung (steifer bzw. unkoordinierter Gang, im Endstadium Festliegen)
- Störungen der Sensibilität (Überempfindlichkeit auf Berührungen, Licht und Lärm).
- Langsame Abmagerung und Leistungsrückgang bei erhaltener Fresslust.

Die **Erreger** sind Prionen (spezielle, entartete Eiweiße mit infektiösen Eigenschaften), die widerstandsfähig gegen Hitze, UV-Strahlung und Desinfektionsmittel sind. Das Wirtspektrum umfasst Rind, Schaf, Ziege, andere Wiederkäuer, Katzen und eventuell auch den Menschen.

Übertragung: Als Hauptursache wird die Verfütterung von kontaminiertem Tiermehl angenommen. Die Inkubationszeit beträgt zwei bis acht Jahre oder länger.

Die **Diagnose** ist zur Zeit nur am toten Tier (Gehirn) möglich.

Die **Krankheit** ist **anzeigepflichtig**, die Bekämpfung erfolgt durch staatliche Maßnahmen, der Einsatz von Tiermehlen ist in der Fütterung verboten.

11.4.4 Überblick: Infektionskrankheiten des Rindes

Krankheit	Zoonose	Überwachungs-programm	Impfung	Schlachtung/Keulung [2] Bestand [3]	Einzeltier	Fleisch-tauglichkeit	Milchver-wendbarkeit
MKS	(nein)	passiv	nein	x		(nein)	(nein) [4]
Milzbrand	ja		ja [1]		x	nein	nein
Rauschbrand	nein		ja [1]		x	nein	
Tollwut	ja	ja	ja		x	nein	
Tuberkulose	ja	ja	nein		x	(nein)	ja [4]
IBR	nein	ja	nein		x	ja	ja
Brucellose	ja	ja	nein		x	(nein)	ja [4]
enzoot. Leukose	nein	ja	nein		x	nein	ja
BVD	nein	ja	nein		nur Pl	ja	ja
BSE	(ja?)	ja		(x)		nein	nein
Deckseuchen	nein	nein	(ja)		(x)	ja	ja
ParaTbc	(ja?)	ja	nein		x	nein	nein
Bluetongue	nein	ja	(nein)		n.n.	ja	ja
LSD	nein	ja	(nein)		ja	ja	ja

[1] Impfung wird auf infizierten Almen amtlich durchgeführt
[2] Schlachtung = Töten von Tieren zum Zwecke der Fleischgewinnung
[3] Keulung = Töten ohne Blutentzug aus seuchenpolizeilichen Überlegungen zur Verhinderung einer weiteren Verbreitung der Krankheit und seuchensicherer Entsorgung über die TKV, teilweise auch ab einer gewissen Infektionsrate des Bestandes. TSE: Derzeit gilt die sog. Kohortenregelung, d. h. nur die Tiere des Geburtsjahrganges, direkte verwandte Tiere einer Kuh und Tiere der gleichen Fütterungsgruppe im ersten Lebensjahr werden getötet.
[4] Nach Entfernung der Reagenten und nach Pasteurisierung für den menschlichen Verzehr geeignet (Ausnahme: Eutertuberkulose)

Alle hier angeführten Maßnahmen werden von Fall zu Fall krankheitsspezifisch nach dem TSG bzw. TGG amtlich angeordnet und – zumindest teilweise – amtlich entschädigt.

11.5 Vermarktung

11.5.1 Milch

Milcherzeugnisse müssen gemäß Milchhygienerecht eine Identitätskennzeichnung tragen. Dieses Kennzeichen ist zum Zeitpunkt der Herstellung oder unmittelbar nach der Herstellung im Betrieb an einer augenfälligen Stelle gut lesbar, unverwischbar und leicht entzifferbar anzubringen.

Identitätskennzeichnung für Milchprodukte der Produktionsstätte Baden in NÖ

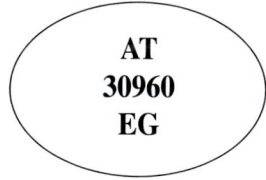

- EU-Land
  (z. B. **AT** = Österreich)
- Kontrollnummer des Betriebes
- Kürzel „EG"

Die Identitätskennzeichnung gibt keine Auskunft über die Herkunft des Rohstoffes.

a) Anlieferung an die Molkerei

Die Lieferungen an die Verarbeitungsbetriebe erfolgen auf Grund von Lieferverträgen. Milchlieferordnung und Milchgeldanlageblätter sind Bestandteile des Vertrages. Lieferverträge gelten mindestens einen Zwölfmonatszeitraum.

b) Direktvermarktung

Man spricht von Direktverkauf, wenn die Milch am landwirtschaftlichen Betrieb erzeugt, dort behandelt, bearbeitet oder verarbeitet wird und dann direkt zum menschlichen Verzehr an Letztverbraucher, Einzelhändler, Großhändler oder an Großverbraucher abgegeben wird.

Der Direktverkäufer ist verpflichtet, die für die Meldung erforderlichen Aufzeichnungen der direkt abgegebenen Mengen an Milch und Milcherzeugnissen laufend zu führen und diese mindestens vier Jahre nach Ende des Kalenderjahres aufzubewahren.

Die schriftliche Meldung an die AMA muss ab einer jährlichen Vermarktungsmenge von mindestens 10.000 kg Milch, bis spätestens 31. März des Folgejahres, erfolgen. Der Aufzeichnungszeitraum bezieht sich auf das Kalenderjahr. Die jährlich gemeldete Direktverkaufsmenge muss im Zuge von AMA-Vor-Ort-Kontrollen nachvollziehbar sein.

11.5.2 Zuchtrinder

Zuchtrinder werden vorwiegend bei Versteigerungen, aber auch ab Hof verkauft.

a) Verkauf bei Absatzveranstaltungen (Versteigerungen)

Von den Rinderzuchtverbänden werden in bestimmten Orten (Versteigerungsorten) in regelmäßigen Zeitabständen Versteigerungen abgehalten. Die zur Versteigerung vorgesehenen Tiere werden über die Kontrollassistenten (KA) dem Zuchtverband gemeldet.
Auf Grund dieser Meldung wird der Versteigerungskatalog erstellt.

Dieser enthält folgende Angaben:
- Verkaufsbestimmungen
- Leistungserfordernisse für die Tiere
- Ausstellerverzeichnis
- Daten der Versteigerungstiere

Versteigerungsorte:

Burgenland:	Oberwart
Kärnten:	St. Donat
Niederösterreich:	Bergland, Zwettl
Oberösterreich:	Freistadt, Wels, Ried, Vöcklabruck
Salzburg:	Maishofen
Steiermark:	Greinbach, Traboch
Tirol:	Imst, Rotholz, Lienz
Vorarlberg:	Dornbirn

Die Beschickung der Zuchtviehabsatzveranstaltungen kann nur durch Mitglieder der Zuchtorganisationen erfolgen. Vor der Versteigerung werden die aufgetriebenen Tiere gewogen, gemessen und von einer Bewertungskommission beurteilt. Bei Kühen in Milch werden auch das Tagesgemelk und die Eutergesundheit festgestellt.

b) Ab-Hof-Verkauf

Wegen der großen Vorteile, die eine Versteigerung bietet, werden Ab-Hof-Verkäufe nur in folgenden Sonderfällen durchgeführt:
- Export von Zuchtrindern
- Seuchengefahr
- Für Betriebe, die rasch gute Milchkühe (Zuchttiere) benötigen.

11.5.3 Nutzrinder

Rinder zur Weiternutzung werden meistens ab Hof verkauft. Dies geschieht entweder direkt, d. h. von Landwirt zu Landwirt oder über einen Viehhändler bzw. über anerkannte Rindererzeugergemeinschaften.
In bestimmten Gebieten werden Nutzrindermärkte abgehalten (z. B. beim Almabtrieb).

Die Erzeugergemeinschaften (EZG) im Rinderbereich (URL: www.argerind.at)
Erzeugergemeinschaften (Gemeinsame Vermarktung) bilden die Grundlage für den Ausbau und die Verbesserung der bäuerlichen Marktposition. Die partnerschaftliche Zusammenarbeit zwischen Erzeugerorganisationen und Schlachtbetrieben auf vertraglicher Basis ist der erste Schritt in eine Integration mit den nachgelagerten Stufen
Bauern – Erzeugergemeinschaften – Schlacht- und Zerlegebetriebe – Handelsketten – Konsumenten.

Die anerkannten Rindererzeugergemeinschaften haben sich zusammengeschlossen zur Arbeitsgemeinschaft Rind:
- Österreichische Rinderbörse
- Gut Streitdorf/NÖ Rinderbörse
- EZG Steirisches Rind
- Kärntner Fleisch
- EZG Salzburger Rind
- RGO Viehverwertung
- Tiroler Vieh Marketing Gen.m.b.H.

Diese Erzeugergemeinschaften ermöglichen eine bundesweite Koordinierung des Angebotes an Schlacht- und Nutzvieh. Die überregionale Abstimmung ermöglicht, effizienter nach Angebot und Nachfrage im Sinne der bestmöglichen Vermarktung zu agieren. Die regionalen Organisationen bleiben für jeden einzelnen Landwirt als Vermarktungspartner erhalten.

Hauptaufgaben der EZG sind:
- Kontinuierliche Abnahme des Schlacht- und Nutzviehs bei jeder Marktlage
- Organisation und Kostensenkung in der Vermarktung
- Regionale Bündelung des Angebotes
- Transparente, kalkulierbare und qualitätsgerechte Preisbildung mit absoluter Zahlungssicherheit
- Teilnahme an verschiedenen Qualitätsprogrammen wie AMA-Gütesiegel, Almochs, Weidekalbin, Weidejungrind und Bio-Rinder
- Bereitstellen von Kälbern, Einstellern und anderem Nutzvieh nach abgesprochenen Kriterien für die Mast
- Marktpflege und Zusammenarbeit mit Marktpartnern
- Vernetzung der Erzeugerorganisationen in Österreich
- Absatzsicherung und Qualitätsproduktion

11.5.4 Kälber

a) Verkauf bei Versteigerungen (Kälbermärkte)

Zur Vermarktung von Kälbern dienen vor allem Kälberversteigerungen. Bei den Kälberversteigerungen werden **Zuchtkälber** mit Abstammungsnachweis und **Nutzkälber** angeboten. Sowohl Zucht- als auch Nichtzuchtbetriebe können Kälber über die Kälberversteigerungen absetzen. Vor dem Verkauf werden die Kälber einer gesundheitlichen Untersuchung unterzogen und gewogen.
Kälber- und Jungstiermäster finden bei Nutzkälbermärkten günstige Ankaufsmöglichkeiten.

b) Ab-Hof-Verkauf

Der Ab-Hof-Verkauf von Kälbern findet, wenn überhaupt, nur in kleineren Betrieben statt. Er bietet vor allem für den Käufer entsprechende Nachteile, da dieser kein größeres Angebot zur Auswahl hat und die Tiere nicht tierärztlich untersucht werden.

11.5.5 Schlachtrinder

Schlachtrinder werden vorwiegend tot vermarktet. Die Totvermarktung erfolgt durch
- Direktverkauf an den Fleischhauer
- Verkauf an eine Schlachtgenossenschaft

Als Verrechnungsbasis dient meist das Kaltschlachtgewicht (Warmschlachtgewicht –2%). Eine Kontrolle der Schlachtausbeute durch Feststellung des Lebendgewichtes ist zu empfehlen.
Die Schlachtkörper werden von amtlich beeideten Personen klassifiziert.

12. Schaf

12.1 Haltung

Die Schafhaltung ermöglicht die Bewirtschaftung und Erhaltung unserer Kulturlandschaft besonders in Grenzlagen.

12.1.1 Betriebsformen

Folgende Betriebsformen kommen vor:
- Herdebuchzucht
- Lämmererzeugung
- Lämmermast
- Schafmilcherzeugung

In der Praxis gibt es verschiedenste Kombinationen dieser Betriebsformen.

12.1.2 Wirtschaftlichkeit der Mutterschafhaltung

a) Aufzuchtleistung

Das entscheidende Wirtschaftlichkeitskriterium ist die Aufzuchtleistung der Mutterschafe. Asaisonale Rassen (z. B. Bergschaf, Merinoschaf), die bis zu zwei Ablammungen jährlich schaffen, sind daher saisonalen Rassen (z. B. Schwarzkopf, Suffolk) überlegen. Durchschnittliche Aufzuchtleistungen von 2,5 Lämmern je Mutterschaf und Jahr sind anzustreben.

Hohe Leistungen können aber nur mit einem optimalen Herdenmanagement erreicht werden. Entscheidende Kriterien sind die Auswahl von leistungsgeprüften Tieren, eine leistungsgerechte Fütterung der Schafe und genügend Zeit für Tierbeobachtung und Betreuung. Natürlich ist die gründliche Einhaltung aller Pflegemaßnahmen, wie Bekämpfung von Endo- und Ektoparasiten, Klauenpflege und Schur, notwendig.

b) Schlachtkörperqualität

Bei Schlachtlämmern setzt sich immer mehr die Totvermarktung mit Klassifizierung durch. Da sich die Bezahlung nach der Qualität richtet, ist es notwendig, einerseits die Genetik der Schlachtlämmer durch den Einsatz geprüfter Böcke und andererseits die Fütterung zu optimieren.

Eine intensivere Fütterung führt zu höheren Ausschlachtungen und einer besseren Ausprägung der wertvollen Teilstücke. Zusätzlich ist das Fleisch zarter und geschmacksneutraler.

12.1.3 Haltungsanforderungen

a) Verhaltensweisen

Das Schaf ist ein sehr sozialbetontes Tier. Innerhalb größerer Herden bilden sich Gruppen von 10 bis 30 Tieren, die untereinander engere Kontakte zeigen. In der Herde herrscht eine Rangordnung, die für lange Zeit bestehen bleibt. Der so genannte „Herdentrieb" ist je nach Rasse unterschiedlich stark ausgeprägt. Von der Herde abgesonderte Tiere sind krank oder bereiten sich auf die Geburt vor. Diese verlangen nach einer besonderen Betreuung.

b) Stallhaltung

Schafe werden in Österreich ausschließlich auf Tiefstreu gehalten.

Platzbedarf: Der Stallraum muss den Tieren genügend Platz bei ausreichender Ausweichmöglichkeit bieten. Besonders hohe Platzansprüche haben Lämmer führende Schafe. Zu wenig Platz kann die Gesundheit der Lämmer massiv gefährden (Durchfälle).

Der Raumbedarf beträgt:
- mind. 1 m^2 je Mutterschaf
- mind. 0,5 m^2 je Lamm
- mind. 2 m^2 je Lämmer führendem Schaf

Strohbedarf: Der tägliche Strohbedarf kann mit rund 0,5 bis 1,0 kg je Mutterschaf angesetzt werden. Ausreichende Stroheinstreu verbessert die Stallluft und die Hygiene im Stall. Bei Lämmer führenden Schafen soll großzügig eingestreut werden.

Luftqualität: Mangelhafte Durchlüftung und hohe Luftfeuchtigkeit können Atemwegserkrankungen auslösen. Schafe sind praktisch unempfindlich gegen Kälte, aber sehr empfindlich gegen eine zu feuchte Stallluft.

c) Weidehaltung

Je Hektar Weide können sieben bis zehn Schafe gehalten werden. Für eine wirtschaftliche Weidenutzung ist die Koppelhaltung notwendig. Es sollen dabei zumindest 5 Koppeln zur Verfügung stehen. Die Haltung auf einer Standweide führt zu einem höheren Parasitendruck und zu einer leichteren Verunkrautung der Weide. Auf die Wasserversorgung und das Vorhandensein von Schattenspendern (Bäume, Unterstände) ist zu achten.

Im alpinen Bereich dominiert die Almhaltung. Hier steht den Schafen ein sehr kostengünstiges Weidefutter zur Verfügung. Für diese Art der Haltung eignen sich besonders die robusten Bergschafrassen. Um meist verlustträchtige Ablammungen auf der Alm zu verhindern, erfolgt eine zeitlich geregelte Anpaarung. Die Widder werden Anfang Jänner aus der Herde genommen und kommen im Mai wieder zur Herde.

12.1.4 Pflege

a) Schur

Schafe sollen zumindest einmal jährlich geschoren werden. Als optimal erweist sich die Schur nach der Geburt der Lämmer. Geschorene Schafe sind leistungsfähiger und fruchtbarer. Wird die Schur zum Zeitpunkt der Geburt konsequent durchgeführt, hat man ein wertvolles Hilfsmittel zur Herdenübersicht. Zum Beispiel sind hochträchtige Schafe an der langen Wolle zu erkennen.

b) Klauenpflege

Die Klauenpflege muss jährlich zweimal durchge-

führt werden. Mangelhafte Klauenpflege führt zur Rollklaue, dabei verändert sich die Stellung der Klaue, was zu einer Überbeanspruchung gewisser Gelenke und Bänder führt. Hinkende Schafe müssen sofort einer Klauenpflege unterzogen und für einige Tage von der Weide genommen werden. Bei entzündlichen Erkrankungen ist der Tierarzt zu kontaktieren.

c) Parasitenbekämpfung

Die Bekämpfung gegen Ektoparasiten (Räudemilben, Läuse) erfolgt nach der Schur durch Einwaschen oder mit Hilfe eines Desinfektionsbades. Die Entwurmung der Schafe soll im Frühjahr vor dem Weideaustrieb und im Herbst nach dem Einstallen erfolgen. Herrscht ein hoher Infektionsdruck, muss eine zusätzliche Entwurmung im Sommer durchgeführt werden. Lämmer, die mit den Mutterschafen auf der Weide gehalten werden, sind grundsätzlich nach dem Abspänen zu entwurmen. Bleiben die Lämmer bis zum Verkauf bei den Muttertieren auf der Weide, ist der Parasitendruck ständig zu überprüfen.

d) Stallhygiene

Die Nassreinigung der Ställe nach dem Ausmisten wäre optimal, ist aber nicht überall möglich. Zumindest sollte nach einer perfekten Trockenreinigung der Stallboden gleichmäßig mit Branntkalk bestreut werden (Achtung: Unsachgemäße Anwendung kann zur Selbstentzündung führen). Einmal jährlich sind die Aufstallungselemente mit Hochdruckreiniger zu waschen.

e) Quarantäne

Neu zugekaufte Tiere sollen drei Wochen in Quarantäne gehalten werden.

12.1.5 Fortpflanzung

a) Paarung

Die Zuchtreife hängt wesentlich von der Gewichtsentwicklung (Aufzuchtintensität) und nachrangig vom Alter ab. Diese wird mit einem Körpergewicht von rund 75% des ausgewachsenen Tieres erreicht. Frühreife Rassen (Fleischschafe, Milchschaf) sind mit ca. 7 bis 12 Monaten und spätreife Rassen (Bergschaf) mit 10 bis 16 Monaten zuchtreif.

Die Brunst tritt bei frühreifen Rassen saisonal (einmal jährlich zwischen September und Dezember), bei den spätreifen Rassen asaisonal (ziemlich gleichmäßig während des ganzen Jahres) auf. Der Brunstzyklus beträgt rund 16 Tage.

Das Belegen der brünstigen Schafe erfolgt im Allgemeinen durch den Widder in der Herde. Ein geschlechtsaktiver Bock reicht für 30 (max. 50) Schafe. Mit Hilfe von Signierfarbe (auf der Brust des Bockes) können die besprungenen Schafe gekennzeichnet werden. Bei Rassen mit ganzjähriger Paarungsbereitschaft werden die Mutterschafe vier bis sechs Wochen nach der Ablammung wieder brünstig, vorausgesetzt es liegt ein ausreichendes Nährstoffangebot vor.

b) Trächtigkeit

Die durchschnittliche Trächtigkeitsdauer beträgt 150 Tage (+/–5 Tage). Die Überprüfung der Trächtigkeit kann mittels Ultraschalltechnik ab dem 40. Tag der Trächtigkeit durchgeführt werden. Einige Verbände bieten dieses Service überbetrieblich an. Ein Suchbock kann nichtträchtige Tiere erkennen, ein Progesterontest aus Blut oder Milch kann den Zyklus beschreiben. Am sichersten ist die Ultraschalluntersuchung ab dem 24. Tag oder der PAG-Test aus Blutserum ab dem 35. Tag.

c) Geburt

Im Allgemeinen ist für das Ablammen keine menschliche Hilfe notwendig. Durch die Geburtsüberwachung können jedoch Komplikationen rechtzeitig erkannt und Lämmerverluste reduziert werden. Das Geburtsgewicht der Lämmer liegt zwischen 3,5 und 5,5 kg.

12.2 Fütterung

12.2.1 Allgemeine Grundsätze

Die Verdauung des Schafes kann mit jener der Rinder verglichen werden. Im Verhältnis zum Körpergewicht hat jedoch das Schaf einen etwas längeren Verdauungstrakt als das Rind. Die Grundsätze einer wiederkäuergerechten Fütterung können vom Rind übernommen werden.

a) Grundfutter

Die Grundfutterqualität spielt auch in der Schaffütterung eine wichtige Rolle. Besonders in der Hochträchtigkeit (eingeschränktes Futteraufnahmevermögen) und in der Säugezeit ist der Anspruch an die **Verdaulichkeit** des Grundfutters deutlich höher. Der Rohfasergehalt soll maximal 27% betragen.

Futterkonservierung: Schafe haben einen sehr hohen Anspruch an die Gärqualität von Silagen. Schlecht vergorene Silagen können verschiedenste Erkrankungen (Listeriose...) auslösen. Der Trockenmassegehalt der Silagen soll zwischen 35 und 45% betragen. Die Bestandesgröße entscheidet über die Wahl des Siliersystems. Die Rundballensilierung ist für Betriebe ab 20 Mutterschafen möglich. Das Fahrsilosystem verlangt Bestandesgrößen von zumindest 50 Muttertieren.

Weidefütterung: Grundsätzlich hat die Futterumstellung von Winterfutter auf Beweidung langsam (14 Tage) zu erfolgen. Anfangs sollen Schafe nur für wenige Stunden geweidet werden. Die optimale Weideform stellt die Umtriebsweide dar. Sie sichert eine hohe Futterqualität, geringe Verunkrautung und Parasitenbelastung. Eine Restaufwuchshöhe von 5 cm soll aus Gründen des ausreichenden Futterangebotes und der Schonung der Grasnarbe nicht unterschritten werden.

b) Kraftfutter

Als Energieträger sind grundsätzlich alle Getreidearten geeignet. Getreide kann an Schafe auch ungeschrotet verfüttert werden. Werden größere Kraftfuttermengen in der Säugephase verabreicht, sollen rund 20% Mais und 20% Trockenschnitzel (pansen-schonend) in das Kraftfutter eingemischt werden.

c) Mineralstoff-, Spurenelement- und Vitaminversorgung

An Schafe darf nur kupferfreies Mineralfutter verabreicht werden.

Viehsalzversorgung: Viehsalz ist über das ganze Jahr täglich vorzulegen oder zur freien Aufnahme anzubieten. Der tägliche Bedarf an Viehsalz liegt bei rund 5–10 g je Mutterschaf und Tag.

Mineralstoffversorgung: In der Trächtigkeit ist der Anspruch an die Mineralstoffversorgung eher gering. Die tägliche Vorlage von rund 10 g je Mutterschaf und Tag sichert die Versorgung mit Vitaminen und Spurenelementen. Wie die Bedarfszahlen zeigen, ergibt sich besonders in der Säugephase ein erhöhter Mineralstoffbedarf. Durch das Einmischen von 2% Mineralfutter für Schafe in das Kraftfutter kann der Mineralstoff- und Vitaminbedarf abgedeckt werden. Die Mineralstoffversorgung ausschließlich über Leckschüsseln stellt nur einen Kompromiss dar und schließt eine Überversorgung in der Trächtigkeit bzw. eine Unterversorgung in der Säugezeit nicht aus.

12.2.2 Mutterschafe

Mutterschafe haben in den einzelnen Leistungsphasen unterschiedliche Ansprüche. Da Schafe praktisch nicht individuell, sondern nur in Gruppen gefüttert werden können, ist es notwendig, Leistungsgruppen zu schaffen. Die Herde ist zumindest in zwei Gruppen zu unterteilen. Lämmer führende Schafe sollen vom Rest der Herde getrennt werden.

a) Tragend

• Niedertragend
In den ersten vier Monaten der Trächtigkeit ist der Nährstoffanspruch sehr gering. Grundfutter mit einem Rohfasergehalt von 27 bis 30% ist ausreichend.

• Hochtragend
Eine bedarfsgerechte Nährstoffversorgung im letzten Trächtigkeitsmonat garantiert optimale Geburtsgewichte, eine gute Entwicklung des Euters und somit eine ausreichend Milchleistung. Stark unterversorgte Schafe neigen dazu Lämmer nach der Geburt zu verstoßen. Durch das Heranwachsen der Föten (gerade bei Mehrlingsgeburten) wird das Volumen des Verdauungstraktes eingeengt und dadurch die Futteraufnahme beeinträchtigt. Die Nährstoffkonzentration im Futter muss daher steigen. Bei hohen Grundfutterqualitäten (<26% Rfa) ist bei ausreichender Vorlage (= Sattfütterung mit Futterresten) keine Getreideergänzung notwendig, bei überständigem Futter sollen 50 dag Kraftfutter verabreicht werden.

b) Lämmerführend

Der hohe Nährstoffbedarf Lämmer führender Schafe kann nur durch gute Grundfutterqualitäten, ausreichende Futtervorlage (mind. 5% Futterrest notwendig) und richtige Kraftfutterergänzung gedeckt werden.

Der Energiebedarf ist bei einer Milchleistung von 2 kg dreimal so hoch wie in der niedertragenden Zeit. Die Nährstoffversorgung in dieser Phase beeinflusst in erster Linie die Milchleistung und somit die Entwicklung der Lämmer. Stark abgesäugte Schafe zeigen schlechtere Fruchtbarkeits- und Lebensleistungen.

> **Mutterschafe mit Zwillingen:**
> 0,7–1,2 kg Kraftfutter täglich
> **Mutterschafe mit Einling:**
> 0,3–0,6 kg Kraftfutter täglich

• Kraftfutterzusammensetzung
Eine ausreichende Rohproteinversorgung ist für die Milchleistung wichtig. Je nach Rohproteingehalt des Grundfutters soll ein Kraftfutter mit 12 bis 18% Rohprotein eingesetzt werden.

• Sommerfütterung
Schafe mit Mehrlingsgeburten verlangen nach einer intensiven Beobachtung und Betreuung, was sich im Stall leichter durchführen lässt.

• Ablammbox
Nach der Geburt ist die Aufstallung in einer Ablammbox für rund eine Woche empfehlenswert. Die Haltung in einer Ablammbox bietet folgende

Vorteile:

- Kolostralmilchaufnahme: Wichtigster Faktor zur Krankheitsvorbeuge bei Lämmern ist eine baldige und ausreichende Biestmilchaufnahme, welche in der Ablammbox gut kontrolliert werden kann. (Biestmilchreserve einfrieren; auch Biestmilch von Kühen ist geeignet.)

- Senkung des Infektionsdrucks: Vor jedem Neubelegen der Ablammbox ist diese gründlich zu reinigen und zu desinfizieren. Ausreichende Einstreu stellt die Basis für gesunde, frohwüchsige Lämmer dar.

- Langsame Gewöhnung an das Kraftfutter: Langsames Anfüttern des Mutterschafes mit Kraftfutter verhindert die Pansenübersäuerung und ist nur in der Ablammbox zu gewährleisten.

- Kontrollmöglichkeit: Fressverhalten, Nachgeburtsabgang, Eutergesundheit und die Entwicklung der Lämmer können in der Ablammbox gut kontrolliert werden.

c) Absetzphase

Lämmer von Muttertieren mit einem asaisonalen Brunstzyklus sollen mit sechs bis acht Wochen von den Mutterschafen abgesetzt werden (Zwölf Wochen bei saisonalen Rassen). Zwei Tage nach dem Absetzen ist das Euter auf tastbare Gewebsveränderungen zu kontrollieren. Bei hohem Milchdruck kann das Ausmelken von nur wenigen Strahlen Milch sinnvoll sein. Bei Mehrlingsgeburten sollen alle Lämmer gleichzeitig abgesetzt werden, weil sonst die Gefahr einer Euterentzündung besteht, wenn das beim Mutterschaf bleibende Lamm nur an einer Euterhälfte säugt.

d) Deckphase

Bei Schafen bewirkt die kurzfristige Verbesserung der Energieversorgung (Flushing) vor der Rittzeit eine größere Zahl von Mehrlingsgeburten in der Herde.

Aktivität des Schafwidders: Die Widder müssen möglichst fit gehalten werden. Besonderes Augenmerk ist dabei der Klauenpflege zu schenken. Positiv auf die Deckaktivität wirkt sich zum Beispiel das Herausnehmen des Widders aus der Herde für einen halben Tag aus. Der Einsatz eines Konkurrenzwidders kann bei älteren Widdern sinnvoll sein. In der Phase erhöhter Deckaktivität sollte auch der Schafwidder zusätzlich Kraftfutter erhalten.

12.2.3 Bedarfswerte

Empfehlungen zur täglichen Energie- und Rohproteinversorgung von Mutterschafen (DLG 1997)

Lebendmasse in kg		60 kg		70 kg		80 kg	
		MJ ME	g RP	MJ ME	g RP	MJ ME	g RP
Leer		9,3	70	10,4	80	11,5	90
Niedertragend		9,3	105	10,4	115	11,5	125
Hochtragend	Einlinge 3 kg	11,8	135	12,9	145	14,0	155
	Einlinge 5 kg	13,5	(155)	14,6	(165)	15,7	(175)
	Zwillinge je 3 kg	14,3	170	15,4	180	16,5	190
	Zwillinge je 5 kg	17,6	(210)	18,7	(220)	19,8	(230)
Laktierend, Milchmenge kg/Tag	1 kg Milch	17,3	220	18,4	228	19,5	235
	2 kg Milch	25,3	360	26,4	368	27,5	375
	3 kg Milch	33,3	500	34,4	508	35,5	515
	4 kg Milch			42,2	648	43,5	657

( ) In Klammer stehende Werte sind interpoliert.

Empfehlungen zur täglichen Mineralstoffversorgung von Mutterschafen (DLG 1997)

		Ca, g	P, g	Mg, g	Na, g
Erhaltung (inkl. Wolle)	70 kg LG	5	4	1	1
Zusätzlicher Bedarf f. Trächtigkeit	Niedertragend	1	0,5	0	0
	Hochtragend, 1 Lamm	4	2	0,5	1
Zusätzlicher Bedarf f. Laktation	1.–8.Woche, 1 Lamm	10	4	1,5	1
	9.–16.Woche, 1 Lamm	5	1	0,5	0,5

12.2.4 Milchschafe

Die Fütterung der Milchschafe unterscheidet sich grundsätzlich nicht von jener der Mutterschafe. Auf Grund der höheren, genetisch veranlagten Milchleistung (bis zu 4 l täglich) sind die Ansprüche an die Grundfutterqualität und die Kraftfutterergänzung noch höher als bei Mutterschafen. Die Lämmer werden häufig nach 14 Tagen vom Mutterschaf abgesetzt und anschließend mit Milchaustauscher aufgezogen.

12.2.5 Mastlämmer

Das Ziel in der Mastlämmerfütterung besteht darin, das genetisch festgelegte Fleischbildungsvermögen auszuschöpfen, um einerseits eine gute Futterverwertung zu erreichen und andererseits qualitativ hochwertige Schlachtlämmer zu produzieren.

a) Vor dem Absetzen

Grundvoraussetzung für gesunde, frohwüchsige Lämmer ist eine ausreichende und rechtzeitige Biestmilchversorgung. Kann das Mutterschaf die Lämmer nicht ausreichend mit Milch versorgen (Drillingsgeburten, Milchmangel, Verstoßen eines Lammes), so soll das kräftigste Lamm nach genügender Biestmilchaufnahme abgespänt werden. Dieses Lamm wird entweder mit Süßtränke (anfangs viermal täglich) oder Sauertränke (zur freien Aufnahme) aufgezogen.
Für die optimale Entwicklung des Lammes ist neben einer ausreichenden Milchleistung des Mutterschafes (Fütterung, Selektion) auch der freie Zugang zu Lämmerkraftfutter (Lämmerschlupf) zu ge-

währleisten. Mehrere Tränkestellen, in der richtigen Höhe platziert, ermöglichen eine ausreichende Wasser- und somit auch Futteraufnahme der Lämmer.

b) Nach dem Absetzen

Das Futteraufnahmevermögen der Lämmer ist niedrig. Je höher der Kraftfutteranteil ist, umso höher ist die Futteraufnahme und somit das Wachstum der Lämmer. Die praxistauglichste Form einer marktgerechten Lämmerproduktion ist die Fütterung im Stall mit Kraftfutter zur freien Aufnahme. Zur Rohfaserergänzung wird Heu oder Stroh vorgelegt. Wird Grassilage eingesetzt, so muss diese ausreichend angewelkt sein (35–40% T).
Auf genügend Fressplätze (max. 6 : 1 bei Kraftfutterautomat), ausreichendes Platzangebot, optimale Futterhygiene sowie reichliche Versorgung mit frischem Wasser ist zu achten.

c) Kraftfutterzusammensetzung

Wird Kraftfutter über Futterautomaten vorgelegt, muss das Entmischen des Futters verhindert werden. Das Beimischen von 1% Futteröl kann hier Abhilfe schaffen. Bei der Auswahl der Kraftfutterkomponenten soll auf Pansenschonung geachtet werden (Trockenschnitzel, Mais...). Der Zusatz von 2% kohlensaurem Futterkalk und 1% Viehsalz (hohe Wasseraufnahme) verhindert die Bildung von Harnsteinen bei Bocklämmern. Zusätzlich soll Viehsalz zur freien Aufnahme angeboten werden.

Der Rohproteingehalt im Lämmermastfutter soll bei Heu oder Strohbeifütterung rund 18% betragen.

Beispielmischungen für Lämmermastfutter

Komponenten	Variante A	Variante B	Variante C
Soja 44	25,0	12,0	-
Erbse	-	12,0	30,0
Rapskuchen	-	12,0	20,0
Gerste	24,5	18,4	20,0
Mais	25,0	20,0	10,0
Trockenschnitzel	20,0	20,0	15,5
Mineralfutter	1,5	1,5	1,5
kohlens. Kalk	2,0	2,1	2,5
Viehsalz	1,0	1,0	1,0
Rapsöl	1,0	1,0	1,0
Summe	100	100	100

Inhaltsstoffe			
MJME	11,1	11,1	11,0
XP in g	178	177	179
Rfa in g	72	80	81
Ca in g	13,2	14,1	15,4
P in g	4,1	4,7	5,2
Na in g	5,6	5,6	5,4
Ca : P	3,2 : 1	3,0 : 1	3,0 : 1

d) Schlachtzeitpunkt

Lämmer werden mit einem Lebendgewicht von 38 bis 45 kg geschlachtet.
Die Schlachtreife hängt jedoch von verschiedenen Faktoren ab:
- **Rasse und Rahmigkeit:** Kleinrahmige und pummelige Typen dürfen nicht zu schwer gemästet werden.
- **Alter:** 3 bis 5 Monate
- **Geschlecht:** Das Schlachtgewicht weiblicher Lämmer muss um 3–5 kg niedriger sein, da sie früher verfetten.
- **Marktanforderungen:** Unterschiedliche Märkte bedingen unterschiedliche Anforderungen an die Schlachtkörpergewichte. In der Regel sind Schlachtkörper von 18 bis 22 kg gefragt.

e) Aufzucht von mutterlosen und früh abgesetzten Lämmern

In der Milchschafhaltung werden die Lämmer sofort oder sehr früh von der Mutter abgesetzt. In der 1. Lebenswoche soll Muttermilch verabreicht werden. Frühestens ab der 2. Lebenswoche kann ein Milchaustauscher eingesetzt werden. Die Umstellung darauf soll in 5 Tagen erfolgen.

• Süße Warmtränke
Die Tagesration muss bei der Warmtränke in der ersten Lebenswoche auf vier Gaben aufgeteilt werden. Die Tränketemperatur beträgt 38 °C und muss genau eingehalten werden. Zu kalte Tränke, zu hohe Milchgaben und eine zu hastige Milchaufnahme durch beschädigte Sauger können Verdauungsstörungen und Blähungen verursachen. Täglich sollen ca. 1,0 bis 1,5 l Milch je Lamm verabreicht werden.

• Sauertränke
Sowohl Milchaustauscher als auch Kuhmilch kann sauer verabreicht werden. Die Säuerung der Milch erfolgt mit Ameisensäure (Dosierempfehlung: 0,3% 85%ige Säure). Die Verabreichung von Sauertränke stabilisiert die Verdauung und hilft gegen Durchfallerkrankungen. Auch bei der Sauertränke sollte eine Mindesttemperatur abhängig vom Alter der Lämmer von 20 °C bei jungen Lämmern bis 15 °C bei älteren Lämmern nicht unterschritten werden, weil sonst die Milchaufnahme sinkt und sich das Wachstum vermindert.

Lämmerkraftfutter und Heu sollen ab der 2. Lebenswoche vorgelegt werden. Nach etwa sechs Wochen können die Lämmer bei einem Mindestgewicht von 15 kg von der Milch abgesetzt werden.

12.3 Züchtung

12.3.1 Entwicklung

Das Hausschaf stammt von Wildschafen, zu welchen der noch vorkommende Mufflon zählt, ab. Die Domestikation liegt ca. 9.000 Jahre zurück.

Die natürliche Auslese durch Veränderungen der Umwelt, auftretende Mutationsformen und der Einfluss der Züchtung ließen viele Rassen mit sehr unterschiedlichen Nutzformen (Wolle, Milch, Fleisch) entstehen.

12.3.2 Rassen

a) Bergschaf

Rassemerkmale mittelgroß bis groß, weiß mit schmalem, geramstem, hornlosem Kopf und Hängeohren. Der Rumpf ist tief und lang mit breiter Brust, breitem Rücken und guter Bemuskelung der Keule. Die Gliedmaßen sind kräftig. Altböcke 100–130 kg, Altschafe 60–80 kg schwer.

Nutzeigenschaften

Brunstzyklus: asaisonal
Fruchtbarkeit: sehr gut (2,2 Lämmer aufgezogen)
Mastleistung: mittelmäßig
Schlachtleistung: mittelmäßig
Wolle: gut (3,5–5 kg/Jahr)

Verwendung: in Reinzucht oder als Mutterlinie für Kreuzungen

b) Merino-Landschaf

Rassemerkmale
mittelgroß bis groß, frohwüchsig, weiß mit Wollschopf und breiten, leicht hängenden Ohren, tiefem breitem Rumpf und guter Bemuskelung. Altböcke 120–130 kg, Schafe 70–90 kg schwer.

Nutzeigenschaften
Brunstzyklus: asaisonal
Fruchtbarkeit: gut bis sehr gut (2,2 Lämmer aufgezogen
Mastleistung: gut bis sehr gut
Schlachtleistung: gut bis sehr gut
Wolle: sehr gut (4–5 kg/Jahr)

Verwendung: in Reinzucht und zur Kreuzung (Mutterlinie)

c) Juraschaf

Rassemerkmale
Sehr ähnlich dem Bergschaf, Farbe kastanienbraun bis schwarz, Kopf etwas weniger geramst, Ohren waagrecht getragen, hornlos, Altböcke 80–100 kg, Schafe 60–70 kg schwer.

Nutzeigenschaften
Brunstzyklus: asaisonal
Fruchtbarkeit: sehr gut (2,2 Lämmer aufgezogen)
Mastleistung: gut
Schlachtleistung: mittelmäßig
Wolle: gut (3–4 kg/Jahr)

Verwendung: in Reinzucht und zur Kreuzung (Mutterlinie), schwarze Farbe ist dominant.

d) Texelschaf

Rassemerkmale

mittelgroß bis groß, frühreif mit weißem Kopf (Nase dunkel) und sehr gedrungenem Körperbau in fleischbetontem Typ. Altböcke 110–130 kg, Schafe 80–100 kg schwer.

Nutzeigenschaften

Brunstzyklus:	saisonal
Fruchtbarkeit:	gut (1,7 Lämmer aufgezogen)
Mastleistung:	sehr gut
Schlachtleistung:	vorzüglich
Wolle:	gut (4–5 kg/Jahr)

Verwendung: vor allem als Vaterlinie (Endstufe) für Kreuzungen zur Verbesserung der Mast- und Schlachtleistung.

e) Schwarzkopf – Fleischschaf

Rassemerkmale

mittelgroß, frohwüchsig, weiß mit schwarzem Kopf und schwarzbraunen Beinen in fleischbetontem Typ (tief, breit mit voller Bemuskelung des Rückens sowie der Innen- und Außenkeule). Altböcke 100–130 kg, Altschafe 70–80 kg schwer.

Nutzeigenschaften

Brunstzyklus:	saisonal mit langer Saison
Fruchtbarkeit:	gut (1,5 Lämmer aufgezogen)
Mastleistung:	sehr gut
Schlachtleistung:	vorzüglich
Wolle:	gut (4–5 kg/Jahr)

Verwendung: vor allem als Vaterlinie (Endstufe) für Kreuzungen zur Verbesserung der Mast- und Schlachtleistung.

f) Ostfriesisches Milchschaf

Rassemerkmale

großrahmig, sehr frühreif, weiß mit langem unbewolltem Schwanz und viel Rumpf. Altböcke 90–120 kg, Altschafe 70–80 kg schwer.

Nutzeigenschaften

Brunstzyklus:	saisonal mit langer Saison
Fruchtbarkeit:	sehr gut (2,0 Lämmer aufgezogen)
Milchleistung:	sehr gut (600 kg Milch mit 5,7% Fett, 5% Eiweiß)
Wolle:	gut (4–5 kg/Jahr)

g) Lacaune Milchschaf

Rassemerkmale

Mittelschwer bis schwer mit langem und schlankem Kopf mit geradem oder leicht ramsigem Profil.
Die Ohren sind lang und horizontal abstehend. Der Rumpf ist lang und voluminös mit breitem Rücken und deutlicher Rippenwölbung. Altböcke 100–120 kg, Altschafe 70–80 kg.

Nutzeigenschaften

Brunstzyklus:	saisonal
Fruchtbarkeit:	mäßig
Milchleistung:	sehr gut
Wolle:	

h) Generhaltungsrassen

• Alpines Steinschaf

Es ist ein feingliedriges, kleines bis mittelgroßes Gebirgsschaf mit breitem und tiefem Körper. Die bei beiden Geschlechtern häufig auftretende Mähnenbildung im Brust- und Nackenbereich ist ein Zeichen des ursprünglichen Rassetyps.

• Braunes Bergschaf

Es ist eine mittelgroße, einfarbig cognac- bis dunkelbraune Rasse mit kräftigen Beinen. Die Wolle ist leicht gekräuselt. Männliche und weibliche Tiere sind hornlos.

• Kärntner Brillenschaf

Das Kärntner Brillenschaf war bis zum 2. Weltkrieg die weitverbreitetste Rasse in der Region Südkärnten und Slowenien.

• Krainer Steinschaf

Es ist ein klein- bis mittelrahmiges Milchschaf, feingliedrig, mit geradem Nasenprofil und kurzen, waagrecht stehenden Ohren.

• Tiroler Steinschaf

Es ist ein bodenständiges, gebirgstaugliches Schaf mit bemerkenswerter Fruchtbarkeit.

• Waldschaf

Es ist ein kleines bis mittelgroßes, vorwiegend weißes Schaf. Es kommen aber auch schwarze, braune oder gescheckte Tiere vor.

• Zackelschaf

Das Zackelschaf – oder wie es ursprünglich heißt: Rackaschaf – ist ein kleines, robustes, lebhaftes und scheues Zweinutzungsschaf mit den Farbschlägen weiß und schwarz.

Weitere Infos mit Bildern finden Sie bei Arche Austria, www.arche-austria.at.

12.3.3 Leistungsprüfungen

a) Zuchtleistung

Sie wird für die Herdebuchtiere aller Rassen über den Kontrollverband erhoben.
Z. B. 5,7 / 9 / 24 / 22 / AI 170 / ELA 404 / ZLZ 211 / Z 40%

5,7	– Alter in Jahren
9	= Zahl der Ablammungen
24	= Geborene Lämmer
22	= Aufgezogene Lämmer
AI 170	= Aufzuchtindex (100 = Populationsmittel)

ELA	= Erstlammalter in Tagen
ZLZ	= Durchschnittliche Zwischenlammzeit in Tagen
Z 40	= Zwillingsgeburten in %

b) Mast- und Schlachtleistung

In den Bundesländern werden unterschiedliche Formen der Mast- und Schlachtleistungsprüfung eingesetzt. Alle derzeit durchgeführten Prüfungen erfolgen am Lebendtier.

• Prüfung mit Ultraschall

Diese Prüfung erfolgt zwischen dem 90. und 120. Lebenstag und bei einem Lebendgewicht zwischen 35–45 kg bei den männlichen und 30–40 kg bei den weiblichen. Mittels der Ultraschallprüfung können die Fettdicke und Muskeldicke an genau definierten Stellen am Lebendtier gemessen werden.

• Prüfung mit Computertomograph (CT)

Diese Form der Leistungsprüfung ist an Genauigkeit der US-Prüfung überlegen. Sie wurde in Oberösterreich von 2000 bis 2011 durchgeführt, aus Kostengründen jedoch eingestellt.

Indexberechnung: Der Gesamtindex wird aus den Parametern tägliche Zunahme, Fett-, Muskel- und Körperindex berechnet. Zuchttauglich sind alle Tiere, die sowohl bei den Einzel- als auch beim Gesamtindex zumindest den Wert 90 erreichen. Die Parameter Fett, Muskel und Körper werden auf ein rassen- und geschlechtsspezifisches Durchschnittsgewicht korrigiert.

c) Milchleistung

Sie wird für die Herdebuchtiere der Milchschafrassen über den Kontrollverband erhoben. Die Standardlaktation beträgt 240 Tage.
Z. B. 3j. 595 / 5,8 / 4,4 / 61-HL.3.240 / 792 / 5,9 / 4,4 / 81

3j.	= Durchschnittsleistung von 3 Laktationen
595	= kg Milch
5,8	= Fett-%
4,4	= Eiweiß-%
61	= Fett u. Eiweiß kg
HL.3	= Höchstleistung 3. Laktation

12.3.4 Exterieurbeurteilung

Die Herdebuchtiere aller Rassen werden nach folgenden Kriterien beurteilt:

Körper
Wolle
Bemuskelung
Euter (nur für Milchschafe)
Die Beurteilung erfolgt nach Noten von 1 bis 9 (= beste Bewertung).

12.3.5 Zuchtmethoden

Für die Herdebuchzucht ist bei allen Rassen Reinzucht gegeben. Für die Mastlämmerproduktion hat sich die Gebrauchskreuzung von Mutterlinienrassen (hohe Fruchtbarkeit im asaisonalen Brunstrhythmus) mit Vaterlinienrassen (hohe Mast- und Schlachtleistung) bestens bewährt. Bei Merinoschafen wird die Mastlämmerproduktion häufig in Reinzucht betrieben.

12.4 Vermarktung

Die Vermarktung der verschiedensten Produkte in der Schafhaltung erfolgt einerseits direkt und andererseits über regionale Erzeugergemeinschaften. In dieser herrschen unterschiedliche Produktionsrichtlinien. Eine österreichweite Erzeuger- und Vermarktungsgemeinschaft ist im Aufbau. Der Trend geht von der Lebendvermarktung zur Totvermarktung mit Klassifizierung der Schlachtkörper, wodurch der Qualitätsanspruch an die Mastlämmer steigt.

12.5 Tiergesundheit – Schaf und Ziege

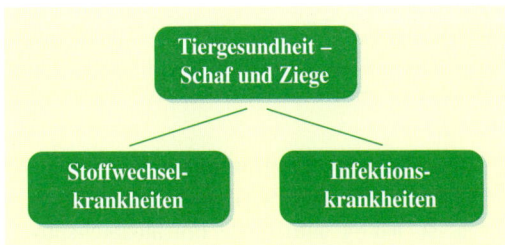

12.5.1 Stoffwechselkrankheiten

a) Krankheiten der Verdauungsorgane

Grundsätzlich gelten für Schaf und Ziege als Wiederkäuer sinngemäß die gleichen Prinzipien und Ursachen wie für die Rinder, da die Verdauungssysteme ähnlich aufgebaut sind.

• Trächtigkeitstoxikose
Die Trächtigkeitstoxikose ist eine im letzten Drittel der Trächtigkeit auftretende Erkrankung, besonders bei Mehrlingsträchtigkeit, verbunden mit hohen Verlusten.
Ursache: Die Krankheit ist eine Störung des Kohlenhydratstoffwechsels und führt zu einem Energiemangel und einer Ketose. Schafe besitzen als Wiederkäuer nur eine geringe Glukose- und Glykogenreserve. 40% des Glukoseumsatzes eines hochträchtigen Muttertieres werden zur Deckung des Glukosebedarfes der Früchte benötigt.
Zusätzliche Belastungsfaktoren sind:
- Bewegungsmangel: kein Abbau der Ketonkörper
- Schlechte Fütterung
- Längerer Transport bzw. lange Wanderungen trächtiger Tiere
- Plötzlicher Witterungswechsel führt zu Futterentzug mit darauf folgendem Energiemangel.
- Alter: durch wiederholte Trächtigkeiten nimmt der Grad der Leberverfettung zu.

Symptome: Absonderung der kranken Tiere, längere Liegeperioden, verminderte Pansenmotorik, eingeschränkte Futter- und Wasseraufnahme, auffallend langsames Kauen. Im Harn ist der Ketonkörpernachweis +++ positiv.
Schwere Form: Festliegen, Muskelzuckungen, Herz- und Atemfrequenzerhöhung, verminderte Pansenmotorik, trockener mit Schleim überzogener Kot.
Therapie: Gaben von je 30–50 g Propionat. Schwere Form: Glukoselösung mit Vitamin B-Komplex und Aminosäurelösungen, Kalziumlösungen.
Vorbeugung: Leistungsgerechte Fütterung der trächtigen Schafe und Ziegen, kein plötzlicher Futterwechsel, täglicher Auslauf, Zufütterung von 10 g Propionat/Tier und Tag in gefährdeten Betrieben.

b) Sonstige Krankheiten

• Labmagenbezoare
Labmagenbezoare sind Haarknäuel (Magensteine) und entstehen durch Verfilzung der Haare im Magen. Sie führen bei Sauglämmern und -kitzen zu chronischen Verdauungsstörungen und sind eher bei langwolligen Rassen zu finden. Sie bestehen entweder aus Pflanzenfasern oder Wollhaaren. Die Lämmer/Kitze haben wechselnde Fresslust, kümmern und können kolikartige Schmerzen zeigen. Vorbeugend kann man gegen Hautparasiten behandeln, genügend Raufutter geben, bei bereits vorhandenem Verdacht auf Bezoare kann die mehrmalige Eingabe von Speiseöl Linderung herbeiführen.

• Harnsteine
Harnsteine kommen vor allem in der Niere und Harnblase bzw. harnableitenden Organen vor. Sie betreffen besonders männliche Tiere und können bei hohen Schmerzen durch Verlegung der Harnwege zu Harnrückstau und bis zum Tode führen. Die Ursachen liegen in der Übersäuerung durch hohen Kraftfutteranteil und bei hohem P-Gehalt.
Genügend Viehsalz und ständige Wasseraufnahme sind wichtig.

12.5.2 Infektionskrankheiten

a) Parasiten

Neben den durch Einzeller ausgelösten Krankheiten wie Kokzidiose oder Babesiose (Weiderot, Blutharnen) sind vor allem Wurmkrankheiten von

Bedeutung. Großer und kleiner Leberegel, Bandwürmer und Magen-Darm-Würmer sowie Lungenwürmer führen bei kleinen Wiederkäuern zu schweren Krankheiten. Neben der direkten Bekämpfung durch Entwurmung ist das hygienische Umfeld durch Weidemanagement, Unterbrechung der Infektionskette und Verhinderung der Neuinfektion besonders zu beachten.

Lebenszyklen von Würmern und Großem Leberegel siehe Rind.

b) Bakterielle Erkrankungen

• Durchfallerkrankungen
Als Durchfallerreger spielen vor allem Clostridienbakterien eine bedeutende Rolle. Unterarten dieser Gruppe sind auch für Rauschbrand und Tetanus verantwortlich.

• Breinierenkrankheit
Sie zählt zu den verlustreichsten Krankheiten bei Saug- und Mastlämmern.
Ursache: Clostridienbakterien bzw. deren Toxine kommen im Erdboden und Einstreu vor und werden als Sporen von den Lämmern aufgenommen.
Krankheitsentstehung: Gerade Lämmer in gutem Ernährungszustand sind besonders gefährdet. Die Weideform tritt im Frühjahr auf jungen, rohfaserarmen Weiden auf, die Stallform nach Aufnahme großer Mengen Milch oder Kraftfutter. Es kommt zu einer schnellen Vermehrung der Keime mit Giftproduktion im Dünn- und Dickdarm.
Symptome: Die Tiere liegen fest, haben Krämpfe, Blutungen und Durchfall oder werden meist verendet vorgefunden; eine Behandlung ist nicht möglich.
Vorbeugung: Es empfiehlt sich die Impfung gefährdeter Tiere ab der 4. Woche gemeinsam mit Tetanus; auch eine Immunisierung der tragenden Mutterschafe ist möglich.

• Brucellose (Infektiöser Abortus)
In den meisten Fällen verläuft die Infektion beim Schaf symptomlos, der Abort verläuft oft ohne Störung des Allgemeinbefindens. Die als Maltafieber des Menschen gefürchtete Brucella-melitensis-Infektion ist eine gefährliche Zoonose. Die im Anschluss an die Infektion auftretende Immunität der

Schafe und Ziegen verhindert weitere Verwerfensfälle, die dann nur bei neu zugekauften auftreten. Bei Böcken kommen gelegentlich Hodenentzündungen vor. In Einzelfällen können auch Gelenkserkrankungen entstehen. Ein periodisches Untersuchungs- und Bekämpfungsprogramm sowie seuchenhygienische Vorkehrungen beim Zukauf sichern die Freiheit des Betriebes ab.

• Brucella ovis – Programm
Der Anlass für die Brucella-ovis-Untersuchungen ist, häufig auftretende Fruchtbarkeitsprobleme und den damit verbundenen wirtschaftlichen Schaden zu verhindern.
Ursachen: Tierverkehr, Versteigerungen, Sammelauftriebe, Vatertieraustausch
Maßnahmen:
- Untersuchung aller Zuchtwidder vor dem Deckeinsatz bzw. vor Absatzveranstaltungen und Sammelauftrieben
- sofortige Schlachtung der positiven Tiere
- kontrollierte Untersuchungsmaßnahmen im Rahmen der Brucella-Verordnung

• Brucella melitensis – Programm
In Hinblick auf die gesundheitlichen Auswirkungen der Krankheit auf Mensch und Tier wird der Brucella melitensis ein besonderes Augenmerk geschenkt.
Nachdem trotz umfangreicher Untersuchungsmaßnahmen in den letzten zehn Jahren keine Fälle von Brucella melitensis aufgetreten sind, wurde ein Antrag bei der EU-Kommission auf die Führung des Veterinärstatus „Freiheit von Brucella melitensis" eingebracht und nach positiver Bewertung des Antrages beschlossen.

• Listeriose
Von den Haustierarten erkranken am häufigsten Schafe an den verschiedensten Ausbildungsformen. Infektionsquellen sind Dauerausscheider. Die größte Bedeutung hat die Gehirnlisteriose. Die klinischen Symptome sind Bewegunsstörungen u. a. des Kopfes, aber auch Aborte können vorkommen. Vorbeugend sind hygienisch einwandfreie Futtermittel, gute Gärqualität bei Silagen und die Futtertroghygiene wichtig.

• Moderhinke

Die Moderhinke ist eine hochansteckende Klauenkrankheit und von großer wirtschaftlicher Bedeutung. Zwei Bakterienarten, die jahrelang bestehen können, sind für das Entstehen dieser Klauenkrankheit verantwortlich. Infizierte Zukauftiere, schlechte Klauenpflege und Treiben auf bereits infizierten Wegen sind häufige Infektionsquellen. Feuchte Wege und Weiden sowie Verletzungen können ebenfalls die Moderhinke fördern. Die Tiere lahmen, das Klauenhorn ist geschädigt, die Klauenlederhaut entzündet. Hochgradig erkrankte Tiere müssen geschlachtet werden. Bei den anderen muss das kranke Horn vollständig entfernt werden. Die Wunden müssen desinfiziert und mit Antibiotika behandelt werden. Eine Impfung ist nur vorbeugend möglich. Nach der Klauenpflege soll die Herde durch ein drei bis fünf prozentiges Kupfersulfat-Formalinbad getrieben werden. Auf vorbeugende Maßnahmen ist besonderer Wert zu legen.

• Chlamydiose

Die bakterienähnlichen Chlamydien können zu infektiösen Aborten, Lungen- und Gelenksentzündungen besonders bei Jungtieren führen.

• Q-Fieber (Queensland-Fieber)

Diese spezielle, grippeähnliche Erkrankung ist eine Zoonose mit gelegentlichen Aborten. Eine spezielle Untersuchung ist zur Erkennung notwendig, das Ansteckungsrisiko für gefährdete Personengruppen (Zoonose) ist gegeben (Almpersonal, Geburtshelfer).

c) Virale Erkrankungen

• Lippengrind

Der Lippengrind ist eine pockenähnliche Erkrankung an den Lippen und den Mundwinkeln, der Nase sowie an Euter und Klauen. Er ist eine Zoonose und verursacht große Schäden in den betroffenen Herden.

• Maedi Visna

Damit bezeichnet man eine Gelenks- oder Gehirnkrankheit mit einer langsam fortschreitenden Lungenentzündung. Das Virus wird mit der Kolostralmilch und der Atemluft übertragen, erste Erkrankungshinweise sieht man bei Schafen und Ziegen ab

zwei Jahren. Visna ist eine chronische und unheilbare Gehirnkrankheit, die zu Bewegungsstörungen und Abmagerung führt. Der Zukauf darf nur aus von dieser Krankheit freien Zuchtherden erfolgen, periodische Untersuchungen führen im negativen Falle zur Anerkennung als freier Bestand.

• Maedi visna – Bekämpfungsprogramm

Aufgrund umfassender Untersuchungsmaßnahmen in den letzten Jahren konnten unterschiedliche Referenzen für die Ansteckung von Maedi visna innerhalb der einzelnen Rassen festgestellt werden.

Untersuchungsintervalle nach Rassen:
- *Texel- und Milchschafrassen*
Bestandsuntersuchung (aller Tiere über einem Jahr) im Zweijahresturnus
- *Bergschafe*
Alle auf Landes- oder Bundesversteigerungen aufgetriebenen Widder werden untersucht.
- *Alle übrigen Rassen*
Bestandsuntersuchung (alle Tiere über einem Jahr) im Dreijahresturnus

Maßnahmen beim Auftreten von positiven Tieren:
- Tötung der betroffenen Tiere
- Verkaufsverbot (Ausnahme Schlachtung)
- Untersuchung des Tierbestandes nach Ausmerzung der positiven Tiere
- Untersuchungen im Abstand von 6 Monaten
- Treten keine positiven Tiere mehr auf, so ist der Betrieb wieder als „Maedi Visna frei" zu bezeichnen.

• CAE (Caprine Arthritis-Enzephalitis, Ziegengelenks- und Gehirnkrankheit)

Der Erreger ist eng mit dem Maedi-Visna-Virus verwandt und wird lebenslang über die Milch ausgeschieden. Eine direkte Übertragung über Milch und Deckakt ist möglich. Chronische Gelenksentzündungen („dickes Knie"), Abmagerung, Euterentzündungen oder Bewegungsstörungen bei Jungtieren können bei Ziegen festgestellt werden. Eine regelmäßige Untersuchung der Herde ist auch hier empfehlenswert, da nur ca. 20% der infizierten Kitze erkranken.

• CAE-Bekämpfung in Österreich

- Alle im Bestand befindlichen über ein Jahr alten Ziegen werden auf Vorliegen von AK gegenüber CAE untersucht.
- Die Grunduntersuchung eines Bestandes umfasst drei Untersuchungen in Zeitabständen von sechs Monaten. Zukäufe dürfen nur aus amtlich anerkannten CAE freien Beständen stammen.
- Serologisch positive Ziegen sowie deren Nachkommen werden durch Lochung im linken Ohr gekennzeichnet und innerhalb von drei Monaten der Schlachtung zugeführt.
- Der Verkauf seropositiver Tiere, ausgenommen zur Schlachtung, ist verboten.

• Scrapie

Die auch als Traberkrankheit bezeichnete, tödlich verlaufende Erkrankung des Gehirn-Rückenmarkes wird über Nachgeburtsteile übertragen. Ein Zusammenhang mit BSE wird für möglich gehalten.

• Scrapie – Bekämpfungsprogramm

Die EU führt Überwachungsmaßnahmen in jedem Mitgliedsstaat durch:

- Im Abstand von drei Monaten werden alle Schafe betroffener Betriebe und deren Kontrollbetriebe klinisch vom Amtstierarzt auf Scrapie untersucht.
- Die Gehirne aller Schafe über zwölf Monate, die aus betroffenen Staaten importiert wurden, werden getestet.
- Mindestens 50 Tiere einer Schafrasse müssen genotypisiert und ein Resistenzzuchtprogramm muss begonnen werden.

• MKS
➡ Siehe Kap. 11.4.2, Infektionskrankheiten Band 2, Seite 165

• Blauzungenkrankheit
➡ Siehe Kap. 11.4.2, Infektionskrankheiten Band 2, Seite 166

• BSE
➡ Siehe Kap. 11.4.3, Sonstige Krankheiten Band 2, Seite 169

d) Überblick: Infektionskrankheiten der Schafe und Ziegen

Krankheit	Zoonose	Anzeige-pflicht	Impfung	Schlachtung bzw. Keulung im Krankheitsfall		Fleischtaug-lichkeit	Milchver-wendbarkeit
				Bestand	Einzeltier		
Tuberkolose	ja	ja	nein		x	nein	ja [1]
Blauzungen-krankheit	nein	ja	ja			ja	ja
Brucellose*	ja	ja	nein		x	nein	ja [1]
Listeriose	(ja)	nein	nein		x	nein	nein
Chlamydiose	(ja)	nein	nein		x	ja	(ja)
Q-Fieber	ja	nein	nein		x	ja	(ja)
Lippengrind	(ja)	nein	ja		x	ja	ja
Maedi Visna*	nein	nein	nein		x	ja	ja
CAE*	nein	nein	nein		x	ja	ja
Scrapie	ja?	ja	nein	x		nein	nein
MKS	(ja)	ja	nein	x		nein	(nein)

*freiwilliges Bekämpfungsprogramm in Zuchtbetrieben aufgrund der Empfehlung der österreichischen Zuchtverbände.
(ja) = in Ausnahmefällen möglich   ja? = Übertragung nicht gesichert
ja [1] nach Pasteurisierung für den menschlichen Verzehr geeignet

13. Ziege

13.1 Haltung

Ziegen werden hauptsächlich zur Milchgewinnung gehalten. Die Ziegenmilch wird häufig auf den Betrieben direkt zu Käse und Joghurtprodukten verarbeitet. Heute erwirtschaften einige Spezialbetriebe das Haupteinkommen aus der Ziegenhaltung, während früher die Ziege in erster Linie die „Kuh des armen Mannes" war.

13.1.1 Betriebsformen

Folgende Betriebsformen kommen vor:
- Milcherzeugung mit eigener Nachzucht (eventuell kombiniert mit Kitzenmast)
- Herdebuchzucht mit Milcherzeugung
- Fleischerzeugung (z. B. Burenziege)

13.1.2 Haltungsanforderungen

a) Verhaltensweisen

- Ziegen sind gesellig, lebhaft und intelligent, zeigen aber viel Individualismus. Sie haben eine saisonale Brunst im Herbst. Die Anwesenheit eines Bockes in der Herde oder im Stall begünstigt das Auftreten der Brunst und das Befruchtungsergebnis. Geschlechtsreife Ziegenböcke haben einen penetranten Geschlechtsgeruch (Horndrüsen), der während der Brunstzeit besonders stark ist.
- Bei der Nahrungsaufnahme sind Ziegen wählerisch – sie bevorzugen Kräuter, Klee, Laub und Sträucher etc.
- Beim Ausruhen werden mit Vorliebe erhöhte Positionen eingenommen.
- Ziegen werden auch von Schafbetrieben als Ammentiere für verstoßene Lämmer verwendet. Sie haben eine sehr hohe Persistenz und können über mehrer Jahre Milch geben.

b) Anforderungen an Weide und Stall

Weidehaltung: Je Hektar Futterfläche können sieben bis acht Ziegen gehalten werden. Die eine Hälfte dieser Fläche dient als Weide oder zur Grünfutternutzung, die andere für die Winterfütterung. Der Weidezaun muss ca. 1,2 m hoch und schlupfsicher sein. Auch Tüdern (Anpflocken auf der Weide) wird für kleinere Bestände praktiziert.
Stallhaltung: Vielfach werden Ziegen ganzjährig im Stall gehalten. Der Raumbedarf beträgt: 1,1 bis 1,5 m² je Ziege bzw. 0,5 m² je Kitz.

13.1.3 Pflege

a) Körperpflege

Reichlich Einstreu im Stall ist eine wesentliche Voraussetzung für gesunde, saubere Tiere und hygienische Milchgewinnung. Ein regelmäßiges Bürsten der Tiere sowie die Bekämpfung von aufgetretenen Parasiten und eine einmal jährlich durchgeführte Stalldesinfektion sind notwendige Maßnahmen.

b) Klauenpflege

Die Klauen müssen jährlich mindestens einmal geschnitten werden.

13.1.4 Fortpflanzung

a) Paarung

Die Zuchtreife erlangen Jungtiere im Alter von sieben bis neun Monaten. Die Brunst tritt saisonal zwischen September und Dezember in Abständen von 21 Tagen auf und dauert jeweils ungefähr 30 Stunden.
Das Decken erfolgt in der zweiten Halbzeit der Brunst. Auch eine künstliche Besamung ist möglich.

b) Trächtigkeit

Die durchschnittliche Trächtigkeitsdauer beträgt 152 Tage, bei Zwergziegen 143 Tage. Ein Progesterontest kann, wie bei der Kuh, zur Kontrolle der Fortpflanzungsfunktionen herangezogen werden.
Ein Suchbock kann nichtträchtige Tiere erkennen, ein Progesterontest aus Blut oder Milch kann den Zyklus beschreiben. Am sichersten ist die Ultraschalluntersuchung ab dem 24. Tag oder der PAG-Test aus Blutserum ab dem 28. Tag.

c) Geburt

Im Allgemeinen erfolgt die Geburt problemlos. Die Zahl der Kitze je Wurf schwankt und zeigt bei milchbetonten Rassen folgende Tendenz: 23% Einlinge, 57% Zwillinge, 18% Drillinge und 2% mehr als 3 Kitze. Das Geburtsgewicht je Kitz liegt zwischen 2,5 und 5,0 kg.

d) Aufzucht

Die Aufnahme von Biestmilch rasch nach der Geburt fördert die Abwehrbereitschaft der Kitze gegen Infektionskrankheiten. Für eine normale Entwicklung der Kitze ist viel Bewegung, möglichst im Gelände, von großem Vorteil.

13.2 Fütterung

13.2.1 Allgemeine Grundsätze

Ziegen haben sehr ähnliche Futteransprüche wie Schafe und Rinder. Der TM-Verzehr aus dem Grundfutter beträgt je 100 kg Lebendmasse zwischen 1,6 und 2,3 kg.

a) Grundfutter

In der Vegetationszeit soll man möglichst blattreiches Saftfutter und im Winter gute Silagen verabreichen. Dazu soll immer etwas Heu angeboten werden.

b) Kraftfutter

Es gelten die gleichen Fütterungsregeln wie beim Schaf. Der Kraftfuttereinsatz erfolgt je nach zu verabreichender Menge mit langsamer Gewöhnung. Bei Mengen von mehr als 0,5 kg je Mahlzeit soll die Verabreichung in zwei Teilgaben erfolgen.

c) Mineralfutter

Es können alle Mineralstoffmischungen für Rinder eingesetzt werden, wenn das Ca : P-Verhältnis der Futterration angepasst ist. Eine Tagesmenge von 10 bis 20 g (abhängig von der Milchleistung) ist einzusetzen. Sehr wichtig ist eine ausreichende Versorgung mit Viehsalz in Mengen von rund 5–10 g je Tier und Tag.

13.2.2 Bedarfswerte

Empfehlungen zur Versorgung von Milchziegen mit Energie (MJ NEL), Rohprotein (XP in g) und den Mengenelementen Ca und P

	T-Aufnahme	MJ NEL	Rohprotein g	Calcium g	Phosphor g
Erhaltungsbedarf	1,0–1,2	6,3	70	4,5	2,8
Bildung von Körperreserven	1,8	8,5	125	6,0	4,0
Trächtigkeit im 4. Monat	1,9	9,0	140	7,5	4,5
im 5. Monat	2,1	12,3	220	8,8	6,0
Leistung 1 kg Milch	2,0	9,2	145	6,5	4,2
2 kg Milch	2,2	12,1	220	8,5	5,6
3 kg Milch	2,5	15,0	295	10,5	7,0
4 kg Milch	2,8	17,9	370	12,5	8,4
5 kg Milch	3,0	20,8	445	14,5	9,8
6 kg Milch	3,2	23,7	520	16,5	11,2

Empfehlung zur Versorgung von Zuchtkitzen mit Energie (MJ NEL) und Rohprotein (XP in g)

Alter	Tagesbedarf MJ NEL	Tagesbedarf Rohprotein g	täglicher Zuwachs g	Lebendmasse kg	Sonstiges
Geburt				3,5	
1. Monat	4,2	130	200	9,5	
2. Monat	4,9	135	180	14,9	
3. Monat	5,6	135	160	19,7	
4. Monat	6,0	130	140	23,9	
5. Monat	6,2	125	120	27,5	
6. Monat	6,4	120	110	30,8	
7. Monat	6,8	120	110	34,1	
8. Monat	7,0	125	100	37,1	Decken
9. Monat	7,4	130	100	40,1	
10. Monat	8,1	140	90	42,8	
11. Monat	9,0	150	90	45,5	
12. Monat	10,0	163	80	47,9	
13. Monat	10,9	180	70	50,0	Gewicht
14. Monat	11,8	195	60	51,8	nach dem Ablammen

Mastkitze benötigen um 15–20% mehr Nährstoffe als Zuchtkitze.

13.2.3 Fütterungspraxis

a) Milchziegen

Zu Grundfutter guter Qualität (25% Rfa) erfolgt je nach Milchleistung folgende Kraftfutterzuteilung:

Milchmenge	Kraftfuttermenge
1 kg	0,0 kg
2 kg	0,3 kg
3 kg	0,6 kg
4 kg	1,0 kg
5 kg	1,5 kg
6 kg	bis 2,0 kg

b) Zuchtkitze

Bis zu einem Alter von ca. vier Wochen können Zucht- und Mastkitze gleich ernährt werden. Muttermilch, eventuell ab der 2. Lebenswoche Milchaustauschertränke und kleine Gaben Kraftfutter stellen die Nahrung dar.
Ab der 5. Lebenswoche wird die Milchgabe vermindert und gutes Heu, Kraftfutter und langsam auch Saftfutter verabreicht. Weibliche Zuchtkitze sollen täglich ca. 0,5 kg, Bockkitze bis 1 kg Kraftfutter bekommen. Zusätzlich werden 10 g Mineralstoffmischung und etwas Salz verabreicht. Weibliche Zuchtkitze sollen im Alter von drei Monaten ca. 20 kg, Bockkitze 25 bis 30 kg Lebendmasse erbringen.

c) Mastkitze

Ziegen werden mit reiner Vollmilch (tgl. bis 3 kg), aber auch mit Kraftfutter gemästet. Zusätzlich ist die Verabreichung von Heu notwendig. Das Mastendgewicht liegt bei rund 20 kg.

13.3 Züchtung

13.3.1 Entwicklung

Ziegen zählen zu den ältesten Haustieren. Hinweise belegen, dass sie bereits ungefähr 8.000 Jahre vor Christus domestiziert worden sind. Die ursprüngliche Heimat dürfte Palästina und Persien gewesen sein. Die Genügsamkeit der Ziege hat vermutlich sehr wesentlich zu ihrer starken Verbreitung beigetragen.

13.3.2 Rassen

Die Rassenzucht mit Leistungszielen und Bewertung der Zuchttiere begann in Europa vor ca. 100 Jahren.

a) Zur Milcherzeugung

• Saanenziege
Weiß, weitgehend kurzhaarig, hornlos oder gehörnt. Häufig finden sich am ganzen Körper Pigmentflecken, die aber nur die Haut betreffen.
Die Saanenziege ist ein Umsatztyp mit hohen Futter- und Haltungsansprüchen, sehr guter Milchleistung und guter Fruchtbarkeit.

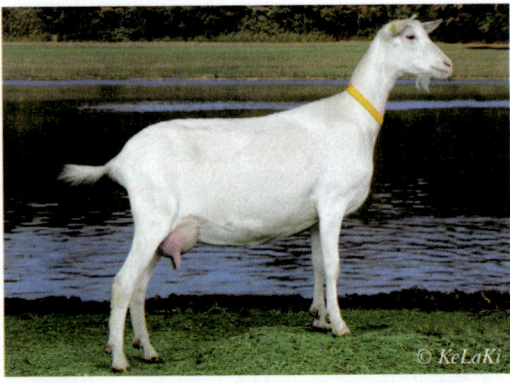

• Bunte Edelziege
hell- bis schwarzbraun mit dunklem Aalstrich auf dem Rücken und ebensolcher Beinfarbe, glatthaarig, vorwiegend hornlos.

Bunte
Edelziegen

• Weiße Edelziege
weiß, glatthaarig, vorwiegend hornlos, ein leichter rotbrauner Schimmer am Hals wird geduldet.

• Toggenburger Ziege
kleinere, zarte, mausgraue bis hell braungraue Rasse mit etwas längerer Behaarung, hornlos oder gehörnt.

b) Zur Fleischerzeugung

• Burenziege
kräftig gebaute, gut bemuskelte Rasse, weiß mit rotbraunem, geramstem Kopf, zumeist gehörnt. Diese Rasse kommt von Afrika und wird als Kreuzungspartner für bessere Fleischleistung eingesetzt.

c) Generhaltungsrassen

• Blobe Ziege
Sie ist eine kräftig gebaute, mittelgroße bis große, stämmige Gebirgsziege. Der Name Blobe (tirolerisch blau) steht für die teilweise blau-graue Grundfarbe.

• Gemsfärbige
  Gebirgsziege
Sie ist eine mittel- bis großrahmige Ziege mit einer kurzen, glatt anliegenden Behaarung am ganzen Körper. Die Farbe ist kastanien- bis dunkelbraun mit einem typisch schwarzen Aalstrich.

• Pfauenziege
Sie ist eine mittel- bis großrahmige, in beiden Geschlechtern gehörnte Bergziegenrasse. Die Bezeichnung Pfau leitet sich von pfafen ab und bedeutet im Rätoromanischen gefleckt.

• Pinzgauer
  Strahlenziege
Sie ist eine mittelgroß- bis großrahmige, stämmige Gebirgsrasse mit tiefem, breitem Körper und kräftigem Fundament. Charakteristisch ist die scharf abgegrenzte Strahlenzeichnung im Gesichtsfeld und unterhalb der Sprunggelenke.

• **Pinzgauer Ziege**

Sie ist eine großrahmige, ausschließlich gehörnte Gebirgsziege mit kräftigem Fundament. Die Farbe ist braun mit schwarzem Aalstrich, der Kopf mit schwarzer Maske.

• **Steirische**
  Scheckenziege

Sie ist eine mittelrahmige alteingesessene Bergziegenrasse der Südsteiermark. Die Zeichnung ist braun-schwarz-weiß oder nur schwarz-weiß gescheckt.

• **Tauernschecken**
  Ziege

Sie ist eine mittelrahmige, in Österreich heimische Gebirgsziege mit stabilem Fundament. Sie ist robust, langlebig und trittsicher. Beide Geschlechter sind gehörnt.

Weitere Infos mit Bildern finden Sie bei Arche Austria, www.arche-austria.at.

13.3.3 Leistungen

a) Milch

Milchziegen können jährlich das 12- bis 20fache ihrer Lebendmasse an Milch bringen. Die Milch ist fett- und eiweißärmer als Kuhmilch. Laktationsleistungen: 500–1.200 kg Milch mit 3,4–3,8% Fett und 2,7–3,0% Eiweiß.
Milchziegen werden in der Herdebuchzucht der amtlichen Leistungskontrolle unterzogen. Die Standardlaktation umfasst 270 Melktage.

Beispiel für einen Betriebsdurchschnitt:
135 / 3,4 / 687 / 3,39 / 24 / 2,94 / 20 / 44

135	=	Anzahl der Vollabschlüsse
3,4	=	durchschnittliche Laktationszahl
687	=	durchschnittliche Milch-kg je Laktation
3,49	=	durchschnittliche Fett-%
24	=	durchschnittliche Fett-kg
2,94	=	durchschnittliche Eiweiß-%
20	=	durchschnittliche Eißweiß-kg
44	=	durchschnittliche Fett- und Eiweiß-kg

b) Fleisch

Gemästet werden vorwiegend die für die Remonte (= Nachzucht) nicht benötigten Kitze bis zu einer Lebendmasse von 10 bis 20 kg. Bei männlichen Kitzen kann ein durchschnittlicher Tageszuwachs von 275 g, bei weiblichen von 240 g erreicht werden. Das Ausschlachtungsergebnis ohne Kopf beträgt ca. 52%.

13.4 Vermarktung

Die Vermarktung der Produkte aus der Ziegenproduktion erfolgt zu einem überwiegenden Teil direkt ab Hof. Ziegenkitze werden großteils in der Osterzeit vermarktet. Einige Spezialbetriebe liefern auch an Molkereien.

14. Dam- und Rotwild

14.1 Haltung

a) Herkunft

Beide gehören zu den echten Hirschen und zählen nach ihren Verdauungsfunktionen zu den Wiederkäuern. Sie sind eindeutig noch als Wildtiere anzusprechen.

Die ursprüngliche Heimat des Damwildes lag im klimatisch milden, waldreichen Gebiet des südlichen Europas und in Kleinasien, die des Rotwildes im nördlichen Indien.

Bei beiden Arten werden erwachsene männliche Tiere als Hirsch, weibliche als Tier bezeichnet. Für Jungtiere gelten die Bezeichnungen Kalb, später für weibliche Schmaltier und männliche Spießer. Erwachsene männliche Tiere sind den weiblichen in Größe und Gewicht um 20 bis 40 % überlegen.

b) Nutzung

In jüngerer Zeit werden **sowohl Dam- als auch Rotwild** zur Nutzung von extensiven, schwer bearbeitbaren Grünflächen **in Form von Gehegehaltung** herangezogen und tragen dazu bei, die Kulturlandschaft zu erhalten. Sie können ganzjährig im Freien gehalten werden. Geeignete Schutzvorrichtungen zum Unterstellen bei Extremverhältnissen (z. B. Sturm, Hitze etc.) sind ebenso erforderlich wie überdachte Futterstellen und die Möglichkeit, sich vom Rudel abzusondern (Kalbung). Die Einrichtung von Wildgehegen ist genehmigungspflichtig (Tierschutzgutachten).

Die **Größe des Geheges**, die Futterwüchsigkeit und die Koppeleinteilung bestimmen die Besatzdichte. Die Einzäunung muss mindestens 1,8 m hoch sein (1,6 m Knotengeflecht und zwei Spanndrähte darüber genügen).

Das Geschlechtsverhältnis männlich zu weiblich soll von erwachsenen Tieren maximal 1 : 20 und minimal 1 : 4 betragen. Bei größeren Herden bringt ein „Beihirsch" gesicherte Deckfreudigkeit beim „Kapitalhirsch".

Sowohl Dam- als auch Rotwild weisen einen **saisonalen Fortpflanzungszyklus** auf. Die **Brunft** findet beim Damwild in der Zeit von Mitte Oktober bis Anfang November, beim Rotwild etwa 2 bis 3 Wochen früher statt, wobei Nachbrunften bis in den Jänner möglich sind.

Die **Tragzeit** dauert etwa 34 Wochen; normalerweise wird ein Kalb geboren, sehr selten Zwillinge.

14.2 Fütterung

Während der **Vegetationszeit** ist die Futtergrundlage die Beweidung der Grünflächen im Gehege.

Als Richtwert können etwa 5-7 Tiere inklusive Nachzucht je ha angenommen werden.

Wenn das Futterangebot saisonmäßig abnimmt, muss eine Beifütterung erfolgen.

In der Zeit der **Vegetationsruhe** bilden Heu und konserviertes Saftfutter (Silage, Rübe, Trockenschnitte, Kraftfutter) einen wesentlichen Teil der Nährstoffversorgung.

Die **Tagesration** für ein erwachsenes Tier soll im Winter beinhalten:

- etwa 1,0-1,5 T in Form von Heu und Saftfutter mit 10 % strukturierter Rohfaser und

- etwa 0,2-0,3 T in Form von Kraftfutter.

Eine **Mineralstoffergänzung** mit Salzlecksteinen (Bergkern) und Mineralfutter für Schafe ist notwendig.

Frisches Wasser muss den Tieren immer nach Bedarf zur Verfügung stehen.

14.3 Züchtung

Es gibt Damwild wildfärbig, weiß, dunkelbraun und schwarz. Am häufigsten wird wildfärbiges Damwild gehalten.

Für den Erfolg der Haltung ist bei den Zuchttieren entscheidend die Selektion auf:
- gut mittelrahmige, breitwüchsige Tiere mit ausgeprägter Bemuskelung,
- regelmäßige Fruchtbarkeit; Damtiere, die güst sind, merzen (güst = nicht trächtig, merzen = abstoßen, schlachten),
- Damtiere, deren Kälber sich gut entwickeln,
- kräftig gebaute Vatertiere, mit bester Bemuskelung, die entwicklungsfreudige Nachkommen bringen.

Etwa alle drei Jahre sollen die Vatertiere gegen fremdblütige ausgetauscht werden, um Inzuchtdepressionen zu vermeiden. Schwach wüchsige Jungtiere und „Kümmerlinge" gehören zeitgerecht selektiert.

Entwurmung von Wildtieren

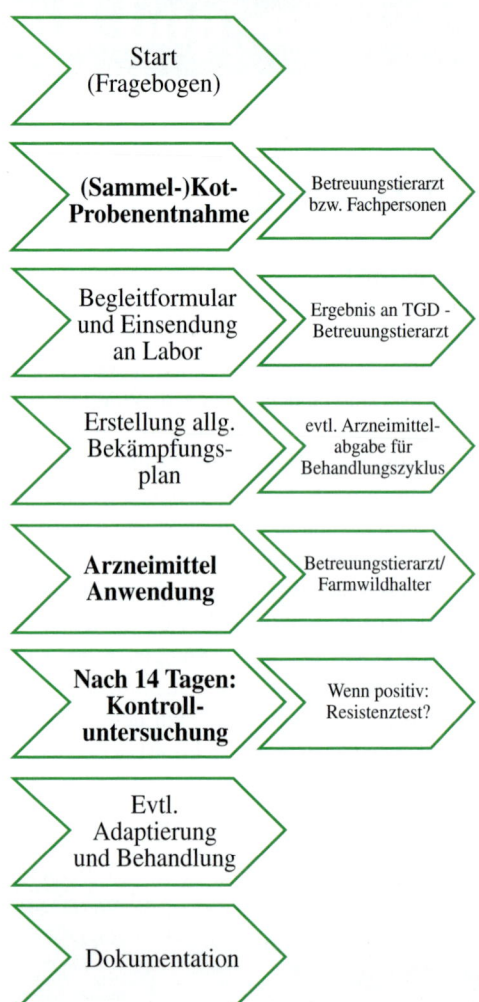

14.4 Tiergesundheit

Die regelmäßige Beobachtung der Tiere und ihres Verhaltens soll das Auftreten von Erkrankungen zeitgerecht erkennen und entsprechende Behandlungen durchführen lassen.

Normalerweise sind Erkrankungen selten. Es können aber alle Krankheiten, die bei Wiederkäuern vorkommen, auftreten.

Besonders wichtig ist, ein- bis zweimal jährlich eine Entwurmung aller Tiere durchzuführen.

14.5 Vermarktung

In der Regel können Tiere ab einem Alter von ungefähr 15 Monaten zur Fleischnutzung herangezogen werden. Das Töten schlachtreifer Tiere erfolgt mittels Kopfschuss im Gehege. Die Schlachtausbeute beträgt um 55 %.

Das Fleisch ist dunkelfarben, feinfasrig, weist einen milden Wildgeschmack auf und ist sehr bekömmlich. Damwildfleisch bekommt man im einschlägigen Handel oder über Selbstvermarktung.

15. Pferd

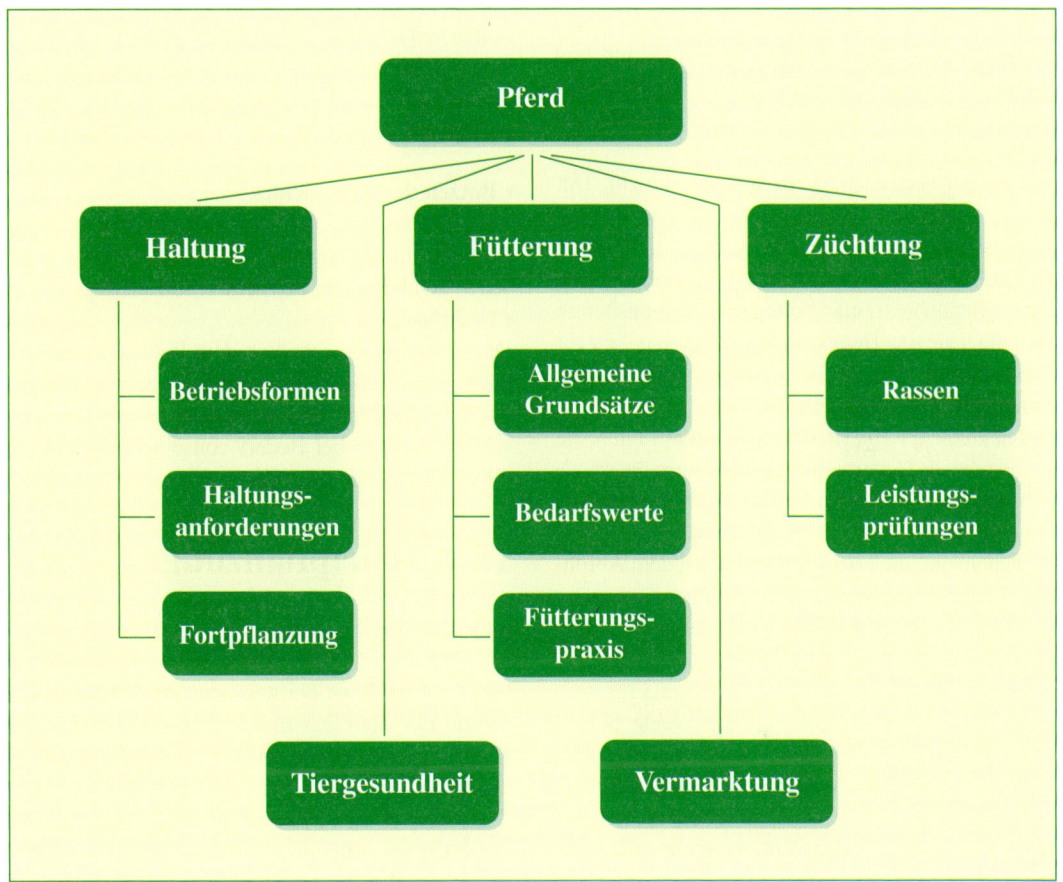

15.1 Haltung

15.1.1 Betriebsformen

Die Einsatzmöglichkeiten von Pferden sind sehr vielfältig und reichen vom Freizeit-, über den Spitzensport bis zu Einsätzen in der Waldarbeit, im Tourismus, dem Militär und in der Hippotherapie.

Folgende Betriebsformen sind üblich:
- Pferdezuchtbetrieb
- Pferdeeinstellbetrieb
- Stutenmilcherzeugung
- Einsatz für Therapiezwecke
- Spezial- und Kombinationsformen

15.1.2 Haltungsanforderungen

a) Verhaltensweisen

In Pferdeherden ist zumeist ein Hengst ranghöchstes Tier, dem in der Rangordnung die Leitstute folgt. Neulinge in der Herde müssen sich einen Rangplatz erkämpfen, Pferde beobachten gut und aufmerksam ihre Umgebung (Fluchttier). Bei der Aufstallung soll die Vorliebe zur Beobachtung berücksichtigt werden.

Die Hauptrossezeit liegt im späten Frühjahr. Der Hengst kontrolliert die Brunst durch Beriechen der Stutenscham und die Paarungsbereitschaft durch Beißen in die Schwanzgegend sowie durch Aufsprungversuche. Ist eine Stute nicht paarungsbereit, so schlägt sie den Hengst ab (Verletzungsgefahr für den Hengst). Eine Probierplanke soll für den Sprung aus der Hand vorhanden sein.

Stuten können, wenn sie sich nicht sicher fühlen, die bevorstehende Geburt um Stunden hinauszögern; sie gebären mit Vorliebe in der Dunkelheit innerhalb von sehr kurzer Zeit. Für ein positives Mutter-Kind-Verhalten sind die ersten Stunden nach dem Abfohlen entscheidend. Geruchsempfindungen und später Lautsignale (Wiehern) dürften für das gegenseitige Erkennen ausschlaggebend sein.

Pferde benötigen allgemein eine lange Fresszeit, z. B. bei Futteraufnahme von der Weide bis 12 Stunden täglich. Höhere Kraftfuttermengen verkürzen die Fresszeit beträchtlich. An viel Kraftfutteraufnahme gewöhnte Leistungspferde sind schwierig auf einen hohen Grundfutterverzehr umzustellen.

Zu kurze Fresszeiten mit konzentrierter Nahrung können auch Untugenden der Tiere (Koppen, Barnwetzen, Lippenschlagen etc.) zur Folge haben. Die Häufigkeit der Wasseraufnahme hängt wesentlich von der Leistung (Schweißabgabe), aber auch von der Fütterung und Haltung ab.

Pferde benötigen ausreichende Bewegungsmöglichkeit.

Sie können im Stehen und Liegen ausruhen. Beim Liegen schlafen Pferde oft sehr tief. Die täglich unbedingt nötige Gesamtruhezeit beträgt ca. 9 Stunden. Zum Liegen bevorzugen Pferde einen trockenen Boden in geschützter Lage.

b) Anforderungen an den Stall

Pferde haben einen ausgeprägten Bewegungsdrang. Die Haltung soll darauf Rücksicht nehmen (Auslauf, Weide, Boxenstall etc.).

Pferde bevorzugen ein kühles, trockenes Stallklima und möglichst viel Aufenthalt im Freien. Der Stallboden soll trocken, elastisch und griffig sein. Holzstöckelpflaster ist besonders gut geeignet.

c) Pflege

• **Putzen des Haarkleides**
Vor allem bei der Stallhaltung ist ein regelmäßiges Putzen mit Pferdestriegel und -bürste nötig. Pferde schwitzen leicht, ihr Fell wird rasch staubig.

• **Hufpflege**
Die Hufe müssen schon ab dem Fohlenalter regelmäßig kontrolliert, gereinigt und gegebenenfalls gefettet werden. Hufkorrekturen sowie Hufbeschläge müssen bei Bedarf von einem Fachmann (Hufschmied) durchgeführt werden.

15.1.3 Fortpflanzung

a) Paarung

Die **Zuchtreife** ist bei normalen Aufzuchtverhältnissen zwischen 2,5 und 4 Jahren gegeben; bei Kaltblutrassen etwas früher als bei Warmblutrassen.

Die **Rosse** (Brunst) dauert 3 bis 7 Tage und wird durch Unruhe, oftmaliges Harnen und Blitzen (Öffnen der Schamlippen) und Abgang von klarem Schleim erkannt.

Das **Beschälen** (Decken) erfolgt zum Zeitpunkt der Hochrosse zumeist am 3. oder 4. Tag der Brunst. Ein optimaler Erfolg wird erreicht, wenn die Stute in der Zeit der Deckbereitschaft mehrmals beschält wird.

Fohlenstuten sollen unbedingt am 9. Tag nach der Abfohlung zum Beschälen gebracht werden (höchster Befruchtungserfolg). Normalerweise wird die Stute 21 Tage nach dem Beschälen nachprobiert.

b) Trächtigkeit

Eine Trächtigkeitskontrolle ab 18 Tagen mittels Ultraschall und Kontrolle auf Zwillingsträchtigkeit ist möglich!

c) Geburt

Das Abfohlen erfolgt normalerweise ohne menschliche Hilfe. Anzeichen für die Geburt sind:
- das Anschwellen der Scham
- das Einbrechen der Beckenbänder
- das Einschießen der Milch
- Bildung von Harztröpfchen
Die Geburt soll unbedingt in einer geräumigen Box erfolgen.

d) Aufzucht

Für das neugeborene Fohlen sind die rasche Aufnahme von Biestmilch und eine Impfung gegen Tetanus wichtig. In den ersten Lebenstagen saugen Fohlen sehr oft (bis 60-mal); das Euter guter Stuten ist sehr leistungsfähig, hat aber nur beschränktes Volumen.
Die Entwicklung der Fohlen hängt von der richtigen Fütterung und von viel Bewegungsmöglichkeit in frischer Luft bei ausreichender Lichteinwirkung ab.
Eine Kotuntersuchung soll Aufschluss über eventuelle Verwurmung geben und eine Bekämpfung der Parasiten zur Folge haben.
Ungefähr mit einem halben Jahr werden Fohlen von ihren Müttern abgespänt.

15.2 Fütterung

15.2.1 Allgemeine Grundsätze

Pferde sind Pflanzenfresser mit einem einhöhligen Magen und einem voluminösen Blinddarm, in welchem die Verdauung der Rohfaser vor sich geht. Stärkereiche Futtermittel werden allgemein besser ausgenützt als beim Rind, rohfaserreiche schlechter. Futter mit wenig Struktur vermindert die Darmperistaltik und begünstigt Fehlgärungen und Kolikanfälle. Lange Fresszeiten sind für Pferde unbedingt nötig.

a) Grundfutter

Heu in guter Qualität soll grundsätzlich in keiner Pferderation fehlen. Es soll keinerlei Schadstoffe wie Giftpflanzen oder Schimmelpilze enthalten und frühestens nach fünfwöchiger Lagerung verabreicht werden. Im Winter würde 1 kg Heu je 100 kg Tiergewicht angemessen sein. Bei geringer Arbeitsleistung könnte Heu bis zur Sättigung (ca. 1,5 kg je 100 kg Gewicht) gegeben werden.
Grünfutter oder Weidefutter kann in 4- bis 5facher Menge Heu ersetzen. Es soll nicht zu jung verfüttert werden (Durchfall- oder Blähgefahr).
Silagen können in einwandfreier Qualität einen Teil der Heuration ersetzen (bis maximal 20 kg Silage je Tier und Tag).
Füttermöhren stellen ein gutes Saftfutter für Pferde dar.

b) Kraftfutter

Es hat vor allem die Aufgabe, eine leistungsangepasste Nährstoffversorgung zusätzlich zum Grundfutter zu ermöglichen. Hafer ist die ideale Kraftfutterart. Von anderen Kraftfuttermitteln sollen folgende Höchstmengen in % der Mischung nicht überschritten werden:
Gerste 50%
Mais 40%
Trockenschnitte 30%
Weizen 20%
Sojaschrot 20%
Kleie 20%

Sehr häufg wird Ergänzungskraftfutter mit entsprechendem Inhalt an Nähr- und Mineralstoffen als Fertigfutter eingesetzt.

c) Alleinfutter

Es ist einfach in der Anwendung, wird aber aus Kostengründen nur in der Hobby-Pferdehaltung Anwendung finden.

d) Mineralfutter

Die Tagesration je Pferd beträgt durchschnittlich 75 g. Bei sehr hohem Kraftfuttereinsatz wird zusätzlich Ca benötigt. Hohe Leistungsbeanspruchung erfordert zusätzlich Verabreichung von Na in Form von Viehsalz (Lecksteine).

15.2.2 Bedarfswerte

Empfehlungen zur Versorgung der Pferde mit verdaulicher Energie, verdaulichem Protein und den Mengenelementen Ca, P, Na, K

Nutzungsgruppe	Lebend-masse kg	verdauliche Energie MJ	verdauliches Protein g	Calcium g	Phosphor g	Natrium* g	Kalium* g
ausgewachsene Pferde ohne Arbeits- oder Milchleistung-Erhaltungs-bedarf	100	19	95				
	200	31,9	160	8	5	5	7
	300	43,3	216				
	400	53,6	268	17	10	10	14
	500	63,3	318				
	600	72,6	363	25	15	15	22
	700	81,6	408				
	800	90,0	450	34	20	20	29
ausgewachsene Pferde mit leichter Arbeitsleistung	200	32–40	160–200	9	5	7	10
	300	43–54	215–270				
	400	54–67	270–335	17	10	14	18
	500	64–80	320–400				
	600	73–91	365–455	26	16	21	32
	700	82–102	410–510				
	800	90–113	450–565	35	21	28	40
ausgewachsene Pferde mit mittlerer Arbeitsleistung	200	40–48	200–240	9	6	9	14
	300	54–65	270–325				
	400	67–81	335–405	18	11	18	27
	500	80–96	400–480				
	600	91–109	455–545	26	16	28	43
	700	102–123	510–615				
	800	113–135	565–576	35	21	35	50

Nutzungsgruppe	Lebend-masse kg	verdauliche Energie MJ	verdauliches Protein g	Calcium g	Phosphor g	Natrium* g	Kalium* g
ausgewachsene Pferde mit schwerer Arbeitsbelastung	200	mehr als: 48	mehr als: 240	9	6	12	18
	300	65	325				
	400	81	405	18	12	24	36
	500	96	480				
	600	109	545	27	17	36	53
	700	123	615				
	800	135	675	36	22	47	62
hochtragende Stuten (11. Trächtig-keitsmonat) ohne zusätz-liche Arbeits-belastung	100	24	160				
	200	40	260	14	10	5	8
	300	54	350				
	400	67	440	29	19	11	15
	500	80	520				
	600	91	590	44	29	16	23
	700	102	670				
	800	113	740	59	39	22	31
Fohlenstuten ohne zusätz-liche Arbeits-belastung (Werte mit Milchleistung ansteigend 1.–3. Monat, dann ab 3.–5. Monat rückläufig)	100	36–38–32	320–330–250				
	200	60–64–54	530–560–420	20	16	6	12
	300	82–86–73	720–760–560				
	400	101–107–91	890–940–700	37	29	12	23
	500	120–127–108	1060–1110–830				
	600	137–145–123	1210–1270–940	52	41	18	34
	700	154–163–138	1360–1430–1060				
	800	170–180–152	1500–1570–1170	69	54	24	45
Fohlen Alter: 3–6 Monate	100–200	17–29	110–255	12	8	2	4
	300–400	40–51	365–470	23	17	4	7
	500–600	60–70	575–675	36	25	6	11
	700–800	79–88	775–870	50	34	8	15
7–12 Monate	100–200	18–30	120–210	10	6	3	5
	300–400	42–52	300–380	19	13	5	9
	500–600	62–72	460–540	29	19	9	14
	700–800	81–91	615–695	40	26	13	19
13–24 Monate	100–200	129–34	115 195	10	7	4	6
	300–400	44–58	285–340	19	13	8	12
	500–600	66–79	435–470	31	20	12	18
	700–800	86–98	575–595	42	26	16	25

* stark abhängig von Schweißverlusten. Nach: Gesellschaft für Ernährungsphysiologie der Haustiere (1982), ergänzt

15.2.3 Fütterungspraxis

a) Zuchtstuten

• In der Trächtigkeit

In den letzten zwei Monaten der Trächtigkeit steigt der Nährstoffbedarf bei sinkendem Futterverzehr. Zu gutem Grundfutter wird die Beifütterung von Kraftfutter nötig.

Kraftfutterempfehlungen:

im 9. Monat der Trächtigkeit 0,5 kg
im 10. Monat der Trächtigkeit 1,0 kg
im 11. Monat der Trächtigkeit 1,5 kg
Mineralstoffzulage je Tag ist ca. 100 g

• In der Säugezeit

Die Milchleistung gut veranlagter Stuten beträgt 14–18 kg täglich.

Die Kraftfutterempfehlung zusätzlich zu gutem Grundfutter lautet:

1. Säugemonat 5 kg
2. Säugemonat 6 kg
3. Säugemonat 5 kg
4. Säugemonat 4 kg
5. Säugemonat 3 kg
6. Säugemonat 2 kg

Zusätzlich werden täglich 150 g Mineralfutter benötigt.

b) Fohlen

In den ersten 4–6 Lebenswochen wird der Nährstoffbedarf über die Muttermilch gedeckt. Ab diesem Alter ist gutes Heu und Kraftfutter (mit 15% Rophprotein) anzubieten. Weiterhin beträgt die Kraftfuttermenge täglich 0,5 kg je Altersmonat (4 Monate alt = 2 kg).

Ein halbes Jahr alt können Fohlen abgesetzt werden; sie sollen mindestens 2,5 kg Kraftfutter täglich verzehren. Gutes Grundfutter soll weiterhin die Hauptfutterbasis bilden, ergänzt mit Kraftfutter (ca. 2 kg je Tag).

Die Masseentwicklung der Fohlen ergibt durchschnittlich:

mit 6 Monaten 40% von der Endmasse
mit 12 Monaten 60% von der Endmasse
mit 18 Monaten 72% von der Endmasse
mit 24 Monaten 80% von der Endmasse

c) Leistungspferde

Der Nährstoffbedarf ist eindeutig von der Beanspruchung abhängig. Die Kraftfutterzulagen müssen möglichst den Leistungen angepasst werden. Bei hohem Kraftfuttereinsatz darf die Heubeifütterung nicht vernachlässigt werden. Auch die Mineralstoffmenge soll leistungsbezogen zugeteilt werden.

15.3 Züchtung

Das Pferd stammt vom Wildpferd (Tarpan) ab. Die ursprüngliche Heimat waren Steppengebiete Innerasiens. Die Domestikation erfolgte vor ca. 5.000 Jahren.

Die jeweiligen Verwendungszwecke (als Reit- und Arbeitstier sowie zur Fleischproduktion) haben durch Selektion und Züchtung im Laufe der Zeit verschiedene Rassen und Formen hervorgebracht. Derzeit hat das Pferd durch die stark fortgeschrittene Mechanisierung in der Hauptsache für den Sport oder die Freizeitgestaltung Bedeutung.

15.3.1 Rassen

a) Vollblut

Rassemerkmale

rahmig, sehr edel, mit viel Ausdruck und korrekten, trockenen Gliedmaßen.

Seine Vorfahren müssen im General Studbook des englischen Vollblutes eingetragen sein.

Verwendung: Vor allem für den Reitsport bzw. zur Veredelung innerhalb der Warmblutzucht

b) Warmblutzucht

(Linien: Przedswit, Nonius, Furioso, Gidran)

Rassemerkmale

großrahmig (156–175 cm WH), im Rechteckformat mit langer Halsung, leichtem Genick, langer, schräger Schulterlage, gut ausgeprägtem Widerrist, korrekten Verbindungen zur Mittelhand, etwas ab-

gezogener Kruppe, gut gewinkeltem Hinterbein und trockenen Gelenken. Der Gang soll raumgreifend sein. Auf gute Bemuskelung wird geachtet.

Verwendung: vielseitig, vor allem aber als Sportpferd

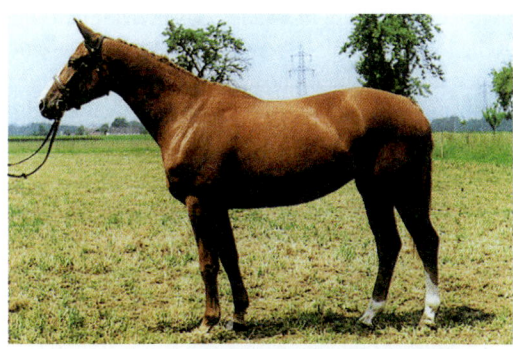

c) Lipizzaner

Rassemerkmale

kräftiges, muskulöses Warmblutpferd (= barocker Pferdetyp) mit ausdrucksvollem, etwas ramsnasigem Kopf, kräftigem, hoch angesetztem Hals, breitem Rücken und starker Kruppe. Die Gliedmaßen sind kurz und trocken. Grundsätzlich als Schimmel in mittlerem Rahmen (155–160 cm WH) gezüchtet.

Verwendung: Als Reit- und Fahrpferd mit besonderer Eignung für die klassische Reitkunst der Hohen Schule.

d) Kaltblut (Noriker)

Rassemerkmale

mittelgroßes (ca. 156 cm WH); mittelschweres (600–700 kg), tiefes und breites Arbeitspferd mit korrektem Fundament und raumgreifendem Gang. Die Bemuskelung soll sehr gut ausgeprägt sein.
Verwendung: Ursprünglich ein reines Arbeits- und Wirtschaftspferd wird es heute als Freizeitpferd im Reiten und Fahren verwendet und ist ein wesentlicher Teil des bäuerlichen Brauchtums.

e) Haflinger

Rassemerkmale

Mittelrahmig (ca. 140–150 cm WH), edel, mit langer Halsung, ausgeprägtem Widerrist, guter Tiefe und Breite, trockenem Fundament und korrektem, raumgreifendem Gang.
Verwendung: als Reitpferd sowie als Arbeits- und Tragtier

f) Kleinpferde
(kleiner als 148 cm WH)

Dazu zählen Shetland-Pony (Deutsches Reitpony), Welshmountain-Pony, New Forest, Connemara, Isländer sowie Kreuzungen. Der hauptsächliche Verwendungszweck ist der Einsatz als Reitpferd in der Hobby-Pferdehaltung.

g) Generhaltungsrassen

• **Huzulenpferd**

Rassemerkmale

Das Huzulenpferd ist als autochthone (alteingesessene) Rasse der Waldkarpaten ein kompaktes, stämmiges, harmonisches, ansprechendes Kleinpferd mit großem Brustumfang und kleinen festen Hufen. Durch seinen meist ausgeglichen Charakter ist es für den Reiter ein „Verlass-Pferd", da es sich instinktsicher, mutig und trittsicher im Gelände bewegt.

• Shagya-Araber

Die heute als Shagya-Araber genannte Rasse entstand vor etwas mehr als 200 Jahren. In dieser Zeit wollte man ein Pferd züchten, das die Vorzüge des damaligen Wüstenarabers wie Ausdauer, Härte und Genügsamkeit und die Anforderungen der europäischen Reitkultur wie größerer Rahmen und besseres Gangvermögen in sich vereinte.

Verwendung:

Als leistungsfähiges Familien- und Freizeitpferd sowie als Turnier-, Jagd-, Wagen- und Distanzpferd.

Weitere Infos mit Bildern finden Sie bei Arche Austria, www.arche-austria.at.

15.3.2 Leistungsprüfungen

Je nach Hauptverwendung der jeweiligen Rasse werden bei verschiedenen Zuchtstuten Leistungsprüfungen, wie z. B. Zugleistungsprüfungen bei Norikern und Haflingern, Prüfungen unter dem Sattel bei Warmblut, Haflingern und Kleinpferden, durchgeführt.

Die Zuchthengste werden vor ihrem Zuchteinsatz im Pferdezentrum in Stadl Paura (OÖ) ausgebildet und gewissen Leistungsprüfungen unterzogen.

Im Pferdesport werden Leistungen auch auf der Rennbahn (Traben, Galopprennen), auf dem Dressurviereck bzw. Parcours (Springen) festgestellt.

15.4 Tiergesundheit

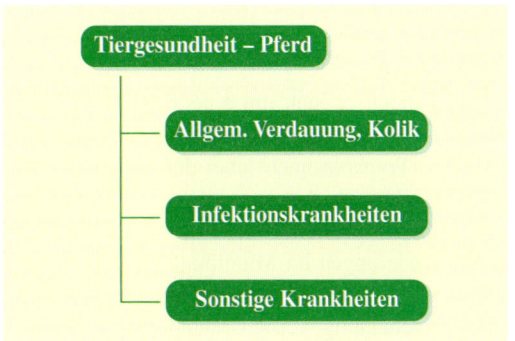

15.4.1 Allgemeine Verdauung, Kolik

Im Gegensatz zum Wiederkäuer mit seinen vier Vormägen verfügt das Pferd über einen einhöhligen Magen. Die Verdauung von pflanzlichem Futter findet im stark ausgebildeten Darmtrakt statt. Dementsprechend stehen daher Krankheiten des Darmtraktes wie Anschoppungen, Aufgasungen und Krämpfe im Vordergrund, die unter dem Begriff „Koliken" zusammengefasst werden und nur von geübten Tierärzten erkannt und behandelt werden können. Die besondere Anfälligkeit des Pferdes für Magen-Darm-Koliken beruht auf der speziellen Labilität des Verdauungssystems auch in nervaler Hinsicht. In der Krankheitsentstehung der Kolikformen stehen die Verkrampfung innerer Organe und der damit verbundene Schmerz im Vordergrund. Schmerzen entstehen aber auch durch Dehnungen, Blutarmut und Verdrehungen. Eine Kolik erkennt man durch folgende Symptome: Erregtheit, kein Kotabsatz, Ausschlagen, Bauchschmerzen, Fressunlust. Bei Koliken muss schnellsten der Tierarzt verständigt werden. Er kann nach einer exakten Diagnose eine schmerz- und krampflösende Therapie einleiten und Begleitmaßnahmen setzen (Magenspülung, Abführmittel, Infusionen, Punktion oder Laboruntersuchung usw.). Eine Operation wird nur bei fortgeschrittenen oder schweren Fällen notwendig, sofern der Kreislauf und das Ausmaß der Organschäden dies noch zulassen.

15.4.2 Infektionskrankheiten

a) Parasiten

• Beschälseuche

Dabei handelt es sich um eine Krankheit, die in Süd- und Osteuropa vorkommt und durch Geißeltierchen (Trypanosomen) über den Deckakt sowie durch Insekten übertragen wird.

Nach einem Fieberanfall stehen vor allem Schleimhautveränderungen im Mittelpunkt. Später kommt es zu allgemeinen Hautveränderungen und Lähmungserscheinungen. Die Beschälseuche ist anzeigepflichtig.

• Pferdepiroplasmose

Die infektiösen Babesien werden durch Zecken übertragen und zerstören die roten Blutkörperchen. Die Pferde bekommen Fieber, Blutarmut und Gelbsucht, im Blutausstrich kann man die Diagnose stellen und erkrankte Tiere behandeln.

b) Bakterielle Erkrankungen

• Rotz

Der Rotz der Pferde ist eine anzeigepflichtige Zoonose und kommt besonders in Afrika und Asien vor. Die Infektion erfolgt über Sekrete, Futter oder Pferdeimporte. Man unterscheidet je nach Hauptmanifestation einen Nasen- Lungen- oder Hautrotz. Es bilden sich typische Knötchen in Nase, Lunge oder Haut, die sich geschwürartig entwickeln und eher chronisch verlaufen. Eitriger Ausfluss, Schwellungen, Schweratmigkeit und Husten treten auf. Erkrankte Tiere werden ausgemerzt.

• Tetanus

Tetanus ist eine Vergiftung des Körpers nach Wundinfektion mit Tetanuskeimen, die Giftstoffe bilden. Die Keime kommen überall vor (Boden, Darm) und bilden resistente Sporen. Nageltritte, Kastrationen, Darmparasiten und Quetschungen sind mögliche Ursachen für eine Keimbesiedelung. Die Gifte führen im Körper zu gesteigerter Erregbarkeit (Nervengifte), Krämpfen, Lähmung der Schlundmuskulatur (Fehlschlucken, gestörte Futter- und Wasseraufnahme). Bei gesicherter Diagnose muss sofort ein Gegengift (Antitoxin) gegeben

und gegen alle anderen Symptome behandelt werden. Vorbeugend soll man Pferde gegen Tetanus jährlich impfen.

• CEM (Contagiöse equine Metritis = ansteckende Entzündung der Gebärmutter)

Die CEM ist eine Deckinfektion, die durch Bakterien ausgelöst wird und am Hengst symptomlos verläuft. Die Stuten infizieren sich direkt oder indirekt und können die Keime bis zur nächsten Decksaison ausscheiden. Es kommt dabei zu einer Infektion der Genitalschleimhäute und deren Entzündung, Sterilitäten und Frühaborte sind die Folgen. Vorbeugend werden die Tiere mit Tupferproben auf das Freisein von CEM-Infektionen untersucht und im positiven Fall mit Antibiotika behandelt. Desinfektion, Waschungen, eine getrennte Aufstallung und Deckverbote sind weitere Maßnahmen, um eine Ausbreitung zu verhindern.

c) Virale Krankheiten

• Infektiöse Anämie

Sie ist eine weltweite Blutkrankheit der Pferde. Die Übertragung erfolgt durch infizierte Tiere, Insekten, Deckakt, unreine Instrumente (Fieberthermometer!), Futter, Stroh und auch bereits während der Trächtigkeit. Durch massenhaftes Absterben der roten Blutkörperchen kommt es zu Sauerstoffmangel, Organ- und Kreislaufschäden. Hohes Fieber, rote Schleimhäute (!) und punktförmige Blutungen auf den Schleimhäuten sind typische Symptome einer akuten Verlaufsform. Subakut sind die Fieberschübe seltener, die Tiere werden schwach. Bei der chronischen Form sind die Schleimhäute jahrelang weiß (hochgradige Blutarmut). Die Tiere sind Virusträger und -ausscheider. Die Diagnose erfolgt durch Blutuntersuchung und Antikörpertest (COGGINS-Test). Vorbeugend ist eine genaue Kaufuntersuchung und hygienisches Arbeiten wichtig, eine Impfung gibt es nicht.

• Pferdegrippe

Influenzaviren sind gefährliche Pferdegrippeerreger und führen zu fieberhaften katarrhalischen Erkrankungen der oberen Atmungsorgane, wie Nase, Kehlkopf, Luftröhre und Bronchien. Sie sind für Tiere mit geschwächter Immunität gefährlich und ändern ihre krankmachenden Wirkungen rasch (Antigendrift). Die „Grippe" stellt auch beim Menschen die bedeutendste Infektionskrankheit dar. Der Verlauf hängt vom Typ des Virus und der Immunitätslage ab. Eine Impfung ist möglich, der Erfolg nur bei exakter Typenbestimmung sicher.

Pferdegrippe ist eine der häufigsten Pferdekrankheiten, bei der primär der Atmungstrakt betroffen ist und die – wie auch bei anderen Tierarten – von verschiedenen Ursachen (Faktoren) und Verlaufsformen geprägt ist. Die erste Phase ist gekennzeichnet durch einen harmlosen Viruskatarrh. Darauf können sich in Phase II Streptokokken aufpfropfen, die beim Pferd zu einem eitrigen Katarrh, infektiöser Bronchitis und Lungenentzündung oder zu einer Blutarmut führen können.

Spezielle Pferdestreptokokkenkeime führen zu chronischen Schwellungen des Kehlgangs und der Halslymphknoten, Ödembildungen am Gaumensegel, Schluckstörungen und Angina. Nach Durchbruch eitriger Lymphknoten in den Luftsack tritt beim Fressen schubweise eitriger Nasenausfluss aus (Druse). Hochansteckend!

Als Deckdruse bezeichnet man drei bis vier Tage nach dem Deckakt das Auftreten von Knoten und Geschwüren im Scheidenbereich.

Bleibende Schäden sind möglich. Therapeutisch wirken örtliche Bestrahlung, Spalten der Drusenabszesse, Antibiotika und Inhalationen. Chronische Schweratmigkeit wird als Dämpfigkeit bezeichnet.

• Virusabort

Er führt zum Spätabort der Stuten und wird durch ein Herpesvirus verursacht. Der Atmungstrakt, die Geschlechtsorgane und der Uterus sind betroffen. Das Virus wird über die Luft übertragen, eine Impfung hat nur geringe Wirkung.

• West Nil Virus

Die durch Stechmücken übertragene Viruskrankheit führt bei Pferden zu Gehirn-, Rückenmarksentzündungen und Bewegungsstörungen. Wird in Österreich derzeit nur bei Vögeln nachgewiesen und breitet sich durch die zunehmende Erwärmung in Europa aus.

d) Krankheitsvorbeugung

Pferdegesundheitsplan (nach Dr. Ende, Isernhagen)

Gestüt/Stall		Kotprobe	Wurmbekämpfung/Zahnkontrolle				Durchgeführte Impfungen			
Adresse Name Tel. Nr. des Tierarztes		1x pro Jahr erforderlich	Wurmkuren Fohlen: 4x jährlich, Pferde: 2–3x jährlich Tragende Stuten vor oder kurz nach der Geburt, Datum und Präparat eintragen				Virusabort (Herpesviren EHV-1 und EHV-4) Empfohlen ab 5. Monat Wiederholung halbjährlich	Influenza Empfohlen ab 5. Monat Wiederholung halbjährlich	Tetanus Empfohlen ab 5. Monat Wiederholung alle 1–2 Jahre	Tollwut Empfohlen ab 5. Monat mind. 3 Wochen vor Weidesaison, Wiederholung jährlich
Pferd	Jahr	Ergebnis	I. Wurmkur	II. Wurmkur/Zahnkontrolle	III. Wurmkur	IV. Wurmkur	Datum	Datum	Datum	Datum

Impfschema

Grundimmunisierung

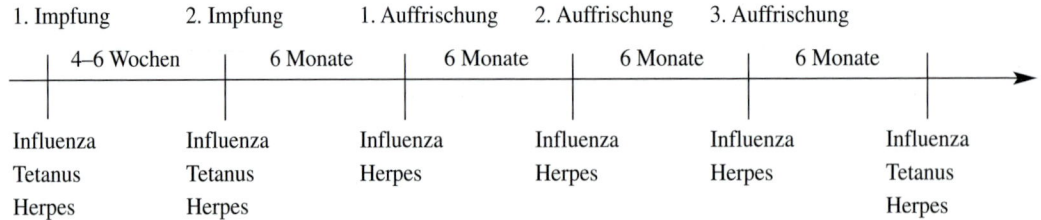

1. Impfung	2. Impfung	1. Auffrischung	2. Auffrischung	3. Auffrischung
	4–6 Wochen	6 Monate	6 Monate	6 Monate	6 Monate

Influenza	Influenza	Influenza	Influenza	Influenza	Influenza
Tetanus	Tetanus	Herpes	Herpes	Herpes	Tetanus
Herpes	Herpes				Herpes

Nach der Österreichischen Turnier-Ordnung gilt derzeit, dass Influenzaimpfungen mit einer Grundimmunisierung und Auffrischungsimpfungen innerhalb eines Jahres nur zu erfolgen haben, wenn die Pferde an Turnieren starten.

In Deutschland hat man die Auffrischungsintervalle bereits auf ein halbes Jahr herabgesetzt, was bei dem internationalen Pferdeverkehr auch gut ist.

15.4.3 Sonstige Krankheiten

• Kreuzschlag (Feiertagskrankheit)
Ursache: Es handelt sich um eine Selbstvergiftung der Muskulatur bei reichlicher Fütterung von Kohlenhydraten (Hafer) und nach mehrtägiger Ruhe vor allem in der kalten Jahreszeit und bei plötzlicher, intensiver Bewegung. Besonders gefährdet sind Lenden-, Krupp- und Oberschenkelmuskulatur.

Entstehung: Die übermäßige Ansammlung von Milchsäure bewirkt eine Verhärtung und Quellung der Muskeleiweiße, wo die kleinen Kapillaren verschlossen werden und der Abtransport der Milchsäure unterbunden wird. Die Säuren können wegen des Sauerstoffmangels nicht weiter abgebaut werden. Es kommt zu einer Dauersäurestarre, in deren Folge Muskelfarbstoff austritt.

Symptome: Die Pferde zeigen nach Arbeitsbeginn Lähmungen der Nachhand, zittern, schwanken, zeigen Schmerzen und Überköten. Die Muskulatur ist geschwollen, hart und schmerzhaft, die Temperatur steigt auf 39 °C an, Harn- und Kotverhaltungen sowie Koliken treten auf. Der Harn ist schwarz gefärbt.

Therapie: Elektrolytinfusionen zur Azidosebekämpfung, Wärme und Vit E/Se-Gaben sind unmittelbar als tierärztliche Soforthilfe notwendig. Symptomatische Krampf-Schmerz- und Kreislaufunterstützung ist bei Bedarf zu geben. Dauert die Steifheit länger als einen Tag, ist die Prognose ungünstig.

Vorbeugung: Wichtig ist eine regelmäßige Bewegung der Pferde und eine Reduktion des Kraftfutters an arbeitsfreien Tagen.

15.5 Vermarktung

Bei Pferden gibt es mit Ausnahme der traditionellen Pferdemärkte, auf welchen meist Fohlen oder unausgebildete Pferde vermarktet werden, kaum eine organisierte Vermarktung.

Neben einer interessanten Abstammung bestimmt bei Sportpferden vor allem der Ausbildungsstand des Pferdes den Marktwert.

16. Kaninchen

16.1 Haltung

a) Herkunft

Das Hauskaninchen stammt vom Wildkaninchen ab, dessen ursprüngliche Heimat das südwestliche Europa war. Es entstammt einer anderen Gattung als der Feldhase und zeigt auch andere Verhaltens- und Fortpflanzungsformen. Wildkaninchen nisten in Höhlen, die sie in die Erde graben und die oft von mehreren Gängen erreichbar sind. Dort werfen sie ihre Jungen. Kaninchenmuttertiere können einige Würfe im Jahr mit jeweils bis zu zehn Junge erbringen. Die Fruchtbarkeit von Kaninchen ist sprichwörtlich.

Obwohl Kaninchen scheue Tiere mit scharfer Beobachtung sind und sich rasch bewegen können, sind die Verluste im Freien durch Raubwild groß.

Die Domestikation der Wildkaninchen begann vor etwa 2.000 Jahren, wenn auch Wildformen bis heute vorkommen. Zunächst diente die Haltung der Kaninchen in großen Gehegen dem Jagdvergnügen des Menschen, bald aber auch der Fleischnutzung. Das erwachsene weibliche Kaninchen wird Häsin, vereinzelt auch Zibbe, das männliche Rammler, manchmal auch Kaninchenbär genannt.

b) Nutzung

• Ziele

Fleisch

Es ist eiweißreich, fettarm mit hohem Linolsäure- und geringem Harnsäuregehalt und stellt für gesundheitsbewusste Konsumenten eine Diätnahrung dar.

Nebenprodukte

Dazu zählen Wolle, Fell, Pelz. Bei manchen speziellen Rassen sind Wolle und Pelz die Hauptnutzung.

Hobby

Verschiedene Rassen mit unterschiedlichen Eigenschaften sind ein ausgiebiges Betätigungsfeld für Kleintierzüchter und Hobbyhalter.

• Formen

Ausreichend Platz und Bewegungsmöglichkeit im Käfig, konsequente Hygiene sowie Einstreu, jedenfalls bei weiblichen Zuchttieren, sind wesentliche Haltungsmaßnahmen. Kaninchen sind reinliche Tiere, sie misten immer an derselben Stelle. Abgesehen von Zuchtrammlern sollten Kaninchen möglichst in Gemeinschaft gehalten werden.

16.2 Fütterung

a) Allgemeines

Für die **Fleischproduktion** in der Massenerzeugung werden Kaninchen zumeist **mit Alleinfertigfutter** ernährt. Im Fertigfutter sind alle essenziellen Nährstoffe enthalten.

Bei der Kaninchenhaltung zur **Selbstversorgung** mit Fleisch und bei der **Hobbyhaltung** überwiegt eine **gemischte Ernährung** der Kaninchen mit

- **Grundfutter:** Heu, alle Arten von Grünfutter und Gartenabfällen sowie
- **Kraftfutter:** Kombi-Fertigfutter oder selbst hergestellte Mischungen (Futtergetreide + Proteinfutter).

b) Fütterungsregeln

- **Sauberkeit und Hygiene:** Ausschließlich nicht verschmutztes Futter verabreichen. Auch Schimmelpilze und andere Schadstoffe stellen eine Gesundheitsgefahr dar.
- **Frischheit:** Grünfutter, Garten- und Küchenabfälle nur frisch (nicht abgewelkt) sowie Brotreste und Ähnliches nur gut getrocknet füttern.
- **Futterreste entfernen.** Nur so viel Futter reichen, wie bis zur nächsten Mahlzeit verzehrt wird.
- **Heu** in guter Qualität anbieten.
- **Frisches Wasser** muss immer zur Verfügung stehen.

c) Richtlinien für die Futterration

Die Richtwerte gelten für mittelschwere Rassen oder Hybriden bei einem Gewicht einer ausgewachsenen Häsin von etwa 4,0 kg. Für schwerere Tiere sind entsprechende Zuschläge zu berücksichtigen. Die angegebenen Futtermengen gelten lufttrocken gewogen.

	Kombinierte Fütterung		Alleinfütterung
	mit Heu zur freien Aufnahme und dazu tägliche Futterration von Kraftfutter oder Pellet-Kombifutter		ohne Heu mit Kraftfutter oder Pellet-Alleinfutter
	Menge pro Tier in Gramm		
Jungtiere	**Kraftfutter**	**Heu**	**Gramm**
4 Wochen	35	20	45
5 Wochen	50	40	70
6 Wochen	70	60	100
7–8 Wochen	80	100	135
9–11 Wochen	90	110	140
Häsin bis 14 Tage nach dem Decken	90	110	130
14 Tage vor dem Werfen und 14 Tage während des Säugens der Jungtiere	150–200	110	300
Ab 14 Tage nach dem Wurf (Häsin mit 6–8 Jungen)	frei zur beliebigen Aufnahme	frei zur beliebigen Aufnahme	frei zur beliebigen Aufnahme
Angora Wolltiere			
bis 6 Wochen nach der Schur	110	110	160
nach 6 Wochen nach der Schur	100	110	120
Rammler	110	110	160
Für leichte Rassen bis zu 30% weniger. Für schwere Rassen bis zu 30% mehr. Bei Anzeichen von Verfettung Kraftfuttermenge reduzieren.			

16.3 Züchtung

a) Rassen

Die ersten **Rassen** züchtete man im 18. Jahrhundert. 1874 fand die erste große Rassenausstellung in Deutschland statt. Gegenwärtig gibt es ungefähr **100 Rassen** und **200 Farbschläge**.
Man unterscheidet nach **Größe, Gewicht, Behaarung, Ohrenstellung, Farbe** und **Zeichnung**.

• Bei der **Kaninchenfleischerzeugung** sind von Bedeutung:
- **Entwicklungsfreudigkeit**
- **Bemuskelungsmenge und -güte**

• Bei der **Hobbyzüchtung** spielen entscheidende Rollen:
- **Rassebild**
- **Preise bei Ausstellungen**

• **Einige wichtige Rassen im Bild**

für Fleischnutzung:

Widderkaninchen (weiß)

Riesenkaninchen (gescheckt)

Riesenkaninchen (grau)

für Pelznutzung:

Marderkaninchen

Rex-Kaninchen (braun)

für Wollenutzung:

Angorakaninchen (weiß)

• **Einteilung nach**

Haarkleid	Normalhaar	Langhaar	Kurzhaar
	in vielen Farben, Zeichnungen, Schattierungen und Scheckungen	Angora- und Fuchsrassen	Rassen mit samtartigem Fell
Verwendung	Fleischerzeugung, Hobbyhaltung	Wolle-, Fell- und Pelzverarbeitung	
Gewicht	**zugehörige wichtige Rassen als Beispiele:**		
schwer über 5,5 kg	Riesen, Großwidder		
mittel 3,5–5,5 kg	Chinchilla, Wiener, Silber Marder, Thüringer (Pelz)	Angora, Fuchs,	Rex
leicht 1,8–3,5 kg	Neuseeländer, Holländer,		Feh
zwergig unter 1,8 kg	Hermelin, Farbenzwerge		
Ohren	Die Ohrengröße hängt normalerweise mit der Körpergröße zusammen. Rassen mit beidseitigen Hängeohren werden als Widder bezeichnet.		

b) Zuchtablauf und Nutzung

• Rassekaninchen und Kreuzlinge

Die **Zuchtreife** ist im Durchschnitt mit einem Alter von 6 bis 7 Monaten erreicht; bei großen Rassen etwas später, bei kleinen etwas früher. Die Geschlechtsreife tritt schon früher ein.

Zum **Decken** soll immer die Häsin in den Stall des Rammlers gebracht werden. Der Deckakt ist vollzogen, wenn der Rammler seitlich von der Häsin herabfällt.

Die **Trächtigkeit** dauert 31 bis 32 Tage. Die hochträchtige Häsin baut ein Nest aus Streu und ihrer Wolle. Die **Jungen** kommen haarlos und blind zur Welt. Ab dem 3. Lebenstag beginnt der Haarwuchs und ab dem 10. öffnen sich die Augen. Bis etwa drei Wochen ernähren sie sich ausschließlich von der Muttermilch. Die Leistung einer säugenden Häsin ist enorm. So entspricht die Tageshöchstleistung einer Häsin, auf gleiches Lebendgewicht und Inhaltsstoffe bezogen, der Leistung einer Kuh von etwa 150 l durchschnittlicher Kuhmilch. Die Häsin säugt ihre Jungen normalerweise nur einmal täglich. Ab der 3. Lebenswoche fressen sie mit der Mutter mit.

Die Häsinnen von großen und mittelgroßen Rassen können jährlich drei bis vier Würfe mit bis zu 30 (36) Jungtieren erbringen; bei kleineren Rassen ist die Fruchtbarkeit deutlich geringer.

Die **Mast** der Jungtiere erfolgt bis zu einem Lebendgewicht von 3 bis 4 kg, was mit einem Alter von 3,5 bis 4 Monaten zu erreichen ist. Die Ausschlachtung beträgt inklusive Edelinnereien ca. 65%. Für die Mast besonders geeignet sind Widderkaninchen und große bis mittelgroße, fleisch-wüchsige Rassen. Die Rentabilität der Mast wird entscheidend vom guten Zuchtmaterial und der Intensität der Fütterung beeinflusst.

• Hybriden

Kaninchenhybriden werden in größerem Ausmaß in Frankreich, Italien und Ungarn für die Fleischerzeugung nach den Grundsätzen von optimalen Passerpaarungen gezüchtet:

Mutterlinien: Knapp mittelgroß, selektiert auf Frühreife, Fruchtbarkeit, Aufzuchtleistung und Vitalität.

Vaterlinien: Mittelgroß, rasche Jugendentwicklung, beste Mast- und Schlachtleistung.

Die **Häsinnen** können mit fünf bis sieben Würfen jährlich bis 50 (60) Nachkommen erbringen. Das neuerliche Decken der Häsin erfolgt rasch, zwei bis sechs Tage nach dem Werfen.

Die **Jungtiere** können sich ca. ab dem 25. Lebenstag selbst ernähren.

Die **Mast** erfolgt ab diesem Zeitpunkt bis zu einem Lebendgewicht von etwa 2,8 kg, was einem Schlachtgewicht inklusive Edelinnereien von 1,8 kg entspricht. Diese Mastleistung wird mit einem Alter von knapp drei Monaten und einer Futterverwertung (Futteraufwand je 1 kg Zuwachs) von 2,7 kg Alleinfutter erreicht.

• Angora- und Pelzkaninchen

Von einem erwachsenen Angorakaninchen kann man jährlich etwa 1 kg Wolle, wovon mindestens 80% der ersten Qualität entsprechen sollen, ernten. Eine Pelznutzung ist von der Jahreszeit (Winterpelz) abhängig.

Die Fütterung, die Sauberkeit im Stall (keine Streu, Haltung auf Rost etc.) und die regelmäßige Fellpflege sind für Angora- und Pelzkaninchen qualitätsentscheidend.

16.4 Tiergesundheit

Kaninchen benötigen Regelmäßigkeit in der Betreuung, der Beobachtung und der Hygiene.

Folgende Krankheiten können auftreten
- **Kokzidiose** ist eine der häufigsten Erkrankungen und wird durch Protozoen verursacht.

➡ Siehe Kap. 18.5.2, Geflügel
Band 2, Seite 295

- **Myxomatose** stellt eine durch Pockenviren hervorgerufen Seuche dar, die anzeigepflichtig ist. Die Übertragung erfolgt durch direkten Kontakt oder durch Flöhe. Schmerzhafte Entzündungen der Körperöffnungen (Lippen, Nasen, Augen, After, Genitalien), oft mit Sekretaustritt, sind die Symptome. Die Krankheit verläuft zumeist tödlich.

- **Pasteurellose** wird durch Schleimhautbewohner (Pasteurelienbakterien) erst bei Einfluss von Stress ausgelöst. Erscheinungsformen sind Bronchitis, Lungenentzündung und Durchfall.

- **RHD** (Rabbit-Hämorrhagic-Disease bzw. Blutungskrankheit des Kaninchens) ist eine Viruskrankheit, die nach Blutung aus der Nase, Schweratmigkeit oder symptomlos tödlich endet. Als Vorbeuge ist eine Impfung (aktive Immunisierung) möglich.

- **Tularämie** (Nagerpest) wird durch sehr resistente Bakterien ausgelöst und ist anzeigepflichtig. Die Übertragung erfolgt durch Nagetiere, Insekten oder Parasiten. Typisch sind bei chronischem Verlauf Abszesse vor allem in Lymphknoten. Im akuten Fall sind hohes Fieber, Fressunlust und Bewegungsstörungen feststellbar. Eine antibiotische Therapie ist wirksam. Intensive Desinfektionsmaßnahmen sind notwendig.

16.5 Vermarktung

Die Ware von größeren Mastbetrieben wird immer geschlachtet (zumeist in Teilstücke zerlegt) und vakuumverpackt im einschlägigen Handel angeboten.
Von Kaninchenhaltern mit geringeren Tierbeständen kann Kaninchenfleisch auf Bestellung frisch geschlachtet bezogen werden. Kaninchenfleisch ist von höchstem Gesundheitswert.

17. Schwein

17.1 Haltung

In der Schweinehaltung ist es in den letzten Jahrzehnten zu einer starken Spezialisierung gekommen. Seit dem EU-Beitritt 1995 hat sich diese Entwicklung beschleunigt, da die österreichischen Schweinehalter am europäischem Schweinemarkt bestehen müssen. Das Viehwirtschaftsgesetz mit den Bestandesobergrenzen hat die strukturelle Entwicklung in Österreich bis 1995 gebremst. Seither haben viele Betriebe Wachstumsschritte durchgeführt, die nur in Kombination mit arbeitssparenden Haltungssystemen und Arbeitsweisen in fixen Produktionsrhythmen möglich wurden.

17.1.1 Betriebsformen

a) Herdebuchzucht

Die Herdebuchzucht ist über die Zuchtvereine und Verbände organisiert. Eine begrenzte Zahl von Herdebuchzüchtern züchtet reinrassige Tiere, die den Vermehrungszüchtern und den Ferkelproduktionsbetrieben zur Verfügung gestellt werden. Besonderes Augenmerk wird auf die Verbesserung von Mast- und Schlachtleistungsmerkmalen und der Stressresistenz gelegt.

b) Vermehrungszucht

Im Rahmen organisierter Zuchtprogramme (z. B. ÖHYB, Styriabrid) erzeugt diese Katergorie von Betrieben durch Kreuzung reinrassiger Tiere Muttersauen für Ferkelproduktionsbetriebe. Die dabei anfallenden Eberferkel werden der Mast zugeführt, die weiblichen Tiere nach Prüfung von Wuchs (TGZ) und Fleischfülle (Ultraschallverfahren) aufgezogen und an die Ferkelproduzenten verkauft.

c) Ferkelproduktion

Diese Betriebsform produziert Ferkel für den Mäster. Der Ferkelproduzent kauft entweder Sauen von Vermehrungszüchtern oder produziert die Muttersauen selbst. Die Sauen werden fast ausschließlich künstlich besamt, entweder über Eigenbesamung oder Samenzukauf von einer Besamungsanstalt In der organisierten Ferkelerzeugung (Ferkelringe) ist durch ein straffes System eine optimale Weitergabe des Zuchtfortschrittes der Rein- und Hybridzucht gegeben.

d) Systemferkelproduktion

Die Systemferkelproduktion ist eine noch stärkere Form der Spezialisierung. Dabei können sich Vorteile durch Kostendegression auf Grund größerer Einheiten und durch das Anbieten großer Partien ergeben. Diese Betriebsform hat jedoch in Österreich nur eine geringe Bedeutung.

• Babyferkelproduktion
Dieser verkauft Ferkel mit einem Alter von vier Wochen und einem Gewicht von rund 8 kg an den Babyferkelaufzüchter.

• Babyferkelaufzucht
Dieser kauft Ferkel vom Babyferkelproduzenten und füttert diese auf ein Gewicht von ca. 30 kg. Der Babyferkelaufzüchter kann dem Mäster große einheitliche Partien liefern. Die Anforderungen an das Gesundheitsmanagement sind sehr hoch.

e) Mast

Dieser kauft Ferkel vom Ferkel- oder Systemferkelproduzenten zu und mästet diese bis zu einem Lebendgewicht von rund 120 kg. Der organisierte Ferkelkauf über Ferkelringe, entweder über so genannte Verladestellen oder durch fixe Zulieferbetriebe (Direktbezug), nimmt zu. Um das notwendige Familieneinkommen über die Mast zu erreichen, muss in erster Linie genügend Fläche vorhanden sein, damit die gesetzlich festgelegten Grenzen des

Tierbesatzes und des Nährstoffanfalls zu erfüllen sind.

f) Geschlossener Betrieb

Dabei handelt es sich um einen Betrieb, welcher sowohl die Ferkel erzeugt als auch mästet. Dieses System hat hygienisch und gesundheitliche Vorteile, da die durch den Zukauf unvermeidlichen Infektionsquellen wegfallen. Die Anforderungen an die Betriebsleitung sind höher (keine Spezialisierung). Der Flächenbedarf ist im Vergleich zum reinen Ferkelproduzenten ebenfalls höher.

17.1.2 Verhaltensweisen allgemein

Das Schwein ist seiner Herkunft nach ein Herden- und Wühltier, das den Waldrand und die Dämmerung bevorzugt.

a) Fressverhalten

Schweine sind Allesfresser, verbringen von Natur aus 70 Prozent ihrer Aktivitätsphase mit Futtersuche, halten mindestens 2 m Abstand beim Fressen und haben einen ausgeprägten Futterneid. Sie bevorzugen feucht-krümeliges Futter

b) Sexualverhalten

Das naturbedingte Sexualverhalten von Sau und Eber hat einen klaren Ablauf. Dazu gehören das Beriechen, der Rüsselkontakt, das Flankenstoßen des Ebers, das Ohrenspiel der Sau, die Umklammerung beim Aufsprung und vieles mehr. Beim Besamen soll die Sau bestmöglich stimuliert werden.

c) Sozialverhalten

Schweine haben ein ausgeprägtes Bedürfnis nach sozialem Kontakt:

• Rangordnungsverhalten
Werden Schweine neu gruppiert, so ist mit Rauferein zu rechnen, bis sich eine stabile Rangordnung gebildet hat. Grundsätzlich sollen niemals Einzeltiere, sondern immer mehrere Tieren in eine Sau-

engruppe eingegliedert werden. Beim Gruppieren von Ferkeln nach dem Absetzen sind gewichtsmäßig möglichst gleichmäßige Gruppen zu bilden. Dadurch haben untergewichtige Ferkel bessere Entwicklungschancen.

• Beschäftigungsmöglichkeit
Wildschweine verbringen meist die gesamte Tagesaktivität mit der Futtersuche. Sie sind spezialisiert, Nahrung unter schwierigen Bedingungen aufzunehmen. In der Stallhaltung schlingen die Schweine das hochkonzentrierte Futter in kurzer Zeit hinunter und sind die restliche Tageszeit unterbeschäftigt. Diese Situation kann vermehrt Stress, Kämpfe und Verhaltensstörungen auslösen.

Das Angebot von Beschäftigungsmaterial ist daher bei strohloser Haltung zwingend notwendig. Das Tierschutzgesetz schreibt vor, dass Schweine ständig Zugang zu ausreichenden Mengen an Materialen haben, die sie untersuchen und bewegen können. Zusätzlich sollen die Materialien verformbar sein und von den Schweinen in das Maul genommen werden können.

Einige Beispiele von Beschäftigungsmaterialien:

Kunststoffrohr an Wippe als Beschäftigungsmaterial

Stroh als Einstreu; Stroh über Automaten bei strohloser Haltung, Ketten mit befestigten Holzstücken, Wühlerde (Ferkeltorf) für Ferkel, im Handel erhältliche Beißmaterialien, Grundfutter für Sauen u. a.

• Platzangebot
Ausreichendes Platzangebot in der Gruppenhaltung schafft Ausweich- und Rückzugsmöglichkeiten und reduziert den Stress der Tiere.

d) Kot- und Liegeplatz

In Gruppenhaltungssystemen können Schweine das Kot- und Liegeplatzverhalten ausleben. Die Liegeplatzseitenwände sollen dicht sein, die Kotplatztrennwände Sicht- und Berührungskontakt ermöglichen. Schweine koten gerne auf erhöhtem Kotplatz und liegen gerne vertieft.

e) Mutter-Kind-Verhalten

Erst wenn die Geburt des ganzen Wurfes beendet ist, kümmert sich die Sau um die Ferkel. Die Geburt kann durch Anlegen der bereits geborenen Ferkel an das Gesäuge beschleunigt werden. Nach rund 3 Tagen hat sich die Zitzentreue der Ferkel so stark entwickelt, dass ein Ferkelversetzen schwierig ist. Fremde Ferkel werden nicht mehr angenommen.

17.1.3 Stallbauliche Anforderungen

a) Buchtengröße, Fressplatzbreiten

Für die Haltung von Schweinen müssen folgende Buchtenflächen eingehalten werden. Die angegebenen Flächen sind Mindestgrößen und abhängig vom Aufstallungssystem und dem Tiergewicht.

b) Wasser

Das Tierschutzgesetz regelt, dass Schweine ständig Zugang zu ausreichend Frischwasser haben müssen. Das Trinkwasser darf zudem nicht verunreinigt sein. Der Wasserbedarf ist abhängig von Alter, Gewicht, Umgebungstemperatur, Futterzusammensetzung und Leistungsniveau (Trächtigkeit, Laktation ...). Auch Kleinstferkel müssen Zugang zu ausreichend Frischwasser haben. Eine Tränkestelle reicht für 10–12 Schweine.

c) Licht

Natürliches Licht ist für viele körperliche Abläufe wichtig (z. B. Vitaminsynthese, Fruchtbarkeit). Eine hohe Lichtintensität zur Rausche fördert die Fruchtbarkeit (200 Lux im Kopfbereich der Sauen). Schweine dürfen nicht ständig im Dunkeln, aber auch nicht unter Dauerbeleuchtung gehalten werden. Beim Neu- oder Umbau von Schweinestallungen ist zu beachten, dass die Stallfensterfläche zumindest 3% der Fußbodenfläche beträgt.

Direkte Sonneneinstrahlung in Stallungen soll vermieden werden, da es zum Aufheizen des Stalls und zu Stress und Verhaltensstörungen bei Schweinen führen kann. Fensterabdeckungen sollen diffuses Licht durchlassen und den Stall nicht vollkommen abdunkeln.

Mindestbuchtengrößen und Fressplatzbreiten (nach 1. Tierhaltungsverordnung, Tierschutzgesetz 2005, bmgf.gv.at)

Platzbedarf bei Gruppenhaltung von Ferkeln, Mastschweinen und Zuchtläufern	bis 20 kg	bis 30 kg	bis 50 kg	bis 85 kg	bis 110 kg	über 110 kg
	0,20 m²	0,30 m²	0,40 m²	0,55 m²	0,70 m²	1,00 m²
Fressplatzbreiten für Ferkel, Mastschweine und Zuchtläufer	bis 15 kg	bis 30 kg	bis 40 kg	bis 50 kg	bis 60 kg	bis 85 kg	bis 110 kg
	12 cm	18 cm	21 cm	24 cm	27 cm	30 cm	33 cm
Platzbedarf bei Gruppenhaltung für	Gruppen bis 5 Sauen	6–39 Tiere	ab 40 Tiere	Fressplatzbreite für Jungsauen, Sauen und Eber = 40 cm/Tier		
Jungsauen	1,85 m²/Tier	1,65 m²	1,50 m²			
Sauen	2,50 m²/Tier	2,25 m²	2,05 m²			
Mindestfläche der Abferkelbucht	Gewicht der Saugferkel		bis 10 kg		über 10 kg	
	Mindestfläche		4 m²/ *5,5 m² je Sau		5 m²/ *5,5 m² je Sau	

* ab 1.1. 2033 nach Verordnung 2012

17.1.4 Ansprüche an das Stallklima

Tierkategorie		Temperatur		Luftfeuchtig-keit
		Vormast	Hauptmast	
Mastschweine	mit Einstreu	18 °C	16 °C	60–80%
	strohlos – Vollspalten	22 °C	20 °C	
Jungsauen		18–20 °C		60–80%
Sauen	Säugezeit	18–22 °C		60–80%
	leer und tragend mit Stroh	15–18 °C		60–80%
	leer und tragend ohne Stroh	17–20 °C		60–80%
Eber		18–20 °C		60–80%
Ferkel	1. Woche	35–30 °C		40–60%
	2.–4. Woche	26–24 °C		50–70%
	1. Woche nach Absetzen	28–26 °C		50–70%
	6.–12. Woche	24–20 °C		50–70%

a) Temperatur und Luftfeuchtigkeit

Schweine in Außenklimaställen benötigen Kleinklimazonen, um den Temperaturanspruch zu erfüllen (z. B. Nürtinger System).

b) Luftgeschwindigkeit

Das ist die Geschwindigkeit, mit der Zuluft in den Tierbereich gelangt. Schweine sind, ähnlich dem Menschen, überaus empfindlich gegenüber Zugluft. Besonders in den Wintermonaten bei kalter Zugluft darf die Luftgeschwindigkeit im Tierbereich 0,1–0,2 m/sec. nicht überschreiten. Im Sommer können auch höhere Luftgeschwindigkeiten (bis 0,5 m/sec.) auftreten, weil dadurch ein spürbarer Kühleffekt für die Schweine entsteht.

c) Schadgase

• **Ammoniak (NH$_3$)** entsteht bei der Zersetzung von Stickstoffverbindungen im Kot und ist durch einen stechenden Geruch charakterisiert. Erhöhte Konzentrationen (>15 ppm) treten bei verschmutzten Buchten, langer Güllelagerung im Stall oder bei schwach eingestreuten Tieflaufbuchten im Sommer auf. Die Schweine reagieren bei überhöhten NH$_3$-Konzentrationen mit Schleimhautreizungen, geröteten Augen und verminderten Leistungen.

• **Kohlendioxid (CO$_2$)** entsteht beim Gasstoffwechsel und wird vermehrt über die Atemluft ausgeschieden. CO$_2$ ist ein farb- und geruchloses Gas und ist schwerer als Luft. Erhöhte CO$_2$-Konzentrationen (>1500 ppm) sind bei stark vermindertem Luftaustausch im Winter oder beim Einsatz von direkt befeuerten Heizgeräten (Gasstrahler, Heizkanone ...) feststellbar.

17.1.5 Haltungssysteme

a) Tragende Sauen

Tragende Sauen werden im Wartestall aufgestallt. Zuchtsauen müssen ab der 5. Trächtigkeitswoche in Gruppen gehalten werden. Bei Neu- und Umbauten ab 2013 verkürzt sich die Möglichkeit der Einzelhaltung von Sauen in der Deckphase auf maximal 10 Tage. Die gleiche Regelung gilt, wenn das jetzige Haltungssystem bereits eine Gruppenhaltung ermöglicht. Die Übergangsfrist endet für alle Sauenhalter mit 1.1.2033. Bei den Haltungssystemen ist in den vergangenen Jahren ein Wandel von den Ein-

streusystemen zu strohlosen Haltungsformen feststellbar. Vorteile für den Landwirt ergeben sich
durch Arbeitsentlastung und verbesserte Stallhygiene. Den Sauen muss aber Beschäftigungsmaterial angeboten werden. Wenn es die Funktionsfähig-
keit des Güllesystems (Spülleitungen) erlaubt, ist
Heu und Stroh über Futterraufen anzubieten.

• Beispiele von Gruppenhaltungssystemen

Bei den Gruppenhaltungssystemen unterscheidet
man zwischen Systemen mit stabilen und dynamischen Gruppen. Bei den stabilen Gruppen bleiben
die Sauen einer Produktionsgruppe (Sauen im gleichen Produktionsstadium) weitgehend gleich. Es
ändern sich nur rund 20% des Bestandes durch die
notwendige Bestandesergänzung. In Österreich ist
nur ein System mit dynamischen Gruppen etabliert,
nämlich die Abruffütterung.

Selbstfangstände

Einflächenbucht mit Trogfütterung

Selbstfangstände
Vier bis sechs Sauen werden in einer Kleingruppe
aufgestallt. Kernstück dieser Zweiflächenbucht ist
der Selbstfangstand, worin die Sauen während der
Futteraufnahme Schutz finden. Die Bildung von
zumindest zwei Konditionsgruppen ist vorteilhaft.
Selbstfangstände zeichnen sich durch eine einfache
Handhabung und Tierkontrolle aus, sind aber verhältnismäßig teuer.

Einflächenbucht mit Trogfütterung
Je nach Bestandesgröße wird eine Sauengruppe auf
zwei bis drei Konditionsgruppen aufgeteilt. Wichtig
bei diesem System ist, dass alle Sauen einer Gruppe
gleichzeitig das Futter bekommen. Unbedingt erforderlich sind Fressplatzteiler, welche Stress beim
Füttern verhindern.

Abruffütterung - dynamische Gruppe
Bei diesem Haltungssystem werden mehrere Pro-
duktionsgruppen gemeinsam gehalten. Meist
kommt die Produktionsgruppe nach erfolgreicher
Trächtigkeitskontrolle, in die Großgruppe. Eine
Futterstation reicht für maximal 50 Sauen. Der Ein-
bau stellt geringste Anforderungen an die Gebäude-
form, wodurch sich dieses System bei Altgebäuden
bestens eignet. Die Sauen betreten nacheinander die
Abrufstation, wo sie elektronisch erkannt werden
und die berechnete Futtermenge erhalten.

Abruffütterung – dynamische Gruppe

Abruffütterung - stabile Gruppe
Bei diesem System werden die Vorteile einer
saueninidividuellen Fütterung mit jener einer stabilen Gruppe vereint. Es ist aber für jede Produktionsgruppe eine Futterstation notwendig, also
beim Drei-Wochen-Rhythmus rund 4–5 Stationen.
Die Obergrenze je Futterstation liegt je nach Ausführung bei 20 bis 40 Sauen.

Abruffütterung – stabile Gruppe

b) Ferkel führende Sauen

Zuchtsauen kommen zur Geburt der Ferkel in den so genannten Abferkelstall, wobei für jede Sau eine Abferkelbucht vorgesehen ist. Die Ferkel werden rund vier Wochen gesäugt und anschließend von der Mutter abgesetzt. Abferkelbuchten benötigen eine Buchtenfläche von mindestens 4 m^2 und ab 2033 von 5,5m^2.

Derzeit ist die Fixierung der Sau im Ferkelschutzkorb zum Schutze der Ferkel und des Personals noch in der gesamten ferkelführenden Phase möglich. Mit Änderung der Tierhaltungsverordnung 2012 muss an der Verbesserung der bestehenden Abferkelbuchtsysteme geforscht werden. Dabei steht die Bewegungsmöglichkeit der Sau im

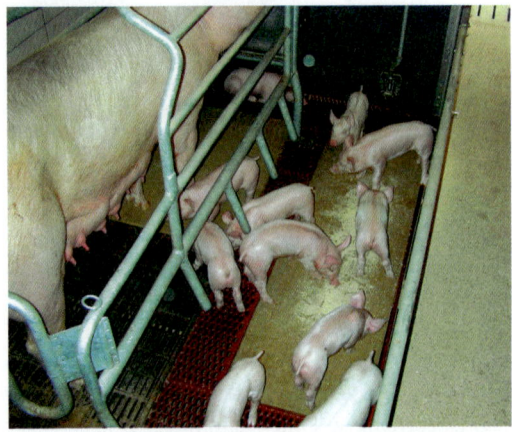

Zuchtsau und Saugferkel

Vordergrund. Das bedeutet, dass nach der kritischen Lebensphase, welche noch zu definieren ist, der Ferkelschutzkorb geöffnet werden muss. Mit 1.1.2033 dürfen Sauen nur mehr in der kritischen Lebensphase der Saugferkel fixiert werden.

Der Ferkelschutzkorb schützt die Ferkel vor dem Erdrücken. Für die Ferkel selbst ist ein Ferkelnest mit Wärmelampe und Bodenheizung vorgesehen. Abferkelbuchten werden häufig strohlos mit Flüssigentmistung betrieben. Diese Haltungsform ist besonders arbeitssparend und ermöglicht eine gute Reinhaltung und Hygiene im Stall. Abferkelställe sollen im Rein-Raus-Verfahren betrieben werden.

Zuchtsau und Saugferkel haben sehr unterschiedliche Ansprüche an den Stallboden. Durch die Kombination verschiedener Rostsysteme kann man den Tieransprüchen bestmöglich gerecht werden.

c) Deckphase

Die Zuchtsauen kommen zur Wiederbelegung nach der Säugephase in den Deckbereich, der als eigenes Deckzentrum ausgeführt oder im Wartebereich integriert ist.

Nach dem Absetzen der Ferkel sollen die Sauen direkten Kontakt zum Eber haben. Man spricht vom gezielten, jedoch nicht ständigen Eberkontakt (zweimal täglich für zumindest 20 Minuten). Der Eber bewegt sich dabei am Bediengang vor den Sauen. Durch den Sicht-, Geruchs- und Berührungskontakt wird die Rausche bestmöglich unterstützt. Während der künstlichen Besamung soll der Eber vor der Sau fixiert werden, am besten mit zwei Türln am Bediengang. Dies wirkt sich positiv auf die Befruchtungsrate aus.

Im Deckzentrum wäre zur ungestörten Einnistung der befruchteten Eizellen die Einzelhaltung für 4 Wochen vorteilhaft. Ab 2013 ist bei Um- und Neubauten nur mehr eine Fixierung von maximal 10 Tagen um den Deckzeitpunkt erlaubt. Bei der Wahl des Haltungssystems ist darauf zu achten, dass die Sauen bei der Trächtigkeitskontrolle (ca. 28.Trächtigkeitstag) mittels Scanner fixiert werden können.

• Jungsauenbucht

Nach entsprechender Quarantäne gelangen Jungsauen erstmals in das Deckzentrum. Eine praktikable Haltungsform stellen Einraumbuchten dar, wel-

che bei Jungsauenzukauf Platz für eine Zukaufs-
gruppe bieten sollen. Nach erfolgreicher Erstbele-
gung soll diese Gruppe bis zum Abferkeltermin zu-
sammenbleiben, damit die noch entwicklungsbe-
dürftigen Jungsauen nicht einem möglichen Grup-
pierungsstress mit Altsauen ausgesetzt sind.

• Eberbucht

Für die Haltung von Zuchtebern sind Einzelbuch-
ten notwendig. Die Buchtenfläche muss mind. 6 m^2
betragen. Werden Sauen in der Eberbucht im
Natursprung belegt, ist die Buchtenfläche mit
mindestens 10 m^2 zu bemessen. In der Eberbucht ist
eine geschlossene, weiche Liegefläche vorge-
schrieben, z. B. Gummimatten, ausreichend Stroheinstreu.

d) Ferkelaufzucht

Ferkel werden mit einem Alter von rund 28 Tagen
von der Muttersau abgesetzt und in den Ferkelauf-
zuchtstall gebracht. Bei strohloser Haltung müssen
die Ställe beheizt werden. Neben der Raumheizung
setzt sich vermehrt die gezielte Beheizung von
Kleinklimazonen durch (Abdeckungen), da der
Energieaufwand dabei deutlich sinkt.

• Fütterungstechnik in der Ferkelaufzucht

In der Ferkelaufzucht werden hauptsächlich Brei-
futterautomaten verwendet. Auch Flüssigfütterungen (Kurztrog/Sensor) gewinnen an Bedeutung.
Das Tier-Fressplatz-Verhältnis soll 4:1 nicht überschreiten. In der Absetzphase sollte für jedes Ferkel
ein Fressplatz zur Verfügung stehen.

Fütterungstechnik in der Ferkelaufzucht

e) Mastschweine

• Haltungsformen

Strohlose Haltung

In der intensiven Schweinemast haben sich strohlose Haltungs-
systeme durchge-
setzt. Ein gerin-
gerer Arbeitszeit-
bedarf und hohe
Mechanisierbar-
keit sind für diese
Entwicklung
hauptverantwort-
lich.

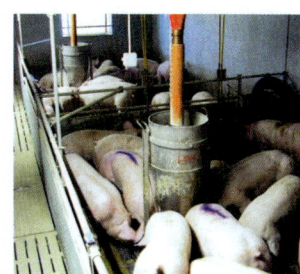

Strohlose Haltung

Haltung auf Stroh

Eingestreute Haltungssysteme wurden in den letzten
Jahren in geringerem Ausmaß umgesetzt. Die Haltung
von Schweinen auf Einstreu ist sinnvoll, wenn über
spezielle Vermarktungsschienen Mehrerlöse erzielt
werden. Der Tieflaufstall ist einfach aufgebaut und benötigt rund 0,5 kg
Stroh je Mast-
schwein und Tag.
Der Schrägbo-
denstall ist eine
Alternative, der
den Strohver-
brauch auf rund
0,1 kg senkt.

Haltung auf Stroh

• Stalltypen

Warmstall

Dieser besteht aus einer isolierten und massiven
Gebäudehülle. Warmställe werden fast ausschließlich zwangsbelüftet. Bei einem Lüftungsausfall
müssen entsprechende Alarmsysteme vorhanden
sein. Der gesamte Stallraum ist gleichmäßig tem-
periert.

Außenklimastall

Ställe dieses Typs weisen so genannte Liegekisten
auf, in denen die notwendige Temperatur über die
Körperwärmeabstrahlung erreicht wird. Die Größe
der Liegekiste ist abhängig vom Tieralter und
muss exakt bemessen werden. Bei der Lüftung

wird der natürliche Wind genutzt. Außenklimaställe müssen quer zur Hauptwindrichtung ausgerichtet werden.

• Buchtenformen

Die Buchtenform muss auf das Fütterungssystem abgestimmt werden. Bei Flüssigfütterung am Längs- oder Quertrog ergibt sich die Buchtenform durch die Fressplatzbreite von 33 cm am Trog. Mit einer Buchtentiefe von 2,0–2,2 m erreicht man eine Bodenfläche von 0,7–0,8 m² pro Mastschwein.

Bei Automatenmast und Flüssigfütterung am Sensor ist die Buchtenausformung nicht unmittel-bar an fixe Vorgaben gebunden. In der Praxis werden annähernd quadratische Buchten bevorzugt.

• Gruppengröße

In den vergangenen Jahren ist ein Trend zu größeren Gruppen (25–40 Tiere je Bucht) feststellbar. Großgruppen reduzieren die Baukosten und ermöglichen es, für die Schweine die Funktionsbereiche Kot-, Liegeplatz und Aktivitätsbereich einzurichten. Großgruppenhaltung ist aufgrund des eingeschränkten Fressplatzes nur mit Ad-libitum-Fütterungssystemen (Trockenfutterautomat, Flüssigfütterung mit Sensor zur Füllstandskontrolle) machbar.

17.1.6 Herdenmanagement

a) Gruppenweises Abferkeln im fixen Absetzrhythmus

Schematische Darstellung ein-, und dreiwöchiger Absetzrhytmus bei vier Wochen Säugezeit

Absetzrhythmus		Anzahl Gruppen	Herden-größe	Gruppengröße	Abferkelstall	Deckzentrum	Wartestall	Ferkel-aufzucht
4 Wochen Säugezeit	1-wöchig	21		Herdengröße dividiert durch 21	Gruppen je Abteil			
					5	6	11	8
		Beispiel	84	4	Tierplätze je Abteil			
					23 (4 x 5 + 15% Reserve)	28 (4 x 6 + 15% Reserve)	44 (11 x 4)	320 (4 x 8 x 10)
	3-wöchig	7		Herdengröße dividiert durch 7	Gruppen je Abteil			
					2	2	4	3
		Beispiel	84	12	Tierplätze je Abteil			
					28 (12 x 2 + 15% Reserve)	28 (12 x 2 + 15% Reserve)	48 (12 x 4)	360 (12 x 3 x 10)

Zwischen der notwendigen Gruppenanzahl im Deckzentrum und Wartestall sind Verschiebungen möglich, z. B. beim dreiwöchigen Rhythmus nur eine Produktionsgruppe im Deckzentrum und fünf Gruppen im Wartestall.

Der Ferkelproduzent soll die im Stall anfallenden Arbeiten nach einem fixen Schema erledigen. Das Absetzen der Ferkel soll immer am selben Wochentag (z. B. donnerstags) erfolgen, da die hiermit verknüpften Arbeitsschwerpunkte rationell geplant werden können. Einer der organisatorisch wichtigsten Entscheidungen ist die Wahl des Absetzrhythmus. Bei einer Säugezeit von vier Wochen bieten sich der einwöchige und der dreiwöchige Absetzrhythmus an. Bei einer Säugezeit von drei Wochen ist der ein-, zwei- oder vierwöchige Absetzrhythmus möglich.

Der **dreiwöchige Absetzrhythmus** hat sich in Österreich weitgehend durchgesetzt, da umrauschende Sauen leicht eingegliedert werden können und eine übersichtliche Bestandesführung (nur sieben Sauengruppen) möglich ist. Der Nachteil dieses Systems besteht in einer schlechten Platznutzung der teuren Abferkelställe. Die Gruppengröße errechnet sich, indem man die Sauenzahl durch sieben dividiert. Generell sind rund 15% Reserveplätze im Abferkelstall und im Deckzentrum einzukalkulieren.

Der **einwöchige Absetzrhythmus** ist nur in größeren Beständen (über 180 Sauen) sinnvoll.

Der **vierwöchige Absetzrhythmus** bietet den Vorteil einer optimalen Platzausnützung, umrauschende Sauen sind jedoch schwieriger einzugliedern. Dieses System verlangt ein Absetzen der Ferkel nach 21 Tagen und ist nur erlaubt, wenn tiergesundheitliche Gründe vorliegen!

b) Sauenplaner

Der Sauenplaner ist eine elektronische Lösung, um die biologischen Daten der Sauenherde zu verwalten. Der Sauenplaner bietet folgende Möglichkeiten:

• **Erstellung von Arbeitsplänen**

• **Auswertungen über biologische Leistungen**
Es sind Auswertungen nach den verschiedensten Parametern möglich (Umrauscher, Leertage, Erstbelegalter, geborene Ferkel, aufgezogene Ferkel u. a.) Diese Auswertungen ermöglichen es, Schwächen in der Produktion aufzudecken.

• **Horizontaler Betriebsvergleich**
Durch den Vergleich der eigenen Ergebnisse mit jenen anderer Betriebe können Stärken und Schwächen gut dargestellt werden.

• **Überbetrieblicher Sauenplanereinsatz**
Einige Erzeugergemeinschaften bieten für die Mitglieder eine überbetriebliche Sauenplaner-Internetlösung an. Der Sauenhalter kann dabei jederzeit tagaktuelle Auswertungen vornehmen.

• **Monetäre (geldmäßige) Auswertung**
Der Sauenplaner bietet auch häufig die Möglichkeit einer betriebswirtschaftlichen Bewertung.

c) Maßnahmen rund um die Geburt – Ferkelversorgung

• **Hygiene im Abferkelstall**
Das Ferkel soll in eine möglichst keimarme Umge-

Die wichtigsten biologischen Kennzahlen

Kriterium	Sollwert	Maßnahmen
Leb. geborene Ferkel je Wurf	>12,1	• Geringer Gewichtsverlust in der Säugezeit • Optimale Besamungstechnik (z. B. Stimulation)
Ferkelverluste bis zum Absetzen	<11%	• Geburtsüberwachung • Durchführung eines Wurfausgleichs • In den ersten 3 Lebenstagen die Ferkel während der Mahlzeit der Sauen in das Ferkelnest einsperren
Umrauscher	<8%	• Geringer Gewichtsverlust in der Säugezeit • Optimale Futter-, Stall- und Besamungshygiene • Maßnahmen zur Verminderung des Risikos der Einschleppung von Krankheiten (Quarantänestall, Bekleidung ...)
Leertage	<13	• Trächtigkeitskontrolle über Scanner • Umrauscher vermeiden
Würfe je Sau und Jahr	>2,3	• Säugedauer von 28 Tagen • Wenig Leertage und Umrauscher
Abgesetzte Ferkel je Zuchtsau und Jahr	>25	• Die Summe aller Maßnahmen

bung geboren werden. Die Abferkelställe sind vor dem Neubelegen gründlich zu reinigen und gegebenenfalls zu desinfizieren. Es sollen außerdem nur entwurmte, räudebehandelte und gewaschene Sauen in den Abferkelstall kommen.

• Geburtsüberwachung
Durch die Überwachung der Geburt können Ferkelverluste vermindert werden. Die Ferkel sollen nach der Geburt trockengerieben und an das Gesäuge der Sau angesetzt werden.

• Kolostralmilchaufnahme sichern
Die rechtzeitige und ausreichende Aufnahme von Schutzstoffen in der Kolostralmilch ist lebensnotwendig. Die Zitzen sollen angemolken und die Ferkel an das Gesäuge angelegt werden.

• Wärmeversorgung
Neugeborene Ferkel haben einen sehr hohen Temperaturanspruch (35 °C) und können bei einer zu kalten Umgebung die Körpertemperatur nicht halten. Unterkühlte Ferkel saufen deutlich weniger Kolostralmilch und sind krankheitsanfälliger. Im Extremfall sterben die Ferkel an Unterkühlung und Blutzuckermangel.

Maßnahmen zur Verbesserung der Wärmeversorgung:
- Ferkelnest mit Wärmelampe und Bodenheizung
- Wärmelampe hinter der Sau (während der Geburt)
- Neugeborene Ferkel trockenreiben (Verdunstungskälte)
- Liegeposition der Ferkel beachten (lockere Seitenlage)

• Erdrückungsverluste vermindern
Übergewichtige Sauen sind schwerfälliger und leiden oft an Beinschwäche, was zu höheren Erdrückungsverlusten führt. Der Bodenbelag ist rutschfest zu gestalten. Der Ferkelschutzkorb muss entsprechend an die Körpergröße der Sau angepasst werden. Seitliche Schutzbügel am Ferkelschutzkorb können ein zu schnelles Fallenlassen der Sau verhindern. Die Ferkel sollen in den ersten Lebenstagen während der Fütterungszeiten der Zuchtsau in das Abferkelnest gesperrt werden. Ferkelverluste können auch durch das „Ferkelbeißen" von aggressiven Sauen auftreten.

• Zähne schleifen und Schwanz kupieren
Das Tierschutzgesetz erlaubt diese Maßnahme nur unter bestimmten Voraussetzungen bis zum 7. Lebenstag (z. B. Dokumentation von Verhaltensstörungen im Mastbetrieb …).
Mit der Novelle des Tierschutzgesetzes 2017 ist das Schwanz kupieren nur mit wirksamer Schmerzbehandlung die auch postoperativ wirkt, zulässig. Ebenfalls ist die Teilnahme an einem Berechtigungskurs erforderlich.

• Eiseninjektionen sollen bis zum 3. Tag durchgeführt werden.

• Kastration männlicher Ferkel
Das Tierschutzgesetz erlaubt diese Maßnahme nur innerhalb der 1. Lebenswoche. Mit der Novelle des Tierschutzgesetzes 2017 ist das Kastrieren nur mit wirksamer Schmerzbehandlung die auch postoperativ wirkt, zulässig. Die Teilnahme an einem Berechtigungskurs ist erforderlich.

• Wurfausgleich
Wird die Arbeitsweise des gruppenweisen Abferkelns betrieben, so kann ein Wurfausgleich relativ leicht durchgeführt werden. Durch den Wurfausgleich kann die Aufzuchtleistung um rund ein Ferkel je Zuchtsau und Jahr verbessert werden. Dabei gelten folgende Grundregeln:
- Ferkel erst nach ausreichender Biestmilchaufnahme versetzen
- Würfe zahlenmäßig ausgleichen, dabei auf die Anzahl funktionsfähiger Zitzen achten
- Kleine Ferkel zu Jungsauen (kleinere Zitzen)
- Wurfausgleich bis höchstens 3 Tage nach der Geburt
- Größere Ferkel versetzen
- Bei Jungsauen müssen alle Zitzen belegt werden

• Wasserversorgung sicherstellen
Ferkel nehmen anfangs Zapfen- bzw. Schalentränker nur ungenügend an. Warmes Wasser soll daher über Schalen zusätzlich angeboten werden. Ferkel, die ausreichend Wasser aufnehmen, beginnen schneller mit der Beifutteraufnahme. Bei Durchfällen sind Elektrolytlösungen einzusetzen.

d) Eingliederung von Jungsauen

Die überwiegende Zahl der Ferkelerzeuger kauft

Jungsauen von spezialisierten Jungsauenvermehrungsbetrieben im Alter von rund 190 Tagen mit einem Gewicht von ca. 110 kg zu. Üblicherweise kommen die meisten Jungsauen etwa fünf Tage nach dem Zukauf in die so genannte Transportrausche. Diese soll aber noch nicht zur Belegung verwendet werden, da die Jungsauen zu jung und zu wenig entwickelt sind.

• **Erstbelegalter**
Jungsauen sollen mit einem Alter ab 240 Tagen belegt werden. Sauen, die zu früh belegt werden, haben kleinere Würfe und leichtere Ferkel sowie eine deutlich niedrigere Lebensleistung!

• **Deckgewicht**
Dieses soll 140 kg betragen. Sauen, die mit einem Gewicht unter 120 kg belegt werden, haben kleinere Würfe, oft schlechtere Muttereigenschaften und sind anfälliger für Fruchtbarkeitsstörungen.

• **Quarantäne und optimale Eingliederung**
Jede zugekaufte Jungsau stellt ein Risiko für die Gesundheit der gesamten Sauenherde dar. Gleichzeitig kann aber auch die zugekaufte Jungsau an den stallspezifischen Krankheitserregern erkranken, was häufig zum Ausbleiben der Rausche führt. Die Einrichtung eines Quarantänestalls, der räumlich und lüftungsmäßig von den Altsauen getrennt ist, schafft

große Vorteile. Zu beachten ist, dass auch eine Keimverschleppung durch Personen vermieden wird (Schuhe wechseln). Die optimale Eingliederung erfolgt innerhalb von 6 Wochen. Dabei wird die 3. Rausche zur Belegung genützt. Wichtig ist, dass zugekaufte Jungsauen nur in gewaschene, saubere und leere Ställe kommen. Jungsauen werden häufig in Abständen von 6 Wochen zugekauft. In diesem Fall sind 2 getrennte Kammern im Quarantänestall notwendig.

e) Mastplaner

Mit dem Mastplaner können Auswertungen über biologische Leistungen wie Tageszunahmen, Magerfleischanteil und Futterverwertung durchgeführt werden. Der Mastplaner bietet häufig auch die Möglichkeit einer Deckungsbeitragsberechnung bis hin zur Vollkostenrechnung. Ebenso wie beim Sauenplaner, wird auch der Mastplaner teilweise überbetrieblich über Arbeitskreise oder Erzeugergemeinschaften genützt.

f) Ferkel einstellen in die Mast

Die Forderung nach möglichst wenig Ferkelherkünften ist seit der verpflichtenden Circo- und Mykoplasmenschutzimpfung von Ferkeln aus VÖS Ferkelringen abzuschwächen.

Fahrplan zur 6-Wochen-Eingliederung von Jungsauen
Fragen zu Schutzimpfungen und Einstallprophylaxe sind mit dem Betreuungstierarzt abzusprechen.

Tage	Maßnahmen	Alter	Gewicht	MJ/Tag	kg Futter
Vortag	Quarantänestall aufheizen				
Liefertag	beim Einstellen nur Wasser geben	180–190 Tage	95–100 kg	0 MJ	0 kg
3–5.Tag	Datum der Transportrausche notieren			35 MJ	2,8 kg
ab 14.Tag	aktive Immunisierung				
	Schnüffelkontakt zu Schlachtsauen oder Ferkeln ermöglichen				
	2. Parvo-Rotlauf-Impfung				
25.Tag	2. Rausche notieren				
40.Tag	Einstellen ins Deckzentrum			40 MJ	3,3 kg
ab 46.Tag	3. Rausche - Belegung	225–235 Tage	125–130 kg		
nach d. Belegen	Einzelhaltung und Stress vermeiden			33MJ	2,6 kg

Folgende Maßnahmen sind beim Ferkeleinstallen zu beachten:

- **Stall reinigen und desinfizieren**
- **Stall aufheizen:** Im Winter soll der Maststall 24 bis 36 Stunden vor dem Einstellen aufgeheizt werden. Die Spaltentemperatur muss mindestens 20–22 °C betragen.
- **Ferkel gleicher Herkünfte möglichst gemeinsam aufstallen:** Um Mischinfektionen zu reduzieren, sollen Ferkel gleicher Herkünfte kammernweise oder zumindest buchtenweise aufgestallt werden.
- **Anfüttern der Mastschweine:** Beim Einstellen sollen die Ferkel nur warmes Wasser bekommen. Nach einer 12-stündigen Nüchterung wird die Futtermenge allmählich gesteigert. Bei einer gravierenden Umstellung der Fütterungstechnik zum Beispiel von Rohrbreiautomaten in der Aufzucht auf Flüssigfütterung in der Mast, sollte man durch die Beifütterung von Trockenfutter die Umstellung erleichtern. Im Winter ist darauf zu achten, dass die Futtersuppentemperatur rund 15 °C beträgt.
- **Einstellprophylaxe:** Die eingestellten Ferkel müssen entwurmt werden. Inwieweit es notwendig ist, vorbeugend Medizinalfutter einzusetzen, muss mit dem Tierarzt abgeklärt werden.

17.1.7 Pflege und Hygiene

Verschiedene Pflege- und Hygienemaßnahmen sind für das Wohlbefinden und die Gesundheit der Schweine wichtig

➡ Siehe Kap. 5.1.1, Tiergesundheit
Band 1, Seite 77

• Schutz vor Einschleppung von Erkrankungen
Seit 2017 ist in Österreich die Schweinegesundheitsverordnung in Kraft, die wesentliche Bereiche der Betriebshygiene beschreibt. Ein Handbuch bzw. eine Checkliste helfen bei der Umsetzung der notwendigen Maßnahmen. Wichtige Bereiche dazu sind der Personenverkehr, die Verladerampe, die TKV Abholung, die Quarantäne bei Tierzukauf und vieles mehr.

• Abteil-Rein-Raus
Aus hygienischer Sicht soll gerade in den Berei-

chen Abferkelung, Ferkelaufzucht und Schweinemast im Rein-Raus-System gearbeitet werden. Durch das konsequente Reinigen und Desinfizieren der Buchten vor dem Belegen kann der Infektionsdruck und dadurch die Tiergesundheit verbessert werden. Bei geschlossenen Betrieben werden die Mastställe oft kontinuierlich belegt, es erfolgt keine Trennung nach Altersgruppen. In Folge kann sich die sogenannte „Stallmüdigkeit" einstellen, d.h. es treten vermehrt Krankheiten auf und die tierischen Leistungen sinken. Wichtig ist, dass niemals kümmernde und zurückgebliebene Ferkel zu jüngeren Tieren rückversetzt werden. Die Stallarbeit sollte stets in Richtung zunehmendem Tieralter erfolgen, d. h. zuerst die Arbeit im Abferkelstall, dann in der Ferkelaufzucht, im Deck- und Wartebereich und zum Schluss in den Mastabteilen erledigen. Die Stiefel sind Hauptüberträger von Krankheiten, daher müssen diese nach der Stallarbeit sauber gewaschen oder für die Stallabteile eigene Schuhe verwendet werden.

• Entwurmung und Räudebekämpfung
Die Entwurmung und Räudebekämpfung wird bei Zuchtsauen kombiniert und in regelmäßigen Abständen durchgeführt. Wir unterscheiden die termin- oder die bestandsmäßige Entwurmung.
Die **terminorientierte** Entwurmung erfolgt einzeltier- bzw. gruppenmäßig 14 bis 10 Tage vor der Geburt. In den frisch gereinigten und desinfizierten Abferkelstall sollen nur entwurmte, räudebehandelte und gewaschene Sauen gelangen. Dadurch kann der Parasitendruck auf die Ferkel reduziert werden.
Die **bestandsmäßige** Entwurmung bietet arbeitswirtschaftliche Vorteile. Sie soll zwei- bis dreimal jährlich durchgeführt werden. Der Nachteil besteht darin, dass der Infektionsdruck auf die Ferkel höher ist.

17.1.8 Fortpflanzung

a) Paarung

Die Geschlechtsreife tritt vor allem bei intensiver Fütterung wesentlich früher als die Zuchtreife ein. Für die Entwicklung eines stabilen Fundaments sind die Tageszunahmen (ab Geburt gerechnet)

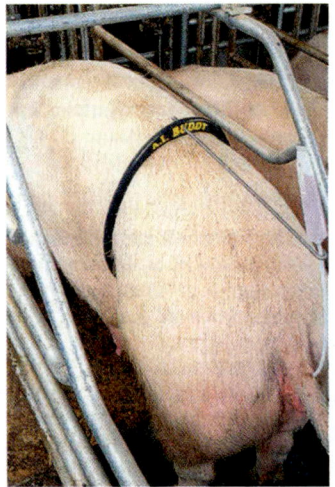

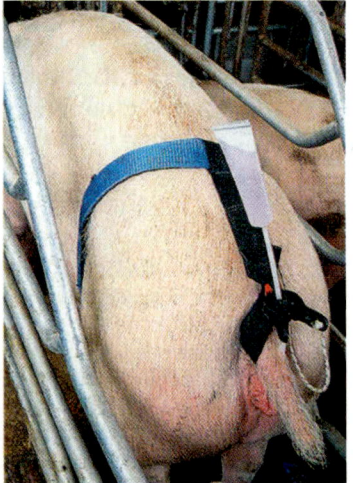

Besamungsbügel   *Besamungsgurt*

auf 550 bis 600 g zu begrenzen. **Jungsauen** sollen mit einem Alter von mindestens 240 Tagen und einem Gewicht von 140 kg belegt werden.

Eber sind erst ab dem siebten Lebensmonat zuchttauglich. Fleischreiche Rassen sind spätreifer. Der Eber soll während der Aufzucht Zuwachsraten von maximal 750 g erreichen. Die Anwendung des Natursprunges ist aufgrund der hohen Hygieneanforderungen und der mangelnden Überwachbarkeit der Spermaqualität nicht mehr zu empfehlen. Die **künstliche Besamung** mit Frischsperma wird meist im 12–18 Stunden Rhythmus durchgeführt, solange die Sau einen Duldungsreflex zeigt. Dabei sind häufig 2 bis 3 Besamungen nötig. Für hohe Wurf-

größen ist eine optimale Stimulation notwendig. Dabei werden Deckgurte, Besamungsbügel und Decktaschen verwendet.

Die **Brunst** tritt ungefähr 4 bis 7 Tage nach dem Absetzen der Ferkel auf, dauert etwa 2 bis 3 Tage und kehrt alle 3 Wochen wieder. Der Eisprung tritt in der 2. Hälfte der Brunst auf. Die Besamung muss vor dem Eisprung erfolgen. Die erste Belegung soll rund zwölf Stunden nach Eintritt der Hauptbrunst erfolgen. Frührauschende Sauen sollen später, frühestens 24 Stunden nach Beginn der Hauptbrunst, belegt werden. Im Gegensatz dazu sind spätrauschende Sauen sofort nach der Duldung zu belegen.

b) Trächtigkeit

Die Trächtigkeit dauert beim Schwein rund 115 Tage. Fütterungsmäßig wird zwischen niedertragend und hochtragend unterschieden. Als hochtragend werden Schweine ab der 12. Trächtigkeitswoche bezeichnet. Bleibt die Brunst drei Wochen nach dem Decken aus, ist die Trächtigkeit anzunehmen. Die Trächtigkeit der Sau muss mittels Scanner kontrolliert werden. Dies hilft ganz wesentlich, unproduktive Leertage zu reduzieren. Die Trächtigkeitskontrolle ist ab dem 21. Trächtigkeitstag möglich, wird jedoch meistens um den 28. Tag durchgeführt.

c) Geburt

Das Anschwellen des Gesäuges und der Scheide sowie auffällige Unruhe künden die Geburt an. Eine Normalgeburt dauert etwa zwei bis drei Stunden. Wehenmittel sollen nur bei Geburtsverzögerungen eingesetzt werden. Nach der Geburt soll zumindest für drei Mahlzeiten die Temperatur kontrolliert werden, um Milchfieber schnell zu erkennen.

optimaler Belegungszeitpunkt

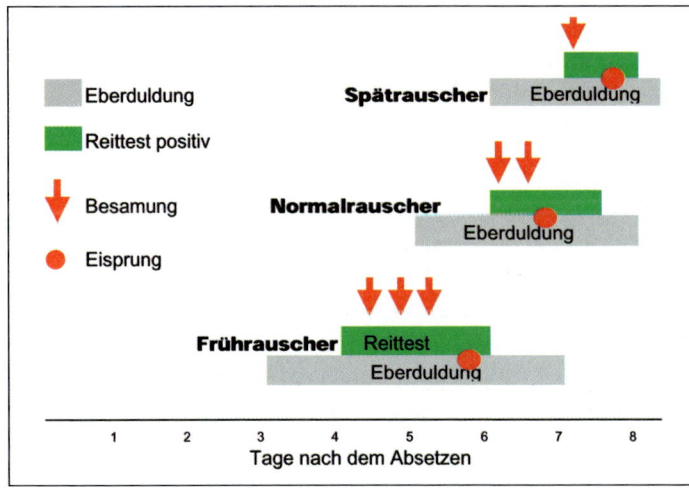

17.2 Fütterung

In der Fütterungspraxis erfolgen die Nährstoffangaben zu Futtermitteln bzw. Futtermischungen in Gramm je Kilogramm Frischmasse bzw. bezogen auf 88% Trockensubstanz.

17.2.1 Grundsätze

Aufgrund des einhöhligen Verdauungssystems können Grundfuttermittel mit hohen Rohfasergehalten (>18%) nur schlecht verdaut werden. Die **Verdaulichkeit** der Ration soll in der Regel über 80% betragen (Ausnahme trächtige Sauen), was nur mit Kraftfuttermitteln wie Getreide, Mais, Hülsenfrüchten u. a. erreicht wird. Gerste soll die Hauptfutterkomponente für Zuchtsauen darstellen. Ferkel und Mastschweine können auch mit überwiegend energiereichen Komponenten wie Mais, Weizen und Triticale gefüttert werden. Ein Mindestgehalt an Rohfaser ist jedoch zu berücksichtigen. Grundfuttermittel wie Grünfutter, Heu und Silagen dienen in erster Linie als Sättigungsfutter für trächtige Sauen.

Staubbindung: Durch den Zusatz von 0,5 bis 1,0% Futteröl kann die Staubentwicklung vermindert werden.

a) Energiegehalt

Ein Energiegehalt des Futters von 12,5 bis 13,5 MJME ist für Ferkel, säugende Sauen und Mastschweine optimal. Hohe Energiegehalte im Futter führen nicht automatisch zu höheren Energieaufnahmen und somit zu besseren Leistungen. Die Erklärung liegt darin, dass die Futteraufnahme der Schweine hauptsächlich von der Energiesättigung (physiologische Sättigung) gesteuert wird. Ist das Futter energieärmer frisst das Schwein einfach mehr davon. Erst wenn der Energiegehalt eines Futters zu stark absinkt, bzw. der Rohfasergehalt zu hoch ist, begrenzt die mechanische Sättigung die Energieaufnahme.

b) Rohfaserversorgung

Der Rohfasergehalt ist ein guter Maßstab, um die Verdaulichkeit und Nährstoffkonzentration von Rationen zu beurteilen. Schweine brauchen einen gewissen Anteil an Ballaststoffen, damit die Darmtätigkeit funktioniert. Der Rohfasergehalt in Schweinerationen soll zumindest 3,5% betragen. Einen besonders hohen Rohfaseranspruch haben trächtige Sauen.

Rohfaser
- reguliert die Passagegeschwindigkeit des Nahrungsbreis im Darm – der Kot wird wasserreicher und der Kotabsatz wird erleichtert,
- bindet giftige Stoffwechselprodukte, die bei der Verdauung entstehen,
- vermindert das Risiko von Magengeschwüren bei Mastschweinen,
- steigert das Sättigungsgefühl bei tragenden Zuchtsauen und vermindert aggressives Verhalten von Schweinen und
- steigert die Krankheitsabwehr (70% der Immunzellen befinden sich im Darm)

c) Rohprotein- und Aminosäurenversorgung

Neben der ausreichenden Energieversorgung ist besonders die bedarfsgerechte Aminosäurenversorgung für hohe Leistungen (Zuwachs, Milchleistung) notwendig. Bei der Rationsberechnung werden die vier erstlimitierenden (begrenzenden) Aminosäuren Lysin, Methionin + Cystin, Threonin und Tryptophan berücksichtigt.

Bei der Beurteilung der Aminosäurenausstattung von Rezepturen werden folgende Maßstäbe herangezogen:

• **Lysin : MJ ME:** Das Verhältnis Lysin zu Energie ist aussagekräftiger als der absolute Gehalt an Lysin. Dabei wird berücksichtigt, dass beispielsweise energiereichere Rezepturen auch mehr Aminosäuren benötigen. Den relativ höchsten Lysinbedarf haben Ferkel. Mit zunehmendem Gewicht nimmt der Bedarf stark ab. Säugende Sauen verlangen eine höhere Ausstattung als trächtige.

Lysin	: Methionin + Cystin	: Threonin	: Tryptophan
1	: 0,60	: 0,65	: 0,18

• **Lysin : Methionin + Cystin : Threonin : Tryptophan:** Neben der absoluten Ausstattung an Aminosäuren muss auch deren Verhältnis zur Leitaminosäure Lysin mitberücksichtigt werden.
Die angeführten Verhältnisse sollen nicht unterschritten werden.

• **Verdaulichkeit der Aminosäuren:** Neuerdings werden neben den Rohaminosäuren auch die verdaulichen Aminosäuren mitberücksichtigt.

Aminosäurenverdaulichkeit verschiedener Futtermittel

	Verdaulichkeit über 80%	Verdaulichkeit unter 80%
Eiweiß-komponenten	Fischmehl, Kartoffeleiweiß, Magermilchpulver, Lupine, Sojaschrot, Sojabohne getoastet	Rapsschrot, Erbse, Ackerbohne, Sonnenblumen-schrot
Energie-komponenten	Weizen, Triticale, Hafer, Mais	Gerste, Roggen, Weizenkleie, Trockenschnitzel

In der praktischen Rationsberechnung bedeutet die Mitberücksichtigung der verdaulichen Aminosäuren, dass bei Rationen mit einem hohen Anteil an Trockenschnitzeln, Weizenkleie, Erbse oder Rapsschrot (häufig im Trächtigkeitsfutter) das Verhältnis von Lysin zu MJ ME um 0,03 Einheiten höher gehalten werden soll (z. B. 0,53 : 1 statt 0,50 : 1). Gleichzeitig kann bei Rezepturen mit Sojaschrot und Fischmehl als Eiweißträger und Weizen als Hauptenergiekomponente um das gleiche Maß knapper kalkuliert werden.

• **Synthetische Aminosäuren:** Die Verfütterung von synthetisch hergestellten Aminosäuren (häufig im Mineralfutter enthalten) ist heutzutage Standard. Dadurch kann der Gehalt an Eiweißfuttermitteln in der Ration deutlich vermindert werden. Die Ausstattung des Mineralfutters (3% bei Schweinemast, 4% bei Ferkelaufzucht) an Aminosäuren ist bei maisbetonten Rationen bis zu einer Größenordnung

von ca. 8% Lysin, 2,5% Methionin und 3,5% Threonin sinnvoll. Höhere Gehalte verlangen meist auch eine Ergänzung der relativ teuren Aminosäure Tryptophan.

• **N-Ausscheidung:** Durch den effektiven Einsatz von synthetischen Aminosäuren kann der Rohproteingehalt im Futter und somit die N-Ausscheidung der Schweine deutlich vermindert werden. Das Absenken des Rohproteingehalts um 1% Punkt (z. B. von 18% auf 17%) bedeutet eine Verminderung der N-Ausscheidung um rund 10%. Gleichzeitig vermindern sich die Ammoniakverluste über die Luft, wodurch die Stallluft deutlich besser wird. Eine positive Auswirkung ist auch auf die Verdauung und den gesamten Stoffwechsel festzustellen.

d) N-reduzierte Fütterung

Der Schweineproduzent hat Begrenzungen bezüglich Tierbesatz und N-Ausscheidung einzuhalten.

Der maximale N-Eintrag in den Boden beträgt:
- 170 kg N aus Wirtschaftsdüngern je ha nach Nitratrichtlinie (N am Feld)
- 210 kg N gesamt (N aus Wirtschaftsdünger + mineralischem Dünger) nach den Bestimmungen des Wasserrechtsgesetzes (N am Lager)
- der kulturbezogene N-Bedarf ist einzuhalten. Es ergibt sich für jede Frucht abhängig von der Ertragslage ein maximaler Bedarf. Zusätzlich gibt es noch eine Unterscheidung, ob an Umweltprogrammen teilgenommen wird.

Bei der Berechnung der N-Ausscheidung wird von der Tierliste (= durchschnittlich gehaltene Tiere) ausgegangen. Jeder Tierkategorie wird ein bestimmter Wert für die N-Ausscheidung zugeordnet (z. B. je durchschnittlich gehaltenem Mastschwein 7,5 kg N). Daraus ergibt sich ein Gesamt N-Anfall des Betriebes aus Wirtschaftsdünger. Diese Ausscheidung wird den einzelnen N-Grenzen gegenübergestellt.

Durch die N-reduzierte Fütterung kann die N-Ausscheidung reduziert werden. Dadurch können entweder mehr Tiere gehalten oder mehr N-Dünger ausgebracht werden.

Unterschiedliche Verlustregelung:

Der N-Anfall wird in den Tabellen als N am Lager angegeben. N am Lager wird für die Begrenzung 170 kg N aus Wirtschaftsdünger verwendet. N am Feld errechnet man, indem man die Ausbringungsverluste, von z. B. 13% bei Gülle, abzieht. N am Feld wird für die Begrenzung 210 kg Gesamt-N angewendet. Für die Einhaltung des kulturbezogenen Bedarfs wird der jahreswirksame N gerechnet. Dieser errechnet sich, wenn man vom feldfallenden N 15% abzieht.

• **Definition für N-reduzierte Fütterung:** N-reduzierte Fütterung wird mit dem Rohproteingehalt (XP) im Futter definiert und kann über Phasenfütterung oder einphasige Fütterung erfolgen.

e) Mineralstoffversorgung

In erster Linie wird die Versorgung von Calcium, Phosphor, verdaulichem Phosphor und Natrium beurteilt. Neben den absoluten Werten muss auch das Verhältnis von Calcium zu Phosphor bzw. Calcium zu verdaulichem Phosphor stimmen. Jungtiere und Ferkel führende Sauen haben den höchsten relativen Bedarf (je kg Futter). Mit zunehmendem Körpergewicht sinkt der relative Bedarf.

XP-Grenzen bei N-reduzierter Fütterung

	Gewichtsbereich	XP-Gehalt je 88% TM in g
Mastschweine	30 kg bis 70 kg	170
	70 kg bis Mastende	155
	30 kg bis Mastende	161
Zuchtsauen	Trächtigkeit	130
	Säugezeit	165
	Einheitsfutter	150
Ferkel	20 bis 30 kg	170
Babyferkel	10 bis 20 kg	170

• **Verdaulicher Phosphor:** Die Phosphorverdaulichkeit von pflanzlichen Futtermitteln liegt unter 50% (ausgenommen Weizen und Maiskornsilage), da ein großer Teil des Phosphors phytingebunden ist. Durch den Zusatz des Enzyms Phytase kann die Phosphorverdaulichkeit von Getreide auf 65% gesteigert werden. Dadurch können Mineralfutter mit deutlich geringeren Phosphorgehalten eingesetzt werden. Während ein übliches Schweinemastmineralfutter 5 bis 7% Phosphor enthält, kann bei Phytaseeinsatz die P-Ausstattung auf rund 3% reduziert werden. Die Phosphorausscheidung der Schweine

P-Verdaulichkeit mit und ohne Phytase

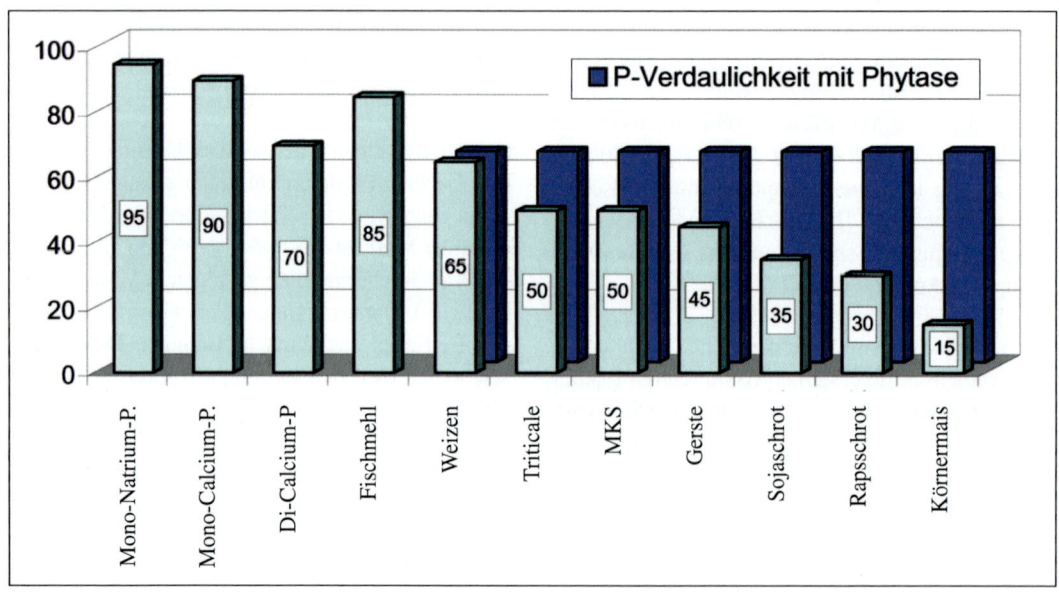

kann dadurch bis zu 40% vermindert werden, was besonders bei einem hohen GVE-Besatz je ha wichtig ist. Phytase besitzt weiters die Fähigkeit, die Calciumaufnahme zu verbessern (Bedarf an Calcium kann um 0,5 g je kg Futter unterschritten werden) und auch die Eiweißverdaulichkeit von Futtermitteln zu steigern.

Ein kg Futter soll 500 FTU Phytase enthalten.

f) Vermahlungsgrad

Der Vermahlungsgrad wird beeinflusst von der Siebart (Lochsieb, Maschensieb), Siebgröße (Lochdurchmesser, Maschenweite), Schärfe der Vermahlungswerkzeuge, Anzahl der Schlägler und Umdrehungsgeschwindigkeit.

Zu fein gemahlenes Futter führt zu schlechterer Futteraufnahme (pappiges Futter), außerdem erhöht sich die Anfälligkeit für Magengeschwüre. Wird das Futter zu grob geschrotet, verschlechtert sich die Futterverwertung. Die Mahlfeinheit kann mit dem Siebkasten gemessen werden.

Bei zu starker Abnützung der Schlägler und des Siebes erhöht sich der Mehlanteil, aber auch der Anteil von ganzen Körnern. Sehr grob gemahlenes

Siebfraktion	Anteil in %	
< 1mm	75%	25–40%
1–2mm		50–35%
2–3mm	25%	
Über 3 mm	0%	

bzw. gequetschtes Futter entmischt sich bei der Förderung bzw. bei der Entnahme aus dem Silo. Durch den Zusatz von Futteröl bleibt die Mischung homogener.

17.2.2 Rationserstellung

a) Wahl der richtigen Rezepturkomponenten

In Österreich produzieren die meisten Schweinehalter mehr als 50% des Futters auf dem eigenen Betrieb. Die Futtermischungen werden über hofeigene Mahl- und Mischanlagen selbst zubereitet oder es werden überbetriebliche Mahl- und Mischanlagen in Anspruch genommen. Dabei besteht der Vorteil, dass selbst auf die Qualität des Getreides Einfluss genommen werden kann.

• Jahresfutterplanung

Nach der Getreideernte soll eine Jahresfutterplanung durchgeführt werden. D. h. man stimmt die Rezeptur auf den Lagerbestand ab. Anschließend muss überprüft werden, welcher Futterzukauf notwendig ist.

Beispiel: Jahresverbrauch an Weizen bei 1.000 verkauften Mastschweinen und 10% Weizenanteil in der Futtermischung:

1.000 Mastschweine x 250 kg Futter x 10% = 25.000 kg Jahresbedarf an Weizen

Futterverbrauchskennzahlen

	kg Trockenfutter (88% TM)	MJME
Trächtigkeitsfutter je Zuchtsau und Jahr	750	9.000
Säugezeitfutter je Zuchtsau und Jahr	400	5.000
Ferkelfutter bei 24 erzeugten Ferkeln je Zuchtsau und Jahr	1.008 (42 kg x 20 Ferkel)	12.960 (540 MJ x 24 Ferkel)
Futterverbrauch je Zuchtsau und Jahr inkl. Ferkel	2.158	26.960
Mastfutter je erzeugtem Mastschwein	250	3.200
Mastfutter je Mastplatz	700 (250 kg x 2,8 Umtr.)	8.960 (3200 MJ x 2,8 Umtr.)

• **Preiswürdigkeit**

Beim Futterzukauf muss auf die Preiswürdigkeit der Futtermittel Rücksicht genommen werden. Dabei vergleicht man ein Futtermittel nährstoffmäßig mit einem Energiefutter (z. B. Gerste) und einem Eiweißfutter (z. B. Sojaschrot).

Dabei stellt sich die Frage:

Welche Mengen an Gerste und Sojaschrot werden benötigt, um 1 kg eines Futtermittels (z. B. Rapsextraktionsschrot) nach Energie und Aminosäuren zu ersetzen.

Man bezeichnet dies als Nährstoffäquivalenz.

Beispiel: Bis zu welchem Preis ist der Zukauf von Erbsen interessant, wenn der aktuelle Preis von Soja 44 € 0,35 und der Preis von Gerste € 0,20 beträgt:

0,40 kg Soja 44 x € 0,35 + 0,65 kg Gerste x € 0,20 = € 0,27

Bis zu einem Preis von € 0,27 ist der Zukauf von Erbsen preiswürdig.

b) Futtermischung auf die Richtwerte abstimmen

Bei der Rezepturerstellung sind die Richtwerte für die bedarfsgerechte Fütterung einzuhalten. Diese Richtwerte beziehen sich auf ein Alleinfutter mit 88% TM.

c) Tagesfuttermengen errechnen

Neben der richtigen Zusammensetzung des Futters ist die Mengenzuteilung entscheidend. Dazu ist es notwendig, Futtermengen exakt zu wiegen. Bei der Berechnung der benötigten Futtermenge stellt man den Tagesbedarf an Energie dem Energiegehalt des Futters gegenüber.

Bei Zuchtsauen ist der Tagesbedarf jedoch keine absolute Größe. Die Körperkondition (z. B. stark abgesäugt), die Stalltemperatur und das Gewicht der Sauen müssen mitberücksichtigt werden.

Beispiele für Nährstoffäquivalenz

1 kg Soja HP	= 1,10 kg Soja 44	+ 0,00 kg Gerste
1 kg Rapsextraktionsschrot	= 0,73 kg Soja 44	+ 0,06 kg Gerste
1 kg Sonnenblumenschrot	= 0,77 kg Soja 44	+ 0,03 kg Gerste
1 kg Erbse	= 0,40 kg Soja 44	+ 0,65 kg Gerste
1 kg Ackerbohne	= 0,46 kg Soja 44	+ 0,54 kg Gerste
1 kg Weizen	= 0,00 kg Soja 44	+ 1,09 kg Gerste
1 kg Mais	= -0,10 kg Soja 44	+ 1,20 kg Gerste
1 kg Maiskornsilage 65% TM	= -0,07 kg Soja 44	+ 0,85 kg Gerste

Tagesbedarf an Energie

Tierkategorie	Tagesbedarf in MJ ME	Grundsätze zur Futterzuteilung
Mastschweine 30–70 kg	18–30	ad libitum
Mastschweine 70–120 kg	30–36	ad libitum– bei Verfettungsproblemen auf max. 34 MJME rationieren
Zuchtsauen tragend bis 12. Woche	32–36	rationiert
Zuchtsauen hochtragend 12. Woche bis 5 Tage vor Geburt	40–43	rationiert
Zuchtsauen säugend	70–95	rationiert/ ad libidum
Ferkel 8–30 kg	5–18	ad libitum
Deckeber	30	rationiert

Beispiel:

$$\frac{\text{Tagesbedarf niedertragende Sauen 34 MJ ME}}{\text{Energiegehalt Futtermischung 11,8 MJ ME}} = \textbf{2,9 kg Tagesmenge}$$

17.2.3 Zuchtsauen

a) Ziele

Die Wirtschaftlichkeit in der Ferkelproduktion hängt wesentlich von der Aufzuchtleistung ab.
Die Ziele in der Ferkelproduktion sind:
- Aufzuchtleistungen von mehr als 24 Ferkeln je Zuchtsau und Jahr
- Wurfgewichte bei der Geburt von 18 kg
- 4-Wochen-Absetzgewichte über 8 kg
- Ferkelverluste < 12%

Die Aufzucht- und Säugeleistung ist durch züchterische Maßnahmen nur geringfügig beeinflussbar. Sie liegt vielmehr in der Handhabe des Ferkelproduzenten. Die bedarfsgerechte Fütterung der Zuchtschweine, die konsequente Durchführung der im Stall notwendigen Arbeiten, insbesondere des Deckmanagements, der Geburtskontrolle und die Einhaltung der Hygienemaßnahmen sichern den Erfolg.

b) Abschnitte einer Produktionsphase

Die Produktionsphase ist der Zeitabschnitt, den man für die Erzeugung eines Wurfes benötigt. Diese gliedert sich folgendermaßen:
- Deckphase: Abspänen bis erfolgreiches Belegen = ca. 5 Tage
- Trächtigkeit: Erfolgreiches Belegen bis Abferkeln = ca. 115 Tage
- Säugezeit: Abferkeln bis Abspänen der Ferkel = ca. 26 Tage

Eine Produktionsphase dauert im günstigsten Fall 146 Tage. Daraus würden sich theoretisch 2,5 Würfe (365/146) je Zuchtsau und Jahr errechnen. Aufgrund von zusätzlichen Leertagen z. B. durch Umrauschen ergeben sich in der Praxis rund 2,30 Würfe je Zuchtsau und Jahr.

• Deckphase
Bei stabiler Gesäugegesundheit soll das Kraftfutter beim Absetzen nur mäßig reduziert werden. Der Milchstau wirkt sich positiv auf den Rauscheeintritt aus. Etwa füng bis sieben Tage nach dem Abspänen soll die Brunst auftreten. Eine hohe Kraftfuttermenge (= Flushing-Fütterung) von 4,0 kg bis 5,0 kg nach dem Absetzen kann die Rausche positiv beeinflussen und die Konzeptionsrate begünstigen. Dabei ist in erster Linie die aufgenommene Energiemenge entscheidend. Nach dem Belegen sollen die Zuchtsauen 4 Wochen lang möglichst stressfrei gehalten werden, damit die Einnistung der befruchteten Eier nicht gestört wird. Bei Neugruppierungen von Sauen ist diese Forderung zu beachten, alternativ können Sauen auch bereits sofort nach dem Absetzen der Ferkel gruppiert werden (Tierhalteverordnung beachten). Die Futtermenge soll in dieser Phase auch bei mageren Sauen 3,0 kg täglich nicht überschreiten.

• Trächtigkeit
Die Trächtigkeitsperiode wird grundsätzlich in die niedertragende und in die hochtragende Phase unterteilt.

Niedertragende Sauen (1.–12. Trächtigkeitswoche) sind nährstoffmäßig knapp zu versorgen. Der Bedarf liegt auf Erhaltungsniveau. Es ist aber darauf zu achten, dass die Sauen durch eine ausreichende Rohfaserversorgung das Gefühl der Sättigung erreichen.

Hochtragende Sauen (13.–16. Trächtigkeitswoche) müssen aufgrund des nun ansteigenden Ferkelwachstums im Mutterleib besser versorgt werden.

Generell ist eine etwas knappere Energieversorgung in der Trächtigkeit anzustreben, weil dadurch die Futteraufnahme in der Säugezeit verbessert wird.
Als Richtlinie kann gelten, dass Sauen während der Trächtigkeit etwa 40 kg zunehmen, wobei 25 kg auf Ferkel und Fruchtwasser entfallen und ca. 15 kg als Körperreserve verbleiben. Bei Jungsauen bis zur 3. Trächtigkeit ist eine 20–30%ige Mehrzunahme angebracht.

Die wesentlichen Nachteile übermäßiger Gewichtszunahme sind höhere Anfälligkeit für:
- Wehenschwäche, verzögerte Geburten, Geburtskomplikationen, Erdrückungsverluste, Gebärmutterentzündungen, MMA, Umrauschen
- Geringere Fresslust, hohe Gewichtsverluste, Umrauschen

Auch eine zu geringe Energiezufuhr ist nachteilig:
- Schlechte Gesäugeanlage, niedrige Geburtsgewichte, wenig Kolostralmilch, Umrauschen aufgrund geringer Fettreserven

• **Säugezeit**

Aufgrund der hohen Milchleistung von Sauen (10–12 kg; Fettgehalt 6,5%, Eiweißgehalt 4,5%) ist der Nährstoffanspruch in der Säugezeit doppelt bis dreifach so hoch wie in der Trächtigkeit. Umso höher die Ferkelzahl und die Geburtsgewichte, desto besser sind die Zuchtsauen zu versorgen. In der Säugezeit soll daher ausschließlich Kraftfutter und kein Grundfutter zum Einsatz kommen. Sauen, die sich in der Säugezeit zu stark absäugen (über 15 kg Gewichtsverlust), kommen später in Rausche und es reifen weniger Eizellen.

Hohe Futteraufnahmen in der Säugezeit sind zu erwarten bei:
- Nicht zu hohen Stalltemperaturen (18–20 °C)
- Hygienisch einwandfreiem Futter
- Knapper Fütterung in der Trächtigkeit
- Ausreichender Rohfaserversorgung in der Trächtigkeit (8% im Alleinfutter)
- 3 Mahlzeiten täglich nach der ersten Säugewoche

Je geringer die Futteraufnahme, desto höher muss die Nährstoffdichte sein. Gerade bei schlecht fressenden Jungsauen sollen dem Futter 1–3% Futteröl und 1–2% Fischmehl zugesetzt werden.

Am ersten Tag nach der Geburt sollen rund 2,0 kg Futter verabreicht werden. Anschließend ist die Futtermenge bei Jungsauen täglich um 0,3 kg und bei den anderen um 0,5 kg zu steigern.

Die Futtermenge richtet sich nach der Ferkelzahl. Als Faustformel gilt: 2,0 kg für die Zuchtsau und 0,4 kg für jedes Ferkel. Über 10 Ferkeln sollte man das maximale Futteraufnahmevermögen der Sau ausschöpfen.

Beispiel: 12 Ferkel = 2 + (12 x 0,4) = 6,8 kg.

c) Richtwerte für den Nährstoffgehalt

Die Ansprüche an das Futter unterscheiden sich in den einzelnen Produktionsphasen ganz wesentlich. Der Einsatz eines „Universalfutters", das sowohl in der Trächtigkeit als auch in der Säugezeit gefüttert wird, stellt nur einen schlechten Kompromiss dar.

• **Trächtigkeitsalleinfutter:** Der Anspruch an den Mineralstoff- und Aminosäurengehalt ist gering. Eine ausreichende Rohfaserversorgung ist zu gewährleisten, damit die Sauen satt werden und ruhig sind.

• **Trächtigkeitsergänzungsfutter zu Grundfutter**

Die Anforderungen an das Trächtigkeitsergänzungsfutter sind ähnlich wie beim Alleinfutter. Jedoch mit dem Unterschied, dass der Rohfasergehalt niedrig gehalten werden kann.

• **Säugezeitfutter**
Der Anspruch an die Energie-, Aminosäuren und Mineralstoffausstattung ist hoch.

Richtwerte für Zuchtsauenfutter (mit 88% TM)

Kriterium	Einheit	Trächtigkeits-alleinfutter	Trächtigkeitser-gänzungsfutter zu Grundfutter	Säugezeitfutter
Umsetzb. Energie	MJ ME	10,5–11,5	11,0–13,0	mind. 12,5
Rohprotein	g	110–145	110–145	150–170
Rohfaser	g	80	mind. 40	40–50
Lysin : MJ ME	g	0,50 : 1		0,75 : 1
Calcium	g	6,0		7,5
Phosphor	g	4,5		6,0
verd. Phosphor	g	2,2		3,3
Natrium	g	2,0		2,0
Lys+Met+C : Thr : Try		1 : 0,6 : 0,65 : 0,2		1 : 0,6 : 0,65 : 0,2
Vit A	i. E	5.000		
Vit D	i. E	500		
Vit E	mg	60–100		
Vit B12	mcg	20–30		

d) Methoden der Bedarfsdeckung

• Kombinierte Fütterung:
In der Trächtigkeit können Grundfuttermittel wie Grünfutter, Grassilage, Heu oder Maissilage eingesetzt werden. Auf eine optimale Futterhygiene ist zu achten. Grünfutter muss täglich frisch und sauber eingebracht werden und darf sich nicht erwärmen. Bei Silagen ist auf die Vermeidung von Nacherwärmungen und Verschimmelungen zu achten. Heu muss ausreichend trocken eingelagert werden und darf nicht stauben.

Die Menge und die Qualität des eingesetzten Grundfutters beeinflusst die einzusetzende Kraftfuttermenge. Durch die Verabreichung von Grundfutter erreichen die Sauen eine gute Sättigung. Auf zusätzliche Rohfaserkomponenten wie Trockenschnitzel und Weizenkleie kann im Kraftfutter verzichtet werden.

• Alleinfutter-
methode
Die Alleinfuttermethode (ohne Grundfutter) setzt sich aus arbeitswirtschaftlichen Gründen immer mehr durch. Das Problem bei der alleinigen Verfütterung von Kraftfutter ist, bei den Sauen ein ausreichendes Sättigungsgefühl zu erzeugen. Mangelnde Sättigung führt zu Hungerstress. In Folge können sich erhöhte Aggressivität und Unruhe bei den Sauen einstellen. Empfohlene Roh-

faserkomponenten in der Trächtigkeit sind Trockenschnitzel, Weizenkleie, gemahlenes Heu und Stroh sowie fertige Rohfaserkonzentrate.

e) Rezepturgestaltung

Vielfältig zusammengesetzte Mischungen sind für Zuchtsauen optimal.

• Trächtigkeitsfutter
Energieschwächere Futterkomponenten wie Gerste, Hafer, Trockenschnitzel und Weizenkleie sollen bei der Rezepturgestaltung bevorzugt eingesetzt werden. Das Mineralfutter für tragende Sauen soll 5–8% Lysin und 0–1% Threonin enthalten.

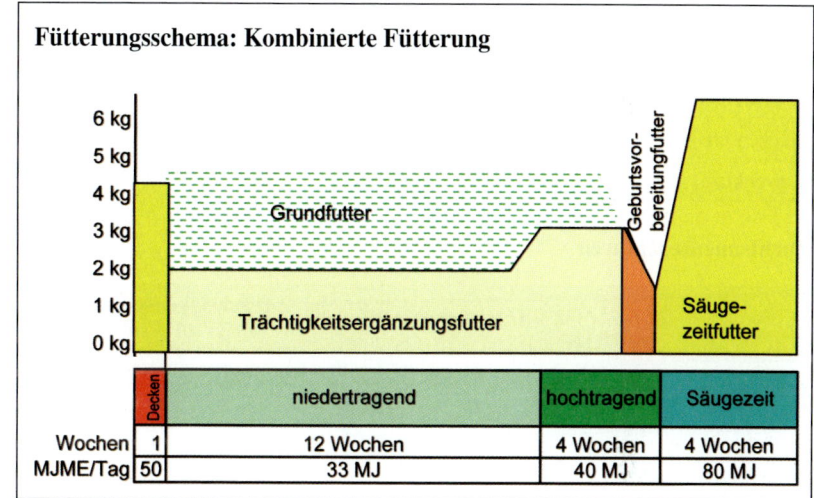

Fütterungsschema: Kombinierte Fütterung

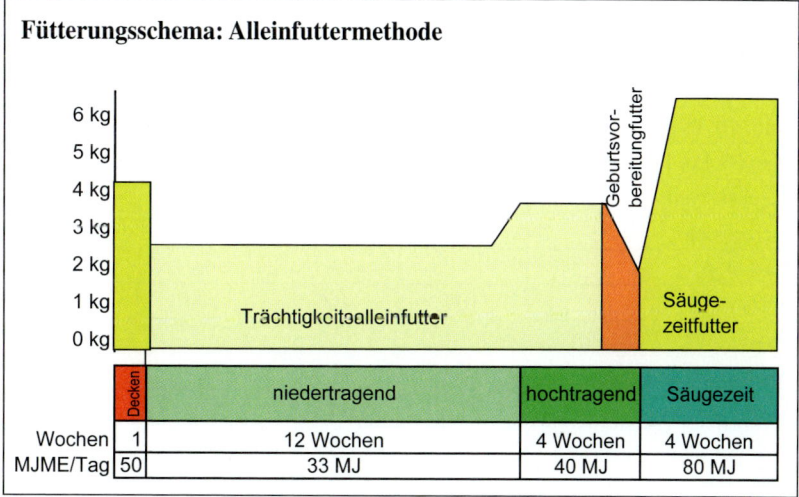

Fütterungsschema: Alleinfuttermethode

Einsatzempfehlung verschiedener Futterkomponenten im Sauenfutter

Komponenten	Trächtigkeitsfutter	Säugezeitfutter
Gerste	30–60%	20–50%
Hafer	bis 30%	bis 15%
Mais, Weizen, Triticale	bis 40%	bis 40%
Futteröl	0,5 bis 1,0%	1,0 bis 3,0%
Sojaschrot	je nach Bedarf	je nach Bedarf
Sojabohne getoastet	bis 10%	bis 15%
Fischmehl	bis 3%	bis 5%
Erbse/Ackerbohne	bis 10%	bis 10%
Rapsschrot, -kuchen	bis 10%	bis 7%
Sonnenblumenschrot	bis 10%	bis 5%
Trockenschnitzel	bis 15%	bis 5%
Weizenkleie	bis 20%	bis 5%

Die Ergänzung mit anderen synthetischen Aminosäuren ist nicht notwendig.

• Säugezeitfutter

Gerste, Mais, Weizen, Hafer und Sojaschrot sind die Hauptfutterkomponenten in einem Säugezeitfutter. Durch eine ausreichende Aminosäurenausstattung wird die Milchleistung und somit die Entwicklung der Ferkel positiv beeinflusst. Bei Verwendung eines Mineralfutters mit 3–3,5%iger Einmischrate sollte der Lysingehalt rund 6-8%, der Methionin 1–1,5% und der Threoningehalt 2–2,5% betragen. Der Zusatz von 1–3% Futteröl zur Energieaufwertung hat sich bewährt. Rund 60% der Ferkelproduzenten setzen Fischmehl- bzw. Fischölprodukte ein. Dabei wird die Versorgung mit tierischem Eiweiß und Omega-3-Fettsäuren geschätzt.

Erbse und Ackerbohnen sind auf einen Anteil von 10% und Rapsschrot auf einen Anteil von 7% zu begrenzen. Rapsschrot enthält gleich viel Rohfaser wie Weizenkleie und ist daher auch eine günstige und wertvolle Rohfaserquelle.

Zuchtsauenrezepturen

Komponenten	Trächtigkeitsalleinfutter		Trächtigkeitsergänzungs futter zu Grundfutter		Säugezeitfutter	
	Varianten					
	a)	b)	a)	b)	a)	b)
Soja 44	-	4	-	6	11	15
Rapsschrot, -kuchen	5,1	-	8	-	5	-
Fischmehl 65% RP	-	-	-	-	3	3
Gerste	45	45	50	50	40	40
Hafer	20	20	15	20	5	5
Weizen/Mais	12,4	10,5	24,3	21,3	31	30
Min. 6% Lys	2,5	2,5	2,7	2,7	-	-
Min. 6% Lys 1% Met 1%Thr	-	-	-	-	3,0	3,0
Trockenschnitzel	10	12	-	-	-	2
Weizenkleie	5	6	-	-	-	-
Rapsöl	-	-	-	-	2	2
Summe	100	100	100	100	100	100
Inhaltsstoffe						
MJ ME	11,4	11,4	12,3	12,2	13,0	13,1
Rohprotein in g	116	116	121	122	162	162
Rohfaser in g	75	75	53	53	45	46
Lys : MJ	0,54 : 1	0,54 : 1	0,54 : 1	0,53 : 1	0,76 : 1	0,76 : 1

Austausch von Eiweißfutterkomponenten in den Futtermischungen

3% Fischmehl	ersetzt	**6,0% Soja 44** (Getreide um 3,0% erhöhen)
5% Rapsschrot	ersetzt	**3,5% Soja 44** (Getreide um 1,5% reduzieren)
5% Erbse	ersetzt	**2,0% Soja 44** (Getreide um 3,0% reduzieren)

Austausch von Rohfaserkomponenten in den Futtermischungen

5% Weizenkleie	ersetzt	**3,0% Trockenschnitte** (Getreide um 2% reduzieren)

f) Tagesbedarf und Futterzuteilung

Bei Wurfgrößen über 12 Ferkel ist das Futter zur vollen Aufnahme anzubieten. In der Säugezeit ist jeder Futterwechsel zu vermeiden. Ein Futterwechsel kann zu einer Veränderung der Sauenmilchzusammensetzung und zu Durchfällen bei den Ferkeln führen.

Futterzuteilung bei Zuchtsauen

	Tages- bedarf	Futterzuteilung in kg je Zuchtsau und Tag	
Leistungsabschnitte	MJ ME je ZS	Fütterung ohne Grundfutter	Fütterung mit Grundfutter
niedertragend (1.–12. Wo.)	33 MJ	2,9	2,4
hochtragend (12. Wo.–Abferk.)	40 MJ	3,5	3,0
5 Tage vor dem Abferkeln	Futtermenge bis zum Abferkeln auf 2,0 kg reduzieren		
Säugezeit 10 Ferkel	70	5,4	
Säugezeit 12 Ferkel	85	6,5	
Säugezeit 14 Ferkel	95	7,3	
Bis 10 Tage nach dem Abferkeln	Futtermenge langsam auf 5 bis 7 kg erhöhen		

- Energiegehalt im Trächtigkeitsalleinfutter ohne Grundfutter: 11,5 MJ ME
- Energiegehalt im Trächtigkeitsergänzungsfutter mit Grundfutter:12,5MJ ME
- Energiegehalt im Säugezeitfutter: 13,0 MJ ME

g) Beurteilung der Körperkondition von Sauen

Der optimale Ernährungszustand der Sau ist Voraussetzung für eine gute Gesundheit und Leistungsbereitschaft. Dabei ist besonders der Zustand vor dem Abferkeln und nach dem Absetzen wichtig.

Die Körperkonditionsbeurteilung wird auch als BCS bezeichnet (= Body Condition Score). Die Beurteilung erfolgt in 5 Klassen, von extrem mager mit Note 1 bis zu extrem fett mit Note 5.

Hochtragend soll die Note 3,5–4,0 erreicht werden, nach dem Absetzen 3,0–3,5. Die Sauen sollen in der ferkelführenden Phase maximal eine Note verlieren. Der erste Zeitpunkt der BCS Beurteilung ist nach dem Absetzen der Ferkeln. Sauen mit einer Körperkondition unter 3,0 bekommen eine Zulage zur üblichen Futtermenge von 0,5 kg. Nach 28 Tagen Trächtigkeit kann man die Zulage bei Sauen mit unter BCS 2,5 auf 1,0 kg erhöhen. Die Zulage erfolgt bis zum Erreichen der optimalen Kondition. Dazu ist es notwendig die Kondition in 3-6 Wochen Abständen zu kontrollieren.

Wenn eine Einzeltierfütterung tragender Sauen aufgrund des Haltungssystems nicht möglich ist, sollen zumindest zwei Konditionsgruppen gebildet werden.

Die Beurteilung der BCS erfolgt durch Betasten und durch Betrachten gewisser Körperstellen.

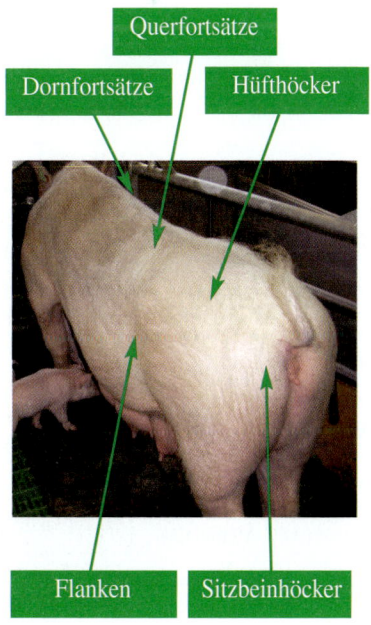

BCS 2.0		BCS 3.0		BCS 4.0	
Dornfortsätze	sichtbar	Dornfortsätze	auf Höhe der Schultern sichtbar	Dornfortsätze	nicht sichtbar, unter hohem Druck fühlbar
Hufe, Sitzbeinhöcker	leicht bedeckt	Hufe, Sitzbeinhöcker	nicht sichtbar, aber fühlbar	Hufe, Sitzbeinhöcker	nicht sichtbar, unter hohem Druck fühlbar
Rippen	teilweise sichtbar	Rippen	nicht sichtbar	Rippen	teilweise sichtbar
Bauch	hochgezogen	Bauch	etwas Bauch	Bauch	zeigt deutlich Bauch
Flanken	eingefallen	Flanken	leicht eingefallen	Flanken	voll
Schwanzansatz	leicht eingefallen	Schwanzansatz	ausgefüllt	Schwanzansatz	im Fett leicht versunken
Backe	keine Backe	Backe	zeigt etwas Backe	Backe	zeigt deutlich Backe

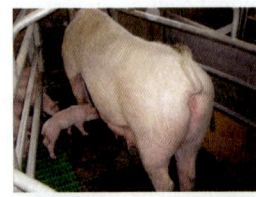
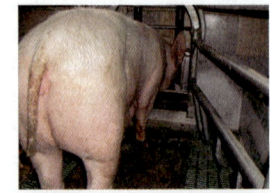

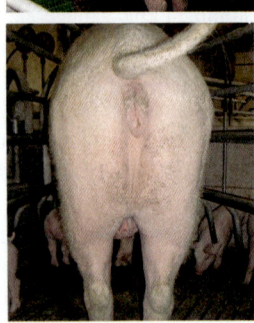
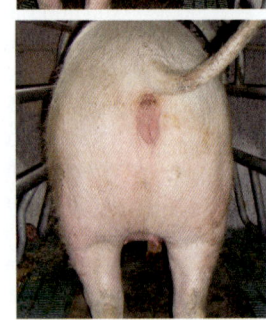
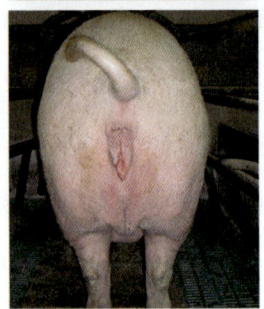

h) Fütterungsmaßnahmen zur Vorbeuge von Milchfieber

Maßnahme	Zeitraum	Begründung
Verfettung vermeiden	In der Trächtigkeit	Verfettung führt zu Wehenschwäche, langsamerer Geburtsverlauf
Stalltemperatur unter 22 °C	1 Woche vor der Geburt bis zum Absetzen	Hohe Stalltemperaturen belasten die Sauen, die Futterauf-nahme und Milchleistung sinken
Zusätzlich Wasser anbieten, suppig füttern	1 Woche vor der Geburt bis zum Absetzen	Spülung der Harnwege, weniger Harnwegsinfektionen, we-niger Gebärmutterentzündungen, höhere Milchleistung
Futtermenge reduzieren auf 2 kg	Innerhalb von 5 Tagen vor der Geburt	Weniger Milchfieber
ca. 100 g Glaubersalz suppig verabreichen	2–3 Tage vor der Geburt	Verhindert Verstopfung, genau dosieren, manche Sauen verweigern die Aufnahme
1,0 kg Weizenkleie verabreichen	5 Tage vor bis 2 Tage nach der Geburt	Verhindert Verstopfung und Vermehrung von Colibakterien, Weizenkleie senkt den Harn-pH
Geburtsvorbereitungsfutter einset-zen z. B. 50% Säugezeitfutter + 50% Gerste + (0,5% Methionin)	5–7 Tage vor bis zur Geburt	Harn-pH senkende Wirkung – weniger Harnwegsinfektionen; Futterreduktion dabei nicht notwendig (ca. 2,5 kg)
Fieber messen – Behandlung notwendig bei über 39,3 °C	Bis 3 Tage nach der Geburt 2x täglich	Fieber verursacht immer Milchverlust und muss sofort behandelt werden.

Richtwerte für den Nährstoffgehalt:
Richtwerte für Jungsauenaufzuchtfutter je 88% TM

Kriterium		
Umsetzb. Energie	MJ ME	11,6–12,4
Rohprotein	g	150–170
Rohfaser	g	50–70
Lysin : MJ ME	g	0,75 *0,60
Calcium	g	8,0 *7,0
Phosphor	g	5,5 *5,0
verd. Phosphor	g	2,8 *2,3
Natrium	g	1,5
Lys : Met + C : Thr : Try		1 : 0,6 : 0,65 : 0,2
Vit A	i.E	7.000–10.000
Vit D	i.E	700–1.000
Vit E	mg	20–100
Vit B12	mcg	15–30

* bei Phasenfütterung über 70 kg Lebendgewicht

Rezepturbeispiele für Jungsauenaufzuchtfutter

Komponenten	Trocken-fütterung		Flüssigfütterung mit Maiskornsilage	
	Varianten			
	a)	b)	a)	b)
Soja 44	12	18	3,5	5,4
Erbse	5	-	1,5	-
Rapsschrot	5	-	1,5	-
Gerste	40	44	7,7	8,8
Hafer	10	10	2,9	2,9
Weizen/Mais	19	19	-	-
Maiskorns. 65%TM	-	-	11,85	11,85
Min. 5% Lys 1% Met	3	3	0,85	0,85
Trockenschnitzel	5	5	2,2	2,2
Rapsöl	1	1	-	-
Wasser	1	1	68	68
Summe	**100**	**100**	**100**	**100**
Inhaltsstoffe je kg Frischmasse				
TS in g	870		250	
MJ ME	12,2		3,5	
Inhaltsstoffe je 88% TM				
MJ ME	12,3		12,2	
Rohprotein in g	160		160	
Rohfaser in g	60		60	
Lys : MJ ME	0,75 : 1		0,75 : 1	

17.2.4 Jungsauen

a) Ziele

Die Ziele in der Jungsauenaufzucht sind die Entwicklung von Sauen mit einer guten Rahmigkeit, einem stabilen Fundament und einer guten Fruchtbarkeit sowie Langlebigkeit.

• Zunahmen

In der Jungsauenaufzucht sollen keine maximalen Leistungen angestrebt werden. Die Lebendtageszunahmen sollen zwischen 550 und 600 g liegen (gerechnet von Geburt bis 120 kg LG). Dadurch wird eine ausreichende Entwicklung des Fundaments erreicht.

b) Richtwerte für den Nährstoffgehalt

Der Rohfasergehalt cincs Jungsauenaufzuchtfutters soll 5 bis 7% betragen.

c) Rezepturgestaltung

Das Jungsauenfutter soll vielfältig zusammengesetzt sein. Der Anteil von Weizen, Triticale und Mais soll in Summe 40% nicht überschreiten.

d) Tagesbedarf und Futterzuteilung

Gewichts-bereich kg	Lebend-masse-zunahme	Tages-bedarf MJ ME	Futterzuteilung in kg je Jungsau und Tag
30–60	650	16–27	1,3–2,2
60–90	700	27–32	2,2–2,7
90–120	600	35	2,9

Energiegehalt im Jungsauenaufzuchtfutter: 12 MJ ME

• Fütterung vor und nach dem Belegen

Jungsauen sollen in der Eingliederungsphase (ca. sechs Wochen vor der Belegung) ca. 3,0 kg Futter erhalten. Sieben Tage vor dem Belegen soll das Futter zur freien Aufnahme vorgelegt werden. Nach dem Belegen ist die Futtermenge auf 2,6 bis 2,8 kg (33 MJME) zu senken. Das Eingliederungsfutter kann auf Basis des Säugezeitfutters gestaltet werden. Dabei sollte der Sojaschrotanteil um 8% reduziert und Getreide um den gleichen Anteil erhöht werden.

17.2.5 Ferkel

a) Ziele

Folgende Ziele bestehen in der Ferkelaufzucht:
- Ferkelverluste weniger als 12%
- 4-Wochen-Absetzgewicht über 8,0 kg
- Tägliche Zunahmen vom Absetzen (8,0 kg) bis Verkauf (30 kg) 450 g
- Lebensalter bei 30 kg Verkaufsgewicht ca. 11–12 Wochen

b) Physiologische Grundlagen

• **Geburtsgewicht:** Das Geburtsgewicht der Ferkel ist in erster Linie abhängig von der Wurfgröße und der bedarfsgerechten Nährstoffversorgung der Zuchtsau in der Trächtigkeit. Es ist jedoch nur bedingt möglich, durch eine überzogene Fütterung in der Trächtigkeit die Geburtsgewichte zu erhöhen. Das Geburtsgewicht beeinflusst maßgeblich das Wachstum in der Ferkelaufzucht und in der Mast.

• **Kolostralmilchversorgung:** Die rechtzeitige und ausreichende Aufnahme von Schutzstoffen über die Kolostralmilch ist lebensnotwendig.

• **Wärmeversorgung:** Neugeborene Ferkel haben einen Wärmeanspruch von rund 35 °C
➡ Siehe Kap. 17.1.6, Herdenmanagement Band 2, Seite 224

• **Eisenversorgung:** Ferkel werden nur mit einem geringen Vorrat an Eisen geboren. Die Sauenmilch ist zudem sehr eisenarm. Nach drei Tagen treten bereits die ersten Mangelerscheinungen auf (erhöhte Krankheitsanfälligkeit, Kümmern, Blutarmut). Die Injektion von Eisen ist daher am dritten Tag notwendig.
Es ist grundsätzlich möglich, Eisen auch oral (über das Maul) zu verabreichen. Diverse Präparate sind jedoch verhältnismäßig teuer.

• **Wasserversorgung**
➡ Siehe Kap. 17.1.6, Herdenmanagement Band 2, Seite 224

c) Anfüttern

Ab der 2. Lebenswoche soll den Ferkeln Kleinstferkelfutter (Prästarter) angeboten werden. Zum Fressenlernen sollen mehrmals täglich kleine Mengen vorgelegt werden. Man kann auch Ferkeltorf (Wühlerde), Maiskornsilage (Hygiene!) oder Weizenflocken verwenden. Bewährt hat sich das Anfüttern direkt am Stallboden bzw. in Futterschalen. Man erregt die Aufmerksamkeit der Ferkel, indem man die Futterschalen mehrmals täglich für eine gewisse Zeit herausnimmt und sie mit frischem Futter wieder hineinstellt. Das Ferkelfutter muss ständig frisch sein. Prästartersäcke dürfen nicht offen in Stallungen gelagert werden, da die darin enthaltenen Milchkomponenten sehr schnell den Stallgeruch annehmen.

Durch das baldige Anfüttern wird das **Enzymsystem** der Ferkel rechtzeitig von Milchnahrung auf pflanzliche Komponenten umgestellt, was das Absetzen der Ferkel von der Muttersau wesentlich erleichtert. Gerade bei großen Würfen kann die Muttermilch den Nährstoffbedarf der Ferkel ab der 2. bis 3. Woche nicht mehr vollständig abdecken. Kleinstferkel haben eine Futterverwertung von 1 : 1, d. h., frisst das Ferkel bis zum Absetzen 0,5 kg Prästarter, so setzt es zusätzlich 0,5 kg an Körpermasse an.

d) Absetzen

• **Allgemeine Voraussetzungen**
- *Stalltemperatur:* Eine gute Wärmeversorgung hilft den Ferkeln den Absetzstress zu überwinden. Die Stalltemperatur soll 28 °C (im Liegebereich der Ferkel) betragen.

- *Warmwasser:* Abgesetzte Ferkel sind an die Aufnahme warmer Muttermilch gewöhnt. Über die Muttermilch nehmen die Ferkel vor dem Absetzen täglich rund 0,75 l reine Flüssigkeit auf. Diese plötzlich fehlende Flüssigkeitsmenge kann aber in den ersten Tagen nach dem Absetzen nicht über Nippel- und Schalentränker aufgenommen werden. Die Vorlage von Warmwasser über offene Schalen kann die Wasseraufnahme und somit auch die Futteraufnahme verbessern. Es ist darauf zu achten, dass die Schalentränker vor der Stallbelegung ausgeputzt und mit frischem Wasser befüllt werden.

- *Anfüttern nach dem Absetzen:* Je länger Ferkel nach dem Absetzen nicht fressen, umso mehr verkümmern die Dünndarmzotten und umso leichter neigen die Ferkel nach der Hungerphase zum Überfressen. In Folge können Absetzdurchfälle bzw. Ödemerkrankungen auftreten. Es ist daher notwendig, durch die mehrmals tägliche Vorlage von kleinen Mengen eines schmackhaften Futters die Ferkel nach dem Absetzen möglichst bald zum Fressen zu bringen (ev. Dämmerlicht bei Nacht).

- *Fressplätze:* Nach dem Absetzen soll grundsätzlich für jedes Ferkel ein Fressplatz zur Verfügung stehen.

- *Rationierte Futtervorlage:* Ein leichtes Rationieren des Futters soll das Überfressen der Ferkel vom 4. bis zum 10. Absetztag verhindern (Füttern auf blanken Trog).

- *Langsamer Futterwechsel:* Jeder Futterwechsel muss möglichst schonend und langsam innerhalb einer Woche erfolgen. Dies gilt besonders für die Umstellung von Absetzfutter auf Ferkelaufzuchtfutter.

• **Diätfutter (Absetzfutter)**
Treten trotz Einhaltung oberhalb beschriebener Maßnahmen Absetzerkrankungen auf, ist der Einsatz eines speziellen Diätfutters notwendig.

Kennzeichen eines Diätfutters:
- *hoher Rohfasergehalt:* Ein Diätfutter soll einen Rohfasergehalt von 4 bis 5% aufweisen. Rohfaser fördert die Darmperistaltik und verhindert, dass sich krankmachende Colibakterien überdurchschnittlich vermehren und sich an die Darmschleimhaut anhaften.

- *niedriger Rohproteingehalt:* Im Absetzfutter soll der Rohproteingehalt 17% nicht überschreiten. Zu viel Rohprotein wirkt puffernd und erhöht den pH-Wert im Magen. Dadurch steigt die Keimzahl, die Eiweißverdauung wird verschlechtert und Durchfall kann auftreten.

- *leicht verdauliche Eiweißträger einsetzen:* Tierische Eiweißfuttermittel wie Fischmehl (ca. 3%) und Magermilchpulver (ca. 5%) sind beim Absetzen vorteilhaft. Ebenfalls eignet sich Kartoffeleiweiß (ca. 3%) als leichtverdaulicher hochkonzentrierter Proteinträger.

- *niedriger Mineralstoffgehalt:* Calcium wirkt stark puffernd auf die Magensäure, der Gehalt sollte maximal 6 g je kg Futter betragen.

- *Futtersäuren einsetzen:* Futtersäuren senken den pH-Wert im Magen, verbessern die Eiweißverdauung und vermindern Durchfälle. Besonders geeignet sind Ameisensäure (ca. 1%), Fumarsäure und Sorbinsäure.

- *Milchkomponenten verwenden:* Milchkomponenten verbessern die Schmackhaftigkeit und sind leicht verdaulich. Am besten eignet sich Magermilchpulver.

- *sonstige Futterzusatzstoffe* wie Probiotika (Milchsäurebakterien), Präbiotika (Oligosaccaride), gekapselte Säuren und Phytobiotika (Gewürze, Aromen, ätherische Öle ...) können die Darmgesundheit stabilisieren und werden von der Futtermittelindustrie in der Regel auch in speziellen Absetzfuttermischungen verwendet.

e) Richtwerte für den Nährstoffgehalt

Richtwerte für den Nährstoffgehalt je 88% TM

Kriterium		
Umsetzb. Energie	MJ ME	12,5–13,5
Rohprotein	g	160–180
Rohfaser	g	40–45
Lysin : MJ	g	0,90
Calcium	g	7,5
Phosphor	g	5,5
verd. Phosphor	g	3,0
Natrium	g	2,0
Lys : Met + C : Thr : Try		1 : 0,6 : 0,65 : 0,2
Vit A	i. E	5.000–10.000
Vit D	i. E	500–1.000
Vit E	mg	60–100
Vit B12	mcg	30–50

f) Rezepturgestaltung

- **Einsatzempfeh-
lung verschiede-
ner Futterkom-
ponenten:**

Gerste	10–40%
Mais	bis 60%
Weizen, Triticale	bis 50%
Futteröl	0,5 bis 2%
Sojaschrot	bis 25%
Sojabohne getoastet	bis 10%
Fischmehl	bis 3%
Erbse	bis 10%
Rapsschrot	bis 5%
Kartoffeleiweiß	bis 3%

- **Aminosäuren-
versorgung:**
Der tägliche Pro-
teinansatz eines
Ferkels mit 15 kg
Lebendgewicht
entspricht etwa
dem eines Mastschweines mit 100 kg. Entscheidend für hohe Zunahmen in der Ferkelaufzucht ist
daher ein bedarfsgerechter Aminosäurengehalt im
Futter. Das Verhältnis Lysin zu Energie soll 0,9 : 1
betragen. Um diesen hohen Anforderungen bei
gleichzeitig maximalen Rohproteingehalten von
17,5% (Gefahr von Durchfällen) gerecht zu werden, muss Mineralfutter mit einem hohen Gehalt an
Aminosäuren eingesetzt werden.

**Optimale Gehaltswerte eines Mineralfutters an
Aminosäuren bei 4%iger Einmischrate**

Ration	Lysin	Methionin	Threonin	Tryptophan
maisbetont	8–10%	3,0–3,5%	4,0–5,0%	0,5–1,0%
weizenbetont	8–10%	3,0–3,5%	4,0–5,0%	0,0–0,5%

- **Energieversorgung**
Der optimale Energiegehalt eines Ferkelfutters liegt
im Bereich von 13,0 MJ ME (12,5–13,5). Dem Ferkelfutter soll generell 1% Futteröl beigemischt werden. Dadurch erhöht sich der Energiegehalt um 0,25
MJ ME und das Futter staubt nicht mehr.

- **Rezepturbeispiele**

Komponenten	Weizen	Weizen + Fischmehl	Weizen + Erbse	Mais	Mais + Fischmehl	Mais + Erbse
			Varianten			
	a)	b)	c)	d)	e)	f)
Soja 44	21,0	14,5	18,5	23,5	17,0	21,0
Fischmehl 65% RP	-	3,0	-	-	3,0	-
Erbse	-	-	10,0	-	-	10,0
Gerste	31,0	32,5	24,5	28,5	-	21,0
Weizen	40,0	40,0	40,0	-	-	-
Weizenkleie	3,0	5,0	2,0	3,0	5,0	3,0
Mais	-	-	-	40,0	40,0	40,0
Mineralfutter	4,0	4,0	4,0	4,0	4,0	4,0
Rapsöl	1,0	1,0	1,0	1,0	1,0	1,0
Summe	**100,0**	**100,0**	**100,0**	**100,0**	**100,0**	**100,0**
Inhaltsstoffe						
MJME	12,8	12,8	12,9	13,0	13,0	12,9
RP g	173	170	175	165	161	167
Rfa g	41	40	41	40	38	40
Lys : MJME	0,9 : 1					
Lys : Met : Thr : Try	1 : 0,6 : 0,65 : 0,18					

- **Futterumstellung**
Jede gravierende Fut-
terumstellung in der
Ferkelaufzucht bedeutet
einen Wachstumsver-
lust. Futterumstellun-
gen sind daher langsam
innerhalb einer Woche
durchzuführen.

- **Fressplatzverhältnis**
In der Absetzphase ist
für jedes Ferkel ein
Fressplatz notwendig.
In der anschließenden
Aufzuchtphase soll ein
Fressplatzverhältnis von
4 : 1 nicht überschritten
werden. Schlechteres
Wachstum, ein größeres
Auseinanderwachsen
und eine höhere Anfäl-
ligkeit für Verhaltens-
störungen sind ansons-
ten die Folge.

17.2.6 Mastschweine

a) Ziel

Folgende Leistungskriterien sollen erreicht werden

Zunahmen	820 g
MFA	60%
Futterverwertung	37 MJ ME je kg Aufmast (ca. 2,9 kg Futter je kg Aufmast)
Umtriebe	3,0
Verluste	unter 2,0%

b) Wirtschaftlichkeit

Eine wirtschaftlich erfolgreiche Schweinemast setzt ein entsprechendes Leistungsniveau bei möglichst geringen Kosten voraus.

• Tägliche Zunahmen
Ziel sollen Zunahmen von über 820 g sein. Höhere Zunahmen führen einerseits zu einer besseren Futterverwertung (geringerer Erhaltungsfutteranteil) und andererseits zu einer Erhöhung der Umtriebe.

Folgende Voraussetzungen müssen dabei erfüllt werden:
- *Ferkelqualität:* Frohwüchsige, gesunde Ferkel mit einem hohen Fleischansatzvermögen garantieren gute Leistungen. Beim Ferkelzukauf ist auf einheitliche Ferkelpartien aus wenigen Herkunftsbetrieben zu achten.

- *Einstallbedingungen:* Beim Einstallen von Zukaufsferkeln muss auf beste Umweltbedingungen (Stalltemperatur, Spaltentemperatur, Temperatur der Futtersuppe, Reinigung u. Desinfektion ...) geachtet werden.
➡ Siehe Kap. 17.1.6, Herdenmanagement Band 2, Seite 225/226

- *Futterübergang:* Häufig erfolgt beim Einstallen ein Wechsel von Trockenfütterung auf Flüssigfütterung, von Ad-libitum-Fütterung (Trockenfutterautomaten, Rohrbreiautomaten) auf Fütterung in 2–3 Mahlzeiten, von vielseitig zusammengesetzten Ferkelrezepturen auf einseitige Mais-Soja-Mischungen. Optimal erscheint daher, besonders bei der Umstellung auf Flüssigfütterung, rund eine Woche Trockenfutter beizufüttern.

- Futterhygiene: Das Schwein reagiert sehr empfindlich auf Probleme bei der Futterhygiene mit sinkender Futteraufnahme bis hin zu Erkrankungen und Ausfällen.

- Futterzusammensetzung: Die Richtwerte für die Nährstoffversorgung sind einzuhalten.

- Futterzuteilung: Bis zu einem Gewichtsbereich von 80 kg muss durch eine laufende Anpassung der eingestellten Futterkurve das Futteraufnahmevermögen maximal ausgeschöpft werden. Ob eine Rationierung im Endmastbereich sinnvoll ist, hängt von eventuellen Verfettungsproblemen und vom Fütterungssystem ab.

• **Umtriebe**

Erfolgreiche Schweinemäster schaffen drei Umtriebe jährlich. Hauptvoraussetzungen dafür sind hohe Zunahmen und ein möglichst schnelles Belegen der Stallabteile nach dem Verkauf der Mastschweine.

• **Handelsklasse**

Der Verkaufserlös wird ganz wesentlich von der Handelsklasse (Magerfleischanteil = MFA) bestimmt. Der Magerfleischanteil setzt sich aus dem Fleischmaß und dem Speckmaß zusammen. Bei einem Schlachtgewicht von 93 kg soll das Fleischmaß über 77 mm und das Speckmaß unter 13 mm betragen. Daraus ergibt sich ein MFA von ca. 60%. Die Genetik hat einen Einfluss sowohl auf das Fleisch- als auch auf das Speckmaß. Eine ausreichende Fleischbildung kann aber nur durch eine bedarfsgerechte Aminosäurenversorgung erfolgen. Das Speckmaß wird ebenfalls von der Fütterung beeinflusst. Eine hohe Energieversorgung im Endmastbereich fördert die Speckbildung.

Folgende Faktoren sind für einen ausreichenden Magerfleischanteil ausschlaggebend:

- genetischer Einfluss: Ein fleischreicher Eber mit einer guten Ausprägung der wertvollen Teilstücke garantiert ein hohes Fleischbildungsvermögen.

- Aminosäurenversorgung: Eine bedarfsgerechte Aminosäurenversorgung ermöglicht es, den erblich festgelegten Muskelfleischansatz auszuschöpfen.

Eine über den Bedarf hinausgehende Versorgung kann sogar die Fettbildung verstärken, da überschüssige Aminosäuren im Stoffwechsel auch energetisch genutzt werden.

- gleichmäßiges Wachstum: Nach einem Wachstumseinbruch (Krankheit, Futterwechsel) folgt eine Phase erhöhter Futteraufnahme. Das Schwein versucht den Wachstumsrückstand zu kompensieren (kompensatorisches Wachstum). Da der Eiweißansatz (Muskelfleischansatz) jedoch genetisch begrenzt ist, führt die erhöhte Nährstoffaufnahme in erster Linie zu einem verstärkten Fettansatz.

- gesunde Ferkelaufzucht: Ferkel, die in der Aufzuchtphase kümmern, können den versäumten Fleischansatz auch in der Mast nicht mehr aufholen.

- Rationierung zu Mastende: Ab einem Gewichtsbereich von ca. 80 kg kann es durch eine zu hohe Futteraufnahme (= Energieaufnahme) zu einer verstärkten Fettbildung speziell bei Kastraten kommen. Genetisch fleischreiche Ferkel neigen zu einer geringeren Futteraufnahme und bilden dadurch weniger Fett. Falls Verfettungsprobleme (bei 93 kg Schlachtgewicht mehr als 13 mm Speck) auftreten, kann eine rationierte Futtervorlage auf rund 34 MJ ME täglich Abhilfe schaffen. Bei Großgruppensystemen wie Sensorfütterung und Rohrbreiautomaten mit einem eingeschränkten Fress-Tierplatz-Verhältnis bringt die Rationierung häufig nicht den gewünschten Effekt, da in erster Linie schwächere bzw. weibliche Tiere benachteiligt werden. Ein größeres Auseinanderwachsen ist häufig die Folge. Die Futterrationierung bei Kastraten könnte besser bei einer getrenntgeschlechtlichen Aufstallung durchgeführt werden. In der Praxis ist die getrenntgeschlechtliche Mast aber fast verschwunden. Nachteile wie mangelnde Fresslust der weiblichen Tiere und erhöhter Arbeitsaufwand beim Einstallen dürften überwiegen.

- Schlachtgewicht: Das durchschnittliche Schlachtgewicht liegt bei 96 kg. Das entspricht einem Lebendgewicht von 120 kg bei einer Ausschlachtung von 80%. Die Preismaske ist so gegliedert, dass im Gewichtsbereich von 82–106 kg keine Abzüge erfolgen. Mit einem einfachen

Gewichtsmaßband kann das Lebendgewicht der Schweine gut eingeschätzt werden. Untersuchungen in der Schweineprüfanstalt Streitdorf zeigen, dass Mastschweine aus „Österreich-Genetik" auch bei höheren Endgewichten (im Normgewichtsbereich) noch eine brauchbare Futterverwertung aufweisen und sich der MFA nicht verschlechtert.

• **Kosten**

- *Ferkelkosten:* Der größte Kostenfaktor ist das Ferkel. Qualitätsferkel von Erzeugergemeinschaften welche im VÖS (Verband österreichischer Schweinebauern) organisiert sind, sind perfekt auf die Qualitätsanforderungen österreichischer Frischfleisch- und Verarbeitungsbetriebe abgestimmt und weisen eine kontrollierte und standardisierte Qualität auf.

- *Futterkosten:* Bei den Futterkosten sind durch bedarfsgerechte Rezepturen, durch Phasenfütterung, durch den Einsatz heimischer Eiweißfuttermittel bzw. preiswürdiger industrieller Nebenprodukte Einsparungspotenziale vorhanden.

- *Tierarztkosten:* Eine gute Tierbetreuung und optimale Haltungsbedingungen sind Voraussetzung für eine gute Tiergesundheit.

- *Tierverluste:* Die Ausfälle in der Schweinemast sollen unter 2% liegen.

Folgende Faktoren vermindern die Tierverluste:
- Gute Futterhygiene (z. B. geringe Hefebelastung in der Futtersuppe)
- Keine Überbelegung
- Rohfasergehalt im Futter über 3,8% (verhindert Magengeschwüre und Verhaltensstörungen)
- Belegung in Kammern-Rein-Raus
- Optimale Stallverhältnisse (Lüftung, Temperatur, Hygiene)

c) Rationskomponenten

Da das Futter neben den Ferkeln die höchsten Kosten verursacht, ist bei der Wahl der Komponenten immer die Preiswürdigkeit zu hinterfragen. Als Energiekomponente wird in Österreich hauptsächlich Mais verwendet. Der Grund dafür liegt in der hohen Ertragslage im Vergleich zu Getreide. Als Haupteiweißkomponente dient Sojaschrot. Der Einsatz von heimischen Eiweißfrüchten ist aus der Sicht der Preiswürdigkeit interessant. Sonstige Nebenerzeugnisse aus der Industrie, wie Molke, Brotabfälle, Abfälle aus der Stärkeindustrie etc., haben eher regionale Bedeutung. Die Preiswürdigkeit dieser Nassfuttermittel ist jedoch genau zu hinterfragen.

• **Feuchtmais**

Die Trocknung der Maiskörner von einer Ausgangsfeuchtigkeit von 25 bis 30% verursacht reine Trocknungskosten von 3,0–4,8 € je 100 kg bei 87% TM. Die Gesamtkosten mit allen fixen und variablen Kosten vom Einlagern bis zum Schroten betragen 5,0 bis 6,5 € je 100 kg. Bei der Feuchtmaislagerung (Maiskorn- oder Ganzkornsilage) betragen die Gesamtkosten je nach Größe der Siloanlage 2,2 bis 3,0 € je 100 kg Mais bei 87% TM.

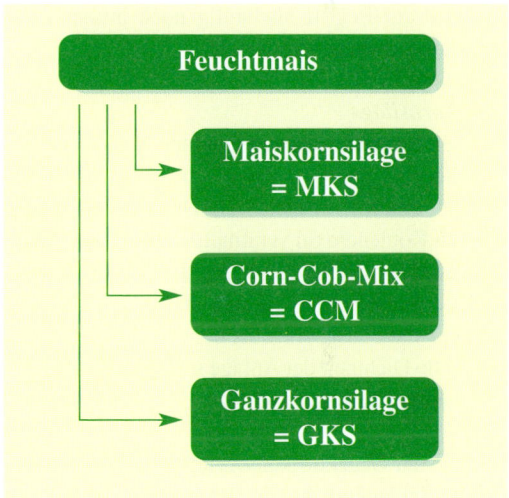

Maiskornsilage

Feuchtmais wird vor dem Einlagern vermahlen (eingemust) und in Siloanlagen siliert. Folgende Silierregeln müssen eingehalten werden, um eine Qualitätssilage zu erzeugen:
- Erntefeuchtigkeit von 35% bis 40%
- Rasche Befüllung – möglichst kurze Zeitspanne zwischen Drusch und Einlagerung. Jede Erwärmung des Maises durch Zwischenlagerung muss vermieden werden
- Gute Verteilung und Verdichtung
- Ausreichender Vorschub bei der Entnahme. Täg-

lich sollen zumindest 5 cm Vorschub gegeben sein. Gut bewährt hat sich der Zusatz von Siliermitteln besonders bei trockenen Silagen unter 35% Wassergehalt oder bei Siloanlagen, die im Sommer geöffnet werden. Zur Stabilisierung eignen sich Produkte auf Basis organischer Säuren, aber auch spezielle Bakterienimpfkulturen, welche den Essigsäuregehalt in der Silage erhöhen. Säuren werden meist mit einer Dosierung von 1–5 kg je Tonne Siliergut eingesetzt.

Corn-Cob-Mix (= Korn-Spindel-Gemisch)

In den Anfängen der Maiskornsilierung wurde auch gezielt ein gewisser Spindelanteil mitsiliert, wodurch man die Rohfaserversorgung der Schweine verbessern wollte. Man erkannte, dass die Spindel aus mikrobiologischer Sicht äußerst bedenklich ist und außerdem aufgrund der Lufteinschlüsse die Stabilität der Silage verschlechtert. Obwohl heutzutage die CCM-Gewinnung fast verschwunden ist, wird der Begriff landläufig noch immer auch bei Maiskornsilagen verwendet.

Ganzkornsilage

Bei der Lagerung ganzer feuchter Maiskörner in Ganzkornbehältern ist darauf zu achten, dass die Anlage absolut luftdicht ist. Der Luftsauerstoff wird zu Kohlendioxid veratmet, welches das Futter stabilisiert. Auch bei dieser Art der Konservierung findet eine Milchsäurebildung statt. Sie ist jedoch weniger stark ausgeprägt als bei der Maiskornsilierung. Die Dichtheit der Anlage und der CO_2-Gehalt sind laufend zu kontrollieren.

Vorteile der Ganzkornkonservierung:
- Hohe Schlagkraft bei der Ernte, weil die Körner ungemahlen eingelagert werden

- Unterbrechung der Entnahme ist möglich
  Wärmeres Futter bei frostigen Temperaturen (Untenentnahme) als bei der Maiskornsilage

Die Futterzuteilung von Nassmais erfolgt meist mit einer Flüssigfütterungsanlage, es gibt aber auch nassmaistaugliche Rohrbahnfütterungsanlagen oder die Förderung über Luftstrom.

Rohfaserversorgung: Wird Maiskorn- oder Ganzkornsilage als alleinige Energiekomponente eingesetzt, ist auf eine zusätzliche Rohfaserversorgung zu achten (z. B. 5% Weizenkleie oder 3% Trockenschnitte je 88% TM).

Bestimmung des Feuchtigkeitsgehalts: Um Fehler in der Rezepturgestaltung zu verhindern, ist der Feuchtigkeitsgehalt des Feuchtmaises monatlich zu kontrollieren. Fehleinschätzungen führen zu einer Über- oder Unterversorgung der Mastschweine mit Nähr- und Mineralstoffen. Hohe Futterkosten oder verminderte Mast- und Schlachtleistung sind die Folge. Die Trockenmassebestimmung erfolgt, indem man den Feuchtmais bei 105 °C sechs Stunden lang trocknet.

Beispiel: Einwaage 1.000 g – Gewicht Ende Trocknung 650 g – d. h. die Maiskornsilage weist einen Trockenmassegehalt von 65% bzw. einen Feuchtigkeitsgehalt von 35% auf.

Feuchtigkeitskorrektur: Je %-Punkt mehr Feuchtigkeit in der Maiskornsilage muss der Anteil der Maiskornsilage in der Rezeptur um 1,7% relativ erhöht werden. Um die gleiche Menge, um die man die Maiskornsilage erhöht, vermindert man den Wasseranteil. Alle anderen Rezepturkomponenten bleiben gleich.

Beispiel: Korrektur der Maiskornsilageanteile je nach Feuchtigkeitsgehalt

	MKS 35% F	Rechengang	MKS 40% F
MKS 35%	26,8%		-
MKS 40%	-	5 (Feuchtigkeitsdifferenz) x 1,7 = 8,5; der Maiskornanteil ist um 8,5% relativ zu erhöhen = 26,8 x 1,085= 29%	29,0%
Soja 44	7,4 %		7,4 %
Mineralfutter	0,8 %		0,8 %
Wasser	65%		62,8%

• **Getreide:** Die Getreidemast ist vor allem bei kleineren Tierbeständen üblich

• **Molke:** Die Molke weist einen Trockenmassegehalt von 3 bis 6% auf. Laufende Futteranalysen sind anzuraten, um den Nährstoffgehalt und die Preiswürdigkeit überprüfen zu können. 10 l Molke (5% TM) ersetzen rund 0,6 kg Maiskornsilage und 0,15 kg Soja 44. In Flüssigfütterungen wird Molke häufig anstatt Wasser eingesetzt. Umgerechnet auf Trockenmasse bestehen diese Rezepturen aus 10–15% Trockenmolke. Da Molke keine Rohfaser enthält, ist eine entsprechende Ergänzung notwendig. Im Winter wird Molke aufgrund der warmen Temperatur geschätzt.

Molke ist mineralstoff-, im Besonderen aber natriumreich, daher ist ein Mineralfutter mit einem Natriumgehalt von 1 bis 3% anstatt der üblichen 5% einzusetzen. Aus futterhygienischen Gründen soll die Molke zweimal wöchentlich angeliefert werden.

• **Heimische Eiweißfuttermittel:** Erbse und Ackerbohne sind methioninarm und in Summe bis zu einem Anteil von maximal 15% auf Trockenfutterbasis einsetzbar. Höhere Anteile können die Futteraufnahme vermindern. 10% Erbse ersetzen rund 4% Sojaschrot und 6% Getreide. Im Mineralfutter sollte der Methioningehalt um einen Prozentpunkt erhöht werden. Rapsschrot und Sonnenblumenschrot sind methioninreich und daher optimal mit Erbse kombinierbar. Zusätzlich liefern sie Rohfaser, was gerade bei der Mast mit Molke oder Maiskornsilage wertvoll ist. In der Mast ist Rapsschrot und Sonnenblumenschrot insgesamt bis maximal 10% einsetzbar.

d) Richtwerte für den Nährstoffgehalt

Richtwerte je 88% TM

Kriterium		Gewichtsbereich in kg					
		1 Phase	2 Phasen		3 Phasen		
		30–120	30–70	70–120	30–60	60–90	90–120
Umsetzb. Energie	MJ ME	12,5–13,5					
Rohprotein	G	160–180	160–180	150–165	160–180	155–170	145–160
Rohfaser	G	33-45					
Lysin : MJME		0,78 : 1	0,81 : 1	0,69 : 1	0,81 : 1	0,71 : 1	0,65 : 1
Calcium	G	7,0	7,0	6,0	7,0	6,5	5,5
Phosphor	G	5,5	5,5	4,5	5,5	5,0	3,5
verd. Phosphor	G	2,7	2,7	2,2	2,7	2,3	2,1
Natrium	G	1,5	1,5	1,0	1,5	1,3	1,0
Lys : Met + C : Thr : Try		1 : 0,60 : 0,65 : 0,18					
Vit A	I. E	5.000–7.000					
Vit D	I. E	300–500					
Vit E	mg	60–100					
Vit B12	mcg	15–30					

Gewichtsabhängiger Energiebedarf und gewichtsabhängiges Lysin-Energie-Verhältnis

Gewichtsbereich	MJ ME/Tag	Lys : MJ ME
30–40	17,5	0,81
40–50	22,6	0,77
50–60	26,0	0,73
60–70	29,0	0,71
70–80	31,0	0,69
80–90	32,5	0,67
90–100	34,0	0,65
100–120	34,0	0,58

e) Rezepturgestaltung

Mit zunehmendem Gewicht der Mastschweine steigt die Futteraufnahme. Gleichzeitig bleibt der tägliche Bedarf an Rohprotein, Aminosäuren und Mineralstoffen ab einem Lebendgewicht von 60 kg im Wesentlichen gleich. D. h. der Gehalt des Schweinefutters an Rohprotein, Aminosäuren und Mineralstoffen kann im Laufe der Mast vermindert werden.

Rohproteinversorgung bei Einphasiger Fütterung im Vergleich zur Drei-Phasen-Fütterung

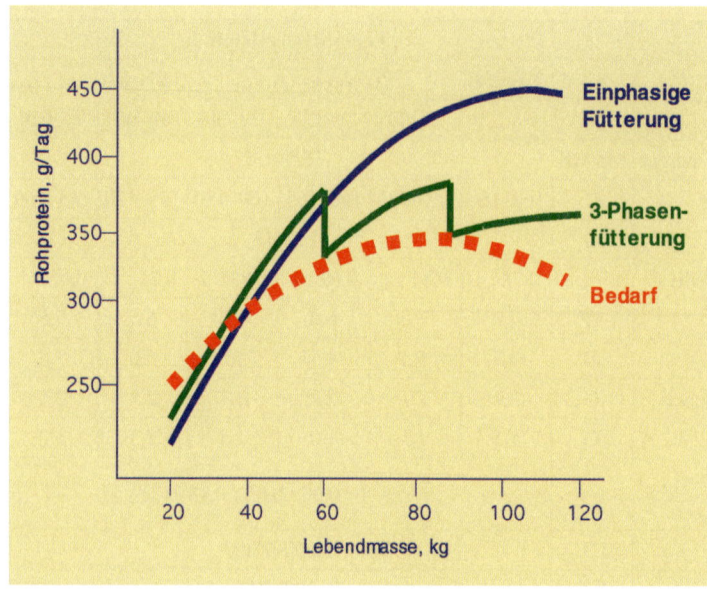

Schematische Darstellung der Phasenfütterung mit unterschiedlicher Einstellung des Lysin : MJ ME-Verhältnisses

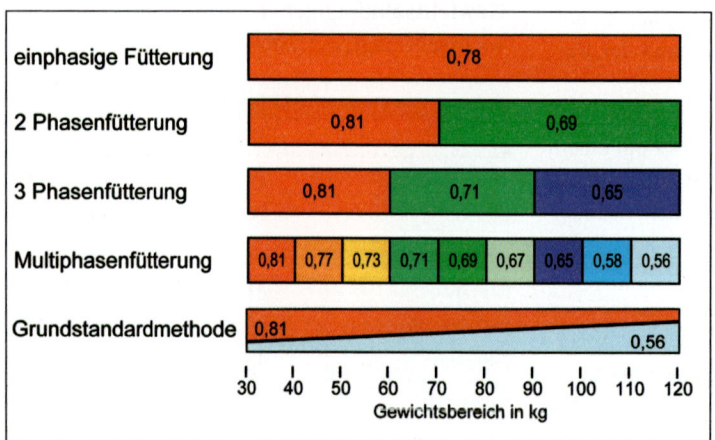

• **Mehrphasige Fütterung:** Bei der Phasenfütterung wird die Futterzusammensetzung dem sinkenden Nähr- und Mineralstoffbedarf angepasst. Durch Phasenfütterung kann die Ausscheidung von Phosphor und Stickstoff um bis zu 20% gesenkt werden.

- Zwei-Phasen-Fütterung
Futterumstellung bei 70 kg

- Drei-Phasen-Fütterung
30–60 kg, 60–90 kg, 90 kg bis Mastende

- Multiphasenfütterung:
Bei dieser Methode wird der Nährstoffgehalt des Futters meist in 10-kg-Schritten angepasst. Die Multiphasenfütterung verlangt jedoch eine ausgefeilte Fütterungstechnik. Am leichtesten ist diese Methode umzusetzen, wenn die Mast im „Betriebs-Rein-Raus" durchgeführt wird.

- Grundstandardmethode:
Diese Mastmethode ist mit zunehmender Technisierung der Fütterung fast verschwunden, aber deshalb erwähnenswert, weil sie die erste Form der Multiphasenfütterung darstellt. Der Grundstandard besteht dabei hauptsächlich aus Eiweiß- und Mineralfutterkomponenten und etwas Getreide. Die Grundstandardmenge verändert sich im Laufe der Mast nur geringfügig (z. B. von 0,8–1,0 kg). Feuchtmais hingegen wird bis zur Sättigung vorgelegt. Durch die steigende Feuchtmaisaufnahme verdünnt sich der Eiweiß- und Mineralfutteranteil kontinuierlich und passt damit die Ration perfekt dem Bedarf an.

• **Einphasige Fütterung:** Bei dieser Mastmethode wird ein „Einheitsfutter" während der gesamten Mastdauer verfüttert. Diese Mastmethode ist nicht bedarfsgerecht, weil sich zu Mastende erhebliche Rohprotein- und Phosphorüberschüsse ergeben, welche das Tier belasten und zu hohen Ausscheidungen von Stickstoff und Phosphor führen. Zusätzlich erhöhen sich die Futterkosten.

• Rezepturbeispiele für 2-Phasenfütterung

Komponenten	Trockenfutter				Flüssigfütterung			
	30–70 kg		70–120		30–70 kg		70–120	
	Varianten							
	a)	b)	a)	b)	a)	b)	a)	b)
Soja 44	20	11	15	6,5	6,7	4,4	5,4	3,1
Rapsex.	-	5	-	5	-	1,4	-	1,4
Erbse	-	10	-	10	-	2,8	-	2,8
MKS 35	-	-	-	-	21	21	21	21
Mais	-	-	-	-	-	-	-	-
Gerste	32	26	37,5	31	3,3	1,5	4,8	3,4
Weizen	45	45	45	45	1,65	2,05	1,6	1,6
Mineralfutter	3	3	2,5	2,5	0,85	0,85	0,7	0,7
Trockenschnitte	-	-	-	-	0,5	-	0,5	-
Wasser	-	-	-	-	66	66	66	66
Summe	**100**	**100**	**100**	**100**	**100**	**100**	**100**	**100**
Inhaltsstoffe je 88 % TM								
T in g	873	873	873	873	250	250	250	250
MJ ME	12,87	12,78	12,94	12,85	13,0	13,02	13,08	13,09
RP in g	172	167	156	153	163	160	149	146
Rfa in g	38	41	37	40	36	37	35	36
Lys : MJ ME	0,81	0,81	0,69	0,70	0,81	0,82	0,70	0,70

Vor- und Nachteile der Sensorfütterung

Vorteile	Nachteile
- geringere Stallbaukosten (bessere Platzausnützung, weniger Aufstallungskosten) - oft besseres Wachstum - Einbau in Altgebäude - weniger Reinigungsarbeit - keine Trogver- schmutzung) - ruhigere Schweine	- Tierkontrolle ist erschwert (kein gemeinsames Fressen) - tendenziell niedrigere MFA durch höheres Speckmaß - Einzeltierbehandlung schwierig - Selektieren aus der Gruppe schwierig - höherer technischer Anspruch - prophylaktischer Medikamenten- einsatz schwierig

Kurztrog

f) Technik der Futterzuteilung

• Flüssigfütterung

Diese Fütterungstechnik bietet die Möglichkeit, Nassfuttermittel wie Maiskornsilage, Molke etc. einzusetzen. Die Flüssigfütterung wird heutzutage als Restlossystem angeboten. Dabei werden die Leitungen nach der Fütterung mit Wasser durchgespült oder mit Druckluft ausgeblasen. Die Phasenfütterung kann mit modernen Fütterungscomputern problemlos umgesetzt werden.

- Quertrog: Der Trog ist in die Buchtenwand eingebaut, wobei zwei Gruppen mit jeweils ca. zehn Mastschweinen beidseitig aus dem Futtertrog fressen. Für jedes Mastschwein steht ein Fressplatz zur Verfügung. Diese Fütterungstechnik kann auch mit einem Füllstandsregler ausgeführt werden, welcher die Restfuttermenge nach der Fütterung abfragt und die Futtermenge für die nächste Mahlzeit korrigiert.

- Kurztrog (Sensor): In den letzten Jahren geht der Trend verstärkt zur Haltung von Mastschweinen in Großgruppen (ca. 25–50 Schweine je Bucht) mit einem eingeschränkten Tier-Fressplatz-Verhältnis (4 bis 6 : 1) und Ad-libitum-Fütterung. Die Sensormast erfolgt häufig in drei bis vier Fütterungsblöcken. Je Block wird rund dreimal im Abstand von 15 bis 30 Minuten der Füllstand mittels Sensor abgefragt und falls notwendig Futter ausdosiert.
Zu Beginn der Blockfütterung behaupten ranghöhere Tiere die Fressplätze. Diese fressen sich voll und überlassen oft bei der 2. und 3. Fütterung innerhalb eines Blockes den Futtertrog rangniedrigeren Tieren, sodass diese auch in Ruhe ausreichend Futter aufnehmen können.

Anlagenhygiene: Die Anlagenhygiene von Flüssigfütterungen muss laufend überwacht werden.

	Zeit	% der Tages-menge
I. Block	6:00	15
	6:15	10
	6:45	10
II. Block	11:00	10
	11:15	10
	11:45	10
III. Block	15:00	10
	15:15	10
	15:45	10
IV. Block	18:00	10
	18:30	10
	19:00	10

Neuere Anlagen sind mit entsprechenden Reinigungseinrichtungen des Futterbottichs ausgestattet (Säurenebler, Ozon, UV-Licht ...) und arbeiten meist im Restlossystem. Besonders bei älteren Anlagen ist die Hygiene im Anmischbottich laufend zu kontrollieren und gegebenenfalls täglich mit dem Hochdruckreiniger abzuspülen. Zudem ist bei Anlagen ohne Restlosfütterung nach jedem Mastdurchgang eine intensive Reinigung der Leitungen mit Säuren in Abwechslung mit Laugen durchzuführen. Treten trotzdem Probleme mit der Futterhygiene auf, ist eine laufende Säurezulage überlegenswert. Diese sollte anfangs nur nach der Abendfütteung erfolgen, weil hier das Fütterungsintervall bis zur Morgenfütterung am längsten ist. Dabei dosiert man die Säure erst nach der Fütterung in die Restmenge und pumpt diese in den Leitungen um. Die Dosierung sollte rund 0,1% Säure bezogen auf die gesamte Futtersuppenmenge für die nächste Mahlzeit betragen. Reicht diese Methode nicht aus, so sollte man zu jeder Mahlzeit Säure füttern.

• Trockenfütterungsanlagen

Diese sind bei einfacher teilautomatischer Ausführung günstig in der Anschaffung und betriebssicher. Bei spezieller Ausführung können Rationen mit Feuchtmaisanteilen bis zu 60% vorgelegt werden. Wichtig ist, dass die Anlage nach der Fütterung leer gefahren wird. Auch die Futterautomaten sollen einmal täglich leer gefressen werden. Trockenfütterungsanlagen bieten auch die Möglichkeit der Phasenfütterung. Als Fütterungsautomaten werden Rohrbreiautomaten oder Rundautomaten verwendet. Zum Transport des Futters zu den Futterautomaten werden Spiralschneckenförderer, Seilzugkettenförderer oder die Druckluftförderung verwendet.

17.2.7 Eber

a) Aufzucht

Aufzuchteber haben ein sehr großes Wachstumspotenzial und brauchen daher eine entsprechende Rohprotein- bzw. Aminosäurenversorgung. Das Wachstumspotential des Ebers liegt über 1000 g Tageszunahme. Es soll aber nicht voll ausgeschöpft werden. Als optimal gelten tägliche Zunahmen von rund 750 g. Als Futterkurve kann die der Schweinemast herangezogen werden. Der Mineralstoffgehalt des Eberaufzuchtfutters soll rund 10% über dem Bedarf der Mastschweine liegen.

Tagesbedarf an Energie und relativer Lysinbedarf

Gewichtsbereich	MJ ME je Tag	Lysin : MJ ME
30–60 kg	23	0,86 : 1
60–90 kg	29	0,80 : 1
90–120 kg	33	0,77 : 1

b) Deckeber

Damit der Eber seine Sprungfreudigkeit behält, muss er in einer optimalen, nicht mastigen Kondition gehalten werden. Dem Eber kann das Säugezeitfutter der Sauen mit einer Tagesmenge von 2,5 bis 3,0 kg verfüttert werden. Die Vorlage von etwas Heu verbessert das Sättigungsgefühl. Bei hoher Zuchtbeanspruchung empfiehlt sich die Zugabe von 200 g Fischmehl, was für eine gute Spermenqualität wichtig ist. Je höher die Zuchtbeanspruchung, umso höher ist der Bedarf an Aminosäuren. Dabei kommt der Aminosäure Methionin eine besondere Bedeutung zu. Das Verhältnis von Methionin : Lysin soll mindestens 0,70 : 1 betragen.

Tagesbedarf an Energie – relativer Lysinbedarf

Gewichtsbereich	MJ ME je Tag	Lysin : MJ ME
120–180 kg	30	0,80–*1,5 : 1
Über 180 kg	30	0,80–*1,5 : 1

* bei hoher Zuchtbeanspruchung

17.3 Züchtung

17.3.1 Entwicklung

a) Vom Wildschwein zum Hausschwein

Als Stammform der Hausschweine wird nur eine Ursprungs- oder Ausgangsform angenommen. Diese ist in einem Wildtier zu suchen, welches über weite Gebiete Europas und Asiens verbreitet war. Unterschiedliche Umweltbedingungen führten bereits bei der Wildform zur Entstehung von Untergruppen. Zwei dieser Untergruppen der Wildform und die daraus abzuleitenden Hausschweine sind jedoch von besonderer Bedeutung, nämlich
- **das europäische Wildschwein** und
- **das asiatische Wildschwein**, auch asiatisches Bindenschwein genannt.

Als Zeit für den Eintritt des Schweines in den Hausstand werden 10.000 v. Chr. wie auch 6.000 v. Chr. angegeben. Die Domestikation (Haustierwerdung) hat verschiedene Änderungen und Anpassungen bewirkt, wenngleich das Schwein weit weniger als andere Tiere durch die Haustierwerdung umgestaltet wurde.

Die hauptsächlichsten Veränderungen durch die Haustierwerdung sind:
- Verkürzung des Schädels in allen Dimensionen, ganz besonders im Gesichtsteil (Reduktion des Gebisses und Verbreiterung des Schädels)
- Umgestaltung der Rumpfform
- Erhöhung der Fruchtbarkeit
- Erlangung von Frühreife
- Erhöhte Mastfähigkeit und Schlachtqualität
- Verlust der Wildfarbe
- Asaisonale Rausche

b) Entwicklung der europäischen Rassen

In der zweiten Hälfte des 19. Jahrhunderts entstand durch das Anwachsen von Industrie, Handel und Verkehr eine Nachfrage nach Lebensmitteln tierischen Ursprungs. Auf den Gutsbetrieben wurde mit einer gezielten Zuchtarbeit begonnen. Die bodenständigen Rassen in Mitteleuropa wurden durch Verdrängungs- und Veredelungskreuzungen mit englischen Rassen verbessert.

Auf die Periode der Kreuzungen folgte in der ersten Hälfte des 20. Jahrhunderts eine Periode der Reinzucht. Nach 1945 löste die Nachfrage nach Fleischschweinen eine Typumstellung bei allen Rassen in der Schweinezucht aus. Zur Verbesserung des Selektionserfolges wurden zu diesem Zweck in allen Ländern Europas Mast- und Schlachtleistungsprüfungen eingerichtet.

Die Mast- und Schlachtleistungsprüfung wird in der österreichischen Schweineprüfanstalt Streitdorf (NÖ) durchgeführt.

17.3.2 Rassen

a) Edelschwein (E)

Rassemerkmale: weiße Hautfarbe, Stehohren, großrahmig

Entstehung: aus bodenständigen Landschlägen unter Einfluss der englischen Suffolk- und Yorkshireeber durch Einkreuzung

Nutzungseigenschaften:
- Zuchtleistung vorzüglich (höchste Aufzuchtleistung)
- Mastleistung sehr gut (hohe Tageszunahmen)
- Schlachtleistung ausreichend (geringer Fettansatz, wertvolle Fleischstücke weniger gut ausgebildet, Fleischbeschaffenheit sehr gut)
- Konstitution sehr gut

Verwendung: vorwiegend als Sauenbasis in Kreuzungsprogrammen

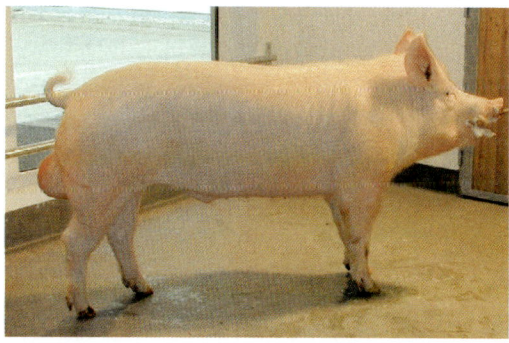

Edelschwein

b) Landrasse (L)

Rassemerkmale: weiße Haut, Hängeohren, großrahmig

Entstehung: durch Verdrängungskreuzung des deutschen Landschweines mit skandinavischen Landrasseschweinen

Nutzungseigenschaften:
- Zuchtleistung sehr gut (Aufzuchtleistung)
- Mastleistung gut (gute Karree- und Schinkenausbildung)
- Konstitution sehr gut

Verwendung: als Allzweckschwein (Universalschwein) in der Reinzucht und in Kreuzungsprogrammen

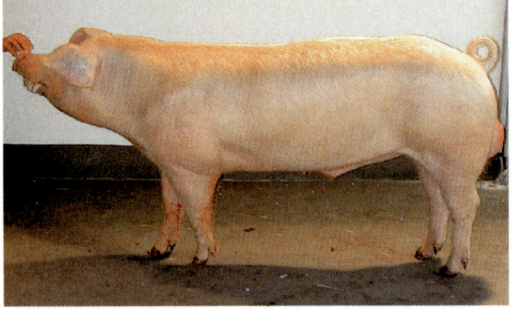
Landrasse

c) Duroc (D)

Rassemerkmale: einfärbig, von dunklem bis zu hellem Rot (Kirschrot), leichte Sattlung der Profillinie, kleine Schlappohren

Entstehung: aus roten Rassen (Schlägen) in den USA hervorgegangen

Nutzungseigenschaften:
- Zuchtleistung sehr gut (je nach Selektion)
- Mastleistung sehr gut (je nach Selektion)
- Schlachtleistung gut (wertvolle Fleischstücke weniger gut ausgebildet, Fleischbeschaffenheit vorzüglich)
- Konstitution vorzüglich

Verwendung: zur Erzeugung von Kreuzungs- oder Hybridsauen für die Ferkelerzeugung

Duroc

d) Pietrain (Pi)

Rassemerkmale: weiß mit schwarz-grauen Flecken (rezessiv), kleinrahmig

Entstehung: aus englischen Berkshireschweinen oder französischen Bayeux oder durch erbliche Mutationen. Die Rassebezeichnung Pietrain ist nach dem Dorf Pietrain (Belgien) benannt.

Nutzungseigenschaften:
- Zuchtleistung mittel
- Mastleistung gut bis mittel (geringere Tageszunahme als Edelschwein u. Landrasse)
- Schlachtleistung vorzüglich (vor allem im Anteil wertvoller Fleischteile) Fleischbeschaffenheit gut bis mittel
- Konstitution mittel

Verwendung: zur Erzeugung von Mastendprodukten in Kreuzungsprogrammen (Endstufeneber)

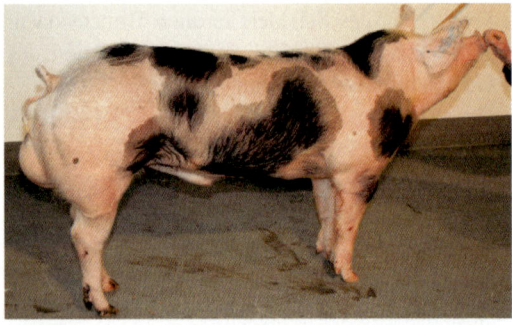
Pietrain

Aufgrund der verschiedenen Nutzungseigenschaften werden die österreichischen Schweinerassen in zwei Gruppen eingeteilt:
Mutterlinienrassen = Rasse mit guter Zuchtleistung (Edelschwein, Landrasse und Duroc)
Vaterlinienrasse = Rasse mit höchstem Fleischanteil am Schlachtkörper (Pietrain, Duroc)

e) Schwäbisch Hällisches Schwein

Rassemerkmale: Hautfärbung: Vorder- und Hinterhand Schwarz mit weißer Mittelhand. Die Gliedmaßen sollen weiß sein. Farbe der Borsten: Weiß auf weißer Haut, schwarz auf schwarzer Haut. Klauen: Dunkel pigmentiert und sehr hart.

Nutzungseigenschaften: Frohwüchsiges Schwein mit guter Fruchtbarkeit und guten Muttereigenschaften.

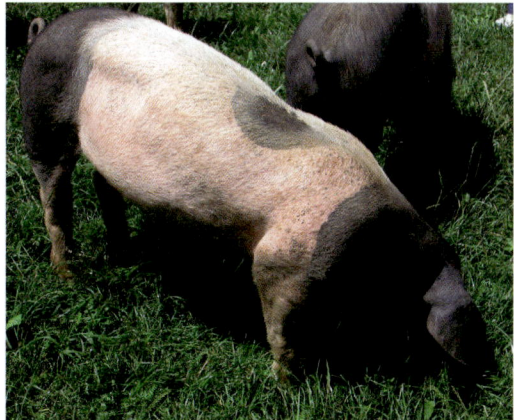

Schwäbisch Hällisches Schwein (Quelle: Flominator, commons.wikimedia.org)

f) Generhaltungsrassen

Die Österreichische Nationalvereinigung für Genreserven (ÖNGENE) widmet sich der Erhaltung gefährdeter Nutztierrassen.

• Mangalitza (Wollschwein)
Rassemerkmale: Dichte Behaarung mit wollartiger Kräuselung, Rücken dunkel pigmentiert, Bauch etwas heller (Schwalbenbauch). Jungferkel zeigen die typische Frischlingsstreifung. Es kommen zwei Farbschläge (blond, schwarz mit Schwalbenbauch) vor.

Herkunft und Verbreitung: Urheimat Serbien. Von dort aus hat es sich, eingekreuzt mit verschiedenen Landschlägen, über den gesamten pannonischen Raum verbreitet.

In Österreich wurden 2016 in 46 Betrieben 177 Sauen und 57 Eber gehalten.

Nutzungseigenschaften: Geringe Aufzuchtleistung (drei Würfe in zwei Jahren mit sechs bis acht

Mangalitza/Speckschwein

Ferkeln pro Wurf). Hoher Fett- und geringer Fleischanteil mit besonderer Fleischbeschaffenheit.

• Turopolje
Rassemerkmale: Schwarz-weiß gescheckt mit pigmentierter Haut und nur gelegentlich gekräuselten Borsten

Herkunft und Verbreitung: Kroatien. Lange Zeit wurde es in den Save-Auen als Weideschwein gehalten.

In Österreich wurden 2016 in 59 Betrieben 194 Sauen und 72 Eber gehalten.

Nutzungseigenschaften: Aufzuchtleistung entspricht der von Mangalitza.

Spätreifes Speckschwein mit ausreichendem Magerfleischanteil für die Dauerwurstproduktion.

Turopolje

Weitere Infos mit Bildern finden Sie bei Arche Austria, www.arche-austria.at.

g) Leistungsergebnisse in Österreich 2016

Tierzahlen/Leistungseigenschaft	E	L	D	PI
Anzahl der Herdebuchbetriebe	67	40	9	20
Anzahl der Sauen in Herdebuchbetrieben	1.332	524	43	517
Zahl der geborenen Ferkel/Wurf	13,42	12,46	10,78	10,18
Zahl der aufgezogenen Ferkel/Wurf	11,55	11,08	9,67	8,69
Anzahl der geprüften Tiere in der Mast- und Schlachtleistungsprüfanstalt	927	509	22	609
Durchschnittliche Tageszunahmen in g	958	948	871	804
Futterverbrauch je kg Zuwachs (FV)	2,70	2,73	2,77	2,34
Fleischanteil in %	55,30	54,90	57,10	70,80
Rückenspeckdicke cm	2,40	2,26	2,31	1,53
Karreefläche cm^2	46,60	46,80	46,90	65,70
Schinkenanteil %	24,90	24,70	26,20	30,30
Fett : Fleischverhältnis (1 : x)	4,94	4,71	5,58	11,49
Intramuskulärer Fettgehalt im Karree (IMF) %	1,83	1,75	2,84	0,97
Ph 1	6,22	6,18	6,11	6,15
Stressstabilität reinerbig mischerbig	100,00	100,00	100,00	75,00 25,00

17.3.3 Leistungsprüfungen

a) Übersicht über die Leistungsprüfungen

Zuchtleistung	Feld	Eigenleistungsprüfung
Mast- und Schlachtleistung	Station, Feld	Vollgeschwisterprüfung Nachkommensprüfung Eigenleistungsprüfung
Stressresistenz	Feld	Eigenleistung

b) Zuchtleistung

Die Zuchtleistungsdaten werden in Zucht- und Ferkelerzeugerbetrieben erhoben. Die Ergebnisse werden beim Züchter in das Zuchtbuch und beim Zuchtverband in das Herdebuch eingetragen.

• **Zuchtleistungskriterien**

• **Kennzeichnung**

Mit der Zuchtleistungsprüfung wird auch die Kennzeichnung der Tiere vorgenommen. Sie wird als Tätowierung auf folgende Weise durchgeführt:

Ferkeltätowierung

In das rechte Ohr werden dem Ferkel die HB-NR. der Mutter und die Ferkelnummer (Spitze des Ohres) tätowiert.

c) Mast- und Schlachtleistung

• **Durchführung**

Die Durchführung der Prüfung erfolgt gemäß den Richtlinien der österreichischen Schweineprüfanstalt. Diese Richtlinien entsprechen den EU-Rahmenbedingungen.

Vollgeschwister-Nachkommenprüfung

Aus dem ersten Wurf einer Zuchtsau werden zwei Tiere (weibliche oder männlich-kastrierte, je nach Rasse) an die Prüfanstalt gesandt und der Mast- und Schlachtleistungsprüfung unterzogen. Das Prüfungsergebnis gilt für alle weiteren Würfe der von demselben Eber trächtigen Sau (Vollgeschwisterprüfung). Liegen von einem Eber bereits die Ergebnisse von mindestens fünf Prüfgruppen vor, gilt der Eber als nachkommengeprüft.

Prüfabschnitt

Die Prüfung beginnt mit einem Lebendgewicht von 30 kg und endet mit 105 kg (bei Mutterlinienrassen mit 115 kg). Um gleiche Startbedingungen zu ermöglichen, werden die Tiere bereits mit einem Lebendgewicht von 8 kg (6–13) in die Prüfanstalt gebracht, damit sie sich bis zum Beginn der Prüfung an die neue Umwelt gewöhnen können.

Haltung

Die Prüftiere werden in Gruppen von 13 Tieren auf Vollspaltenboden (Betonroste) gehalten.

Fütterung

Die Fütterung erfolgt mit einem standardisierten Trockenalleinfutter, welches ad libitum über Automaten (Transponder) verabreicht wird.
1 kg dieser Futtermischung enthält 13,2 MJ ME.

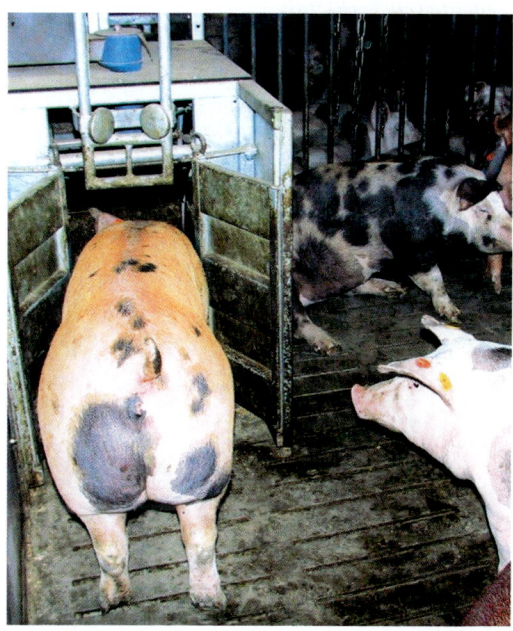

Prüfbox

• **Mastleistungsergebnisse** (bezogen auf den Prüfabschnitt):
festgestellt:

• **Mastdauer in Tagen**	• **Futterverbrauch kg**
z. B. 93 ↓	z. B. 194 ↓

daraus errechnet:

• Ø **Tageszunahme in g**	• **Futterverwertung kg**
z. B. 860	z. B. 2,43

• **Schlachtleistungsergebnisse**

Nach Beendigung der Mastleistungsprüfung mit 105 oder 115 kg Lebendgewicht werden die Tiere geschlachtet und die Schlachtleistungsmerkmale festgestellt.

Fleischmengenkriterien:

Fleischanteil an der Schlachthälfte (FLAN)

Die wertvollen Fleischstücke (Schinken, Karree und Schopf) werden abgespeckt und der relative Gewichtsanteil dieser Teilstücke an der Schlachthälfte ermittelt. Z. B. 50%. Mittels Formel wird der allgemein gebräuchliche MFA (Magerfleischanteil) errechnet.

Fett-Fleisch-Verhältnis

Die wertvollen Teilstücke (Schinken, Karree und Schopf) werden abgespeckt und das Verhältnis von Fett zu Fleisch (inklusive Knochen) ermittelt. Z. B. 1 : 5, d. h., auf 1 kg Fett entfallen 5 kg Fleisch plus Knochen.

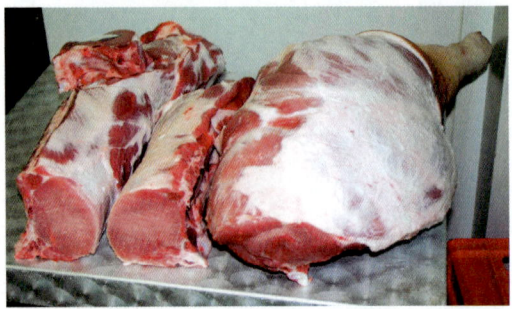

FLAN

FFLV

Schinkenprozente

Der abgespeckte Schinken (plus Stelze und Haxel) wird gewogen und der relative Gewichtsanteil von der Schlachtkörperhälfte ermittelt; z. B. 27%, d. h., das Gewicht des Schinkens beträgt 27% von der Schlachtkörperhälfte.

Rückenspeckdicke

Die Rückenspeckdicke wird an drei Stellen (dickste Stelle über dem Widerrist, dünnste Stelle an der Rückenmitte und dünnste Stelle über dem Kreuzbeinmuskel) gemessen und daraus die durchschnittliche Rückenspeckdicke in cm errechnet; z. B. 1,71 cm

Karreefläche

Das Karree wird an der Spitze der letzten Rippe durchgeschnitten, die Fläche des großen Rückenmuskels *(Musculus longissimus dorsi)* durch Planimetrieren ermittelt und in cm² angegeben; z. B. 42 cm².

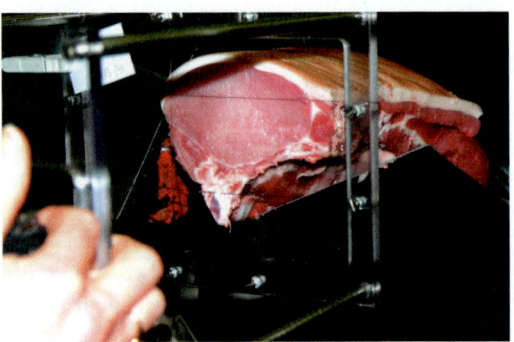

Karreefläche

Körperlänge

Die Körperlänge wird vom 1. Halswirbel bis zum Beckenschlussknochen gemessen und in cm angegeben; z. B. 97 cm

Bauchqualität

Am Trennschnitt Karree-Bauchfleisch werden bei der 10. Rippe die Gesamtspeckdicke sowie die Fleischdicke gemessen. Aus den Messergebnissen wird mit Hilfe von Regressionsformeln der Fettanteil im Bauch berechnet. Nach dem Fettanteil werden die Bäuche in Klassen von 1 (fetter Bauch) bis 10 (sehr magerer Bauch) eingeteilt.
Die Einstufung der Bauchqualität erfolgt rassenspezifisch.

Fleischbeschaffenheitskriterien

Zur Beurteilung der Fleischbeschaffenheit werden folgende Kriterien herangezogen:
- Opto-Wert
- Säuregrad (pH-Wert)
- Drip-Verlust (Tropfsaftverlust)
- Elektrische Leitfähigkeit (LF-Wert)
- Intramuskulärer Fettgehalt

Opto-Wert

Zur objektiven Beurteilung der Fleischbeschaffenheit wird die Farbhelligkeit am großen Rückenmuskel mit dem Optogerät gemessen. Die Opto-Punkteskala reicht von 0 bis 100. Je höher die Opto-Punkte, desto dunkler ist das Fleisch. Ideale Helligkeitswerte liegen im Bereich von 60 bis 66 Opto-Punkten.

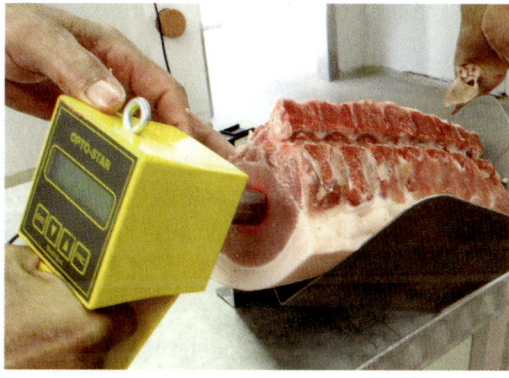

Optogerät

Als Mängel in der Fleischbeschaffenheit gelten das PSE-Fleisch (pale soft exudative = blass, weich und wässrig) und das DFD-Fleisch (dark firm dry = dunkel, fest und trocken).

Säuregrad (pH-Wert)

Der pH-Wert dient zur Feststellung des Ablaufes der Fleischreifung. Festgestellt wird der pH-1-Wert (60 Minuten nach der Schlachtung) am Schinken oder Kotelett.

Der ideale pH-1-Wert liegt im Bereich von 6 bis 6,6. Abweichungen von den Idealwerten können als Mängel in der Fleischbeschaffenheit bezeichnet werden.

Hinsichtlich des Säuregrades sind Säuregrade unter 5,8 und über 6,2 als Fleischfehler zu bezeichnen

pH-Wert

Drip-Verlust (Tropfsaftverlust)

Zur Bestimmung des Safthaltevermögens werden 50 g Fleisch vom Karree 24 Stunden im Kühlschrank gelagert. Der Gewichtsverlust durch die Lagerung ist der Drip-Verlust. Er wird in Prozenten ausgedrückt, z. B. 5%

Je geringer der Gewichtsverlust ist, desto besser ist das Safthaltvermögen des Fleisches.

Elektrische Leitfähigkeit (LF-Wert)

Zwei parallel angeordnete Einstichelektroden, die unter einer schwachen Stromspannung stehen, messen über ein empfindliches Messgerät die elektrische Leitfähigkeit des Muskels.

Die Leitfähigkeit wird vor allem von Membranschädigungen in den Muskelzellen beeinflusst. Durch Austritt von Zellflüssigkeit und Ionenbewegungen im Gewebe wird die Leitfähigkeit erhöht.

Je höher der LF-Wert ist, desto schlechter ist die Fleischbeschaffenheit.

• **Die Angabe des LF-Wertes erfolgt in Milli Siemens.** Festgestellt werden der:
LF_1-Wert (= 60 Min. nach der Schlachtung) und der LF_{24}-Wert (= 24 Stunden nach der Schlachtung) am Schinken oder Kotelett.
Werte unter 5 sind gut
Werte von 5 bis 8 sind tolerierbar
Werte über 8 sind bedenklich

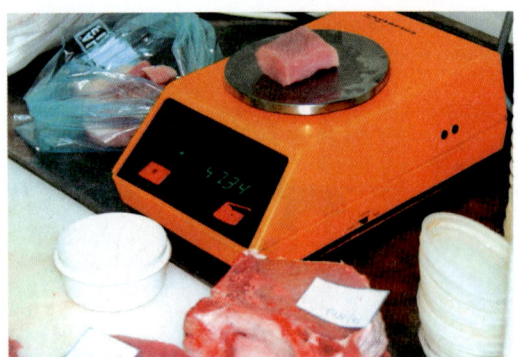

Drip-Verlust

LF-Wert

Fleischbeschaffenheitszahl

Für die einzelnen Fleischbeschaffenheitsmerkmale Tropfsaftverlust (Drip), Fleischfarbe (Opto-Wert), pH1 im Karree sowie pH1 im Schinken werden BLUP-Zuchtwerte errechnet. Aus den Zuchtwerten für diese Merkmale wird dann die Fleischbeschaffenheitszahl (eigentlich ein Fleischqualitätsindex) errechnet

Die Gewichtung der Einzelmerkmale erfolgt rassenspezifisch. Eine niedrige FBZ drückt eine schlechte und eine hohe FBZ eine gute Fleischbeschaffenheit aus.

Intramuskulärer Fettgehalt im Karree

Er wird durch Fettextraktion objektiv gemessen. Da die Geschmacksstoffe praktisch nur im Fett gelöst sind, ist die feinverteilte Fetteinlagerung im Muskel entscheidend für die Schmackhaftigkeit des Fleisches. Das Geschmacksoptimum liegt bei 2% Fett in der Muskelfrischmasse.

d) Stressresistenz

• Begriff Stressresistenz

Unter Stressresistenz versteht man die Fähigkeit, sich wechselnden Umweltbedingungen problemlos anzupassen.

Stressempfindliche Tiere reagieren auf Umweltbelastungen mit einer übersteigerten Reaktion des Kreislaufsystems, welche auch zum Tod des Tieres (Kreislaufversagen) führen kann. Häufig fallen stressempfindliche Tiere nach der Schlachtung durch eine mangelhafte Fleischqualität auf.

• Prüfung der Tiere auf Stressresistenz

Die Prüfung der Stressanfälligkeit erfolgt mit dem Malignen Hyperthermie Syndrom-Test (MHS-Test).

Als Maligne Hyperthermie wird die krankhafte Überhitzung des Organismus bezeichnet. Diese Erscheinung tritt bei stressempfindlichen Schweinen auf.
Mit Hilfe des MHS-Tests kann die genetische Veranlagung für die Stressanfälligkeit der Schweine ermittelt werden. Aus einer Gewebeprobe (meist ein Hautstück aus dem Ohr) wird das Erbmaterial (DNS) gewonnen. Daraus wird der Genotyp für die Stressanfälligkeit bestimmt.

Die Bezeichnung in den Abstammungsnachweisen erfolgt in folgender Weise:
NN = reinerbig negativ (stressresistent)
NP = gemischterbig negativ (stressresistent)
PP = reinerbig positiv (stressanfällig)

In der Herdebuchzucht werden die Mutter-linienrassen ausschließlich reinerbig stress-resistent gezüchtet, damit diese Tiere bei der Kreuzung mit Endstufenebern stressresistente Nachkommen liefern. Auch der Pietrain ist heu-te meist stressresistent.

Schweineprüfung in Österreich (Schema)

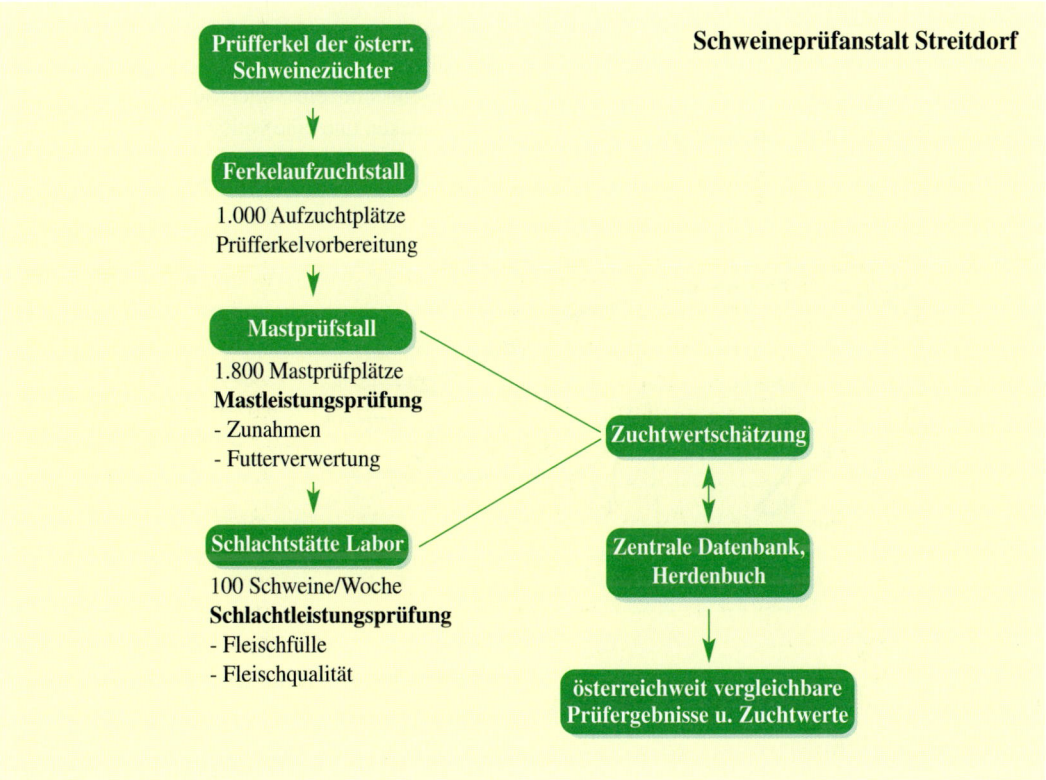

17.3.4 Exterieurbeurteilung

a) Allgemeine Grundsätze

Die moderne Tierzucht ist bestrebt, die Bewertung von Zuchttieren vorwiegend auf Grund objektiv messbarer Leistungsdaten (Ergebnisse der Leis-tungsprüfungen) durchzuführen.

Trotzdem ist die Lebendbeurteilung nach wie vor von großer Bedeutung.

Für die Beurteilung sollen die Schweine in einer Halle oder im Freien auf einem größeren, ebenen Platz vorgeführt werden. Die Tiere müssen sich ru-hig und ungezwungen bewegen können.

Zunächst verschafft man sich aus einigen Metern Entfernung einen Gesamteindruck. Erst dann werden, beginnend beim Kopf, die einzel-nen Körperpartien beurteilt.

Die Bewertungskommission

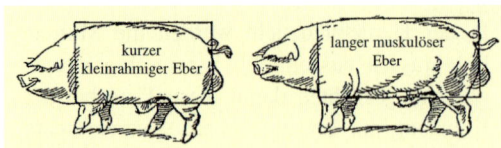

Der Rahmen

b) Benennungen am Tierkörper

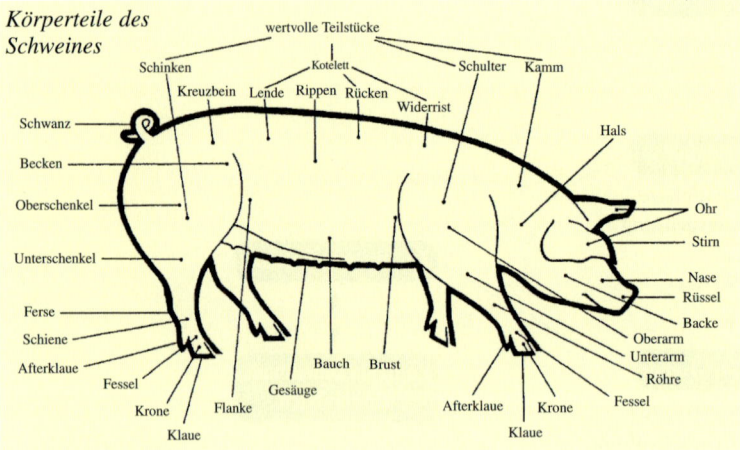

Körperteile des Schweines

c) Kriterien der Exterieurbeurteilung und Benotung

Die Lebendbeurteilung von Schweinen erfolgt nach folgenden Kriterien:

• Rahmen

Der Rahmen drückt die Ausmaße des Tierkörpers hinsichtlich - Länge
  - Breite und
  - Tiefe aus.

Fleischschweine sollen lang, mittelbreit, mitteltief und bei guter Frohwüchsigkeit nicht zu frühreif (Verfettung in relativ jungem Alter) sein. Kurze, pummelige sowie spätreife Tiere sind unerwünscht.

• Bemuskelung

Die Bemuskelung wird an folgenden Körperteilen beurteilt:
- Schinken
- Rücken
- Schulter

Gewünscht sind ein voller Schinken, ein breiter, fester Rücken und eine vollbemuskelte Schulter.

• Form

Bei der Formbeurteilung wird die Ausbildung der einzelnen Körperpartien (Vorderhand, Mittelhand, Nachhand und Fundament) erfasst.

Kopf

Der Kopf ist bei den einzelnen Schweinerassen unterschiedlich ausgebildet. Im Allgemeinen wird er bei den meisten Schweinerassen mittellang, zwischen Nasen- und Stirnteil leicht eingeknickt, möglichst leicht, genügend breit und trocken gewünscht. Grobe, schwere, zu lange und zu kurze Köpfe sind abzulehnen.

Ohren

Die Ohren sollen möglichst klein sein.

Hals

Der Hals soll gestreckt und gut bemuskelt sein. Unerwünscht ist ein zu schmaler und zu kurzer Hals.

Widerrist

Der Widerrist ist die Verbindung von Hals und Rücken. Er soll breit und voll bemuskelt sein. Abzulehnen ist ein schmaler, gratiger und lockerer Widerrist.

Rücken

Der Rücken soll genügend breit und gespannt, das heißt etwas nach oben gebogen sein, wobei auf die rassenspezifische Länge in der Beurteilung Rücksicht genommen werden muss. Die Länge ist deshalb wichtig, weil dadurch der Anteil an Koteletts höher ist. Unerwünscht ist ein starker, nach oben gewölbter (Karpfenrücken) sowie ein weicher oder gar ein Senkrücken (mangelnde Konstitution).

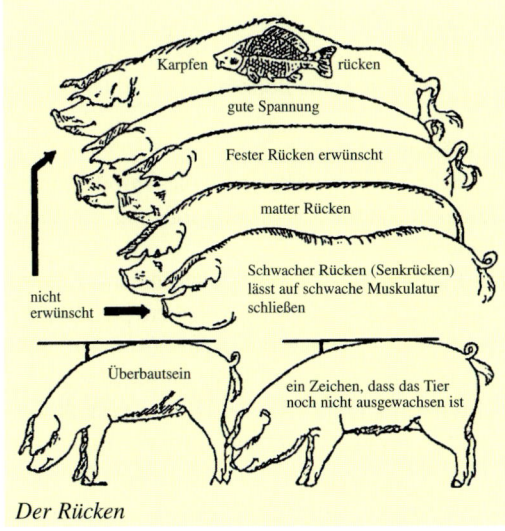

Der Rücken

Lende

Die Lenden- und Nierenpartie hat besondere Bedeutung. Sie soll genügend lang, tief und breit sein. Abzulehnen ist eine schmale oder gezwängte Lende (zu geringe Muskelbildung, schleudriger Gang), eine eingedrückte oder zu kurze Lende.

Becken

Das Becken wird lang, breit und wegen der Ausbildung der Schinken außen und innen gut bemuskelt gewünscht. Als fehlerhaft gelten ein kurzes, schmales Becken mit schwacher Bemuskelung sowie ein abfallendes (nach hinten) und abgedachtes (nach der Seite) Becken.

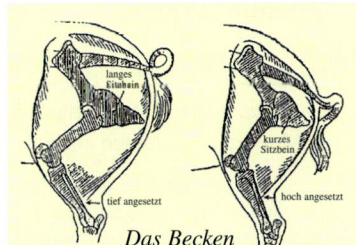

Das Becken

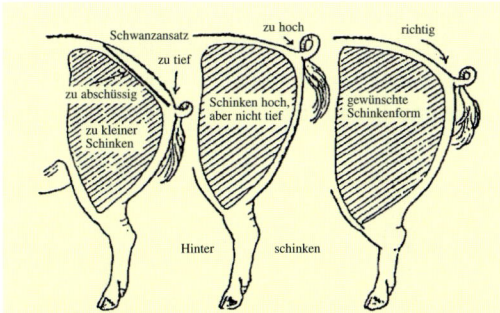

Der Schinken: je größer der Schinken, desto wertvoller das Schwein

Schulter

Die Schulter, die sich aus dem Schulterblatt und dem Oberarm zusammensetzt, soll lang und voll bemuskelt sein. Unerwünscht ist eine flache (wenig Fleisch), lockere (Stellungsfehler) und steile Schulter (kurzer Schritt).

Brust

In der Brust, die oben durch die Brustwirbelsäule mit den Rippen, unten durch das Brustbein und nach hinten durch das Zwerchfell begrenzt wird, sitzen die wichtigsten Kreislauf- und Atmungsorgane. Sie soll genügend breit und ausreichend tief sein. Abzulehnen sind schmale, flache und geschnürte Tiere.

Bauch

Die untere Linie des Bauches soll bei nicht trächtigen Tieren etwa auf gleicher Höhe wie das Brustbein verlaufen. Als fehlerhaft gelten ein schlaffer, herabhängender, aber auch ein aufgezogener Bauch.

Gliedmaßen

Von den Gliedmaßen verlangt man, dass sie korrekt gestellt, trocken und gut gefesselt sind. Zu bemängeln sind schlecht gestellte, zu starke und zu schwache Gliedmaßen sowie mangelnde Knochenfestigkeit (Rachitis).

Die am häufigsten vorkommenden Stellungsfehler sind bei den Vordergliedmaßen: x-beinig, zeheneng und zehenweit, bärentatzig und spreizklauig; bei den Hintergliedmaßen: säbelbeinig, stuhlbeinig, kuhhessig, o-beinig, weich gefesselt und Spreizklaue.

Der Gang soll korrekt, räumend, leicht und sicher sein. Abzulehnen ist ein müder, schleppender und schwankender (schleudriger) Gang sowie der Hahnentritt (kurztrittig).

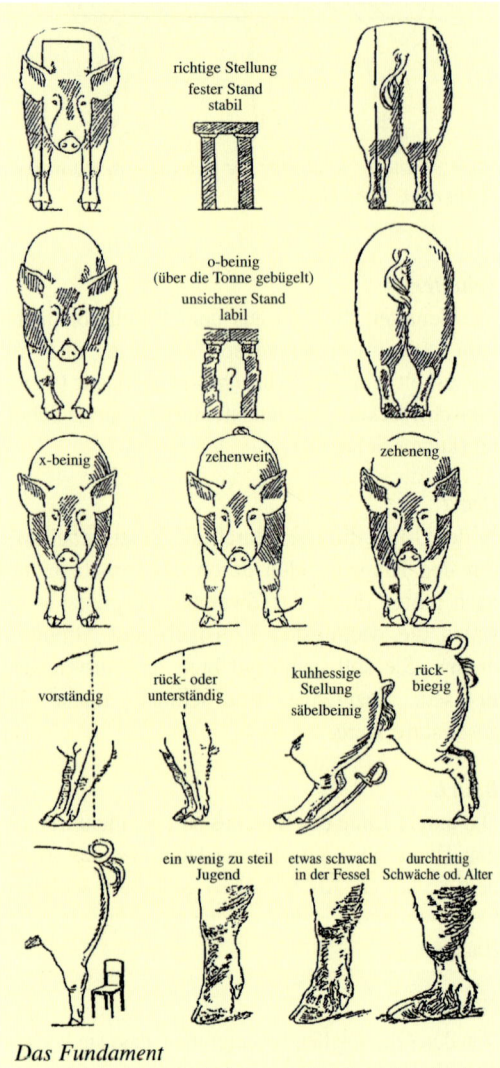

Das Fundament

Geschlechtsmerkmale
Bei der Beurteilung ist besonders auf die Ausbildung der sekundären Geschlechtsmerkmale zu achten. So soll sich der Eber durch größere Robustheit, stärkeren Wuchs, bessere Bemuskelung und kräftigeren Knochenbau schon frühzeitig vom weiblichen Tier unterscheiden. Er ist im Allgemeinen in der Vorderhand stärker entwickelt und hat einen räumenderen Gang als die Sau, die feinere Formen und ein besser ausgebildetes Becken besitzt.

Haut
Die Haut wird nicht mehr so stark wie früher (Abfall) gewünscht; sie soll glatt und gut durchblutet sein. Pigmentflecken sind bei den weißen Schweinen zulässig. Die Farbe ist bei den weißen Rassen weiß bzw. rosaschimmernd, bei den bunten Rassen sowohl weiß als auch rot und schwarz.

Borsten
Die weißen Rassen besitzen weiße Borsten, die bunten Rassen weiße Borsten auf gefärbter Haut.

• Gesäuge
Hierbei werden der Sitz sowie die Ausbildung des Gesäuges und die Zahl und Ausbildung der Zitzen beurteilt.
Bei Ebern und Sauen von Mutterlinienrassen werden beiderseits mindestens sieben gleichmäßig ausgebildete und gut verteilte Zitzen verlangt, während bei Endstufenebern keine Ansprüche bezüglich Zitzenzahl und Zitzenausbildung gestellt werden. Das Gesäuge der Sau soll weit nach vorne reichen, drüsenreich sein und eine gute Milchleistung erwarten lassen. Als fehlerhaft ist ein Gesäuge zu bezeichnen, das nicht die vorgeschriebene Zitzenzahl, unausgebildete (Stülpzitzen), ungleichmäßig verteilte Zitzen sowie Zwischenzitzen aufweist und dessen Gewebe nicht drüsig ist.

17.3.5 Zuchtziele in der Schweinezucht

Zuchtziel in der Schweinezucht sind vitale Tiere, die unter den künftigen Anforderungen des Marktes einen maximalen Gewinn ermöglichen.

a) Zuchtleistung

Vor allem bei den Mutterlinienrassen wird eine hervorragende Zuchtleistung der Sauen mit guten Muttereigenschaften angestrebt.

Selbstverständlich wird auf ein stabiles und korrektes Fundament weiterhin großer Wert gelegt.

Schweinebeurteilung: □ Zucht □ Mast

Rasse: _____ Alter: _____

Nummer: _____ Gewicht/kg: _____

Geschlecht: _____ Deckdatum: _____

Gesundheit:

Atmung: normal – schnell, kurz

Augen: klar, lebhaft – trüb, schwarzer Ausfluß

Ohren: trocken – feucht, schwarzer Ausfluß

Haut: glatt, straff – faltig, blaß, borkig

Temperament: lebhaft – träge

	Rahmen ○ Pkte.	Bemuskelung ○ Pkte.	Punkte	Form ○ Pkte.	Gesäuge ○ Pkte.
erwünscht	**Wuchs:** groß, rahmig, hoher Widerrist **Länge:** sehr lang bis lang **Breite:** sehr breit bis breit in Rücken und Brust **Tiefe:** mitteltief in Brust und Flanke	**Schinken:** fester, voller Innen- und Außenschinken, kugelig und weit herunterreichend **Rücken:** breit, fest, kantig, straff **Schulter:** sehr breit, ausgeprägt und voll bemuskelt (viel Vorderschinken)	9 ausgezeichnet 8 sehr gut 7 gut	**Vorhand:** mittellanger edler Kopf mit wenig Backe; gestreckter breiter Hals, festanliegende Schulter **Mittelhand:** fester, leicht nach oben gewölbter Rücken, Übergänge zwischen Vor-, Mittel- und Nachhand harmonisch **Nachhand:** langes, breites Becken **Fundament:** kräftige, trockene und klare Gelenke; gleich große, geschlossene Klauen; korrekte Stellung der Gliedmaßen, korrekter Gang	**Gesäuge:** straffer Sitz, weit nach vorne reichend, drüsig **Zitzen:** mindestens 7/7 voll funktionsfähig; lange, konische Zitzen; regelmäßiger Abstand
brauchbar	**Wuchs:** mittelgroß **Länge:** lang bis mittellang **Breite:** genügend breit **Tiefe:** zu tiefe Brust und Flanke	**Schinken:** noch fest, mittelmäßiger Außen- und Innenschinken **Rücken:** genügend breit und straff; weniger kantig **Schulter:** mittelbreit, genügend bemuskelt	6 befriedigend 5 durchschnittlich	**Vorhand:** weniger edler Kopf, genügend breiter und gestreckter Hals; noch feste Schulter **Mittelhand:** gerade, genügend straffer Rücken; leichtere Formmängel (z. B. leichter Nierendruck, leicht geschnürt) **Nachhand:** genügend langes, genügend breites Becken **Fundament:** leichte, aber kaum leistungsmindernde Mängel; mittelstark, etwas unklare Gelenke; etwas unterschiedliche, leicht gespreizte Klauen; etwas hessige oder steile Stellung; etwas beeinträchtigte Bewegung und noch normaler Gang	**Gesäuge:** genügend straff, noch drüsig **Zitzen:** mindestens 7/6 funktionsfähig; unregelmäßiger Abstand; leichte, wenig leistungsbeeinträchtigende Zitzenmängel (z. B. Zwischenzitzen, Blindzitzen)
Zur Zucht kaum geeignet	**Wuchs:** klein **Länge:** kurz **Breite:** schmal **Tiefe:** seichte Brust und aufgezogene Flanke	**Schinken:** wenig Innen- und flacher Außenschinken, schlaffe Haut, wenig weit herunterreichend **Rücken:** schmal und schräg abfallend; gratig; dachförmig **Schulter:** schmal, schlaff mit Hautfalten; wenig bemuskelt	4 ausreichend 3 mangelhaft 2 schlecht 1 sehr schlecht	**Vorhand:** fleischiger, unklarer, kurzer Kopf, ausgeprägte Backe; kurzer, schmaler Hals; lockere Schulter **Mittelhand:** Karpfen-, Senkrücken; Nierendruck, Schnürung **Nachhand:** kurzes, schmales, stark abfallendes, abgedachtes Becken **Fundament:** schwache, schwammige, unklare Gelenke; ungleiche, stark gespreizte Klauen; durchtrittige Fessel (Bärentatze); rachitische, säbelbeinige, stuhlbeinige, stark hessige Stellung; behinderte Bewegung (Hahnentritt)	**Gesäuge:** herabhängendes, schlaffes Gesäuge, nicht weit nach vorne reichend **Zitzen:** zu geringe Zitzenzahl, stark unregelmäßiger Abstand, schwere Zitzenmängel (z. B. Stülpzitzen, zu kurze Zitzen, Wucherungen, Strahlenpilz)

Jeweils Zutreffendes unterstreichen oder ergänzen, danach entsprechendes Bewertungsergebnis (Punkte) oben ○ eintragen.
Bei Mastschweinen nur Rahmen und Bemuskelung beurteilen.

Datum _____ Beurteiler _____

Schweinebeurteilung für Zucht und Mast

b) Mast- und Schlachtleistung

Der Zuchtausschuss der Vereinigung österreichischer Schweinebauern (VÖS) hat sich in Zusammenarbeit mit der Universität für Bodenkultur auf folgende Zuchtziele bei den einzelnen Rassen geeinigt:
- Die Mastleistung mit hohen Tageszunahmen soll weiter verbessert werden.
- Der Fleischanteil soll gehalten, aber nicht mehr weiter gesteigert werden.
- Auf eine hervorragende Fleischbeschaffenheit mit höherem intramuskulärem Fettanteil wird besonderer Wert gelegt.

Um die Fleischbeschaffenheit (pH-Wert, Fleischfarbe und Drip-Verlust) im Endprodukt weiter zu verbessern, wurde auch die Stresssanierung bei der Rasse Pietrain weitestgehend umgesetzt.

17.3.6 Zuchtwertschätzung

a) Begriff Zuchtwert

> Der Zuchtwert beurteilt die im Durchschnitt bei den Nachkommen wirksamen Erbanlagen.

Die Leistung eines Tieres wird vom Genotyp und allen möglichen Umwelteinflüssen (Betrieb, Fütterung, Jahr, Saison etc.) bestimmt.
Wenn es möglich wäre, dass von jeder Anpaarung unendlich viele Nachkommen zur selben Zeit am gleichen Ort unter gleichen Bedingungen ihre Leistungen erbringen könnten, so wären die Umwelteinflüsse komplett ausgeschaltet und man könnte direkt von den festgestellten Leistungsunterschieden auf den Genotyp schließen.

> Die Zuchtwertschätzung erfüllt die Aufgabe, durch mathematisch statistische Methoden eine Trennung von Genotyp und Umwelt herbeizuführen.

Der Zuchtwert ist somit immer nur ein mehr oder weniger guter Schätzwert für die Beurteilung der genetischen Veranlagung eines Tieres.

b) BLUP-Tiermodell

> Das zur Zeit aktuellste und effizienteste Zuchtwertschätzverfahren ist das so genannte BLUP-Tiermodell, das weltweit in allen Sparten der Nutztierzucht eingesetzt wird.

Beim BLUP-Tiermodell-Verfahren wird die Ausschaltung der Umwelteinflüsse gleichzeitig mit der Schätzung der Zuchtwerte durchgeführt, wobei die verfügbaren Leistungen aller bekannten verwandten Tiere berücksichtigt werden.
Die gleichzeitige Schätzung der Zuchtwerte für alle Tiere einer Population ermöglicht es auch, dass das genetische Niveau des jeweiligen Anpaarungspartners berücksichtigt wird.

c) Gesamtzuchtwert für Fruchtbarkeit

Für die Leistungseigenschaft Anzahl lebend geborener und Anzahl aufgezogener Ferkel werden Naturalzuchtwerte berechnet.
Die Zuchtwertschätzung für Ferkelzahl wird als genomisch optimierte Zuchtwertschätzung durchgeführt. Die Mitverwendung der Genominformationen bringt vor allem für Jungtiere (Zuchtkandidaten) eine verbesserte Genauigkeit der Zuchtwerte.
In die Zuchtwertschätzung für die

Erblichkeitsgrad von Leistungseigenschaften

Leistungseigenschaft	Edelschwein	Landrasse	Pitrain
Anzahl lebend geborener Ferkel	0,12	0,12	0,10
Zahl aufgezogener Ferkel	0,10	0,10	0,101
Futterverwertung	0,49	0,50	0,35
Tageszunahmen	0,34	0,38	0,32
Magerfleischanteil	0,68	0,71	0,55
Intrramuskulärer Fettanteil	0,62	0,63	0,53
Drip-Verlust	0,27	0,29	0,44
Opto-Wert	0,32	0,30	0,23
pH-1-Karree	0,19	0,23	0,35
pH-1-Schinken	0,20	0,18	0,46

Relative Gewichtung der Leistungseigenschaften in %

Bereich	Leistungseigenschaft	Mutterlinienrassen		Pietrain	
Fruchtbarkeit	Lebend geborene Ferkel	13,5			
	Hochgebrachte Ferkel	31,5	60		
	Nutzungsdauer	15,0			
Mastleistung	Tageszunahmen	14,0	21,2	25	50
	Futterverwertung	7,2		25	
Fleischfülle	Muskelfleischanteil	6,8	6,8	30	30
Fleischqualität	Intramuskulärer Fettgehalt	6,0	12,0	10	20
	Fleischbeschaffenheit	6,0		10	

Ferkelzahl fließen auch die Leistungen der aus der Zuchtstufe zugekauften Sauen in den Ferkelproduktionsbetrieben ein.

Der Gesamtzuchtwert Ferkelzahl (GZW-FZ) besteht zu 30% aus dem Naturalzuchtwert lebend geborene Ferkel pro Wurf (ZW-lgF) und zu 70% aus dem Naturalzuchtwert für aufgezogene Ferkel pro Wurf (ZW-agF).

Der Gesamtzuchtwert für die Ferkelzahl ist im Gesamtzuchtwert für Mutterrassen mit 45% gewichtet.

d) Zuchtwert Nutzungsdauer

Der Zuchtwert für Nutzungdauer ist im Gesamtzuchtwert für Mutterrassen mit 15% gewichtet.

e) Gesamtzuchtwert Mast- und Schlachtleistung

Er fasst die fünf Merkmale aus der Mast- und Schlachtleistungsprüfung (tägliche Zunahme, Futterverwertung, Fleischanteil, Fleischbeschaffenheitszahl, intramuskulärer Fettgehalt) entsprechend ihrer Gewichtung im Zuchtziel zu einer Indexzahl zusammen. Der Gesamtzuchtwert Mast- und Schlachtleistung hat einen Mittelwert von 100 und eine Standardabweichung von 20.

f) Gesamtzuchtwert – GZW (nur für Mutterrassen)

Im Gesamtzuchtwert sind der GZW- Mast- und Schlachtleistung, der GZW-Ferkelzahl und der Zuchtwert für Nutzungsdauer im Verhältnis 40:45:15 zusammengefasst.

• **Vorgangsweise**

Zur Feststellung des Zuchtwertes einer Anpaarung wird wie folgt vorgegangen:
- *Leistungsfeststellung* in der Prüfanstalt
- *Schlachttagskorrektur* der FBZ-Merkmale Berechnung der Fleischbeschaffenheitszahl
- *Errechnung der Naturalzuchtwerte*
- *Berechnung der Indexpunkte* für die einzelnen Naturalzuchtwerte entsprechend ihrer Gewichtung im Gesamtzuchtwert
- *Berechnung des Gesamtzuchtwertes* (Gesamtindex)
- *Korrektur der Zuchtwerte* auf die aktuelle Population (alle zwei- und dreijährigen Sauen und Eber im Herdebuch), Standardisierung des Gesamtzuchtwertes und der Indexpunkte auf eine Standardabweichung des Gesamtzuchtwertes von 20

17.3.7 Bewertung

a) Erstmalige Bewertung der Jungeber

Die für die Zucht vorgesehenen Jungeber werden vor ihrer Zuchtverwendung bewertet. Diese Bewertung erfolgt vor dem Verkauf durch eine hiefür ernannte Bewertungskommission des Zuchtverbandes.

• **Voraussetzungen für die Verwendung männlicher Tiere zur Zucht**
- Mindestalter
- Abstammungsnachweis
- Mast- und Schlachtleistungsergebnis
- Eigenleistung des Ebers (Tageszunahmen, Rückenspeckdicke)
- Beurteilung des Exterieurs durch eine Bewertungskommission

• **Ergebnis der Bewertung**
- Trennung in für die Zucht geeignete bzw. nicht geeignete Eber
- Der Kaufpreis hängt von der Zuchtwertklasse ab
Der Ausrufpreis bzw. Kaufpreis hängt von der Zuchtwertklasse ab.

• **Gewährleistungsbestimmungen**
Der Verkäufer garantiert, dass der Eber voll zuchttauglich ist.
Die Gewährleistungsfrist beträgt für die Deckunfähigkeit sechs Wochen und für die Befruchtungsfähigkeit vier Monate.

b) Bewertung weiblicher Tiere für den Verkauf

Jungsauen werden für den Verkauf über Versteigerungen in Bewertungsklassen eingestuft. Diese sind für den Ausrufungspreis der Tiere entscheidend.

• **Voraussetzungen für die Bewertung – wie bei Jungebern**
- *Ergebnis der Bewertung*
  Einstufung in eine der Bewertungsklassen
- *Gewährleistungsbestimmungen*
  Der Verkäufer haftet bei trächtigen Tieren für den angegebenen Belegzeitpunkt und den Belegeber. Ebenso garantiert der Verkäufer für eine bestimmte Mindestferkelzahl.

17.3.8 Zuchtmethoden – Zuchtprogramm

a) Leistungsanforderungen

• **Aus der Sicht des Ferkelerzeugers**

Eigenschaften	des Ebers	der Sau
Konstitution Fruchtbarkeit Langlebigkeit	Vital (lebenskräftig) d. h. gut im Decken und Befruchten, Nachkommen frei von Erbfehlern	fruchtbar, d. h. höchste Anzahl an hochgebrachten Ferkeln pro Jahr problemlos und haltungssicher und stressresistent Nachkommen frei von Erbfehlern
Rahmen und Wuchs	Ausreichend für den Deckakt Mastleistung der Endprodukte	Überdurchschnittlich
Schlachtleistung	Extreme Fleischfülle, d. h. voll ausgebildete wertvolle Teilstücke	Keine extreme Bemuskelung wegen leichterer Abferkelung Schonung des Fundamentes
Gesäuge		Gut ausgebildet (keine Stülpzitzen) und Zitzenanlagen 7/7

• **Aus der Sicht des Mästers**

Eigenschaften	des Mastschweines
Konstitution	Sehr gut, d. h. geringste Ausfälle während der Mast und beim Transport (stressresistent)
Rahmen und Wuchs	Genügend Rahmen und schnell wachsend bei geringem Futterverbrauch
Schlachtleistung	Sehr gut für beste Handelsklasseneinstufung bei guter Fleischbeschaffenheit

b) Übersicht über die Zuchtmethoden

• **Reinzucht**

• **Kreuzungszucht**
- Zweirassenkreuzung
- Dreirassenkreuzung

• **Hybridzucht**

c) Die einzelnen Zuchtmethoden
   – Vor- und Nachteile

• **Reinzucht**
Sie wird in der Herdebuchzucht zur Erzeugung reinrassiger Tiere betrieben.

• **Zweirassenkreuzung**
Die Zweirassenkreuzung ermöglicht es, die Vorteile von Mutterlinienrassen (hohe Aufzuchtleistung) zu nutzen und mit dem Vorteil der Rasse Pietrain (beste Fleischfülle) zur Erzeugung von Mastschweinen mit bester Handelsklasseneinstufung zu kombinieren.

Beispiele Zweirassenkreuzung:

Mastendprodukte   Mastendprodukte

• **Dreirassenkreuzung**
Durch Kreuzung von Mutterlinienrassen kann ein Heterosiseffekt (höhere Vitalität und verbesserte Aufzuchtleistung) erzielt werden. Eine gute Handelsklasseneinstufung wird durch Einsatz der Vaterlinienrasse Pietrain erreicht (Endstufeneber).

Beispiele Dreirassenkreuzung:

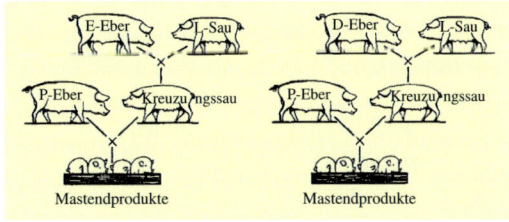

Mastendprodukte   Mastendprodukte

• **Hybridzucht**
Die Schweinezuchtverbände Österreichs schlossen sich zu einer Dachorganisation, der Österreichischen Hybridzuchtgesellschaft (ÖHYB) zur Produktion von Hybridmastferkeln zusammen.
Dabei werden die Mastferkel im Rahmen einer systematischen Drei-Rassen-Kreuzung (ABC-Programm) produziert.

d) Stufen eines arbeitsteiligen ABC-Programmes

Produktions-stufen	Produktion
Basiszucht = Herdebuchzucht	Reinrassige Zuchttiere – strenge Selektion auf Grund von Leistungsprüfungen und Zuchtwertschätzung
Vermehrungs-zucht	Belegfähige Kreuzungssauen (AB-Tiere)
Ferkelproduktion	Mastferkel unter Verwendung von Jungsauen aus der Vermehrungszucht und Einsatz eines Endstufenebers
Mast	Mastschweine

17.4 Tiergesundheit

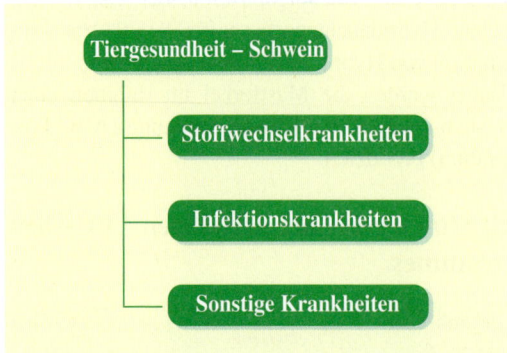

Tiergesundheit – Schwein
- Stoffwechselkrankheiten
- Infektionskrankheiten
- Sonstige Krankheiten

17.4.1 Stoffwechselkrankheiten

Als Allesfresser mit einhöhligem Magen steht beim Schwein – ähnlich dem Menschen – der Darmtrakt als Hauptverdauungsort im Vordergrund. Die Darmkrankheiten des Schweines sind z. T. schwierig auseinander zu halten. Viele (Virus-)Erkrankungen sind neu hinzugekommen, die vor allem in großen Beständen zu entsprechenden gesundheitlichen und wirtschaftlichen Schäden führen können. Intensive prophylaktische Maßnahmen sind notwendig und die ständige Beratung mit dem Betreuungstierarzt im Rahmen des Schweinegesundheitsdienstes ist deshalb sowohl in Zucht- wie auch in Mastbetrieben vorteilhaft.

• **MMA** (Mastitis Metritis Agalaktie-Komplex = Euterenzündung, Gebärmutterzündung und Milchlosigkeit der Muttersau)

Ursachen: Die Erkrankung nimmt ihren Ausgang vom Darm, Gesäuge oder der Gebärmutter und hängt mit dem Geburtsablauf zusammen. Vom Darm aus erfolgt die Infektion und Giftstoffbildung, wenn Verstopfung, Verdauungsstörung oder Futterwechsel vorausgehen, von der Gebärmutter aus nach verschleppten Geburten (Wehenschwäche), falscher Geburtshilfe oder bei Verbleiben von Früchten oder Nachgeburtsteilen. Durch Entzündungen im Gesäuge können vor allem Colibakterien in den Gesäugekomplex einwandern. Die auftretende Enzündung kann den Milchfluss verrin-

gern und den Allgemeinzustand der Sau empfindlich stören. Zusätzliche Belastungen des Organismus durch negative Haltungs- und Umwelteinflüsse führen zur Vermehrung einer Vielzahl krankmachender Bakterienarten.

Symptome: Nach verzögerter Geburt wird nach 12–24 Stunden am Unruhigwerden der Ferkel ein Nachlassen der Milchleistung bemerkt. Steigt die Temperatur nach der Geburt an oder fällt nicht wieder am ersten Tag auf 38,8 °C und darunter, muss sofort eine Behandlung erfolgen. In vielen Fällen sind der erkrankten Sau sonst keine Krankheitssymptome in der ersten Phase anzumerken. Die Sau frisst, lockt die Ferkel an. Sauen mit MMA geben nur wenig Kolostralmilch an die Ferkel weiter. Fressunlust, Liegen, Schwäche, Verstopfung, Anschwellung der Milchdrüsen und hohes Fieber (bis 42 °C) sind die Folgen.

Therapie: Da die Krankheit akut verläuft, ist eine intensive tierärztliche Behandlung notwendig. Sie muss antibakteriell, entzündungshemmend, schmerzlindernd, fiebersenkend, milchfördernd und kreislaufwirksam erfolgen. Verstopfungen werden mit Glaubersalz-Einlauf behandelt und die Darmbewegungen wieder in Gang gebracht. Während der Erkrankung wird wenig oder kein Oxytocin vom Hypophysenhinterlappen ausgeschüttet und der Milchfluss auch bei prallem Gesäuge verhindert. Aus diesem Grund erscheint die Verabreichung dieses Hormons mittels Injektion gerechtfertigt.

Vorbeugung: Geburtshygiene optimieren:
- Max. Dauer 3–4 Stunden
- professionelle Hygiene bei Geburtshilfe
- Gruppenabferkelungen nach Rein-Raus-Verfahren
- Sau mindestens eine Woche vorher in die Abferkelbuchten bringen
- Bewegung, Stroh und gute Luft sind wichtig
- Sau soll nicht verfettet zur Geburt kommen, keine Futterumstellung vornehmen (➡ siehe auch Kap. 17.2.3. g, Fütterung, Band 2, Seite 235).
- Weizenkleie und Glaubersalz sind milde Abführmittel
- Ausreichend Wasser im Trog anbieten
- Kontrolle der Futterration (Rohfaser!)
- Temperaturkontrolle 2 x täglich, 3 Tage lang

- In Problembetrieben ist auch die Beifütterung eines Fütterungsarzneimittels 14 Tage bis eine Woche nach der Geburt angezeigt.
- Untersuchen des Gesäuges auf Knoten (Abszesse), die bei Wiederbelegung wieder zu MMA führen. Diese Sauen sollten von einer weiteren Zuchtverwendung ausgeschieden werden.

Zusätzliche Krankheitserscheinungen um die Geburt (Komplikationen):
- Milchmangel infolge Nichteinschießen der Milch aufgrund hormonaler Störungen
- Mangelnde Ausbildung des Milch-Drüsengewebes
- Zitzenmissbildungen

- Lebensschwache Ferkel und kleine Würfe führen zu mangelhafter Entleerung der Milchdrüsen.
- Die Eckzähne der neugeborenen Ferkel können durch Zitzenverletzungen einen Milchmangel hervorrufen.
- Die Bösartigkeit der Muttersau tritt vorwiegend bei Erstlingssauen auf, wenn der Nestinstinkt fehlt.
- Ein Milchmangel bzw. ein kühler Stall führen bei den Ferkeln zu Temperaturabfall, Liegen und Atemnot, was man durch Wärmelampen oder Traubenzuckergaben (Infusion) verhindern kann. Ein „Ferkelnest" ist ratsam.
- Eine Tetanie der Muttersau kann die Krampfanfälligkeit und Kreislaufschwäche um die Geburt erhöhen.

17.4.2 Infektionskrankheiten

a) Faktorenkrankheiten

	Durchfälle	Erkrankungen der Atemwege	Gelenksentzündungen
Ursachen	Meist Kolibakterien Toxine → Entzündung der Darmschleimhaut → Wasserverluste (Elektrolyte)	Stallklimamängel → Atemschleimhaut wird geschädigt → Bakterien wachsen an	Eintrittsporten für Bakterien (hauptsächlich Rotlauf, Mycoplasmen, Hämophil. Staphylok. Streptokokken) durch: Nabelentzündungen, Abzwicken der Eckzähne, Schwanzkupieren, rauen Boden
Symptome	Durchfall, Abmagerung, Kümmern, Fressunlust, Auseinanderwachsen, Fieber, Bauchschmerzen, Todesfälle	Atemnot, Schnupfen, Husten, Fieber, Fressunlust, Todesfälle Entzündungsarten von Organen: **Bronchitis** = Obere Luftwege (Luftröhre, Bronchien) **Pneumonie** = Lungenentzündung **Perikarditis** = Herzbeutelentzündung **Pleuritis** = Brustfellentzündung **Peritonitis** = Bauchfellentzündung	Lahmheit, Kümmern (Ferkel kommen nicht mehr an die Zitzen heran), Fieber, Gelenksschwellungen
Diagnose	Erregernachweis oft nur in Speziallabors möglich (Viren, Bakterien, Parasiten)	Haupterreger: Influenza-Viren, Mycoplasmen, Hämophilus, Aktinobazillus, Staphylokokken, Streptokokken	Klinische Symptome erkennen
Therapie	Zufuhr von Elektrolyten, Traubenzucker, Antibiotika*, Wasser, Nahrungsentzug	Antibiotika* Entzündungshemmung Fiebersenkung	Antibiotika* Entzündungshemmung, Fiebersenkung, Umschläge (essigsaure Tonerde)
Vorbeugung	langsame Futterumstellung, ausreichend Trinkwasser	Ferkelkiste (Mikroklima) keine Zugluft, passende Temperatur, kein Staub, Ammoniak	Nabel versorgen, Eckzähne abschleifen (Zahnfleisch nicht verletzen!), Schwänze mit Thermokauter abtrennen, glatte, weiche, warme Böden

* - Vor Antibiotika-Einsatz Antibiogramm erstellen lassen.

   - Ferkel ab 3. Lebenswoche: Verabreichung über Trinkwasser möglich.

   - Einbindung des Landwirtes in die Nachbehandlung ist im Rahmen des TGD nach Kursbeteiligung möglich.

b) Parasiten

• Endoparasiten

Art	Infektionsweg	Symptome	Vorbeugung und Therapie
Zwergfadenwurm	**Larven:** Haut → Blutgefäße → Lunge → Dünndarm **Sau:** auch Milchdrüse → Ferkel!	Hautrötung, Juckreiz, Lungenschäden, Durchfall	Ferkel: am 3., 6. und 9. Tag Wurmpaste geben
Bandwurm	**Eier oder Glieder:** Maul → Darm → Blutbahn → Muskulatur	Muskelschmerz, Steifheit Fleisch: Finnen!	Zoonose!
Spulwurm	**Eier:** Maul → Dünndarm (Larve) → Blut → Leber → Lunge → Luftröhre → Dünndarm	Durchfall, Leberentzündung Verstopfung, „Milkspots" auf Leber! Fieber, Husten, Lungenschäden, Abmagerung	Bestandsbehandlung 1. laufende Reinigung und Desinfektion 2. Rein-Raus-System 3. regelmäßige klinische und Kotuntersuchung 4. Anwendung von Wurmmitteln (mind. 1 Woche), Entwurmungsprogramm mit Hoftierarzt festlegen
Peitschenwurm	Dünn → Dickdarm	Durchfall, Fressunlust, Abmagerung	
Magenwurm	**Larve:** Maul → Magen	Knötchen im Magen, Blutarmut bei Sauen, Abmagerung	
Knötchenwurm	**Larve:** Maul → Dünndarm → Blinddarm, Dickdarm	Knötchen im Dickdarm	
Kleiner Lungenwurm	**Zwischenwirt:** Regenwurm → Darm → Lymphknoten → Herz → Lunge	Husten, Fressunlust, Bronchitis	

Zeitraum von der Infektion bis zur Ausreifung eines Wurmes im Schwein (Präpatenz)

Kl. Lungenwurm	28–32 Tage
Zwergfadenwurm	3–5 Tage
Roter Magenwurm	17–20 Tage
Peitschenwurm	42–49 Tage
Knötchenwurm	49–84 Tage
Spulwurm Ferkel	35 Tage
ausgewachsene Tiere	50–75 Tage

Wurmarten wie Knötchenwurm, Magen-, Lungen- und Peitschenwurm, die zu Durchfällen und Abmagerung führen, spielen in Freiland- und Weidehaltung wieder zunehmend eine größere Rolle.

• Räude (Ektoparasiten, d. h. Außenparasiten)
Sie wird durch Räudemilben verursacht und geht grundsätzlich bei allen Tierarten mit heftigem Juckreiz und starken Ekzemen (Hautentzündungen) einher. Die Haut ist vor allem an den Ohren und an den Schenkelinnenflächen verdickt und borkig verändert. Mit Räudemitteln kann man durch Waschungen oder Behandlungen die Milben abtöten.

c) Bakterielle Erkrankungen

• Rotlauf
Rotlaufkeime kommen weltweit und in unterschiedlichen Stämmen vor und können in Mist und Jauche lange überleben. Rotlauf kann auch bei anderen Tieren und sogar beim Menschen vereinzelt vorkommen (Zoonose, es besteht Anzeigepflicht).

Symptome: Je nach Krankheitsverlauf kommt es zu Hautveränderungen, Herzklappenentzündung, Gelenksentzündung, zur Entzündung der Zwischenwirbelscheiben oder zum akuten Tod bei hohem Fieber. Auch Verwerfen kann vorkommen. Es erkranken nie alle Tiere gleichzeitig.

Therapie: Die direkte Behandlung erfolgt mit Penicillin und Antiserum.

Vorbeugung: Eine Schutzimpfung sollte am besten zweimal jährlich durchgeführt werden.

• E. coli der Absetzferkel
Ursachen: Infolge der mit dem Absetzen verbundenen Futterumstellung verändert sich der Darminhalt in seiner chemischen und physikalischen Zusammensetzung. In der Folge steigt der Anteil pathogener Koli-Keime, die Giftstoffe (Toxine) bilden. Je nach Verlauf kommt es bei einzelnen Tieren zum plötzlichen Toxinschocktod (Ödeme im Gehirn), zur Ödemkrankheit oder zu mehrtägigen Durchfällen (siehe a)).

Symptome: Ödeme entstehen im Augen-, Kehlgangs- und Magen-Darm-Bereich, die Tiere fressen nicht, taumeln, schreien und verkrampfen sich.

Therapie: Zink, Rohfaser, Antibiotika

Vorbeugung:
- Bei Absetzen Fütterungsarzneimittelvormischungen („Medizinalfutter", FAM, Prämixe) einsetzen (setzt Absolvierung eines Mischkurses und Mitgliedschaft beim Tiergesundheitsdienst voraus).
- Milchsäurebakterien oder organische Säuren können den Ausbruch dieser Krankheit verhindern.
- Stallspezifische Schutzimpfung der Sauen,
- Züchtung „Ödem-resistenter" Tiere: Mit einem molekulargenetischen Schnelltest werden reinerbig resistente Tiere (Status AA) oder mischerbige (Status AG) erkannt und stehen für die Selektion auf eine „Coli F 18-Resistenz" zur Verfügung. (Das Zuchtprogramm wird ähnlich der Stressresistenz auf Basis des MHS-Testes durchgeführt).

• Schnüffelkrankheit *(Rhinitis atrophicans)*
Ursachen: Die Schnüffelkrankheit des Schweines ist eine durch zwei Primärerreger (*Pasteurella mullocida* und *Bordatella bronchiseptica*) ausgelöste, chronisch verlaufende Infektionskrankheit. Der wirtschaftliche Schaden ist groß und wirkt sich in schlechter Futterverwertung und mangelndem Wachstum aus.

Symptome: Die Infektion erfolgt bei den Ferkeln über die Luft; die Keime bilden Toxine, die die Nasenscheidewand auflösen. Die Tiere niesen, haben Augen- und Nasenausfluss, es kommt zur Verkürzung und zu Verkrümmungen des Oberkiefers.
Die Diagnose erfolgt durch Nasentupferproben, wodurch sich die Keime nachweisen lassen (Bakterielle Untersuchung bzw. Toxinnachweis).

Therapie: Um einen Betrieb zu sanieren, sind die erkrankten Tiere auszuscheiden und die gesunden Tiere antibiotisch zu behandeln.

Vorbeugung: Impfungen trächtiger Tiere; Stallklima verbessern, um den Keimdruck zu senken (nicht zu hohe Luftgeschwindigkeit, ausreichend Luftfeuchtigkeit, Rein-Raus-Methode).

• Mycoplasmen-Infektion *(M. hyopneumoniae)*
Von dieser ansteckenden Lungenentzündung sind eine große Zahl von Mastschweinen betroffen, was zu beträchtlichen wirtschaftlichen Schäden führt.

Ursachen: Die Infektion ist meist endemisch in den Betrieben vorhanden. Zusätzliche andere bakterielle Infektionen verkomplizieren den Krankheitsverlauf.

Symptome: Typisch sind der Husten im Stall oder die grauroten Flecken auf der Lunge von Schlachttieren.

Therapie: Mycoplasmen sind gegen bestimmte Antibiotika sehr empfindlich, aber schwer in der Lunge zu erreichen. Impfung!

Vorbeugung: Besondere hygienische Maßnahmen sowie die Impfung der Ferkel sind wirkungsvoll und werden landesweit umgesetzt.

d) Virale Krankheiten

• Aujeszky'sche Krankheit (Pseudowut)

Ursachen und Symptome: Dieses sehr resistente Herpes-Virus führt zu Krämpfen, Lungenerkrankungen und Durchfall. Virusverbreiter können Nagetiere (Ratten) sein, aber auch infizierte Schweine. Auch andere Tierarten können erkranken. Saugferkel können sich über die Muttermilch infizieren und bekommen Fieber, Erbrechen und Durchfall. Absetzferkel erkranken an Bewegungsstörungen, Lähmungen, Krämpfen und Zwangsbewegungen. Ältere Tiere zeigen untypische Symptome von Lungenerkrankungen und Abortus.
Österreich ist derzeit frei von dieser Viruserkrankung, die anzeigepflichtig ist. Es besteht ein Impfverbot.

• Circoviren (Porcines Circovirus Typ 2, PCV-2)

PMWS (Postweaning Multisystemic Wasting Syndrom)

In Österreich wurde PMWS erstmals im Jahre 1999 in einem Ferkelproduktions- und Aufzuchtbetrieb diagnostiziert. Seither nimmt die Zahl der Betriebe, in denen diese Diagnose gestellt wird, stark zu, wobei besonders Systemferkelbetriebe betroffen sind. Als wichtiger klinischer Anhaltspunkt gelten die hochgradig vergrößerten Lymphknoten; zudem wachsen die Tiere auseinander.

Symptome: Kümmern, Lebendmasseverlust, Wachstumsstillstand mit oder ohne Atemnot und Gelbsucht besonders im Alter von 8 bis 14 Wochen.

PDNS (Porcine Dermatitis and Nephropathy Syndrom)

Betroffen sind vorwiegend Tiere in der Gewichtsklasse von 40 bis 100 kg.

Symptome: Gerötete Haut, Bläschen und Flecken; bei chronisch erkrankten Tieren bilden sich auch dunkle Krusten und Narben. Bei der akuten Ver-

laufsform zeigen die Tiere eine Reihe weiterer unspezifischer Symptome, wie beeinträchtigten Allgemeinzustand, Fieber, Atemnot, und können innerhalb einiger Tage verenden.
In Österreich kam es bis jetzt nur zu sporadischen Erkrankungsfällen. Differenzialdiagnostisch muss in jedem Fall an Schweinepest gedacht werden.

Reproduktionsstörungen

Das Virus konnte sowohl in totgeborenen Ferkeln als auch in frisch abortierten und mumifizierten Föten nachgewiesen werden. Die Möglichkeit der Geburt von immuntoleranten Ferkeln muss angenommen werden. Weiters muss darauf hingewiesen werden, dass das PCV-2 Virus über den Samen ausgeschieden werden kann, wenn der Eber laufend Kontakt zu Jungtieren (Jungsauen) hat.

• Influenza

Die klassische Form der Schweineinfluenza ist eine hoch ansteckende und akut verlaufende Viruserkrankung des Atmungstraktes.

Symptome: Die Krankheitserscheinungen setzen plötzlich ein, die Tiere sind matt, fressen nicht und bewegen sich kaum. Sie haben hohes Fieber (bis 41 °C) und schmerzhaften Husten, Atemnot und Kreislaufschwäche. Mildere Verlaufsformen sind möglich.
Betroffen sind vor allem Läuferschweine in den ersten Wochen der Aufstallung. Zuchtsauen können abortieren oder lebensschwache Ferkel bzw. kleine Würfe bringen und eine hohe Umrauschquote erreichen.
Die Diagnose erfolgt durch Virusisolierung aus Spülproben, Nasen- und Lungengewebe oder durch Antikörperbestimmung im Blut.

Therapie: Eine wirksame Therapie kann nur begleitend durchgeführt werden.

Vorbeugung: Die Verbesserung des Stallklimas und des Managements hat besondere Bedeutung. Durch die Impfung wird die Virusvermehrung und dadurch der Ausbruch der Krankheit gemildert.

• MKS (siehe Rind)

• PRRS (Porcines Reproduktives und Respiratorisches Syndrom)

Ursache: Das Virus kommt weltweit vor. Die lange

Ausscheidungsdauer und hohe Infektiosität müssen bei Sanierungsprogrammen berücksichtigt werden (Geräumte, nicht desinfizierte Ställe bleiben vier Wochen infektiös!). Die Verbreitung des Erregers in der Herde erfolgt hauptsächlich horizontal (Übertragung von Tier zu Tier), kann aber auch vertikal (Übertragung von Muttertier an die Nachkommen) verlaufen.

Symptome: Während jüngere Altersgruppen vor allem respiratorische Symptome zeigen, sind die typischen Symptome einer Sauenherde Aborte und Frühgeburten (um den 107. Trächtigkeitstag). Besonders Hofeber, empfängliche Jungsauen sowie wieder empfängliche Altsauen halten dabei die Infektionskette aufrecht.

• Parvovirusinfektion (SMEDI-Syndrom)
Ursachen und Symptome: Die Parvo-Viren sind vor allem bei Sauen weit verbreitet und führen zu Totgeburten, Mumifikation, Embryonaltod und Sterilitäten. Häufig erfolgen die Infektionen durch den Deckakt oder während der Trächtigkeit. Die Brunst kann ausbleiben, ein Teil der Ferkel stirbt ab, wird mumifiziert oder normal geboren.

Therapie: Eine Therapie ist nicht möglich, vorbeugend gibt es die aktive Immunisierung (Impfung) der Sauen – meist in Kombination mit Rotlauf.

• Klassische- und Afrikanische Schweinepest
Die Afrikanische Schweinepest, die sich derzeit im Osten Europas ausbreitet, kann über Wildschweine

Parvovirusinfektion

oder über Kontakt(-materialien) übertragen werden. Aufgrund der fast 100%-igen Sterberate und hohen Infektiosität ist es das vordringlichste Ziel, die Verbreitung in freie Regionen und Länder zu verhindern.

Ursache: Hochansteckende Virusinfektionen mit hohem Fieber, Hautrötungen, Kreislaufschwäche und Blutungen der Organe. Der Erreger wird durch Kontakt oder über tierische Reste (Jagdtrophäen, Küchenabfälle, Touristenabfälle usw.) und über Wildschweine übertragen.

Symptome: Das Virus vermehrt sich zuerst im Schlundkopf und führt zu verschiedenen Verlaufsformen: perakut, akut, chronisch oder untypisch. Infizierte Tierbestände werden amtlich gekeult.

e) Überblick: Infektionskrankheiten

Krankheit	Zoonose	Anzeige-pflicht	Impfung	Schlachtung bzw. Keulung Bestand	Fleischtaug-lichkeit
MKS	(ja)	ja	nein	ja	(nein)
Rotlauf	ja	ja	ja	-	nein
Aujeszky	nein	ja	nein	ja	nein
Influenza	ja	nein	ja	-	ja
Schweinepest	nein	ja	nein	ja	nein
Parvovirusinf.	nein	nein	ja	-	ja
Schnüffelkrankheit *	nein	nein	ja	-	ja
Ödemkrankheit	nein	nein	(ja)	-	ja
Mycoplasmen	nein	nein	ja	-	ja
PRRS *	nein	nein	ja	-	ja
Circoviren *	nein	nein	ja	-	ja

* freiwilliges Bekämpfungsprogramm des TGD

17.4.3 Sonstige Krankheiten

• **Verhaltensstörungen** (= Drang, Artgenossen auf-zufressen)

Verhaltensstörungen in ihren verschiedensten Formen stellen ein großes Problem in der Ferkelaufzucht und in der Schweinemast dar.

Ursachen sind die Haltung von zu großen Gruppen bei ungünstigen Umweltbedingungen, ein starker angeborener Wühltrieb und aggressive Neigungen, die unter schlechten Haltungsvoraussetzungen auftreten. Mycotoxine und falsch zusammengestellte Futterration (zuwenig Rohfaser!)

Formen der Verhaltensstörungen

- Schwanzbeißen (bei Ferkeln, Mast- und Zuchtschweinen)
- Ohrbeißen (bei Ferkeln und Mastschweinen)
- Flankenbeißen (bei Ferkeln und Mastschweinen)
- Benagen, Besaugen von Körperteilen (Füße, Nabel, Vorhaut) steht in klarem Zusammenhang mit dem Absetzalter der Ferkel
- Vulvabeißen bei den Zuchtsauen

Drei Stadien werden unterschieden:
- **Spielstadium:** Die Körperteile des Artgenossen (Schwanz, Ohren) werden in spielerischer Weise ins Maul genommen und beknabbert.
- **Verletzungsstadium:** Durch erste Verletzungen kommt es zur Entstehung von Blutungen.
- **Eskalationsstadium:** Das abnorme Verhalten springt auf andere Artgenossen über und viele Tiere einer Gruppe zeigen Verhaltensstörungen in unterschiedlicher Ausprägung.

Vorbeugung und Behandlung: Die betroffenen Tiere sind ebenso wie potenzielle Aggressoren zu isolieren, die verletzten Tiere werden am besten auf Stroh aufgestallt. Bei aggressivem Verhalten oder Rangordnungskämpfen haben sich auch das Verdunkeln von Stallabteilen und der Einsatz diverser Sprays, Säuren und Desinfektionsmittel bewährt. Verletzte Tiere sind auf jeden Fall medikamentös zu behandeln, um verschiedenen Infektionskrankheiten vorzubeugen. Eine der wichtigsten Maßnahmen ist es jedoch, den Tieren Spiel- und Beschäftigungsmöglichkeiten in einer strukturierten Bucht anzubieten.

17.5 Vermarktung

17.5.1 Zuchtschweine

Bei Zuchtschweinen ist der Ab-Hof-Verkauf üblich. Über Direktbezug werden belegfähige Jungsauen im Rahmen des Österreichischen Hybridprogramms (ÖHYB), aber auch Eber und Herdebuchsauen vermarktet.

17.5.2 Ferkel

Bei der Ferkelvermarktung gibt es folgende Absatzformen.

a) Verkauf über Ferkelabsatzorganisationen (Ferkelringe)

Rund drei Viertel aller Ferkel werden über Ferkelringe vermarktet.
- *Ferkelvermittlung über Verladestellen:* Die überwiegende Zahl der Ferkel wird über Verladestellen mit einem fix notierten Preis vermittelt.
- *Vermittlung direkt zum Mäster:* Darunter versteht man den Direktbezug vom Ferkelerzeuger zum Mäster.
- *Fixbezüge:* Der Ferkellieferant liefert fix zu einem oder mehreren Mästern.

b) Verkauf ab Hof

c) Berechnung des Auszahlungsbetrages bei Ferkeln

Die Regelung zur Mengenstaffel ist bei den Vermarktungsorganisationen erhältlich. Bis 9 Ferkel gibt es Abschläge, von 10–25 Ferkel gilt der Notierungspreis, über 25 Ferkel steigen die Zuschläge je Ferkel bis auf 2,75 Euro bei 75 Ferkeln an.

Berechnungsbeispiel vom Notierungspreis zum Verkaufspreis:

Notierungspreis € 2,30 / Ferkelgewicht 31 kg		
Basisberechnung bezogen auf 25 kg Lebendgewicht	25 kg x € 2,30	= € 57,200
+ Übergewicht	6 kg x € 1,10	+ € 6,600
+ Mengenstaffel bei 40 Ferkeln		= € 1,125
+ Mykoplasmen- und + Circoimpfung		+ € 2,930
= Auszahlungsbetrag netto		= € 67,855
+ Mehrwertsteuer (13%)	$\dfrac{67,855 \times 13}{100}$	= € 8,821
Auszahlungsbetrag brutto		**= € 76,676**

17.5.3 Mastschweine

a) Totvermarktung

- *Verkauf über die Schweinebörse:* Über die österreichische Schweinebörse werden rund 50% der Mastschweine vermarktet.
- *Direktverkauf an den Fleischhauer*
- *Verkauf an Schlachtbetriebe*

b) Berechnung des Auszahlungsbetrages bei Mastschweinen bei Vermarktung über die Österreichbörse

Der Basispreis gilt für Schweine mit 56% Magerfleischanteil (MFA). Die Österreichbörse veröffentlicht einen Notierungspreis, der um zehn Cent über der Berechnungsbasis für die Bauern liegt. Falls das Gewichtsband von 82–106 kg nicht eingehalten wird, werden zusätzlich Abschläge getätigt. Die Normpartiegröße beträgt 10–20 Stück. Bei Partiengrößen von 21–58 Stück wird ein Zuschlag von sieben Cent je Mastschwein verrechnet. Für Partien von 59–92 Stück wird ein Zuschlag von einem Cent je Mastschwein gewährt. Darüber hinaus erfolgt kein Zuschlag (siehe Beispiel). Für Schweine unter 70 kg Schlachtgewicht wird kein Partienzuschlag berücksichtigt. Die Klassifizierungskosten liegen bei 30 Cent je Schlachtschwein. Der AMA-Marketingbeitrag beträgt 75 Cent je Mastschwein. Die Mehrwertsteuer (12%) wird erst am Ende der gesamten Zuschlags-und Abschlagsrechnung verrechnet.

c) AMA Gütesiegel

In Österreich werden rund 40% der Mastschweine nach den Richtlinien des AMA Gütesiegels produziert. Die wichtigsten zusätzlichen Auflagen sind:
- nur ausgewählte Futtermittel im Rahmen der pastus+ Richtlinie verwenden
- natürliches Beschäftigungsmaterial verpflichtend (z. B. Stroh, Kette mit Holz usw.)
- doppelte Wartezeit bei Anwendung von Medikamenten
- Ausbringverbot von Klärschlamm
- externe Kontrollen
- Gewichtsband enger von 82–102 kg
- Fleisch pH 6,1

• **Mengenzuschläge Österreichbörse**

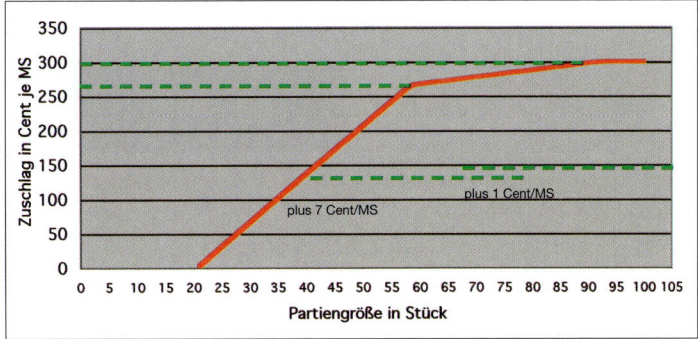

• **MFA Zu- und Abschläge Österreichbörse**

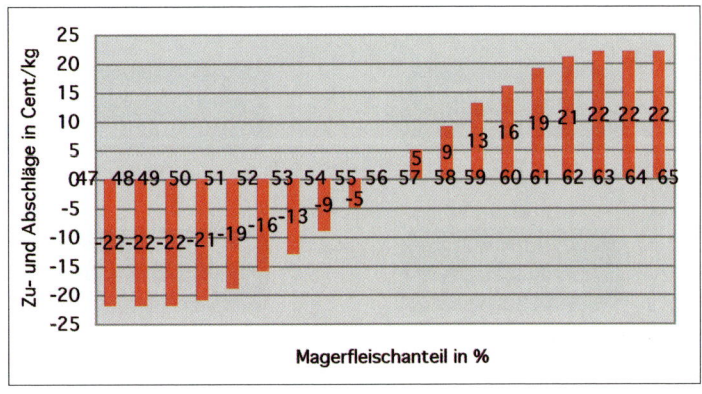

• **Gewichtsmaske Österreichbörse**

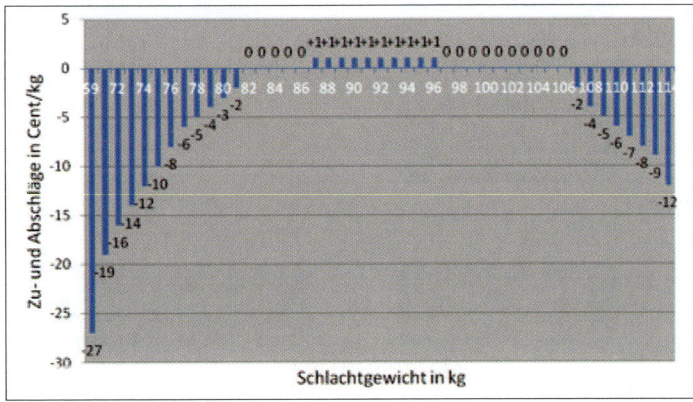

Beispiel Partiengrößenzuschlag für 100 Mastschweine

Zuschlagstaffel 1	(21–58 Stück)	38 Stück x 7	266 Cent
+ Zuschlagstaffel 2	(59–92 Stück)	34 Stück x 1	+ 34 Cent
= Zuschlag je Stück (= Summe aus Zuschlagstaffel 1 + 2)			= 300 Cent
Partiengrößenzuschlag für 100 Stück		**100 Stück x 300 Cent**	**= 30.000 Cent**
			= 300 Euro

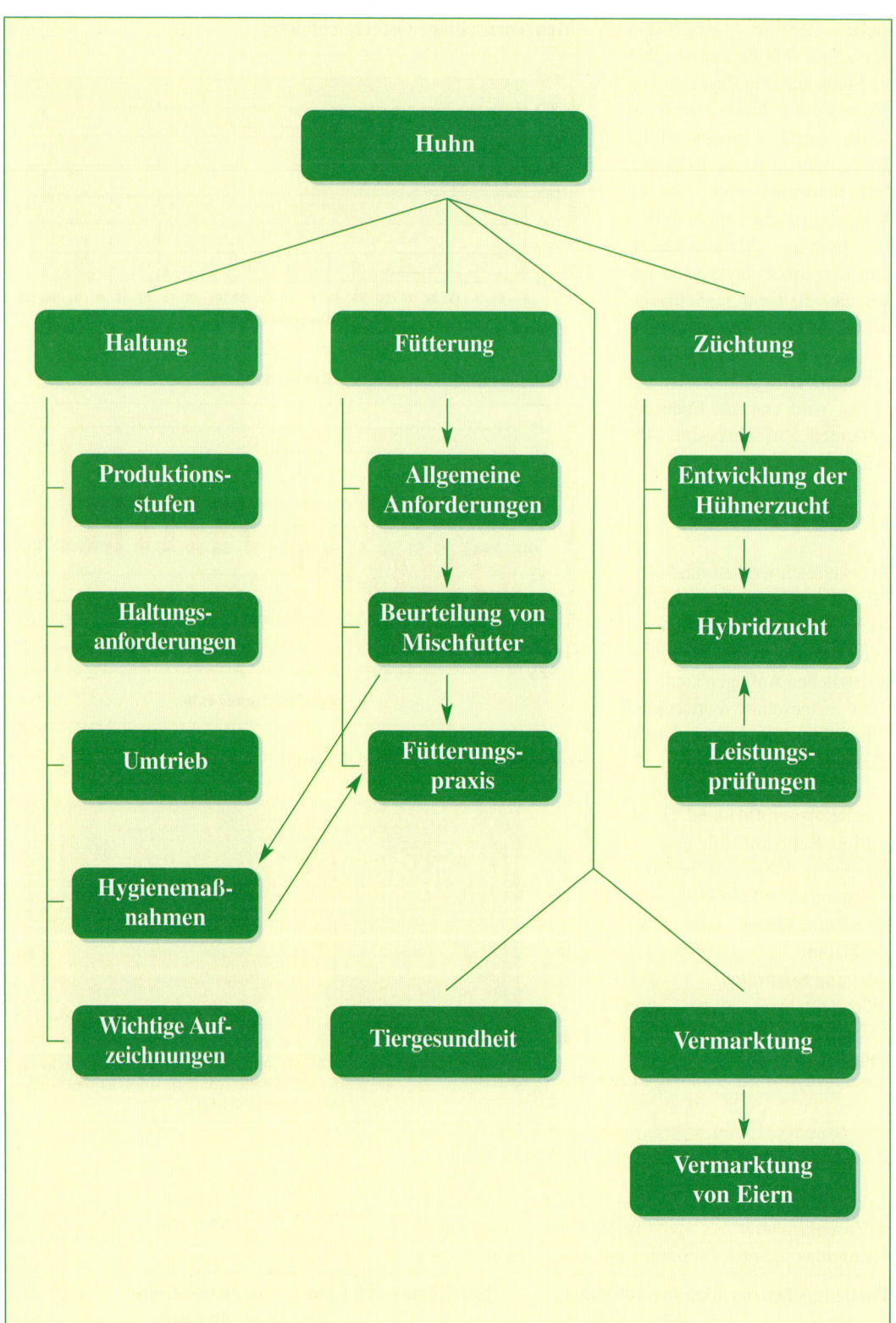

18. Geflügel

18.1 Huhn

18.1.1 Haltung

a) Produktionsstufen

Die Einhaltung aller Hygienemaßnahmen (Rein-Raus-Methode) und die Notwendigkeit der kontinuierlichen Marktbeschickung führte zur arbeitsteiligen Produktion.

• Produktionsstufen der Geflügelfleischerzeugung
Masthybriden – Elterntierbetriebe zur Erzeugung der Bruteier
Brütereien zur Erzeugung der Kücken
Mäster, welche die Mast durchführen
Schlächtereien, welche die Vermarktung durchführen.
Die einzelnen Produktionsstufen arbeiten fast ausschließlich in Form einer Vertragsproduktion (Vertikale Integration) zusammen

• Produktionsstufen der Eiererzeugung
Die Arbeitsteilung ist auch in der Eiererzeugung sehr verbreitet.
Elterntierhalter zur Bruteiererzeugung mit bester Stallhygiene und exaktem Krankheitsvorbeugungsprogramm
Brütereien zur Erzeugung der Küken
Junghennenaufzuchtbetriebe zur Erzeugung legereifer Junghennen (aus hygienischen Gründen ist eine Aufzucht im Legebetrieb abzulehnen)
Legebetriebe zur Konsumeierproduktion
Packstellen, welche die Eier verpacken

b) Haltungsanforderungen

• Verhaltensweisen
Die Grundlage des Sozialverhaltens von Hühnern ist die soziale Rangordnung. Jedes Gruppenmit-glied kämpft mit einem anderen Mitglied ein dauerhaftes Rangverhältnis aus. Die Rangordnung kann sich ändern, wenn Tiere erkranken.
Zwischen Hähnen bestehen erhebliche Unterschiede in der Paarungshäufigkeit. Hähne leichter Rassen treten 30- bis 50-mal, mittelschwere 15- bis 20-mal und schwere 5- bis 10-mal pro Tag.
Haushühner ruhen sich aus, indem sie still stehen oder sitzen und leicht das Gefieder sträuben. In der Herde lebende Hühner rücken beim Ausruhen auf dem Boden oder auf den Sitzstangen zusammen.

• Haltungsformen
Freilandhaltung
Sowohl Jung- und Legehennen als auch Masthühner können in Freilandhaltung gehalten werden. Der Auslauf muss eine genügend große Fläche aufweisen (mindestens 8 Quadratmeter je Legehenne, wenn die Eier dieser Hennen als „Eier aus Freilandhaltung" deklariert werden) und möglichst als Wechselauslauf genutzt werden, damit er nicht „hühnermüde" wird.

Freilandhaltung

Bodenhaltung – einetagige Haltungssysteme
Jung- und Legehennen werden auf Tiefstreu gehalten, wobei 2/3 der Stallfläche ein 50 bis 60 cm hoher Kotkasten mit Drahtgeflechtabteilung und Sitzstangen einnimmt. Die Bestandesdichte darf

höchstens neun Hühner pro Quadratmeter nutzbare Fläche betragen.
- Einstreu: Stroh oder Hobelspäne
- Sitzstangen aus Holz: 6 cm breit und 4 cm hoch
  1m Sitzstange reicht für 6 bis 8 Junghennen
  oder 5 Legehennen
- Sitzstangenabstand: 30 cm

Masthühner werden nur auf Tiefstreu gehalten.

Bodenhaltung

Volierenhaltung – mehretagige Haltungssysteme

Bei der Volierenhaltung wird durch stufenartige Anordnung von Kotgittern mit darunter liegenden Entmistungsbändern, Futterbahnen und Legenestern in mehreren Etagen (meistens Abrollnester) die nutzbare Fläche erhöht.

Die Bestandesdichte darf höchstens 9 Hühner pro Quadratmeter der für die Hühner nutzbaren Fläche.

Volierenhaltung

Käfighaltung

Die Errichtung ist in Österreich seit 1. 1. 2005 verboten!

• Anforderungen an den Stall

Licht
- Lichtintensität: im Tierbereich mindestens 20 Lux.
- Beleuchtungsdauer: Masthühner: Beleuchtungsprogramme mit einer Gesamtlichtdauer von bis zu18 Stunden.

Kükenaufzucht, Junghennenaufzucht und Legeperioden nach Beleuchtungsplan der einzelnen Hybridfirmen (bei Legehennen 14 bis 17 Stunden pro Tag)

Luft
- Relative Luftfeuchtigkeit im Stall 60 bis 70%
- Maximaler Frischluftbedarf 5 m³ je Stunde und kg Lebendgewicht, bei einer maximalen Luftgeschwindigkeit im Tierbereich von 0,2 m pro Sekunde.

Temperatur
- Küken in der 1. Lebenswoche (im Aufenthaltsbereich der Tiere): von 36 °C auf 32 °C abfallend.
- Legehennen 12 bis 20 °C.

c) Umtrieb bei Legehennen

- Legebeginn: 50% mit 20 Lebenswochen
- Legedauer: Ca. 14 Monate (= 1 Legeperiode)

Durch Einschaltung einer Mauser (spezielles Fütterungs- und Lichtprogramm) ist ein so genanntes zweites Legejahr (ca. 7 Monate) möglich.

d) Hygienemaßnahmen

Zur Vorbeugung gegen akute Erkrankungen und zur Verhinderung der Stallmüdigkeit sind folgende Hygienemaßnahmen unbedingt durchzuführen:
- **Rein-Raus-Methode** anwenden
- **Strikte Trennung aller Altersklassen,** d. h. auf einem Betrieb nur eine Altersklasse halten
- **Lebensschwache Tiere entfernen**
- **Futtermittelhygiene**
- **Einstreu- und Auslaufmanagement**
- **Durchführen eines lückenlosen Reinigungs- und Desinfektionsprogrammes**

Die Erhaltung der Gesundheit und Leistungsfähigkeit des Tierbestandes ist einer der wichtigsten Faktoren einer wirtschaftlichen Hühnerhaltung.

e) Wichtige Aufzeichnungen

Folgende Aufzeichnungen sind zur Kontrolle des Betriebserfolges unbedingt notwendig:
- **Legeliste** (Zahl der gelegten Eier und Sortierergebnis)
- **Tierverluste** (maximal 2% des Bestandes während der Aufzucht und maximal 1% des Bestandes pro Monat während der Legeperiode)
- **Futterverbrauch** bzw. Futterkosten (je kg Eimasse bzw. je kg Zuwachs)
- **Kosten der Junghennen**
- **Sonstige Kosten** (z. B. Tierarzt, Verpackungsmaterial, Energiekosten usw.)

18.1.2 Fütterung

a) Allgemeine Anforderungen

Hühner haben einen sehr kurzen Verdauungstrakt und stellen daher hohe Ansprüche an die Fütterung. Sie benötigen hochkonzentriertes, leicht verdauliches Futter.

Bei Hühnern betragen die Futterkosten ca. 2/3 der Produktionskosten. Die Wirtschaftlichkeit wird daher sehr wesentlich von den Futterkosten je Produktionseinheit, bei Mastgeflügel je kg Zuwachs und bei Legehennen je kg Eimasse beeinflusst.

b) Beurteilung von Hühnermischfutter

In der Hühnerfütterung ist der Einsatz von Fertigfutter sehr verbreitet. Durch den Losebezug des Futters und die Lagerung desselben in Futtersilos werden Arbeit und Kosten gespart.

- **Beurteilungskriterien für Hühnermischfutter**
- **Rohproteingehalt.** Wichtiger als der Rohproteingehalt ist der
- **Gehalt an essenziellen Aminosäuren** (Methionin, Cystin und Lysin)
- **Gehalt an Umsetzbarer Energie** (ME) in Kilojoule (KJ) bzw. Megajoule (MJ) je kg
- **Rohfasergehalt**
- **Der Rohfasergehalt** beeinflusst die Verdaulichkeit der organischen Substanz und muss daher begrenzt werden.
- **Gehalt an Mineralstoffen**
- **Gehalt an Vitaminen**
- **Gehalt an Xanthohpyllen**
  Da der österreichische Konsument eine entsprechende Gelbfärbung des Eidotters und des Schlachtgeflügels verlangt, muss ein entsprechender Gehalt an färbenden Carotinoiden enthalten sein, hier angegeben als Xanthophyll.
- **Gehalt an Kokzidiostatika**
  In Geflügelaufzucht- und Geflügelmastfutter zur Vorbeuge gegen die Kokzidiose (Rote Kükenruhr).
- **Gehalt an Futterzusatzstoffen**
  Die Futtermittelverordnung regelt in Österreich den Einsatz von Futterzusatzstoffen.

- **Futteraufbereitung**
Das Futter wird den Tieren in verschiedener Form angeboten:
- Schrotform (nicht zu fein gemahlen)
- granuliert (gegrützt)
- expandiert (thermisch erhitzt)
- pelletiert (gepresst)

• Anforderungen an das Junghennen- und Legehennenfutter

Wertbestimmende Bestandteile		Jung-hennen-futter	Lege-hennen-futter	Legehennen-futter unter 70% Legeleistung	Zucht hennen-futter	Lege-ergänzungs-futter
Rohprotein	%	15	17	15	17	21
Umsetzbare Energie	MJ/kg	10,05	11–11,5	10,5–11	10,50	10,5–11,0
Rohfaser	höchst %	6	5	6	7	5
Rohasche	höchst %	10	15	15	15	15
Calcium	%	1,2	3,5–4,5	3,5–4,5	3,3–4,0	4,5–5
Phosphor	%	0,7	0,7	0,7	0,7	1,0
Natrium	%	0,12	0,10	0,10	0,10	0,20
Methionin	%	0,30	0,35–0,40	0,30	0,35	0,50
Methionin + Cystin	%	0,50	0,6–0,75	0,50	0,55	0,70
Lysin	%	0,6	0,7–0,8	0,6	0,7	0,9
Xantophyll	mg/kg	-	15	15	15	15
Kokzidiostatica *		+	-	-	-	-

+ Ein Zusatz dieser Substanzen wird empfohlen   * Die Wartefrist ist zu beachten.

• Anforderungen an das Kükenaufzucht- und Hühnermastfutter

Wertbestimmende Bestandteile		Küken-starter	Küken-aufzucht-futter	Hühner-mast-futter	Hühneran-fangsmastfutter (bis ca. 4 Wo.)	Hühner-endmast-futter
Rohprotein	%	22	18	22	23	22
Umsetzbare Energie	MJ/kg	11,5	11,3	12,5	12,5	13,0
Rohfaser	höchst %	3	5	3	3	3
Rohasche	höchst %	7	7	7	7	7
Calcium	%	0,9	0,9	0,9	0,9	0,9
Phosphor	%	0,7	0,7	0,7	0,7	0,7
Natrium	%	0,12	0,12	0,12	0,12	0,12
Methionin	%	0,50	0,45	0,5	0,50	0,45
Methionin + Cystin	%	0,85	0,8	0,85	0,85	0,80
Lysin	%	1,1	0,9	1,1	1,2	1,1
Xantophyll	mg/kg	-	-	15	15	25
Kokzidiostatika *		+	+	+	+	

+ Ein Zusatz dieser Substanzen wird empfohlen   * Wartefristen beachten!

c) Fütterungspraxis

• Legehennen

In der Legehennenhaltung sind drei Fütterungsmethoden gebräuchlich:

Alleinfütterungsmethode

Dabei wird ein Legealleinfutter gefüttert. Dieses enthält alle notwendigen Nähr- und Wirkstoffe in der richtigen Menge und im richtigen Verhältnis.

Es darf außer Wasser und Muschelgrit (bei Bodenhaltung zusätzlich Quarzgrit) kein anderes Futtermittel zugefüttert werden.

Kombinierte Fütterung

Die Hennen erhalten ein eiweißreiches Legeergänzungsfutter und Muschelgrit ad libitum sowie einmal täglich ca. 50 g Getreidekörner.

Phasenfütterung

Darunter versteht man die Anpassung des Nährstoffgehaltes der Futterration an das Alter und die Legeleistung.

Die Legeperiode wird in Phasen unterteilt (z. B. drei Phasen), wobei der Rohproteingehalt des Futters mit sinkender Legeleistung abgesenkt und der Ca-Gehalt erhöht wird.

Der Futterverbrauch einer Legehenne pro Tag beträgt 115–130 g.

• Aufzuchtküken (bis zur 8. Lebenswoche)

Die Fütterung der Aufzuchtküken erfolgt vom ersten Lebenstag an mit Kükenalleinfutter.

Das Futter wird in den ersten Tagen auf dem Boden (z. B. auf Papier oder Pappe oder Eierhöcker), später in Futtertrögen verabreicht. Wasser muss immer zur beliebigen Aufnahme in sauberen Gefäßen oder in Tränkeautomaten zur Verfügung stehen (tägliche Reinigung), Quarzsand bei Bodenhaltung wird zusätzlich als Verdauungshilfe benötigt. Der Gesamtfutterverbrauch je Tier beträgt 1,9 kg Kükenalleinfutter. Das Achtwochengewicht von leichten Legehybriden beträgt ca. 630 g.

Die Entwicklung in der Aufzuchtperiode ist für die Gesundheit und spätere Leistungsfähigkeit der Tiere sehr entscheidend.

• Junghennen (9. –20. Lebenswoche)

Die Fütterung der Junghennen erfolgt mit Junghennenalleinfutter.

Das Junghennenalleinfutter ist eiweiß- und energiearm und relativ rohfaserreich. Zu intensive Ernährung würde eine vorzeitige Legereife, kleine Eier und eine verminderte Widerstandskraft der Legehennen bewirken. Mit einem Alter von 16–20 Lebenswochen werden die Junghennen in den Legestall überstellt und auf Legefutter umgestellt.
Der Gesamtfutterverbrauch pro Tier von der 9. bis 22. Lebenswoche beträgt bei leichten Legehybriden ca. 5,6 kg. Die Tiere sollen bei Legebeginn ca. 1,5–1,6 kg schwer sein (Untergewicht vermeiden!).

• Mastküken (bis zur Schlachtreife)

Die Fütterung der Mastküken erfolgt mit energiereichen, eiweißreichen und rohfaserarmen Futtermischungen. Die Nährstoffgehalte der Futtermischungen werden auf den Bedarf im jeweiligen Tieralter abgestimmt.

Das durchschnittliche Mastendgewicht ist je nach Vermarktungsform sehr verschieden.

Der Futterverbrauch beträgt bei einer Mastzeit von 4,5–5 Wochen ca. 1,7–1,8 kg Futter pro kg Zuwachs.

18.1.3 Züchtung

a) Entwicklung

• Vom Wildhuhn zum Haushuhn

Als Ursprungshuhn wird das Bankivahuhn, klein von Gestalt, mit rebhuhnfarbiger Henne und buntem Hahn, angenommen. Schon vor ca. 4.000 Jahren wurden Hühner in Indien als Haustiere gehalten.

b) Rassen

Die Leistungszucht von Hühnern begann in der ersten Hälfte des 20. Jahrhunderts.

Man bemühte sich, viele Rassen zu züchten, die sowohl gute Eierleistung als auch gute Mastfähigkeit aufweisen. Dies gelang nur bis zu einem gewissen Grad, da die beiden Eigenschaften physiologisch zueinander in Widerspruch stehen.

Folgende Rassen wurden auch nach dem Zweiten Weltkrieg noch in Reinzucht wirtschaftlich genutzt:

• **Leichte Rassen:** Weiße Leghorn, Rebhuhnfarbige Italiener und Altsteirer

• **Zwiehühner:** Sussex, Rhodeländer, New Hampshire

c) Hybriden

Die Erfolge in der Maiszucht bei der Kreuzung von Inzuchtlinien gaben den Anreiz, sich auch beim Geflügel dieser Züchtungsmethoden zu bedienen. So ging man daran, durch Kreuzung von Inzuchtlinien ein Hybridhuhn zu schaffen, welches in seinen Leistungen die Ausgangsstämme weit zu übertreffen imstande ist.

Heute werden in der Eier- und Mastgeflügelproduktion nur noch Hybriden verwendet.

Auch bei den Hybriden unterscheidet man zwei Grundtypen:

• **Leichter Legetyp – Legehybrid, weiß od. braun**

• **Schwerer Masttyp, Masthybrid**

Beispiele für Hybridmarken:
- **Legehybriden – Weißeierleger**
  Lohmann weiß (LSL), Tetra weiß
- **Legehybriden – Brauneierleger**
  Lohmann braun (LB), Tetra SL
- **Masthybriden**
  Ross, Cobb

Legehybrid weiß

Legehybrid braun

Schwerer Masttyp, Masthybrid

d) Leistungsprüfungen

• **Leistungskriterien bei Legehennen – Durchschnittswerte**

Leistungskriterium	Durchschnittswerte bei mittelschweren Legehybriden
Aufzuchtverluste in Prozenten (1.–140. Lebenstag)	0,5–2%
Futterverzehr vom 1.–140. Lebenstag	7,4–7,8 kg
Körpergewicht am 140. Lebenstag	1,6–1,7 kg
Körpergewicht am 500. Lebenstag	2,0–2,15 kg
Alter bei 50% Legeleistung	140–150 Tage
Verluste in der Legeperiode in %	6–8
Futtertage je Henne	364
Eizahl je Anfangshenne	315–320
Eimasse je Anfangshenne	19,5–20,5
Durchschnittseigewicht in g	63,5–64,5
Futterverbrauch je kg Eimasse	2
Eischalenqualität	39,6 N
Blut- und Fleischflecken	6,5 (2,9–10,8)%

• **Leistungskriterien bei Masthühnern – Durchschnittswerte bei Masthybriden**

Rohverwertung = Futterverbrauch je kg Lebendgewichtszunahme	1 : 1,64
Schlachtkörperfarbe	gelb
Bemuskelung	sehr gut
Rupffähigkeit	sehr gut
Ausschlachtungsergebnis	69%
Anteile von Fleisch gesamt, Brust, Schenkel (Schenkel mit Haut und Knochen, Brust ohne)	31,72%/15,85%/ 22,04%

18.1.4 Vermarktung

a) Vermarktung von Eiern

• **Betriebe ohne Packstellennummer**

Diese Erzeuger dürfen Eier nur unsortiert direkt ab Hof, auf örtlichen Märkten (nächstgelegener Bauernmarkt) oder im Verkauf an der Tür an den Endverbraucher zum Eigenbedarf abgeben bzw. die Eier nur unsortiert an eine Packstelle, an zugelassene Unternehmen der Nahrungsmittelindustrie oder an Unternehmen anderer Industriezweige abgeben.

Folgende Kriterien sind von diesen Erzeugern einzuhalten:
- Keine Angaben über Güte- und Gewichtsklassen
- Die Eier dürfen nur auf 30er-Höckern angeboten und transportiert werden (keine Kartons)
- Preisangabe ist erforderlich
- Das Mindesthaltbarkeitsdatum ist anzugeben (28. Tag nach dem Legen)
- Der Verbraucherhinweis „bei Kühlschranktemperatur aufbewahren – nach Ablauf des Mindesthaltbarkeitsdatums durcherhitzen" ist anzubringen
- Verkauf der Eier max. 21 Tage nach dem Legen.

• **Betriebe mit einer Packstellennummer**

Alle jene Betriebe, welche die Eier güte- oder gewichtssortiert an den Endverbraucher abgeben oder den Einzelhandel, Restaurants etc. beliefern, benötigen eine Packstellennummer.

Die Packstellennummer ist bei der zuständigen Bezirksverwaltungsbehörde zu beantragen.

Anforderungen an eine Packstelle
Packstellen müssen bestimmte Anforderungen an die Räume und Einrichtungen (wie z. B. Durchleuchtungsanlage, Luftkammermessgerät, Sortieranlage) erfüllen.

• **Zeitlicher Ablauf: Eier vom Produzenten zum Konsumenten**
- Die Eier sind binnen 10 Tagen nach dem Legen zu sortieren, zu kennzeichnen und zu verpacken.
- Jedes Behältnis ist zu kennzeichnen (Zulassungsnummer des Betriebes, Legedatum oder Legeperiode).
- Packstellen sortieren und verpacken Eier nicht später als 10 Arbeitstage nach dem Legen.
- Abgabe der Eier an Letztverbraucher spätestens am 21. Tag nach dem Legen.

• **Eierkennzeichnung bei Abgabe an die Gastronomie und den Einzelhandel**
Groß- und Kleinpackungen müssen folgende Angaben aufweisen:
- Name und Anschrift des Betriebes, der die Eier verpackt oder verpacken ließ.
- Packstellennummer
- Güteklasse
- Gewichtsklasse
- Anzahl der verpackten Eier
- Mindesthaltbarkeitsdatum
- Verbraucherhinweis
- Haltungsform
• **Eierklassifizierung**
Eier werden in Güteklassen (Alter) und Gewichtsgruppen eingeteilt.

Güte-klassen	Klasse A
	Klasse B

Gewichts-gruppen	XL = Sehr groß: 73 g und darüber
	L = Groß: 63 bis unter 73 g
	M = Mittel: 53 bis unter 63 g
	S = Klein: unter 53 g

Kriterien für Eier der Güteklasse A

Schale und Kutikula	Normal, sauber, unverletzt
Luft-kammer	Höhe nicht über 6 mm, unbeweglich
Eiklar	Klar, durchsichtig, von gallertartiger Konsistenz, frei von Einlagerungen jeder Art
Dotter	Beim Durchleuchten nur schattenhaft, ohne deutliche Umrisslinie sichtbar, beim Drehen des Eies nicht wesentlich von der zentralen Lage abweichend, frei von fremden Ein- oder Auflagerungen jeder Art
Keim	Nicht sichtbar entwickelt
Geruch	Frei von Fremdgeruch

b) Vermarktung von Masthühnern

Masthühner werden üblicherweise im Rahmen der Vertragsproduktion über Geflügelschlachtbetriebe vermarktet.

18.2 Pute

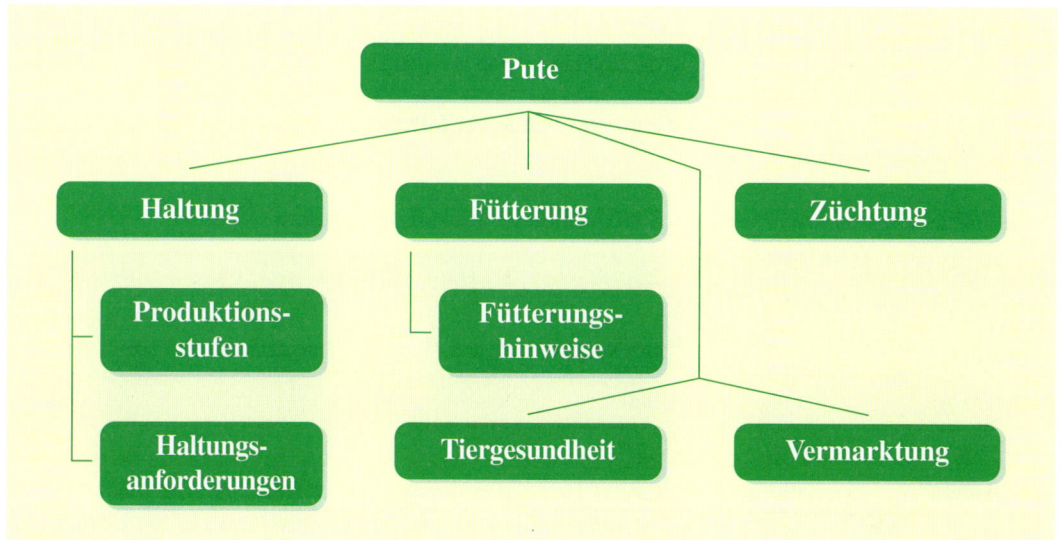

18.2.1 Haltung

a) Produktionsstufen

Ähnlich wie in der Hühnerhaltung

b) Haltungsanforderungen

Die Einstellung von Mastputenküken erfolgt meist getrenntgeschlechtlich in zwei Stallabteile. Die früher schlachtreifen weiblichen Tiere werden aus der Herde genommen und der frei werdende Stallplatz den männlichen Tieren zur Verfügung gestellt. Die Küken werden grundsätzlich schnabelgestutzt geliefert, um Federnpicken und Kannibalismus vorzubeugen.

• Temperaturansprüche
In den ersten Lebenstagen soll die Temperatur im Kükenbereich 33 bis 35 °C betragen.

• Beleuchtungsdauer
In den ersten Tagen 24 Stunden/Tag, ab dem 6. Tag allmählich Herabsetzung auf 12 bis 14 Stunden pro Tag (Beleuchtungsprogramm).

• Besatzdichte
Sie richtet sich nach der Mastdauer.

Als Richtwerte gelten:

Mastende in Wochen	Mastform	Tiere pro m² Stallbodenfläche
6. bis 8.	Kurzmast	8 bis 10
9. bis 11.	Kurzmast	6 bis 8
12. bis 14.	Mittelmast	5 bis 6
15. bis 16.	Langmast w	6 bis 8
17. bis 24.	Langmast m	2 bis 3

Nach den derzeitigen Tierschutzbestimmungen darf die max. Besatzdichte bei Truthühnern von 40 kg Lebendgewicht pro m² nicht überschritten werden.

Einstreu: Entstaubte Hobelspäne

Vorbeugende Impfung gegen **ND (New-castle disease)** wird empfohlen.

Die üblichen Hygienemaßnahmen sind sorgfältig einzuhalten.

18.2.2 Fütterung

Fütterungshinweise

Die Fütterung von Mastputen erfolgt mit pelletiertem Alleinfutter.

Zur besseren Anpassung des Nährstoffangebotes wurde ein 6-Phasen-Fütterungsprogramm für die Mast schwerer Puten entwickelt.

Nährstoffgehalte und Futterverbrauch im 6-Phasen-Fütterungsprogramm

Phase Nr.	1	2	3	4	5	6
Futterart Kennzahl	Pu-Starter	Pu-Starter	P.-Mastf.	I	P.-Endmastf. II	P.-Endmastf. III
Futterform	Granulat	Pellets	Pellets	Pellets	Pellets	Pellets
Mastwoche	1.–2.	3.–5.	6.–9.	10.–13.	14.–17.	18.–22.
Rohprotein	29	26,5	24	21	18	15
ME MJ/kg	11,7	11,9	12,1	12,35	12,6	13,0
Methionin %	0,60	0,50	0,45	0,40	0,35	0,30
Methionin + Cystin %	1,0	0,90	0,85	0,75	0,65	0,60
Lysin %	1,80	1,60	1,40	1,10	0,80	0,70
Calcium %	1,40	1,30	1,20	1,20	1,10	1,00
Ges. Phosph. %1	1,00	1,00	0,85	0,85	0,80	0,70
Gesamtfutterverbrauch (kg/Tier)						
Putenhenne	0,30	1,54	4,59	7,75	8,59	-
Putenhahn	0,35	1,72	5,25	10,06	13,71	19,03

18.2.3 Züchtung

a) Entwicklung

Die Pute ist der größte und schwerste Hühnervogel beim Hausgeflügel. Sie stammt aus Nordamerika und wurde in vorgeschichtlicher Zeit von den Indianern gezähmt und als Haustier gehalten (vorzügliches Fleisch).

Heute wird angenommen, dass unsere Puten vom Mexikanischen Truthahn abstammen.

Puten liefern ein sehr gutes, bekömmliches Fleisch sowie große, ausgezeichnet schmeckende Eier.

b) Rassen

Die Einteilung der verschiedenen Rassen erfolgt nach Farbe und nach Gewicht oder Größe.

• **Einteilung nach Farbschlägen**
Bronze (ähnlich bei Wildputen)
Grundfarbe Schwarz mit schillerndem Bronzeglanz, Brustfedern bei Hennen mit braunem Endsaum, Schwingen mit grauweißen Querbändern gestreift. (BBB = Bronzefarbige Breitbrustpute)

Weiß

Reinweiß mit Ausnahme des schwarzen Brusthaar-
büschels (Weiße Holländer = Virginische Schnee-
pute)
WBB = Weiße Breitbrustpute, Beltsviller Kleine
Weiße

Schwarz

Samtfarben schwarz, aus Spanien stammend, heute
noch häufiger in Frankreich gehalten.
Als weitere Farbschläge sind Blau, Gelb und Kupfer bekannt, die jedoch nur Liebhaberbedeutung
besitzen.

Von größter wirtschaftlicher Bedeutung sind
heute aufgrund ihrer besonders guten Schlachtkörperqualität die weißen Puten (keine schwarzen Federkiele!), in Frankreich zum Teil noch
bronzefarbene und schwarze Puten.

*Schlachtreife Truthähne in der Auslaufhaltung beein-
drucken viele Konsumenten*

• Einteilung nach Gewicht und Größe

Putentyp	Alttiere		Mastendgewichte	
Geschlecht	männlich	weiblich	männlich	weiblich
Große, schwere	20–25 kg	10–12 kg	Mit 22 Wochen 21–22 kg	Mit 16 Wochen ca. 10 kg
Mittelgroße, mittelschwere	10–12 kg	6–7 kg	Mit 18 Wochen 8–10 kg	Mit 14-15 W. 5–6 kg
Kleine, leichte	7–8 kg	5–6 kg	Mit 14 Wochen 6–7 kg	Mit 12 Wochen 5–6 kg

c) Hybriden

Die Puten werden als Hybriden gezüchtet.
Die Zucht von Hybridputen erfolgt nach folgendem
Prinzip:

• Leichte Mutterlinien
werden auf die Eigenschaften Fruchtbarkeit, Eizahl
und Brut- und Schlupffähigkeit selektiert.

• Schwere Vaterlinien
werden auf hohe Tageszunahmen, hohes Körpergewicht und gute Futterverwertung selektiert.

Durch die Kreuzung von Vater- und Mutterlinien entstehen die Masthybriden, wobei heute
in der Regel nur noch schwere und mittelschwere Hybriden verwendet werden.

Bedeutende Hybridmarken:

Nicholas, British United Turkeys, Sun Valley

18.3 Gans

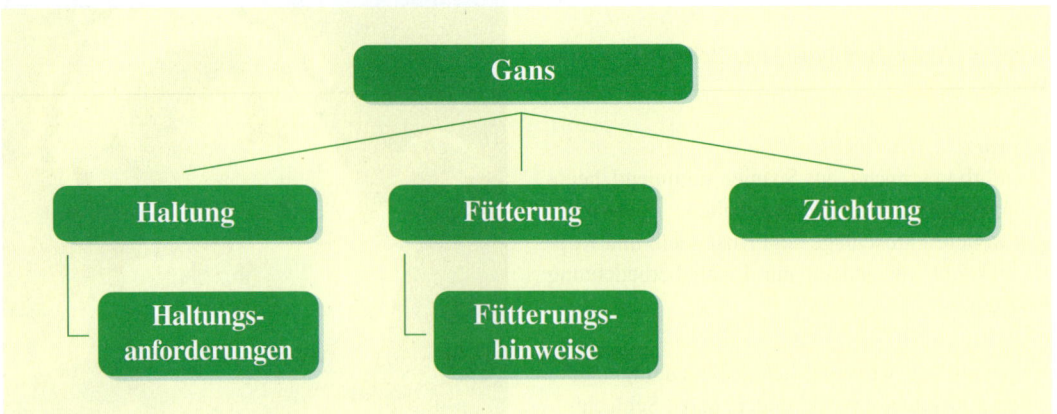

18.3.1 Haltung

Haltungsanforderungen

• Temperaturansprüche

In der ersten Lebenswoche 23 bis 35 °C, anschließend kann die Temperatur gesenkt werden.
Im Alter von 8 Wochen sind die Gänse voll befiedert.

In den ersten Wochen dürfen Gänseküken nicht nass werden.

• Besatzdichte

- 1. bis 2. Lebenswoche: 10 Tiere pro m²
- 3. bis 4. Lebenswoche: 4,5 Tiere pro m²
- ab 5. bis 8. Lebenswoche: 2,5 Tiere pro m²
- Bei Gänseweide: 50 bis 100 Gänse je Hektar
- Einstreu: Stroh oder Hobelspäne
- Weidauslauf ab 6. bis 8. Lebenswoche

18.3.2 Fütterung

Fütterungshinweise

Gänseküken zur Aufzucht und Mast können mit Alleinfutter für Hühnerküken gefüttert werden.

Gänseküken benötigen kein Kokzidiostaticum, außerdem sind nicht alle Kokzidiostika für Gänse verträglich.

Heute verwendete Mastgänse sind ein Produkt verschiedener Kreuzungen

• **Nährstoffgehalte im Alleinfutter für Mast-gänse und Futterverbrauch**

	Mast-abschnitt (Woche)	Roh-protein (%)	Futter-verbrauch (kg/Tier)
1. Schnellmast			
Maststarter	1.–4.	20–22	3,5–4,0
Mastfutter	5.–9./10.	18	9,5–10,0
insgesamt			13,0–14,0
2. Intensivmast			
Maststarter	1.–4.	20	3,5–4,0
Weide- u. Junghennen-futter	5.–12.	15–16	6,2
Puten-finisher	13.–16.	14–15	6,5–7,0
insgesamt			16,2–17,3
3. Weidemast			
Maststarter	1.–4.	20	3,5–4,0
Junghennen-futter	5.–7.	15–16	2,1
Weidegang, Grünfutter	8.–20.	-	-
Puten-finisher	20.–24.	14–15	10–11
insgesamt			15,6- 17,1

18.3.3 Züchtung

Die Gans ist das Geflügel mit der vielfältigsten Nut-zung (Fleisch, Daunenfedern).

a) Entwicklung

Die Stammform der Europäischen Hausgans bildet die noch heute in einigen Ländern Euro-pas verbreitete Wild- oder Graugans.

Die Römer hielten die Gänse anfangs als Ziervögel bzw. heilige Tiere in Tempeln. Die Gänse erlangten Berühmtheit durch ihre Wachsamkeit, als sie durch ihr aufmerksames Schnattern das Kapitol vor der Einnahme der Gallier retteten.

Die als essfreudig bekannten Römer entdeckten auch den Wert der Gans als Braten.

Da die Graugänse ihre Brutgebiete in Mittel- und Nordeuropa besitzen, ist anzunehmen, dass die in der Ennsniederung lebenden Germanen die Gänse zuerst domestiziert haben.

Von dort wurden sie von den Römern nach Italien gebracht. In Asien entstanden erzüchtete Hausgän-se wahrscheinlich aus der Gattung Höcker- oder Schwanengans.

b) Rassen

Im Laufe des 19. Jhs. wurden zahlreiche verschie-dene Gänserassen entwickelt, die man nach Kör-pergewicht in leichte und schwere einteilen kann.

• **Leichte Rassen**
Diepholzer Gans, Lockengans, Steinbacher Kampfgans, Höckergans, Lippe-Gans, Celler Gans und Rheinische Vielleger-Gans.

• **Schwere Rassen**
Emdener Gans, Pommern-Gans, Dithmarscher Gans und Toulouser Gans.

An der Entstehung einiger heute vorhandener Rassen sind wahrscheinlich beide Gänsearten, nämlich Grau- und Höckergans, beteiligt.

c) Hybriden

Zur Gänsefleischproduktion werden fast aus-schließlich Kreuzungen der verschiedenen ge-nannten Rassen genutzt.

Diese haben sich inzwischen so vermischt, dass ihre ursprünglichen reinen Formen nicht mehr be-stehen. In Dänemark, Frankreich, Italien, den ost-europäischen Ländern sowie Deutschland hat man jeweils eigene Hybriden entwickelt.

Die Zucht von Gänse-Hybriden erfolgt nach dem gleichen Prinzip wie in der Putenzucht.

18.4 Ente

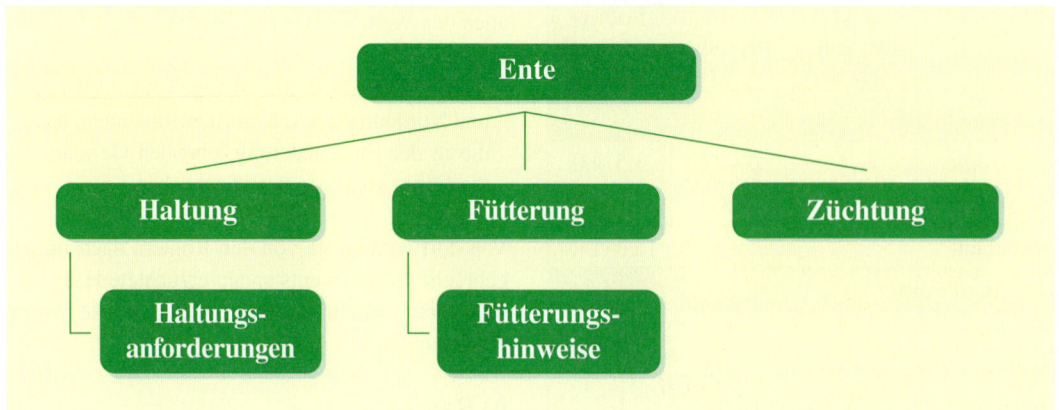

18.4.1 Haltung und Fütterung ähnlich der Gänsemast

18.4.2 Züchtung

a) Entwicklung

Die als Haustiere genutzten Enten stammen von zwei Entengattungen ab.

• Gründelenten oder Schwimmenten
Die bekannteste Art der Schwimmenten ist die Stockente, von der fast alle Hausenten abstammen.
Die Brutdauer beträgt 28 Tage.

• Aufbaumende Enten
Dazu gehört die Flugente (Barbariente, Türkenente, Warzenente, Stummente, Moschusente).
Ihre Brutdauer beträgt 35 Tage.

Stock- und Flugenten verpaaren sich miteinander. Die Brutdauer liegt bei 31 bis 32 Tagen, die Nachkommen aus dieser Paarung sind steril.

b) Rassen

In Österreich haben folgende Rassen eine wirtschaftliche Bedeutung:

Indische Laufente
(auf den Malayischen Inseln gezüchtet)
Sie entstammt aus der Pinguinente. Diese aufrecht stehenden, sehr beweglichen temperamentvollen Enten weisen höchste Legeleistung auf und sind sehr widerstandsfähig und anspruchslos und als gute Futtersucher (biologische Bekämpfung) bekannt.

Deutsche Pekingente
Sie kam aus China über England nach Deutschland. Sie hat eine sehr steile Körperhaltung.
Verwendung: Fleisch- und Eierproduktion

• Flugenten
Ausgehend von Frankreich, erfolgte eine intensive Selektion auf Schnellwüchsigkeit, besten Fleischansatz, Widerstandsfähigkeit und hohe Lege-, Brut- und Aufzuchtleistung.
Meist werden weiße Flugenten wegen ihrer guten Schlachtkörperqualität verwendet.

c) Hybriden

Sie erfolgt nach dem gleichen Prinzip wie die Hybridzucht von Puten und Gänsen. Es werden in der Regel 2- oder 3-Linien-Kreuzungen durchgeführt.

Freilandhaltung begünstigt die Fleischbeschaffenheit der Enten.

18.5 Tiergesundheit – Geflügel

18.5.1 Stoffwechsel-krankheiten

a) Allgemeine Stoffwechselstörungen

• **Ascites (Bauchhöhlenwassersucht bei Jungmasthühnern)**
Durch die Bauchwassersucht kommt es zu starken Ausfällen, unausgeglichenem Wachstum und Untauglichkeit von Schlachtkörpern.
Auslöser der Krankheit ist ein Sauerstoffmangel im Gewebe. Die Ursachen hierfür sind noch nicht hinlänglich bekannt, schlecht gelüftete Stallungen und zu geringe Lufttemperatur verschlimmern den Krankheitsverlauf jedenfalls.

• **Fettlebersyndrom**
Stoffwechselkrankheit des Legehuhnes durch hohes Leistungsniveau, Bewegungsmangel und Hormonschwankungen. Sie führt zu einem starken Rückgang der Legeleistung und Todesfallen durch Verfettung innerer Organe (Leber, Niere, Herz). Prophylaktisch ist eine einschränkende Fütterung sinnvoll, ebenso der Austausch von Kohlenhydraten gegen Fette mit hohem Anteil ungesättigter Fettsäuren in der Ration vor Legebeginn.

• Gicht

Infektiöse und nicht infektiöse Ursachen (z. B. Phosphorüberschuss und Vit A-Mangel, Wassermangel!) führen zu Störungen der Nierenfunktion und zum Anstieg der Blutharnsäure. Harnsäureablagerungen entstehen in Eingeweiden und Gelenken. Die Tiere zeigen eine erhöhte Wasseraufnahme, Durchfall und Bewegungsstörungen infolge von Gichtknoten in den Gelenken. Durch ausgewogene Fütterung, Vit A-Gaben und Senkung des Rohproteinanteils sowie durch Gabe von Natriumbikarbonat können Verbesserungen erreicht werden.

Die Eingeweidegicht der Eintagsküken wird auf zu hohe Luftfeuchtigkeit in der Bebrütung zurückgeführt.

• Malabsorption

Vielfältige Ursachen, welche noch nicht vollstän-dig geklärt sind, verursachen Ausfälle, Auseinanderwachsen, Durchfall, Blässe, Beinschwäche und verminderte Schlachtkörperqualität. Dieser Krankheitskomplex kommt relativ häufig vor und verursacht beachtliche wirtschaftliche Schäden in der Mast.

• Muskelmagenerosionen

treten vor allem beim Mastgeflügel auf und gehen mit mangelnder Gewichtsentwicklung, schlechter Futterverwertung und schlechter Schlachtkörperqualität einher. Die Magengeschwüre entwickeln sich bereits während der Bebrütung; mycotoxinhaltiges Futter (Schimmelpilze) ist eine häufige Ursache. Es kommt auch zu unausgeglichenem Wachstum und Erbrechen. Zu beachten sind eine ausgewogene Futterration, ausreichende Vitamingaben sowie Futter- und Tränkestellen.

b) Vitaminmangelkrankheiten

Name	Ursache	Krankheits-erscheinungen	Vorbeugung
Hämörrhagisches Syndrom	Vit K-Mangel	Entwicklungsstörungen, Blaufärbung des Kopfes, Durchfall, Blutungen in der Muskulatur	Vit K-Gaben
Käfigmüdigkeit	Ca-Mangel, P-Überschuss, Vit D-Mangel	Entkalkung d. Knochen, Bewegungsstörungen, schlechte Eischalen-qualität	ausgewogene Mineral-stoffversorgung Vit C + D-Gaben
Perosis	Cholin, Mangan-Biotin-mangel Ca : P-Verhält-nis, Genetik	Verdickte Sprunggelenke, Beinverkürzungen, Ab-gleiten der Achillessehne	Mangansulfat
Rachitis	Vit D-Mangel	Mattigkeit, Bewegungs-störung, schlechte Ei-schalenqualität, Defor-mierung der Knochen	Ca : P-Verhältnis Vit D3-Gaben, Spurenelement-versorgung
Vit E-Mangel	Vit E-Mangel	Halsverdrehungen, Zit-tern, Ödeme, plötzlicher Herztod, Blutungen in der Muskulatur	Vit E/Se-Gaben

18.5.2 Infektionskrankheiten

a) Parasiten

Bedingt durch die Zunahme der Boden- und Freilandhaltung bekommen Parasiten eine immer größere Bedeutung. Spul-, Haar-, Haken-, Band- und Lungenwürmer (Endoparasiten) sowie die Vogelmilben, Zecken und Federlinge (Ektoparasiten) kommen auch beim Hausgeflügel vor und verursachen Entwicklungsstörungen, Leistungsabfall bzw. mangelnde Futterverwertung und Unruhe. Durch regelmäßige Kot- bzw. Gefiederuntersuchungen kann eine gezielte Bekämpfung durchgeführt werden.

• Kokzidiose
Wirtschaftlich sehr bedeutende, überall verbreitete Geflügelkrankheit.
Infektiöse, einzellige Keimstadien werden von den Tieren vom Boden aufgenommen und verursachen durch Entwicklungszyklen in verschiedenen Darmabschnitten massive, oft auch tödliche Entzündungen. Stehen bei Küken Todesfälle im Vordergrund, so kommt es bei älteren Tieren eher zu Durchfällen und starken Leistungsminderungen.
In der Geflügelmast und in der Hennenaufzucht werden Medikamente (Kokzidiostatika) über das Futter verabreicht und verhindern in der Regel Erkrankungen.
Es gibt seit kurzer Zeit auch gut wirksame Impfstoffe, welche den Küken in den ersten Lebenstagen verabreicht werden.
Hühner in Käfighaltung haben keine Probleme mit Kokzidiose, da sie aufgrund ihrer Haltung vom eigenen Kot getrennt sind.

• Schwarzkopfkrankheit der Puten
Erreger ist ein Einzeller, der eine Blinddarm- bzw. Leberentzündung mit Todesfolgen verursacht. Zwischenwirte sind Hakenwürmer.

b) Bakterielle Erkrankungen

• Escherichia-coli-Infektion (E. coli)
Krankheiten verschiedener E.-coli-Stämme sind seit langem bekannt. Die Bedeutung als Sekundärerreger und bei Mischinfektionen steigt; Hygiene- und Managementfehler (verunreinigtes Wasser!) fördern diese Keime, die z. T. auch auf den Menschen übertragbar sind. Im Vordergrund stehen vor allem bei Jungtieren Mattigkeit, Abmagerung und Durchfall. Zur Therapie werden Antibiotika eingesetzt, auch vorbeugende Impfungen der Legehennen sind möglich.
Der erhebliche wirtschaftliche Schaden in Geflügelmast- und Legehennenhaltung entsteht durch Todesfälle, Leistungseinbußen und Verwerfung von untauglichen Tierkörpern in den Schlächtereien.

• Geflügeltuberkulose
Dabei handelt es sich um eine chronische Krankheit, die erst Monate nach einer Infektion auftreten kann. Auch andere Tierarten und Menschen können betroffen sein. Bei erkrankten Tieren sind vor allem die inneren Organe in Mitleidenschaft gezogen, wo sich typische Tuberkuloseherde bilden. Durch intensive Haltung und kurze Lebensdauer von Wirtschaftsgeflügel ist sie heute eher unbedeutend, kommt aber noch bei Ziervögeln vor. Vorbeugend sollte Geflügel aus hygienischen Gründen nicht mit anderen Tierarten oder deren Futter in Kontakt kommen.

• Salmonelleninfektionen
Ursachen: Salmonellen sind weltweit bei allen Nutzgeflügelarten verbreitet und primär eine Jungtierkrankheit (hohe Todesrate bei Küken). Erwachsene Tiere können Salmonellenausscheider sein, ohne selbst zu erkranken. Sie können aber Lebensmittelinfektionen verursachen (Eier, Geflügelfleisch), die auch den Menschen erkranken lassen.
Infektion: Die Keimeinschleppung erfolgt durch Kontakt oder über das Futter bzw. verschmutztes Wasser. Erwachsene Tiere bleiben oft jahrelang Dauerausscheider. Übertragen wird die Krankheit auch über die Kloake (Eiablage), beim Schlupf in der Brüterei, über die Kropfmilch, Futter oder verschmutztes Wasser. Wassergeflügel kann sich auch in stehenden Gewässern infizieren.
Symptome: Erwachsene Tiere haben oft keine Krankheitserscheinungen; im Allgemeinen werden die Tiere matt, die Leistung der Herde geht zurück, Durchfall und vermehrte Flüssigkeitsaufnahme treten auf. *S. pullorum* wird von den Elterntieren auf die Küken direkt und im Brutapparat indirekt übertragen. Kalkweißer Kot ist typisch (Weiße Kükenruhr).

Vorbeugung: Stichprobenuntersuchungen auf das Freisein von Salmonellen werden routinemäßig in Elterntierherden und vor der Schlachtung in Mastherden durchgeführt. Durch rigorose Hygiene- und Kontrollmaßnahmen sowie Impfprogramme wird versucht, Salmonellenfreiheit bei Geflügelprodukten zu erreichen.

c) Virale Krankheiten

• AE (Aviäre Encephalomyelitis, Zitterkrankheit)
Viruskrankheit, bei der bis zu 70% der Küken sterben können. Vorher zeigen sie Durchfall, zitternden Gang und Lähmungen. Bei Legetieren kommt es zu einem Leistungsrückgang, kleinen Eiern und schlechten Brut- und Schlupfergebnissen. Vorbeugend empfiehlt sich die Vakzination (Impfung) über das Trinkwasser.

• Infektiöse Gumboro-Krankheit (Bursitis)
Der Erreger ist ein sehr resistentes Virus, das zwei Monate in der Außenwelt überlebt. Die Infektion erfolgt durch Kontakt, über Futter, Wasser und Gerät sowie durch den Getreideschimmelkäfer. In der Herde erkranken ca. 20% der Küken im Alter von drei bis sechs Wochen, 10% können sterben. Die Küken zittern, sind apathisch und haben hellen Kot. Die Bürzeldrüse ist tastbar und schmerzhaft. Durch Entzündung und Zerstörung der Bürzeldrüse (*Bursa Fabricii*), welche beim Geflügel eine sehr wichtige Aufgabe bei der Immunitätsbildung besitzt, sind die betroffenen Tiere auch gegenüber anderen Krankheitserregern schutzlos. Bei Legetieren sind ein Leistungsabfall und ein deutlicher Rückgang der Futter- und Wasseraufnahme feststellbar.
Vorbeugend sind eine Trennung nach Altersgruppen, gründliche Reinigung und Desinfektion der Stallungen sowie die Bekämpfung von Insekten (Zwischenträger) wichtig. Impfungen sind empfehlenswert und werden auch häufig durchgeführt.

• Infektiöse Bronchitis (IB)
Hochansteckende Atmungserkrankung, die mit schwerer allgemeiner Beeinträchtigung einhergeht. Häufig werden wirtschaftlich bedeutende Legeleistungsrückgänge und Eischalenqualitätsmängel bei ansonsten nahezu gesund wirkenden Legehennen festgestellt. Impfungen bei Lege- und Masttieren werden routinemäßig durchgeführt.

• Klassische Geflügelpest
Plötzlich auftretende, mit Durchfall und Todesfällen einhergehende Krankheit, die mit der Influenza verwandt ist und gegen die keine Therapie hilft. Es besteht Anzeigepflicht, der Betrieb wird gesperrt und die Geflügelherde seuchensicher gekeult.

• Marek'sche Krankheit
Wirtschaftlich sehr bedeutende Krankheit bei Legehennen.
Die Infektion erfolgt oft schon in den ersten Lebenstagen durch Einatmung keimhältigen Staubes, wobei die Krankheit oft erst Wochen bzw. Monate später ausbricht.
Folgende Verlaufsformen sind bekannt: Tumoröse Form (Todesfälle durch Geschwulstbildungen in inneren Organen), Neurale Form (Lahmheiten durch Nervenentzündungen), Augenform (Erblindung durch Augenentzündung) und vorübergehende Lähmungsform (Heilung möglich).
In der Regel werden alle Legeküken am ersten Lebenstag geimpft.

• Newcastle-Krankheit
(atypische Geflügelpest, ND)
Das ist eine der klassischen Geflügelpest ähnliche Erkrankung, welche aber in verschiedenen, oft milden Krankheitsformen auftritt. Bei Legehennen kommt es fallweise zu Leistungsrückgängen und Schalenproblemen. Die Krankheitsübertragung erfolgt wie bei der klassischen Geflügelpest von Tier zu Tier oder über Zwischenträger (Wildvögel, Zugvögel, Mensch, Verpackungsmaterial usw.). Genauso besteht Anzeigepflicht. Allerdings sind gegen die Newcastle-Krankheit bereits gute Impfstoffe im Einsatz.

• Aviäre Influenza
(Geflügelpest, „Vogelgrippe")
Die Geflügelpest (Aviäre Influenza) ist eine akute, hochansteckende, fieberhaft verlaufende Viruserkrankung der Vögel. Sie kann erheblichen wirtschaftlichen Schaden verursachen und kommt bei Hühnern, Puten und bei zahlreichen frei lebenden Vogelarten vor. Enten, Gänse, Tauben und andere

Wildvögel erkranken entweder kaum oder zeigen keine Symptome, sie sind aber für die Verbreitung des Erregers bedeutend.

Man unterscheidet hoch pathogene (HPAI-)Stämme wie H5N1 von niedrig pathogenen Stämmen (LPAI) wie H1N1.

Zurzeit treten Seuchenausbrüche bei Geflügel und Wildwasservögeln in Asien und zuletzt auch in Osteuropa auf. Da im Herbst die Zugvögel ihre Reise in wärmere Gebiete antreten und auf ihrem Weg das Virus verbreiten können, sind in jüngster Zeit zahlreiche Diskussionen über die Gefahr der Erregerverbreitung entstanden.

d) Überblick: Geflügel-Impfplan (für Legehennen-, Masteltern- und Mastgeflügelbestände)

Generell muss jedes Impfprogramm vom Tierarzt auf den Betrieb und die dort gerade vorherrschenden Krankheiten abgestimmt werden. Impfprogramme sind daher sehr unterschiedlich bezüglich Umfang und Zeitpunkt.

Geflügel-Impfplan (für Legehennen-, Masteltern- und Mastgeflügelbestände)

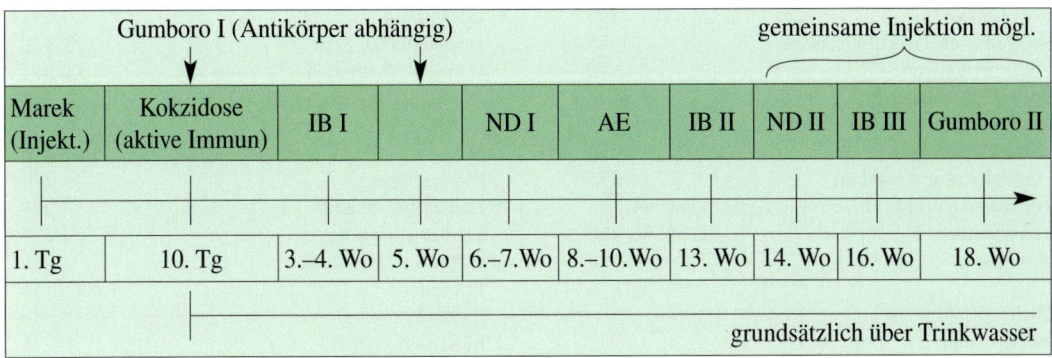

Gegen Salmonellen kann man dreimal über das Trinkwasser oder durch Injektion impfen.

18.5.3 Sonstige Krankheiten

• Aspergillose
Verursacher ist ein Schimmelpilz, welcher sich in schlechter, nass gewordener Einstreu bilden kann. Die Sporen dieses Schimmelpilzes werden von den Küken in den ersten Lebenstagen eingeatmet, durchwachsen Lunge und Luftsäcke und verursachen hochgradigen Luftmangel, Lähmungen, und führen zu Todesfällen oder anderen Spätfolgen.

• Verhaltensstörungen
Hierbei fügen sich die Tiere mit ihren scharfen Schnäbeln vor allem im Kloakenbereich massive Verletzungen zu, welche oft zum Tod führen. Die Ursachen für diese schwerwiegende Verhaltensstörung kann in Umwelt-, Haltungs- und Fütterungs-

fehlern liegen, auch genetische Faktoren sind bedeutend. Oft können aber auslösende Ursachen nicht gefunden werden. Bei einer milden Verlaufsform, dem so genannten Federpicken, zupfen sich die Tiere die Federn aus, was zu massiven Gefiederschäden führen kann.

18.5.4 QGV

Die österreichische Qualitätsgeflügelvereinigung (QGV, www.qgv.at) bezweckt als anerkannter Tiergesundheitsdienst die Sicherung und Verbesserung der Qualität der Eier sowie der Ei- und Geflügelprodukte und die Sicherung sowie Förderung der bestmöglichen Gesundheit und des Wohlbefindens der Geflügelbestände in allen Stufen der gesamten Produktion.

Stichwortverzeichnis

Kapitel 11 Rind

A

Abbaubarkeit	42, 51, 66
Abgangsrisiko	124
Ab-Hof-Verkauf	170
Absatzveranstaltung	170
Absetzen	220 ff
Alleinfutter für Legehennen	281
Alleinfutter für Mastgänse	288
Alleinfutter für Puten	286
Ammenkuhhaltung	15
Anbindestall	17 ff, 20 ff, 50
Anfüttern	224
Angus	97, 101, 106, 155
Aspergillose	295
Aufgewertete Grundfutterration	55
Aufschreibungen	40
Aufzuchtkalbinnen	77
Aufzuchtkälber	18, 71
Aufzuchtplan	75
Aujeszky'sche Krankheit	271
Ausmästungsgrad	86, 94, 123
Azetonämie	38, 46, 160
Azidose	158

B

Bankivahuhn	282
BCS	38, 70
Bedarfswerte	198 f
Bemuskelung	258 ff
Besamungszeitpunkt	32 ff, 128
Besaugen	22
Beschälen	196
Bestandesergänzung	15
Bestandesverzeichnis	24 ff
Beurteilung	38, 70 f, 131
Bewegungsverhalten	17
Bewertung Schwein	263 f
Biestmilch	36, 72 f
Biologische Rastzeit	36 f
Blonde d'Aquitaine	101, 105
BLUP-Tiermodell Schwein	262
Bodenhaltung	277 f
BR/IPV/IPB	166
Braunvieh	101, 102, 110
Brucellose Rind	163
Brucellose Schaf	184
Brunst	30 ff
Brunstanzeichen	30
Brunstbeobachtung	30 ff
Brunstdauer	32 f
Brunsterkennung	30 ff

Brunstkontrolle	31 f
BSE	167 f
Buchtengröße	215
BVD-MD	164 f

C

CAE	185 f
Charolais	101, 105 f
Chianina	109
Corn-Cob-Mix	244

D

Deckgewicht	223
Deckinfektion	167
Deckphase	218, 231
Decksaison	95 f
Deckverhalten Stier	95, 128
Dicksaure Vollmilch	73, 84 f
Direktvermarktung	169

E

Eiererzeugung	277
Eierkennzeichnung	284
Eierklassifizierung	284
Einphasige Fütterung	246
Einsteller	15, 97, 155
Elektrolyttränke	76
Elektrolytverluste	76
Endoparasiten	269
Energiemangel	67 ff, 160
Energieversorgung	46, 48 ff, 66 ff, 87, 167
Entenrassen	290
Enthornen	22 f
Erstbelegalter	223
Erzeugergemeinschaften	170 f
EUROP	113, 123, 148
Euterpflege	29
Exterieur	100, 125, 130 ff
Exterieurbeurteilung Schaf	182
Exterieurbeurteilung Schwein	258 ff

F

Faktorenkrankheiten	268
Farbe, Tönung und Zeichnung	134
Ferkelaufzucht	219, 242
Fettsäurekonzentration	49
Feuchtmais	243
Fitness	125 ff, 148
Fleckvieh	87 ff, 101, 103, 133, 143 ff
Fleisch	121 ff, 148
Fleischbeschaffenheit Schwein	255
Fleisch-Fleckvieh	101, 105
Fleischmenge Schwein	254

Fleischqualität	87
Fluchttier	196
Flüssigfütterung	247 f
Fortpflanzung Schaf	173
Fortpflanzung Ziege	187
Freilandhaltung	277
Fremdkörpererkrankung	158
Fresserproduktion	15
Fressliegeboxenstall 20	
Fressverhalten	16, 41
Fresszeit	16, 45, 52
Fruchtbarkeit	69, 127 ff
Fruchtbarkeitsmanagement	29 ff
Fundament	260
Futterenergie	48 ff
Futterprotein	48
Futterqualität	42 ff
Fütterung Schaf	174 f
Fütterung Schwein	226 ff
Fütterung Ziege	188
Fütterungspraxis Fohlen	200
Fütterungspraxis Zuchtstuten	200
Fütterungsreihenfolge	52 f
Fütterungstechnik	52 ff
Futterverzehr	42 ff, 74, 92

G

Galloway	107 f
Ganzjahressilagefütterung	54 f
Ganzkornsilage	244
Ganzpflanzensilage	90 f
Gänserassen	289
Gebärparese	36, 159
Gebrauchskreuzungen	84 f, 155
Geburt	35 ff, 71 ff
Geburt Schwein	225
Geburtsanzeichen	35
Geburtsüberwachung Schwein	222
Geburtsbehelfe	35
Geburtshilfe	35 f
Geflügelfleischerzeugung	277
Geflügeltuberkulose	293
Gelbvieh	110
Generhaltungsrassen	110 ff
Generhaltungsrassen Schwein	251
Genetik Austria	100
Gesamtzuchtwert	149 ff
Geschlechtsgepräge	133 f
Geschlechtsreife	30
Geschlossener Betrieb	214
Gesundheitsmanagement	38 f
Gewährleistung	264
Grassilage/Grünfuttersilage	43, 56 f
Grauvieh	104
Grundfutter	42 ff
Grundfutterverdrängung	43 f

H

Harnstoffgehalt	68, 114 f
Hausschwein	249
Haustierwerdung	249
Hinterwälder	109
Hochlandrind	108
Holstein	102
Hufpflege	196
Hühnermischfutter	279
Hybridzucht	265

I

Influenza Schwein	271
Innere Fleischqualität	124
Intensivmast	90

J

Jersey	103
Jungmastrinder	85 ff
Jungrindermast	15
Jungzüchtervereinigung	100

K

Kalbeverlauf	129 f, 148
Kalbinnenmast	94
Kaltschlachtgewicht	171
Kalzinose	160
Kastration	23, 93
Kastration	222
Käfighaltung	278
Kälber	14 f, 71 ff
Kälberdurchfall	76
Kälberhütte	22
Kälberiglu	22
Kälbermast	15, 84 f
Kälberschlupf	97
Ketose	160
Ketosenachweis	38
Klassifizierung von Zuchtrindern	151 ff
Klauenpflege Rind	27 ff
Klauenpflege Schaf	173
Klauenpflege Ziege	187
Kokzidiose	293
Kolik	197, 203
Kombinierte Fütterung	281
Kompensatorisches Wachstum	86
Konditionsbeurteilung	70 f
Kotkontrolle	38 f
Kotuntersuchung Pferd	197
Körperkondition	38
Körperliche Harmonie	133
Kraftfuttermischungen	51
Kraftfuttervorlage	51
Kraftfutterzuteilung	51, 74
Kurztrog	219, 247
Kükenaufzuchtfutter	280

L

Labmagenbezoare	183
Laktation	66 ff
Laktationsverlauf	64 ff
Laufstall	18, 20 ff
Lebendvermarktung	182
Leberegel	161 f
Legehennenfutter	280
Legeliste	279
Leistungskraftfutter	63, 66 f
Leistungsprüfungen Rind	112 ff
Leistungsprüfungen Schaf	181
Leistungsprüfungen Schwein	252 ff
Leistungsübersicht	252
Liegeboxenstall	20
Liegefläche	19
Limousin	106
Lineare Bewertung	141 f
Lippengrind	185
Listeriose	184
Locomotion	139
Luing	108

M

Maedi Visna	185
Maiskornsilage	243 f
Maissilage	53 f
Marek'sche Krankheit	294
Mastintensität	86
Mastitis	166 f
Mastkalbinnen	94
Mastkälber	84 f
Mastkühe	95
Mastlämmer	177 f
Mastleistung	262
Mastplaner 223	
Mastrinderkategorie	87
Mastschweine	219 f
Mast- und Schlachtleistung	262
Maul- und Klauenseuche	164
Mehrphasige Fütterung	246
Meldepflicht	24
Melkbarkeit	113, 118 f, 149
Milch	38, 60 ff, 114 ff, 148, 169
Milchaustauscher	73 ff, 81
Milchaustauschertränke	73, 85
Milcherzeugungswert	66 f
Milchfieber	149, 159
Milchharnstoffgehalt	70
Milchkuhhaltung	14 f, 72
Milchleistungsprüfung	114 ff
Milchschafe	177 f
Mineralfutter	65
Mineralstoffversorgung	51 f, 69, 89, 91 f
Mineralstoffversorgung Schwein	228
MLK	69 f, 114
MMA	266

Moderhinke	185
Montbeliard	103
Mutterkuhhaltung	15, 22, 95 ff, 155
Mutterkühe	95
Mutterschafhaltung	172

N

Natriumbikarbonat	62, 66
NRR	128
Nutzrinder	170 f
Nutzungsdauer 125 f	
Nutzungsrichtungen 100 f	

O

Ochsenmast 93 f	

P

Paarung	34
Paarung Schwein	224 f
Paarungshäufigkeit	277
Packstellennummer	283 f
Pansenaktivität	38
Parakeratose	159
Parasiten Schaf und Ziege	183 f
Parasitenkontrolle	29
Parasitosen	161 ff
Persistenz	67, 127
Pferderassen	201 ff
Phasenfütterung	281
Piemonteser	106
Pinzgauer	104
Portionsweide	58
Progesteron-Test	32
Proteinversorgung	48 f, 66, 88
Putenrassen	286 f
Putzen	26

Q

Quarantäne 23	
Quertrog 247	

R

Rahmen	258
Rassen	249 ff
Rationserstellung	63
Rationskomponenten Schwein	243 ff
Rationsmanagement	63
Raufutter	53
Rauschbrand	163
Registrierung	23 ff
Reinigungsphase	37
Rinderdatenbank	25
Rindergrippe	167
Rinderkennzeichnung	23 ff
Rinderrassenverteilung in Ö.	116 ff
Rinderzuchtverband	100, 170
RNB-Bilanz	49, 63, 77

Rohfaserbedarf 46
Rosse 196
Rotlauf 270
Ruheverhalten 17

S
Salmonelleninfektion 293 f
Sauenplaner 221
Sauermilchtränke 73 f
Schadgase 216
Schafrassen 179 ff
Scheren 27
Schlachtausbeute 84
Schlachtleistung Schwein 253 ff, 262
Schlachtrinder 171
Schlachtzeitpunkt 178
Schrittzähler 32
Schur 173
Schweinebeurteilung 261
Schweinepest 272
Schweineprüfung in Österreich 257
Scrapie 186
6-Phasen-Fütterungsprogramm 286
Selenversorgung 84
Sensor 247
Sexualverhalten 17
Sommerfütterung 57 f
Sozialverhalten 17
SP 127
Stallhaltung Schaf 172 f
Stallhaltung Ziege 187
Stallklima 216
Stalltypen 219
Sterilität 167
Stressresistenz 256 f
Strukturbedarf 46
Strukturwirksamkeit 43 ff
Systemferkelproduktion 213

T
Tarpan 201
Tetanie 160
Tieflaufstall 21
Tierpass 24 f
Totale-Misch-Ration 55 f, 74 f
Totvermarktung 171
Trächtigkeit 34
Trächtigkeit Pferd 197
Trächtigkeit Schwein 225
Trächtigkeitsdauer 34
Trächtigkeitskontrolle 32
Trächtigkeitstoxikose 183
Tränkemenge 72 ff
Tränkemethoden 73 f
Tränkeplan 72, 76, 85
Tretmiststall 20
Trinkverhalten 16

Trockenmasseaufnahme 43, 78
Trockenperiode 61, 65 f, 96, 116
Trockenstellen 34 f, 65 ff

U
Ur 98
Übergangsfütterung 59
Umtrieb bei Legehennen 278

V
Verdauungsstörungen 76
Verhaltensweisen Schaf 172
Verhaltensweisen Ziege 187
Versteigerung 170
Viehsalz 62, 79 ff
Volierenhaltung 278
Vollmilchaustauscher 733
Vorbereitungsfütterung 65 ff, 80 ff

W
Wachstum 119 ff
Warmschlachtgewicht 171
Wartestier 83
Wasseraufnahme 16
Wasserversorgung 53
Wärmeversorgung 222, 238
Weidenutzung 57 f
Weißblauer Belgier 107
Wiederkautätigkeit 38, 47
Wiederkäuergerecht 41 ff, 69 ff, 157
Wildschwein 249
Winterfütterung 58 f, 97
Winterkalbung 96
Wirtschaftsmast 90, 93

X
Xanthophyll 279

Z
ZAR 100, 147
Ziegenrassen 190 ff
ZKZ 127
Zucht Data 100, 147
Zuchtleistung Schwein 252 f
Zuchtmethoden Schaf 182
Zuchtmethoden Schwein 264 f
Zuchtprogramm 264 f
Zuchtreife 30, 77, 81
Zuchtreife Pferd 196
Zuchtrinder 15, 44, 53, 151 ff, 170
Zuchtstiere 15, 82 f
Zuchtwert Schwein 262
Zuchtwertschätzung Rind 144 ff
Zuchtziele Schwein 260 ff
Zukaufkälber 23, 76
Zwergzebu 108

Literaturverzeichnis

Altrichter/Braunsberger, Bäuerliche Geflügelhaltung, Verlagsunion Agrar

Arche Austria, 6363 Westendorf

Bartussek, H., Kälbersaugen lässt sich verhindern. Aus: Der fortschrittliche Landwirt, Nr. 17, S. 9, 2001

Bauer/Steinwender/Stodulka, Mutterkuhhaltung, Leopold Stocker Verlag

Behrens, H., Lehrbuch der Schafkrankheiten, Verlag Paul Parey

Beratungs- und Gesundheitsdienst für Kleinwiederkäuer (BKW) (Hrsg.): Krankheiten von Schafen, Ziegen und Hirschen, Herzogenbuchsee, Schweiz

Berger/Grabner, Erfolgreiche Mutterkuhhaltung. Der fortschrittliche Landwirt, ÖAG, Info 1/2003

Berger u. a., Seltene Nutztierrassen, ÖKL-Schrift

Birkhammer u. a., Milch- und Fleischziegen, Agrarverlag

BM f. Land- u. Forstwirtschaft, Umwelt und Wasserwirtschaft, Folder „Milchwirtschaft in Österreich", Oktober 2000

BMLFUW: Schweineprüfbericht 2003

Brade, W., Wichtige Verhaltenscharakteristika des Rindes. Aus: Milchpraxis, 39. Jg., Nr. 3, S. 147 ff, 2001

Burgstaller, Gustav, Praktische Rinderfütterung. 5. Aufl., Landbuch Verlag GmbH, 1999

Buchgraber, K., Grundfutterqualität – die Voraussetzung einer leistungsgerechten Milchviehfütterung. Landkalender. Leopold Stocker Verlag, 1997

Buchgraber/Deutsch/Gindl, Pflanzenbau 2, II. Teil

Comberg, Schweinezucht, Verlag Eugen Ulmer

Deutsche Reiterliche Vereinigung, Richtlinien für Reiten und Fahren, Band 4, Haltung, Fütterung Gesundheit und Zucht, Eigenverlag

Dobos, G., Zeitgemäße Schafhaltung, Leopold Stocker Verlag

Dorn, Rassekaninchen, Neumann Verlag

Draxl, Schweineprüfbericht, SMPA-Streitdorf

Drillich/Tenhagen/Frahm, Rinderrassen in der EG, Enke Verlag

Erasimus, Plattform Pferd Austria

Fidler/Purgstaller, Showing, Styling, Fitting – Rinder erfolgreich präsentieren. Aus: Der fortschrittliche Landwirt, Nr. 20, S. 24 ff., 2001

Galler, Josef, Fruchtbarkeit beim Rind, Leopold Stocker Verlag, 1999

Ganzenhuber, Aufstallungen in der Rinder- & Schweinehaltung, Broschüre „Ernte – für das Leben"

Granz u. Mitarbeiter, Tierproduktion, Verlag Paul Parey

Haller, Seltene Haus- und Nutztierrassen, Leopold Stocker Verlag

Häusler, Johann (2012): Die Fütterung von Mutterkuh und Jungrind. Vortragsunterlagen – Arbeitskreis Mutterkuh Urfahr/Rohrbach, 3.12.2012. Raumberg-Gumpenstein, Abteilung für Alternative Rinderhaltung. URL: http://www.raumberg-gumpenstein.at/cm4/de/forschung/publikationen/downloadsveranstaltungen/finish/1797-2343-nube-buchau-ii/17064-wie-fuettere-ich-eine-fruchtbare-mutterkuh.html [Download: 03.01.2017]

Häusler, Johann (2016): Mutterkuhhaltung. URL: http://www.raumberg-gumpenstein.at/cm4/jdownloads/FODOK/2343-nube-buchau-ii/fodok_1_16918_12v_2016_haeusler_mutterkuh_facharbeiterkurs.pdf [Download: 03.01.2017]

Heil, Jacqueline (2012): Der Kompoststall – ein Wohlfühlstall für Kühe. Vortragsunterlagen, Innovationsteam Milch Hessen der Landesvereinigung Milch Hessen e.V., AG Milch, Göttingen. URL: https://www.uni-goettingen.de/de/document/download/ 6deaf5e0339e4bb32f2203af88fb1a84.pdf/Der%20Kompoststall.pdf [Download: 30.12.2016]

Henk, Hühnerhaltung heute, Leopold Stocker Verlag

Heuwieser, Zehn goldene Regeln für die Geburtshilfe beim Rind. Aus: Milchpraxis 39. Jg., Nr. 3, S. 128 ff., 2001

Jilg, T., Kälberaufzucht – Erfahrungen und akute Entwicklungen. Aus: Bericht über die 30. Viehwirtschaftliche Fachtagung der BAL Gumpenstein, Rinderaufzucht, Milchviehfütterung, Schafhaltung, Ökonomik, S. 7 ff.

Josera – Beratungs-Hotline: Kompakt TMR. URL: http://www.josera-rind.de/ratgeber/ernaehrung/kompakt-tmr/ [Download: 31.12.2016]

Kälberfibel, DeLaval

Kirchgessner, Tierernährung, Verlags Union Agrar

Kräusslich, Tierzüchtungslehre, Verlag Eugen Ulmer

Kristensen, Niels Bastian/Grupp, Thomas (2015): Kompakt-TMR, in: Fleckviehwelt 1/2015, Seite 13, 14. URL: http://www.fleckvieh.de/Fleckviehwelt/FVW_140/WELT_12-14.pdf [Download: 31.12.2016]

Löwe/Meyer, Pferdezucht und Pferdefütterung, Verlag Eugen Ulmer,

Maurer, G., Ziegen, Leopold Stocker Verlag

Müller, Egon, Tierheilkunde, Agrar u. BVL

Müller Wilhelm, Rinderzucht in Österreich, Gerold Verlag

Ofner-Schröck, Elfriede u.a. (2012): Rahmenbedingungen für den Einsatz von Kompostställen in der Milchviehhaltung. Abschlussbericht - Kompoststall Rind, Projekt Nr./Wissenschaftliche Tätigkeit Nr. 3599. BMLFUW, Raumberg-Gumpenstein, 2011-2012. URL: http://www.raumberg-gumpenstein.at/cm4/jdownloads/FODOK/3599-wt-kompoststall/fodok_3_14600_abschlussbericht_kompoststall_approbiert.pdf [Download: 30.12.2016]

Ofner-Schröck, E./Zäher, M./Huber, G./Guldimann, K./Guggenberger, T./Gasteiner, J. (2013): Kompoststall – funktionell und tiergerecht? Bautagung Raumberg-Gumpenstein 2013, S. 15-22, Lehr- und Forschungszentrum für Landwirtschaft, Raumberg-Gumpenstein

ÖNGENE, Gefährdete Nutztierrassen, Stuttgart 1979

ÖNGENE, 4600 Wels

Piccard, Valérie (2015): Joghurt-Tränke für Kälber. swissgenetics, TORO 1/15, S. 32-33

Pirkelmann, Pferdehaltung, Verlag Eugen Ulmer, Stuttgart 1991

Plank, J., Das Kalb – die Kuh von morgen. Der fortschrittliche Landwirt, ÖAG-Sonderbeilage 5/2000

Pohl, Der zeitgemäße Fleckviehtyp, FIH

Priller, H./Plank, J., Empfehlungen zum Einsatz von Mischrationen. Der fortschrittliche Landwirt, ÖAG-Sonderbeilage 1/2002

Raganitsch, Das Österr. Fleckvieh und seine Genetik, AGÖF
Raganitsch/Raith, Tierzucht und Tierhaltung, Band 4
Raganitsch/Huber/Raith, Tierzucht und Tierhaltung, Band 2, Leopold Stocker Verlag, 2000
Raganitsch/Huber/Raith, Tierzucht und Tierhaltung, Leopold Stocker Verlag
Reszler, G., Seminar „Funktionelle Klauenpflege"
Raganitsch/Huber/Raith, Schul- und Arbeitsbuch Tierzucht u. Tierhaltung, Leopold Stocker Verlag
Riegler/Scholze-Simmel, Management der Hochleistungskuh in der Praxis, NÖ Ringberatung, Vortrags-unterlage, 1999Rossow, N. (2008): Milchfettdepression – Stoffwechselstörung der Hochleistungskuh, Teil 3. Power-Point-Präsentation, 07/2008, DATA-Service-Paretz GmbH. URL: http://www.portal-rind.de/index.php?module=Downloads&func=prep_hand_out&lid=25 [Download: 31.12.2016]

Sambraus, Farbatlas Nutztiere 3. u. 6., Verlag Eugen Ulmer
Schagerl/Übellacker, Aktuelle tierfreundliche Rinderstallformen in Niederösterreich. 2. Auflage, 1994.
Scholtyssek, Geflügel, Verlag Eugen Ulmer
Späth/Thume, Ziegen halten, Verlag Eugen Ulmer
Spiekers/Menke/Potthast, Milchviehfütterung heute. Hrsg. v. Auswertungs- und Informationsdienst für Ernährung, Landwirtschaft und Forsten. Bonn, 2000 DLG-Information 3/1999
Steinwidder, A., Qualitäts-Rindermast im Grünland, Leopold Stocker Verlag, 2003
Steinwidder, A., Kalbinnen kostengünstig und tiergerecht aufziehen. Aus: Der fortschrittliche Landwirt 39. Jg., Nr. 13, S. 10 f., 2001
Steinwidder, u a., Körperkondition von Milchkühen – Hilfsmittel zur Kontrolle der Fütterung. Sonderbeilage: Der fortschrittliche Landwirt, Heft 23, 1997
Steinwidder, u. a., Körperkondition von Milchkühen – Hilfsmittel zur Kontrolle der Fütterung. Sonderbeilage: Der fortschrittliche Landwirt, Heft 23, 1997
Steinwidder, Andreas u.a. (2015): Infos-Weidehaltung. URL: http://www.raumberg-gumpenstein.at/cm4/de/forschung/forschungsbereiche/bio-landwirtschaft-und-biodiversitder-nutztiere/pflanze/biogruenland/weideinfos-gruenland.html [Download: 03.01.2017]
Steinwidder/Habermann, Kalbinnenmast für Markenfleischprogramme. Der fortschrittliche Landwirt, ÖAG, Info 4/2003
Steinwidder, Andreas/Starz, Walter (2015): Gras dich fit! Weidewirtschaft erfolgreich umsetzen. Leopold Stocker Verlag, Graz
Steinwidder/Wurm, Grundfutter mit dem richtigen Kraftfutter ergänzen! Der fortschrittliche Landwirt, ÖAG, Info 3/99
Steinwidder/Wurm, Kühe brauchen ausreichend Strukturfutter. Der fortschrittliche Landwirt, ÖAG, Info 8/2002
Steinwidder/Wurm/Gasteiner, Hohe Milchleistung und lange Nutzungsdauer durch optimale Kalbinnen-aufzucht. Der fortschrittliche Landwirt, ÖAG-Sonderbeilage 1/2001
Steinwidder/Wurm, Kühe brauchen ausreichend Strukturfutter. Sonderbeilage: Der fortschrittliche Landwirt, Heft 8, 2002
Stockinger, Ch., Mutterkuhhaltung, AID-Broschüre Nr. 1160, 1994
Stögmüller, Gerald (2015): Es kommt auf die Zusammenstellung an. Optimale Mischgenauigkeit und Strukturwirkung. In: Die Landwirtschaft, Dezember 2015, Seite 50–52, LK Österreich

Wiedner, G., So mästen Sie Ihre Stiere richtig. Aus: Der fortschrittliche Landwirt, Nr. 23, S. 8 f., 1999

       ATV-Broschüre: 9. Seminar – Rindermast , Altlengbach, 2000

       IGN-/FREILAND–Tagung: Tierhaltung und Tiergesundheit, Vet.med. Uni Wien, 1999

       Top agrar extra: Fruchtbarkeit im Kuhstall, Münster-Hiltrup, 1987

       AGÖF, Fleckviehzucht in Ö.

       Eusema Spitzenbullen

       FIH, Mitteilungen

       Fleckvieh Welt

       Folder: Arbeitsgemeinschaft Rind, Österreichische Rinderbörse

       Internet: http://www.ama.at

       NÖ. Genetik, Mitteilungen

       Online im WWW unter URL: http://www.ama.at

       Osnabrücker HB-Zucht

       Prospekt Montbeliard

       Rinderzucht, Fleckvieh, Braunvieh, HF,

       Rinderzucht Steiermark, Zucht u. Besamung

       Rinderzucht Tirol, Jahresberichte

       Top agrar 8/84

       ZAR, Die österreichische Rinderzucht 2000–2004

       ZUCHT-Data, Zuchtwertschätzungen von Stieren

Bildquellenverzeichnis

AGÖF 2003	99, 119, 132
AID Broschüre	43
Altrichter/Braunsberger, Bäuerliche Geflügelzucht, Agrarverlag	272, 273
Bartussek u. a., Rinderstallbau, Leopold Stocker Verlag	21
Bauer u. a., Mutterkuhhaltung, Leopold Stocker Verlag	100, 101, 102, 103
Baumgartner, C. Schweiz	21
Clauss, Ente, Gans & Co, Leopold Stocker Verlag	286
Dobos, Zeitgemäße Schafhaltung, Leopold Stocker Verlag	177, 178
Dorn, Rassenkaninchenzucht, Verlag Neumann-Neudamm	205, 206
Frahm, Rinderrassen EU, Enke Verlag	105
Haller, Seltene Haus- und Nutztierrassen, Leopold Stocker Verlag	94, 247, 282
Heiß	246, 247
Horjes Ruth	203
Kälberfibel	69
Kräusslich, Tierzuchtlehre, Verlag Eugen Ulmer	116
Maurer, Ziegen, Leopold Stocker Verlag	188
Müller, AG.Ö. Rinderzucht	95
NÖ-Genetik	102, 103
ÖAG, Sonderhefte und Der fortschrittliche Landwirt	37, 38, 45, 52, 68
ÖNGENE	106, 107, 108
Osnabrücker HB-Zucht	98
Raganitsch, Das Österreichische Fleckvieh	99, 100, 121, 126, 128
Rinderzucht Steiermark	121, 126
Sambraus, Farbatlas der Nutztiere, Verlag Eugen Ulmer	98 li. u., 103 l. o., 104 r.
Schachinger Regina	202
Steinwidder, Qualitätsrindermast, Leopold Stocker Verlag	76
Top agrar extra, Fruchtbarkeit im Rinderstall	34, 36
ZAR 2003, 2004	99, 100, 101, 102

Die restlichen Abbildungen wurden von den Autoren zur Verfügung gestellt oder stammen
aus dem Vorgängerwerk: Raganitsch u. a., Tierzucht u. Tierhaltung Band 1–4